这里介绍的几幅作品，为书中所做立体裁剪范例经展开而构成的。从连衣裙、套裙、裤子直至最贴近肌肤的泳装等多种服装，均为以立体构成方式完成设计构思的。谨供参考。

Port Authority in
PATTERNMAKER
MODEL
BLOUSES
BUYER
to $300

KAZURO

RECEPTIONIST
PLANT MANAGER
A/R BOOKKEEPER
T.B. Wallace Agency
GAL/GUY FRIDAY

高等职业技术教育服装专业使用教材

文化服装讲座

（新版）

(8)

（日）小池千枝　原著

白树敏　王凤岐　编译

立体裁剪篇

- 学习立体裁剪的准备
- 立体裁剪基础
- 立体裁剪的范例
- 立体裁剪的样板制作

中国轻工业出版社

图书在版编目(CIP)数据

文化服装讲座.8,立体裁剪篇/(日)小池千技原著;白树敏,王凤岐编译.—北京:中国轻工业出版社,2016.1
高等职业技术教育服装专业使用教材
ISBN 978-7-5019-2696-1

Ⅰ.文… Ⅱ.①小… ②白… ③王… Ⅲ.服装-高等学校:技术学校-教材 Ⅳ.TS941.1

中国版本图书馆 CIP 数据核字(2007)第 012748 号

责任编辑:王恒中　　责任终审:滕炎福　　封面设计:张　颖
版式设计:刘　静　　责任校对:方　敏　　责任监印:马金路

*

出版发行:中国轻工业出版社(北京东长安街 6 号,邮编:100740)
印　　刷:三河市万龙印装有限公司
经　　销:各地新华书店
版　　次:2016 年 1 月第 1 版第 13 次印刷
开　　本:787×1092　1/16　　印张:15
字　　数:342 千字
书　　号:ISBN 978-7-5019-2696-1　定价:32.00 元

著作权合同登记　图字:01-1999-2763
邮购电话:010-65241695　传真:65128352
发行电话:010-85119835　85119793　传真:85113293
网　　址:http://www.chlip.com.cn
Email:club@chlip.com.cn
如发现图书残缺请直接与我社邮购联系调换
151567J2C113ZYW

文化服装讲座(新版)1 ~ 10 集介绍

文化服装讲座(1)
●原理篇

学习服装制作理论与技术的入门篇。主要内容：服饰概论、文化式原型的制图及应用原理、局部制图与基础缝制。

文化服装讲座(2)
●基础篇

在第一集理论与技术的基础上，进行应用与发展。主要内容：男女式衬衣、裤子以及裙装的平面结构制图、样板与制作工艺。

文化服装讲座(3)
●西装篇

本集主要内容：男女西装、马甲的平面结构制图、样板与制作工艺，并对每一服种又包括了多种款式。特体西装及样板的补正，也是本书的重要内容。

文化服装讲座(4)
●茄克·大衣篇

从服装的品种，此集是前三集内容的延续。主要内容：男女茄克、大衣的平面结构制图、样板与制作工艺。

文化服装讲座(5)
●童装·礼服篇

本集为童装、礼服篇。儿童的体型变化与特征，以及与设计的关系等。从基础制图开始，以 2 岁到 12 岁年龄的儿童为对象，囊括了所有品种。礼服内容：有礼服的分类及变迁，各类礼服的平面结构制图、样板与制作工艺。

文化服装讲座(6)
●产业篇

本集较详细地介绍了服装产业的生产程序与样板制作方法。工业用样板的制作以及各服种的样板缩放是本集的重点。

文化服装讲座(7)
●服装设计篇

本集以服装设计企划为龙头，系统地阐述了有关服装设计的理论和美学原理，并详细介绍了应用设计中各种操作过程和方法。

文化服装讲座(8)
●立体裁剪篇

立体裁剪是服装样板制作的重要方法之一，本集系统地介绍了文化原型、裙装、套装等立体裁剪方法，是样板制作人员的必读专业服装科技书。

文化服装讲座(9)
●鞋·帽篇

本集介绍了帽子的史料、制作工具、材料、基本制图等理论知识，详细解说童帽、妇人帽、男子帽及礼服帽等基础制图和制作；鞋子部分介绍脚和鞋的机能关系，详细解说鞋的构成、设计、制作等。

文化服装讲座(10)
●服饰手工艺篇

本集对各种手工刺绣、编织针法、服饰手工艺操作，造型花饰等作了详细解说。

内容提要

本书为学习立体裁剪技术的必备参考书。原为日本文化服装学院立体裁剪课应用教材，同样适用于我国的服装专业院校的立体裁剪课教学，并可为在职的服装设计技术人员提供理论技术指导。本书中详尽地讲解了立体裁剪的一般理论，并附有多种服装的立体构成操作范例。图文并茂,足以使读者能够自学立体裁剪技术。此外,对于原型原理和平面结构制图原理也有深入浅出的揭示，对于从立体的角度理性地认识人体与服装的关系极有帮助。在目前我国尚处于立体裁剪技术普及阶段这一情况下，本书的编译出版极具现实意义。

原著者简介

小池千枝　昭和10年，毕业于文化服装学院，昭和30年，毕业于 Des Eeoles de la chambre syndicale de la couture Parisienne。归国后，担任文化服装学院服装设计科教学工作，培养了众多的服装设计师，另外担任《装苑》、《ミセス》等杂志的设计师，出版了《袖》、《服装造型论》等著作。

原任文化服装学院院长，文化女子大学教授，日本流行色协会设计员，日本洋裁技术鉴定协会理事。

译者简介

白树敏，河北承德人。1986年赴日本留学。1989年毕业于日本文化服装学院时装工科专门课程MD(商品供应计划)科。回国后从事教育工作，主要担任商品企划、被服工程学和立体裁剪课教学工作。现为中国人民解放军军需工业学院、邢台职业技术学院服装系讲师。

王凤岐，北京人。1986年赴日留学，1989年毕业于日本文化服装学院时装工科专门课程被服设计科。回国后从事教育工作，主要担任服装设计、立体裁剪课的教学工作及相关研究工作。现为中国人民解放军军需工业学院、邢台职业技术学院服装系讲师。

序

服装是人类精神文明与物质文明的浓缩，是文化的象征。时代造就了服装文化，同时服装文化又反映出了时代的政治、经济、文化、社会制度的特征。

随着社会主义市场经济的建立与逐步完善，服装业取得了长足的发展。人们不再停留在感性阶段认识服装，而是更加理智地去感知服装赋于人类的内涵。服装产业化程度的高低，往往反映出了一个国家现代化的进程。为进一步提高我国服装产业的水准，强化服装应用技术的作用，中国人民解放军军需工业学院、邢台职业技术学院服装系组织留日归国教师以日本文化服装讲座为原型，编译了这套教材，其中包括《原理篇》、《基础篇》、《西装篇》、《茄克、大衣篇》、《童装、礼服篇》、《产业篇》、《服装设计篇》、《立体裁剪篇》、《鞋·帽篇》、《服饰手工艺篇》等十册。这套教材的编译完成，体现出了参编人员的长期探索与研究的成果，以及近十年来教学实践中的经验总结。他们即注重借鉴国外的有益经验，更注重同我国服装产业的有机结合。在目前我国服装应用技术教学中、在我国服装产业中，这套教材的出版，就其系统性和科学性上作了积极尝试与探索。

这套教材不仅适合我国高等职业技术院校服装专业作为教材使用，也可以作为普通高等院校服装专业作为教材，还可以作为中等职业技术学校服装专业的教学参考书，还是广大服装产业从业人员和爱好者的专业读物。

在这套教材的出版过程中，得到了国家教委职教司教材处、日本东京文化服装学院及文化出版局、中国轻工业出版社等单位和许多专家的大力支持，在此表示感谢。

中国人民解放军军需工业学院
邢 台 职 业 技 术 学 院 院长 **杨旺才**

前　言

中国人民解放军总后勤部与国家教委于1991年联合批文成立邢台职业技术学院，试办高等职业技术教育。学院在特色教学方面确立了以职业为导向、以能力培养为基础的培养目标，制定了与培养目标相适应的教学计划与教学大纲，据此编写出了这一符合教学大纲的配套教材。

本教材是在新版《文化服装讲座》的基础上融汇了作者留日期间的所学以及多年的服装教学实践而成，经过三届学生的试用，教学效果良好，在对学生的技能培养方面发挥了重要作用。在内部试用过程中已经多次修订。

本教材具有很强的原理性与知识性，内容系统、全面，在编排形式上也有较大的创新，突出应用和职业技能的训练是本书的特点。

本教材由王凤岐编译第一章，白树敏编译第二、三章。

在本书的编写过程中得到了日本东京文化服装学院学院长大沼淳先生、学务部部长古田隆吉先生、文化出版局发行部副部长太田贞征先生、邢台职业技术学院院长杨旺才先生、副院长王建勋先生、服装系主任王佩国先生的大力关心与支持，在此向所有帮助和关心支持本教材的领导和先生们表示衷心的感谢。

由于编写水平有限，加之时间匆促，错漏之处在所难免，恳请各界读者及服装专业同行们多提宝贵意见，以便再版时修正。

作者

原著作者序

服装行业发展至今，愈来愈要求产品的多样化。商品中有追求高效率大批量生产者，亦不乏重质量、重品位者，但皆离不开对制作者敏锐感性判断力之要求。设计师及裁剪技师们须具备对各时代的时装美有深刻理解、深谙其内在演变关系之能力，须倾注精力于把握真正的造型美。

此外，因服装乃供人穿着之用，须注意考察不同人群之心理因素及社会分工等。设计师们须经过如同素描、写生的练习那样反复进行立体裁剪操作，方能对其基本原理加以体会，达到开扩视野、提高境界。

本书从以上角度尽可能多地介绍立体裁剪的基本原理和操作范例，都是随即就可以切实感受和印证到的，尽可能舍去了不易理解之处，请在实习中切实加以体会。

《立体裁剪》一书第一版于 1962 年出版后，承蒙众多时装界相关者引为参考并应用于创作之中，不胜感谢。如今，日本平面裁剪和立体裁剪方面，具备高水平造型能力之设计师和技术人员可谓人才辈出，日本的服饰技术及生产能力亦位居世界前列。作为长年从事本专业教育工作之一员喜悦之情莫过于此。值此书新版之际，有感于《立体裁剪》一书将成为指导时装创作者之必修读物，特为执笔作序。如此书能起到其应有之作用则幸之甚矣。

小池千枝

1983 年 10 月

绪 言

关于立体裁剪

追朔服装的起源，无论在欧洲还是亚洲，早期的衣服都是平面结构直线型的。在欧洲，以中世纪文艺复兴时期为起始，出现了突出胸部、收紧腰身、突出人体立体感的服装造型，其流行中心也进一步移向法国。经过巴洛克、洛可可时代直至近代，伴随着时代的发展服装的立体化造型经过演变逐渐提高完善。到现代，则有夏奈尔、迪奥尔、卡丹、圣·罗朗等难以计数的设计师们将多种多样的立体美不断地创造出来。作者本人受这些服装设计师们洋溢着立体感的作品启发，感受到极有必要把具有欧洲优美立体感的技术，导入到一向具有平面感觉的日本服饰技术中来，因而一直专心于立体裁剪及所必需的人台开发和著作之中。

在服装行业兴旺发达的今天，设计师、样板师们所期望的已不仅仅是掌握平面裁剪技术，而是更迫切地希求掌握立体裁剪技术。各大型被服企业投入了较大的力量进行立体裁剪，用人台的研究开发。就人台而言，根据不同企业或研究所的需要而人台规格特征各不相同。根据人体体型的不断变化，人台也有必要进行几年一度的模特更替，以把握相应的供需态势。

所谓平面裁剪是通过量体采取尺寸，使用原型等方法经两个步骤操作制成样板。而立体裁剪则是依据人台或者人体经三个步骤制成样板。总之，目的都在于制作出精确的样板。

在立体裁剪中，只要有人台和布料，即可以很自如地创作出想像中的造型。如同绘画一样用布在人台上进行表现，很直观地可以体现出人台和布料的物理特性。有垂感的布料能够垂下来，有弹性的布料可应用其弹力进行造型，不需要很高的技巧。需要注意的是：仅仅是将布紧紧地包裹在人台上是算不上什么创作或设计者的技巧，重要的是在人台（或人体）与所创作的服装之间如何保持适当的空间余量，使服装具有舒适性和机能性。

基本的操作熟练之后，在实施立体裁剪的过程中，也可以边裁剪、边引发设计灵感。另外，在平面裁剪中难以估算的布料厚度因素和悬垂程度等问题，都可以在立体裁剪过程中加以解决。有时逆反其材料特性引发设计灵感，领会裁剪技法的微妙变化是非常有趣的，特别是对于一些有褶皱和波浪效果的设计中，平面裁剪中需要反复试穿多次，才能确定样板。应用立体裁剪的话，则是一开始就处于着装条件下的立体构成，而能直接且较顺利地达到设计效果。从服装的造型美角度来讲，有时有必要在人体原有基础上进行一些变形处理，在这种情况下应用立体裁剪技术，可以较容易地在着装状态中、对变形的分量和平衡关系加以把握和确认。

一般意义的立体裁剪是依据人台进行的，如果能在人体上进行立体裁剪更为理想。因为人台是静体，所以在活动量方面应参照实际人体状况加以充分考虑。

简言之，立体裁剪的主要特性便如上所述。

目 录

第一章　准备

第二章　立体裁剪基础

第三章　立体裁剪范例

第一章

准备

用具和材料的准备

人　台

就立体裁剪而言，最重要的用具，首先便是人台。当然服装是由人穿着的，能够在人体上直接披布裁剪固然最好，但在很多场合下这样做很困难，故而作为人体的代用品的人台是必不可少的，而且人台要尽可能地具备和接近人体所具有的特征。不过可动作的人体和被固定下来的人台相比，肯定有着不同之处，但这里并不是说只有完全和人体一模一样才好。那样的话由于人体骨骼和肌肉的隆起使用起来反而比较困难。然而，这些骨骼和肌肉特征在人台上不做清晰的形体表现也是不行的。

可以毫不过分地说，人台的好坏直接影响着立体裁剪的效果。以下便从立体裁剪的角度，介绍一下通常情况下的适用人台。

标准人台的条件

正确而优美的比例；经过对人体各部位数值的测量，进而经筛选将数值加以分类便可得出匀称的人体比例。而服装正是经过这些数据的组合，表现出优美的服装造型，以供人们穿着。作为基准的人台自然要有优美匀称的比例，又如肩胛骨的隆起，锁骨所形成的凹陷与棱突、斜方肌、腹肌等在相应的程度上均应有所表现。设计中视为重点部位的胸部，因其有用垫肩等加以修正的余地，所以要略显平坦，这样可以依照流行性或设计上的需要进行调整，使人台具有更广泛的适用性。

裸体人台

服装种类的繁多使想拥有适用于各服种的多种多样

人台几乎不太可能。所以，要想拥有一个能相应地适用于从泳装至大衣的人台，那么最好选择一个没有加入很多余量的裸体人台。

人台表面材料

应避免使用太滑软和太硬、难以插针的材料做表布。最好是选择接近皮肤的平滑而有弹性的人台，内壳上包裹有化纤絮片或棉，外面用布面紧紧包裹的为好。外层包布应使用不滑、不涩的麻或棉布为宜。

颜色

市场上出售的人台大多为白色。人台表面颜色既有表示人体皮肤颜色的意义，同时要考虑对立体裁剪所使用材料没有妨碍和影响而且耐脏才行。最好是本白色的麻或棉。

人台的种类

根据其用途人台可分为立体裁剪用、成品检验用和陈列用几种。在立体裁剪用人台中，根据采取样板的目的，又可分为裙装用、泳装用等很多种类。当然，由于用途的需要，其形态、规格、余量大小都各不相同。在这里介绍几种具有代表性的人台。

文化式人台

图 1－1－1(1) A 中便是文化式人台；尺寸为胸围 82cm，腰围 58cm，臀围 88cm，为标准 4 号人台。此文化式人台为没有加入余量的裸体人台，号型从 1～10 号共 10 个种类。选择号型后可在泳装、内衣以至外套范围内广泛使用。以单体为对象时可选择尺寸最接近的号型；以群体为对象时可选择尺寸比较集中、覆盖面较广的人台号型。

大约 30 年以前，日本还未开发针对日本人体型的人台。那时对于刚刚开始致力于立体裁剪技术普及的作者来说，首先要做的便是着手制作人台。当时为了在已有数据的基础上确定人台的号型，进行了大量的人体测量，依据大量的资料才确定了人台的号型。另外，为了表现人台优美匀称的造型，对健康的青年女性体态做了大量的观察和测量。最终确定了表现人体美（在一定程度上加以美化）的人台造型。

最初的人台为石膏制做，产量低而且没有弹性，针也无法插入，有很多缺点。以后经过多次的改进才形成现在使用的发泡苯乙烯，外蒙麻质表布，弹性和针刺性能都较好，而且价格也适中的人台。因为，人台的要求之一便是接近人体，将来还需要开发出比现在更好的人台产品。另外，由于人体体态的变化，人台造型上的修正也将是不可避免的。

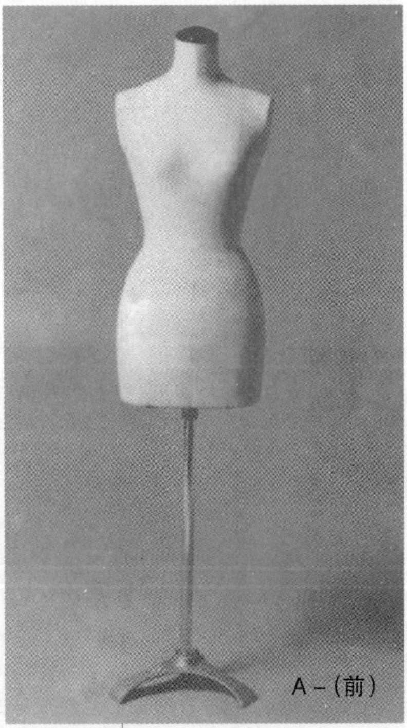

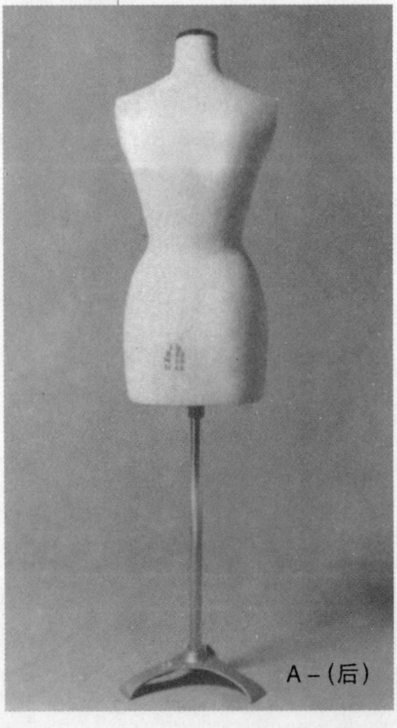

法式人台

B. 所示，法国衣料产业技术中心(CETH)开发研制的裸体人台，号型为36号。属最接近日本人体型的人台，和文化式人台有很多相似之处。整体形态优美，表布为浅蓝色

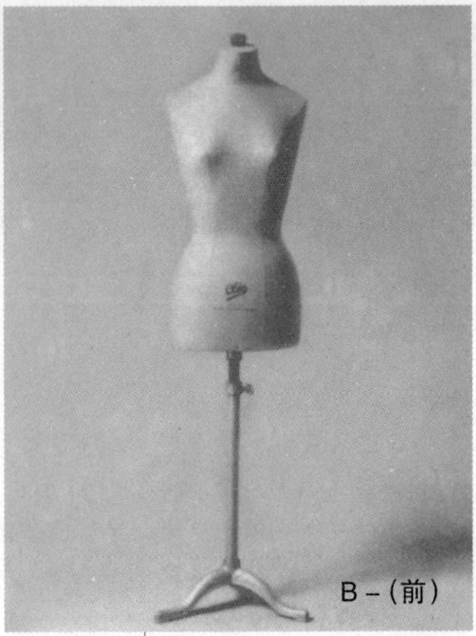

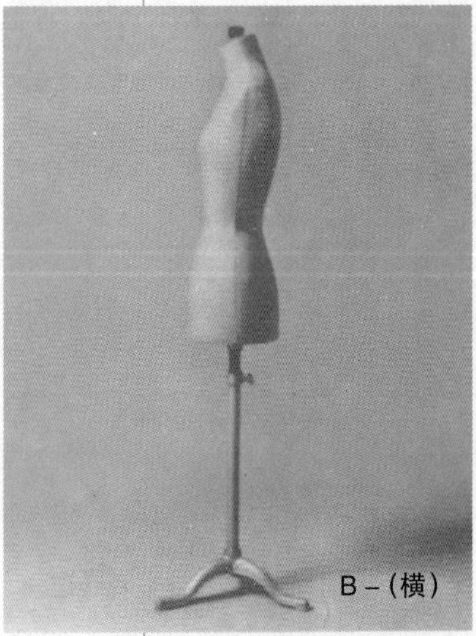

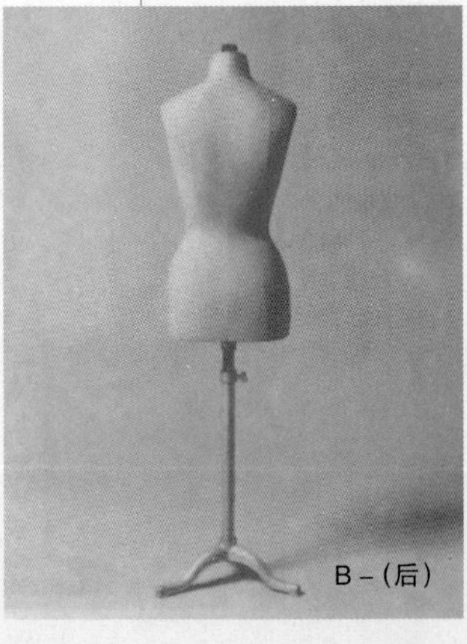

图 1－1－1(1)

美式人台

C. 为接连有下肢，对裤子类的立体裁剪也很方便的美式人台。但价格昂贵，作为学习用品难以适用。

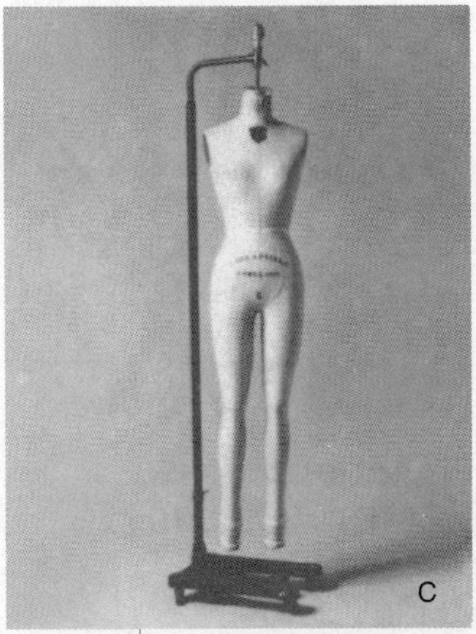

C

文化式连下肢人台

D. 因为有下肢相连接，裤子、泳装等都可适用，图D上的为5号人台。

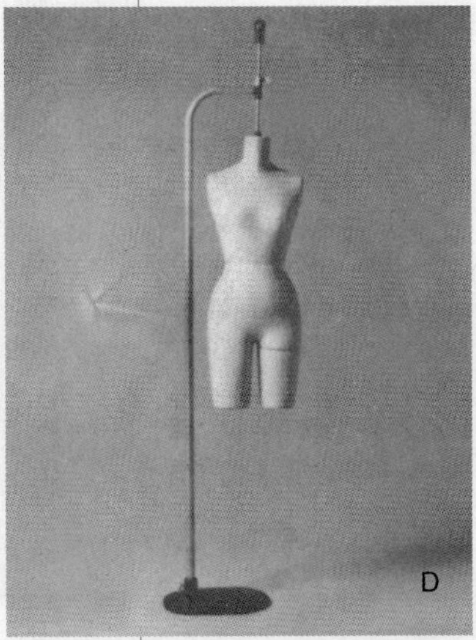

D

和服人台

E. 所示人台为陈列用人台。整体呈现出和服装的优美造型，线条柔和顺畅。

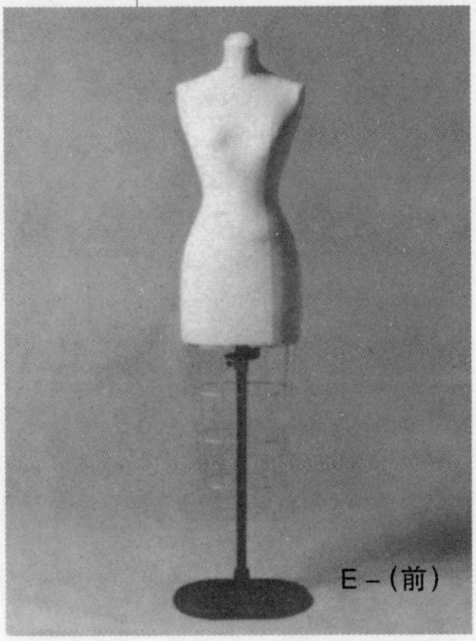

E－（前）

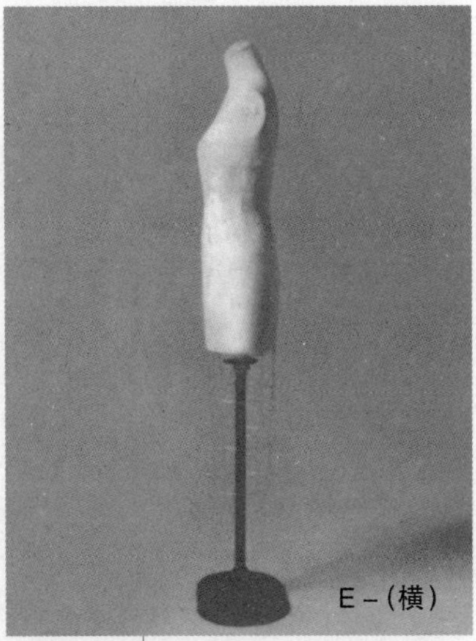

E－（横）

男装人台

F. 所示男装人台的特征为前胸部没有很大的凹凸，呈扁平状。腰围比胸围略小(比实际尺寸比例大)，有时也可适用于部分女装。

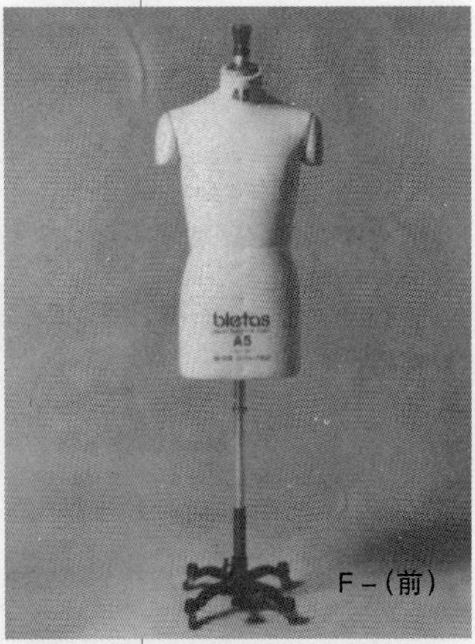

F－（前）

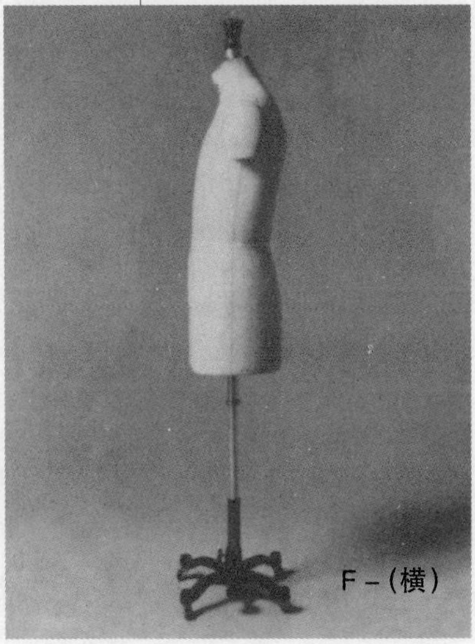

F－（横）

图1－1－1(2)

儿童人台

G. 介绍的是具有幼儿代表性体型特征的6岁儿童人台；腹部比胸部突出一些。对此独特的腹部特征应充分加以考虑。

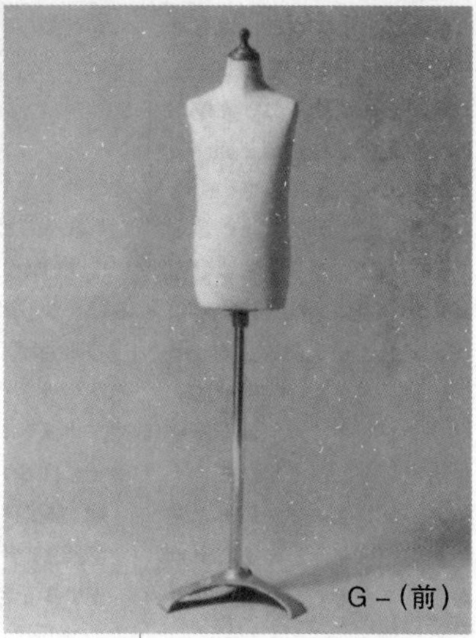

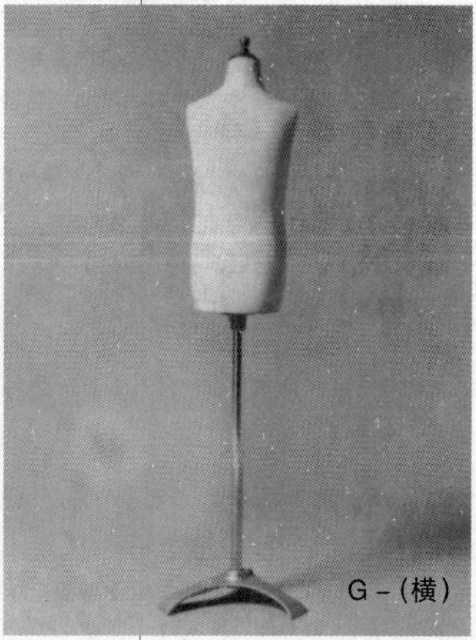

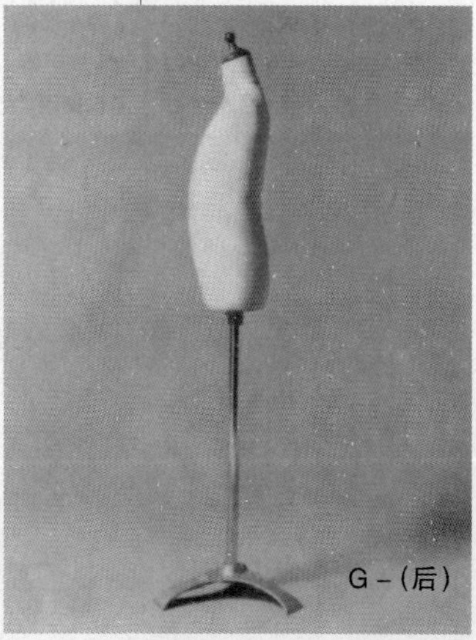

图 1－1－1(3)

手臂

对人台来讲，手臂代表人体的一部分，是必不可少的，人台在装上手臂之后，更接近于实际人体条件。沿着肩部接续下来的手臂，在实施立体裁剪中，更容易确定肩线和袖窿等部位。更为重要的是在胸、肩、袖窿等部位判断余量是否合适时，没有手臂是很难看出来的。也就是说，在上衣的构成中，机能性如何，手臂起着很重要的作用。此外，装上手臂后，便于掌握上身衣片与袖子之间的平衡关系。也很容易确定肘弯与手臂的位置，便于袖子造型和截取袖长。因为手臂的安装与摘下非常方便，在实施裙子等下肢服装的立体操作时，可以随时取下或固定于人台上，其它不妨碍操作的位置上。在袖子的构成时，也可将手臂取下来，单独在手臂上进行袖子的立体构成。

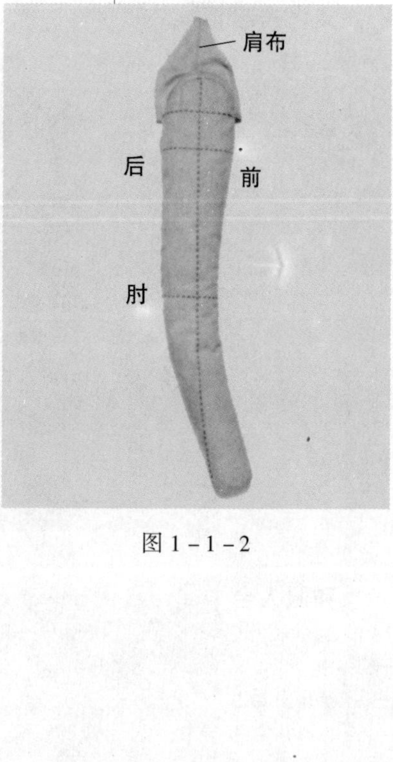

图 1－1－2

立体裁剪的用具

立体裁剪的用具主要有大头针、胶带模型线、剪刀、纱剪、直尺、皮尺、铅笔、熨斗、针插、针盒、棉布、作图纸等。对这些用具应该弄清其用途认真加以选择。以下简单介绍。

大头针

应准备较细、弹性好、尖锐、容易穿刺的大头针。有圆头的大头针因其圆头碍手尽量避免使用。本书中只是为了清楚地显示针刺部位，有时才使用了带圆头的大头针。大头针的用量很大，应多准备一些。

胶带・铅笔

要准备一些胶带和棉质织带。如果对立体裁剪的操作已经很熟悉了，固然可以用目测的方法确定分割线等有造型意义线条的位置，在没有熟练掌握操作手法之前，用胶带或织带等事先在人台上标记出设计线条的位置，就方便多了。省、褶的位置，领围线、下摆线都一样，最好是事先看好其位置，并且用胶带等标志出其所在位置。至于胶带的颜色，因为立体裁剪操作时，棉布是覆盖在人台和模型线之上的，要想在披上布之后，还能看到模型线的标记位置，就要选择黑或红等深颜色的。另外，服装上带有弧线型分割，所以要选择窄而且薄，能够较自如地做曲线变化的胶带才好。在领窝、袖窿等位置做标记时需要使用铅笔，在制作袖子时，需要使用织带来固定手臂。

针和线

准备白色和彩色棉线。彩色棉线用于在布料上做纱向标记，最好是用红色或绿色等醒目的颜色。在立体裁剪中有很多情况下要做纱向标记，彩色线是不可缺少的。白色棉线用于立体构成后，取代大头针进行布片的缝合。需注意的是：立体构成时如用的是白色棉布的话，就要用白色棉线缝合，如果用的是丝质材料就要用丝线缝合。针也是同样，要对应的材料来选择针的大小型号。

剪刀和纱剪

要选择锋利合手的剪刀供布料的裁剪之用。纱剪则有时还要起铅坠的作用。

皮尺和直尺

立体裁剪中多数情况下，要依据目测感觉来完成造型的构成。一般不怎么在操作过程中量多少尺寸，即便如此，在确定纽扣间距、决定衣长等成品尺寸时，仍需要用直尺和皮尺来测定。

熨斗

刚刚买来的棉布多少会有些褶皱不能直接使用，需要用熨斗将其熨烫平展。这时最好不用蒸汽熨斗，也不要喷水，如果用蒸汽熨斗或喷了水的话，坯布上的浆液会变硬，立体构成时不易成形或失去应有效果，应特别注意。

贮针袋和针插

操作时使用的大头针，应插在固定于手腕上的针插上，以便随时取用，因而针插必不可少。因为需要很多的大头针，这就另外需要一个可存贮很多大头针的针袋，以免针插上有太多的针取用不便。针袋最好为皮革质地，而且要将袋口留大一些以方便取用。

棉絮

除用于制作手臂以外，可用于做体型补正或由于设计的需要突出人台上的某一部位。可使用棉絮或其它柔软有弹性的化纤絮片。

做图纸

要将立体构成后的布片做好标记，平铺于作图纸上采取样板，另外，样板的缩放号也需要作图纸。

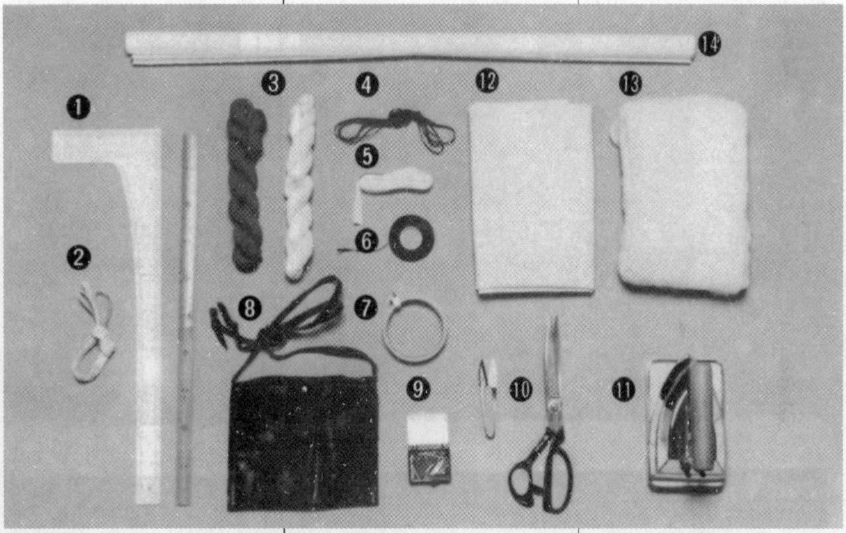

图 1－1－3

❶直尺
❷皮尺
❸棉线
❹织带
❺绵织带
❻胶带模型线
❼胶带纸
❽贮针袋
❾大头针
❿剪刀
⓫熨斗
⓬棉坯布
⓭棉絮
⓮作图纸

本白色棉坯布

立体裁剪中一般不直接使用实际面料。除极薄的材料和针织类面料以外，立体裁剪用得最多的是接近实际面料薄厚程度的本白色棉坯布或平纹组织的其它棉质材料。棉布的纱支数在 40 支纱至 20 支纱之间。可对应实际面料的纱支数适当选择。平纹组织织物可以很清晰地看到其经纬纱向，在操作中可以按照经纬纱向缝入彩色棉线以指示方向。这点可在操作中充分加以利用。

因特别需要也用一些衬布之类其它材料。总之，要避免使用一些过于滑软、容易抻拉或过重的材料。重要的一点就是要选择与实际面料比较接近的平纹组织棉质织物。这样能较准确地体现立体裁剪的效果。

贴附模型线

为了能比较容易地采取人台的紧身原型，需要在人台上事先贴附黑色或红色等醒目的胶带模型线作为标记线。

首先要按照需要选择身高、号型相符的人台。人台上没有头部，比齐肩部高度即可。人台应保持竖直和稳固，不平稳的应采取垫低或垫布的方法使人台不摇不晃。

通过贴附人台的模型线的练习，可以更切实地观察人台。对于颈部与躯干的关系，肩部、胸部、腹部、腰部的形态特征等都可以有一个直观的认识。另外，根据皮尺的测量数据，可对胸围、腰围、臀围之差可有个真切的了解。如能利用曲线尺和滑轮测量仪，对各部位横截面进行测量，更可以增强对人体立体状态的感性认识。

贴附模型线方法

1 前中心线从前领中心位置起垂直向下（下端用纱剪坠上），用胶带模型线贴附。

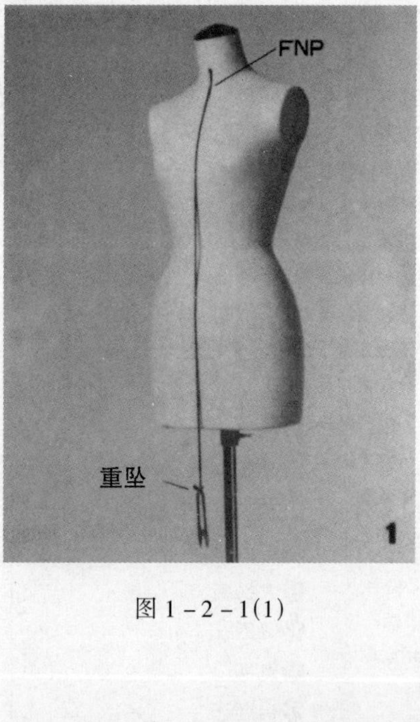

图 1－2－1(1)

2 保持垂直不动、不偏移，由上至下压贴在人台上，确定前中心线。

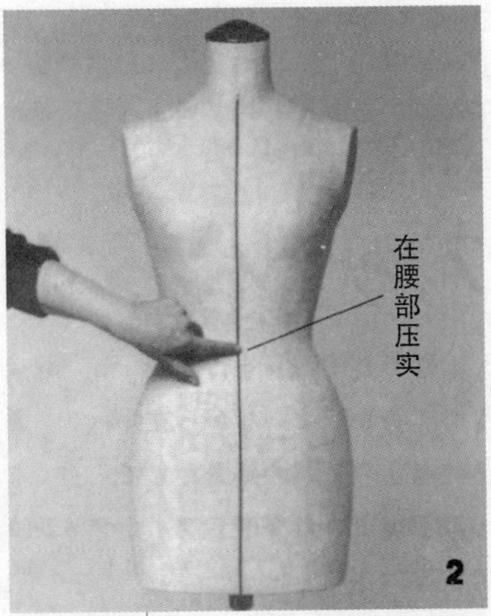

3 后中心线 同前中心线一样贴附。后中心线贴好之后，要用皮尺核对前中心线各高度位置，经侧面至后中心线对应高度间的尺寸，确认左右是否一致。

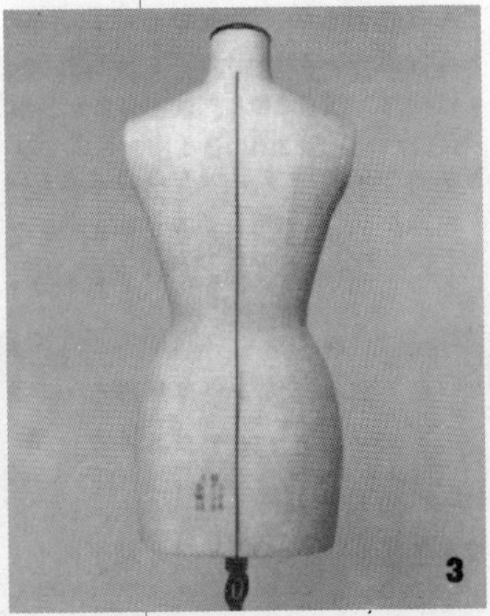

4 从前后左右几个方面确定胸、腰、臀三围的高度。最好同图所示，用高度尺测定较为方便准确。先确定乳高点位置，以两个乳高点水平连线为基准，测量胸围线高度。后身部分容易向下倾斜应加以注意。

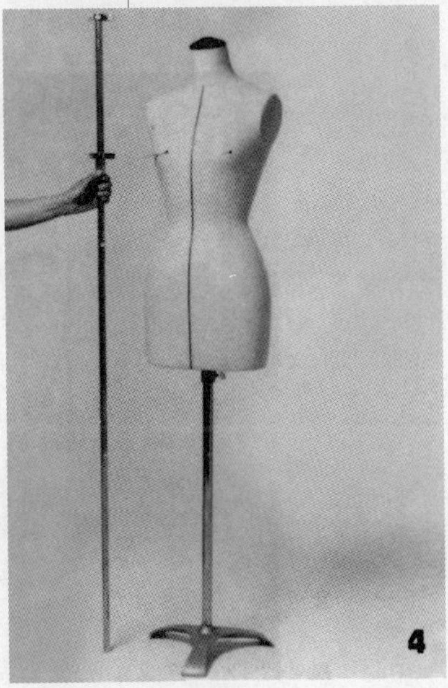

5 腰围线是在腰部最细部的水平线。在后中心线上确定腰节长度后，前后左右确定水平位置。

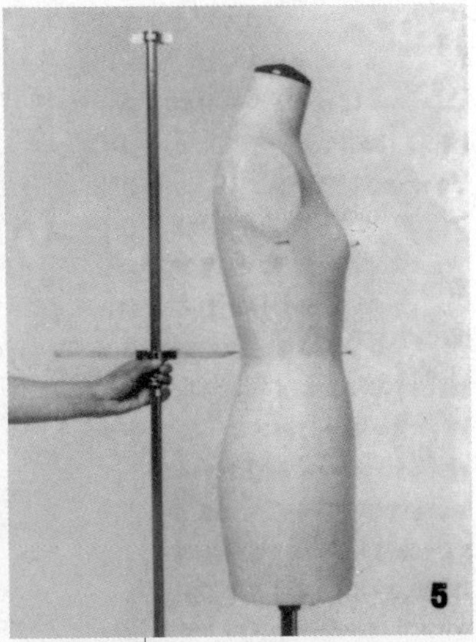

6 臀围线为臀部最丰满处的水平线。一般在腰围线前中心部向下18～20cm处，最好不要太靠下。如果过于靠下，在裙子的立体构成中会造成省缝过长、裙子显短的感觉。

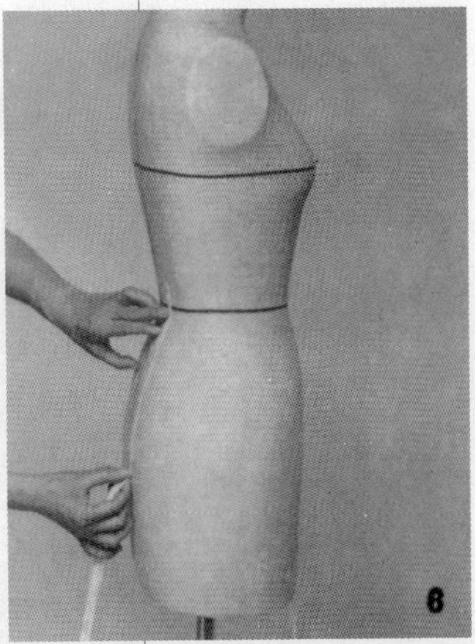

7.8 在确定了胸围、腰围、臀围线的位置以后，沿标记贴附模型线，应保持水平。

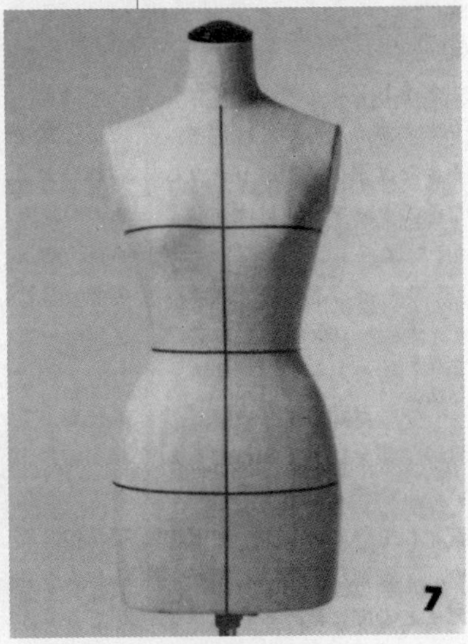

图 1－2－1(2)

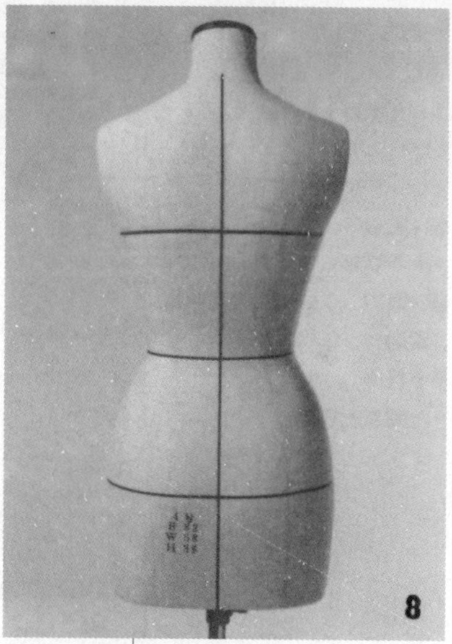

9.10 颈围线　大约和人台上颈根部缝合线相同。如图所示，用皮尺在颈根部量取颈围位置，然后，沿皮尺贴附模型线。

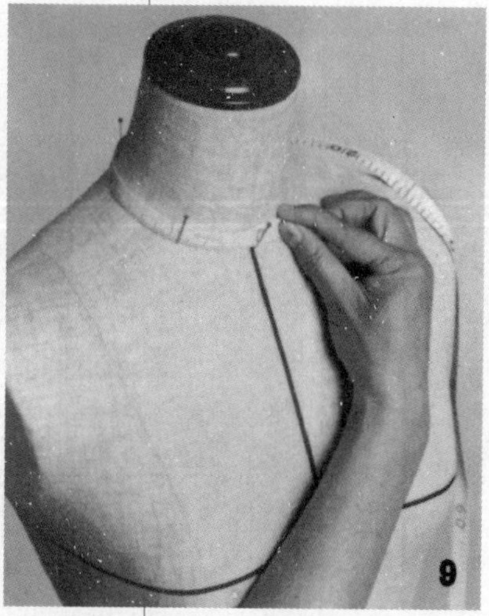

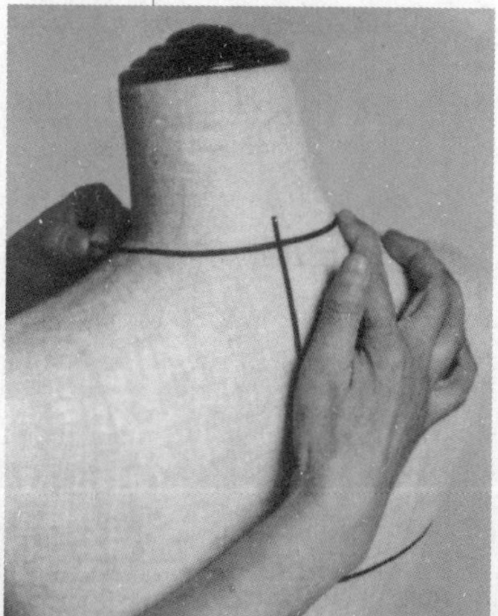

11 臂根截面线　这条线尽管不像前后中心线那样必不可少，作为袖窿的基准线应按照人台上臂根大致形状贴附模型线。此线后侧稍浅，前侧略深些，呈向后倾斜的椭圆形最好。

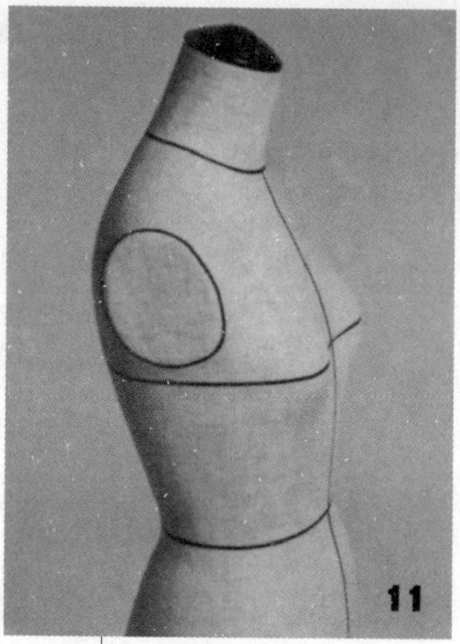

12 肩线和侧缝线　侧对人台确定领围最外侧一点和肩部最高一点，两点之间连线即为肩线。再过臂根位置向下延长，通过人台厚度中央位置向下直至底端即为侧缝线。

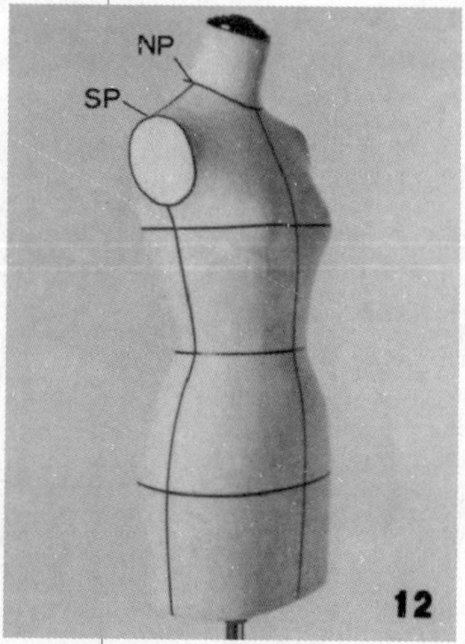

13 前公主线　先由小肩中央位置向下至乳高点后，沿曲面依次顺延至腰围和臀围线，臀围线以下垂直至底端。这条线的走向可造成腰粗、腰细两种不同效果，要注意掌握整体均衡关系、选择最佳位置。贴附上的模型线要体现出造型美的顺畅曲线。

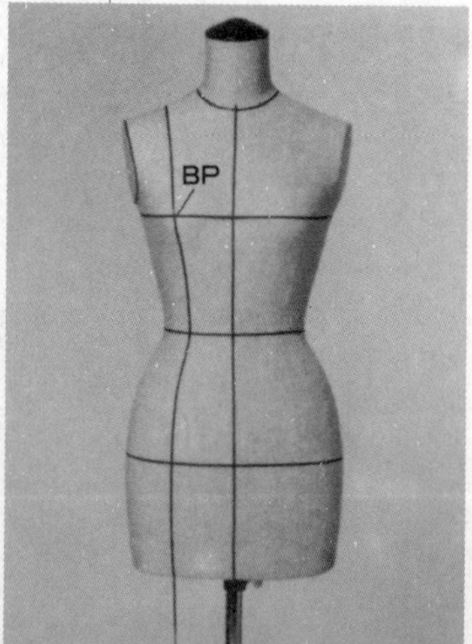

图 1－2－1(3)

14 后公主线
从小肩上同前公主线相同位置，引出向下经肩胛骨、腰围线至臀围线。腰围线至臀围线呈向两侧弧形，使臀部呈现出丰满的感觉。臀围线以下垂直向下。后面比前面曲面变化小，应很顺畅地可以完成。

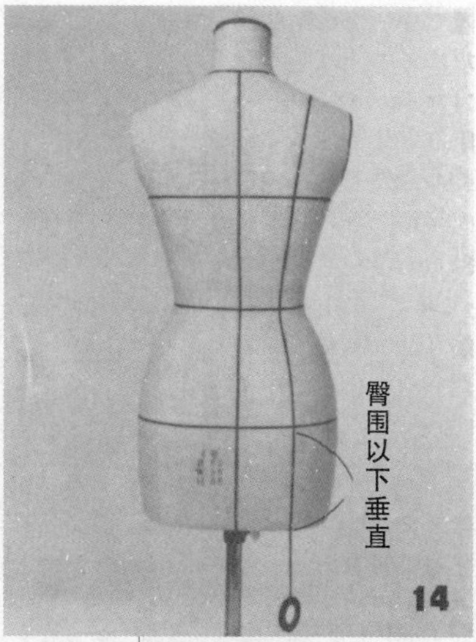

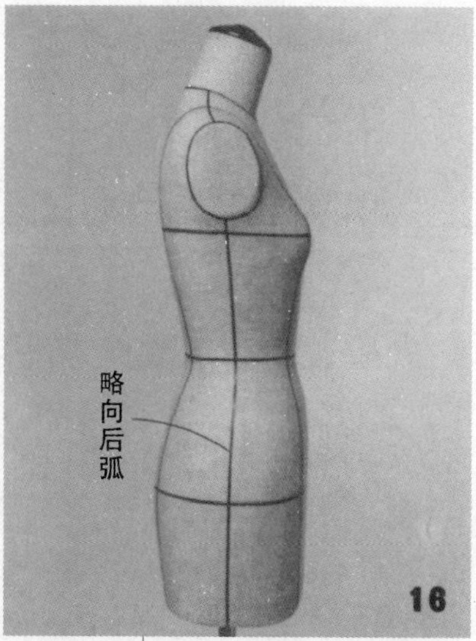

15～17 模型线贴附完毕。

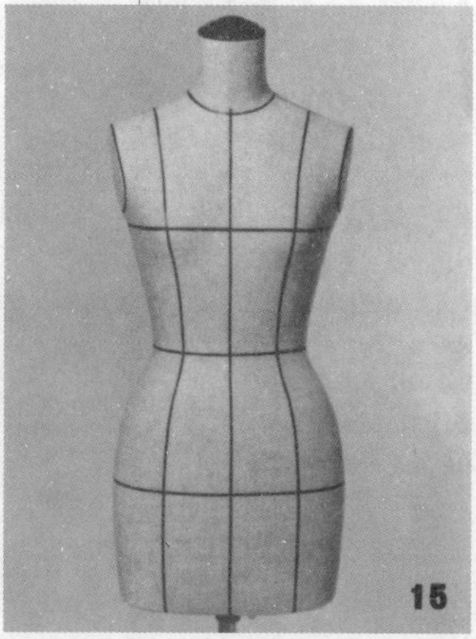

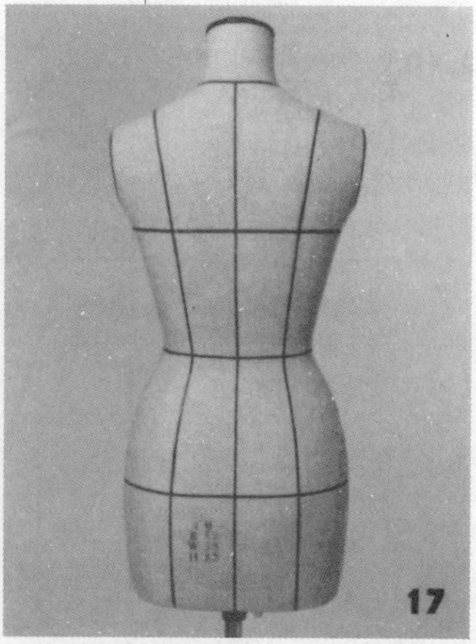

图 1－2－1(4)

人台表皮的立体构成

这项练习自然是以了解立体裁剪用人台为目的的。同时，通过这项练习也可以掌握一些立体裁剪操作的基本技法，是快速提高立体裁剪技法的一条捷径，也是不可省略的。须通过以下几个步骤，才能对立体构成有所收获。

①通过观察人台表皮展开图，可以了解代替人体的人台究竟是个什么形状。人台表皮的展开图所体现出来的形态要点，对平面裁剪提供很多极有帮助的启示。

②针对人台呈现出的曲面凹凸变化，可以理性地认识到布料是如何作用于人体的，便于了解布料的性质。

比如，在隆挺的乳房部位，如何使用布料才能很完美地突出胸部形状；或者对腰部的曲线变化，如何使用布料才能使其平展流畅。另外，如吃势的问题在立体表现时，采取何种措施处理才好等等，通过这项练习都可以体会到。

使用的人台　做这项练习时，首先应对标准人体的立体状态细细加以领会。要选择能充分表现年轻女性裸体体态特征的标准文化式人台。

使用的布料　选用经纱30支纱、纬纱36支纱的平纹组织棉质织物（中厚的本白色棉坯布）。

布料的准备

做人台表面紧身立体构成需要前身料一片，后身料两片和领子一片[(如图所示　见图1－2－2(1)]。以人台大致表面积的长和宽为基准；长度取人台最长部位尺寸，即从颈侧一点经乳高点向下至下端，宽度取前中心沿胸围线至侧缝尺寸，另外，留出相应的余量。将裁好的布在人台上比一下，分别确定胸围线、腰围线、臀围线的高度位置并做好标记，沿标记将彩色棉线按纬纱纱向缝入进去作为水平纱向线。同样，在纵向方向也要按图示那样在相应位置缝入。彩色棉线作为经纱纱向标记。

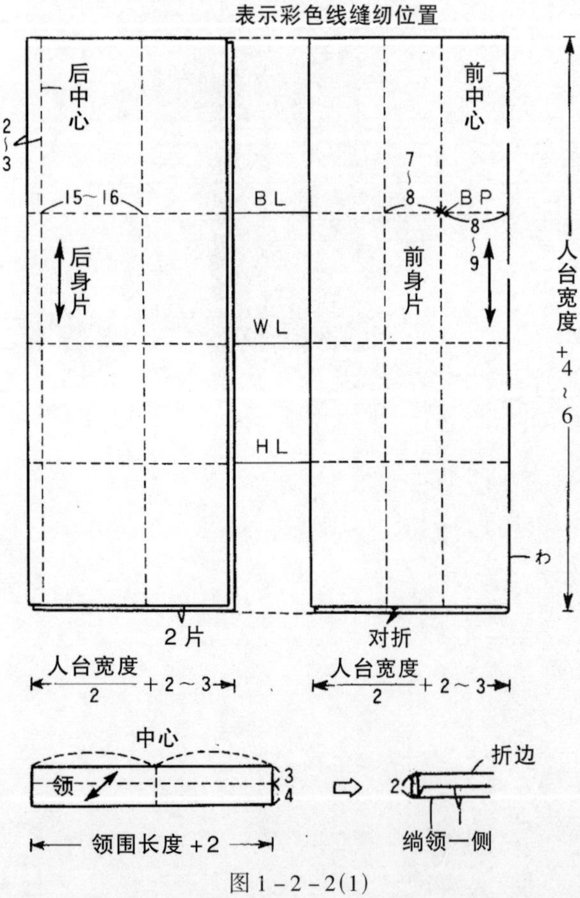

图1－2－2(1)

采取人台表皮样板的步骤如下：

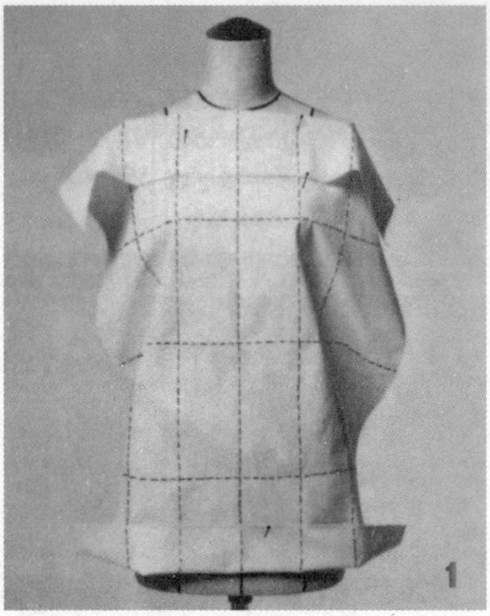

1 如图示，将布料上前中心标记线对正人台的前中心线，用大头针固定住之后，将布料向两边展开铺于人台上。裁剪从右半身开始进行，左半身的裁剪在这之后进行。布料上的胸围标记线与人台上的胸围模型线对齐，把握好左右半身的对称关系，在前胸部让布料自然服贴，在乳高点上方用大头针固定。

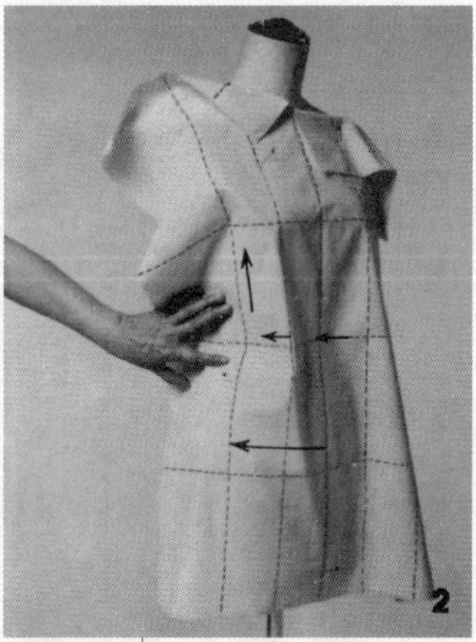

2 如图示，在前领中心位置开剪口，将布料上的三围标记线与人台的模型线比齐后，向侧缝线线围裹。在侧缝位置保持布料纱向垂直，将腰部收紧，此时乳高点下方会出现很多余量。

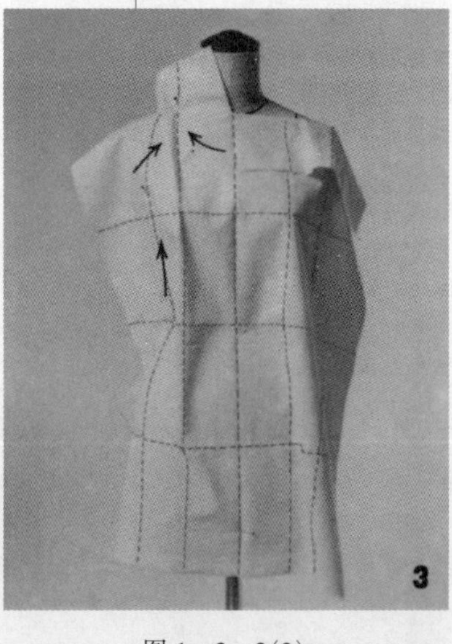

3 如图示，在腰部将腰围线以上的余量向肩部推拢上去，此时肩部也出现很多余量，这部分余量与乳高点下方余量收省之后，共同形成乳房处的隆挺份量。经过乳高点上下两个省缝的处理，可以很完美地裁剪出胸部形状。此时腰围部位的省缝有可能一直延

图1－2－2(2)

续到下摆，而和肩部的省缝断开。在形成轮廓之后，一点一点地将省缝调整到不扭不扯的平顺状态。

4 如图，将领窝处多余的部分清剪掉，形成领窝大致形状，然后在不扭曲领口的前题下，依次剪出放射状剪口。

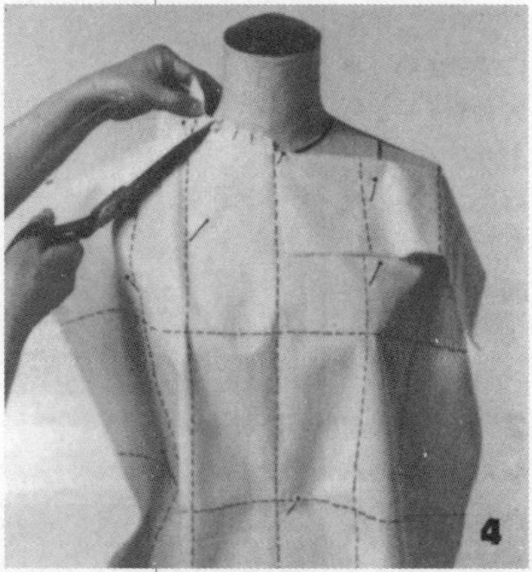

5.6 如图，在用针固定前身省缝时，由于曲面的关系有时会产生吃量，操作中会有曲线与直线之间的演化，这点在将裁片展开时，可以很清楚地看出来。在收省时，要使省缝平服地贴在人台上，而且省缝要直立不歪扭，须认真细致地操作。两乳间的余量用横向的一条省缝处理。

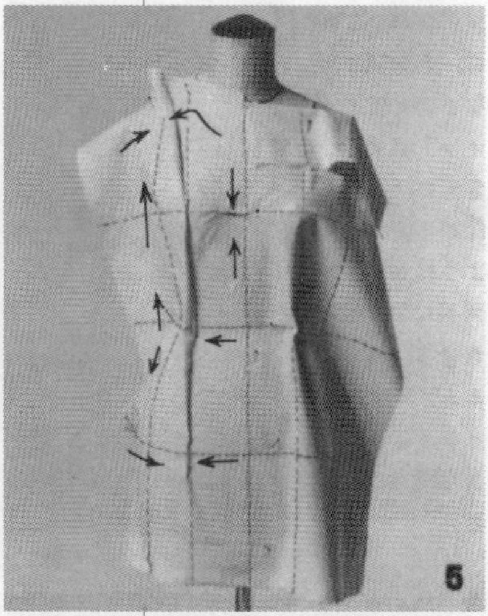

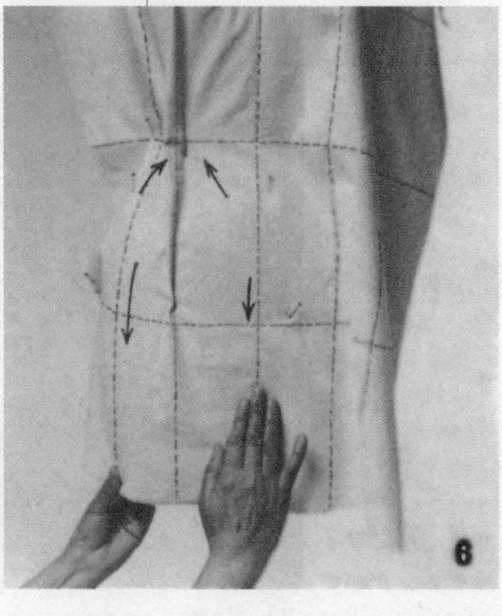

7.8 在肩缝和侧缝部位按人台上的模型线标记，将多余的量除缝份外清剪掉。臂根部位按人台上臂根环线，留出大些的缝份进行清剪。

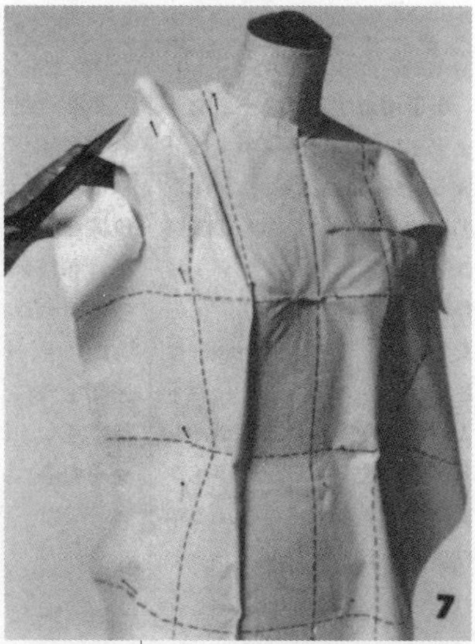

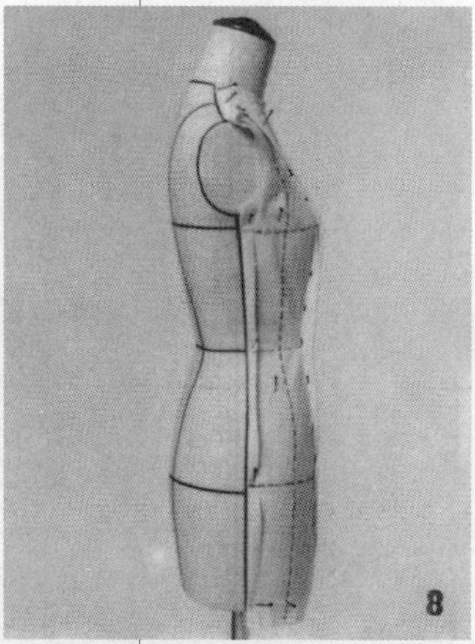

9 如图，在人台的背面进行右半身裁剪。同样，将布料上的三围标记线与人台上的模型线比齐，使布料平服贴实人台，尤其是肩胛骨部位和臀部彩色标记线不能扭曲。

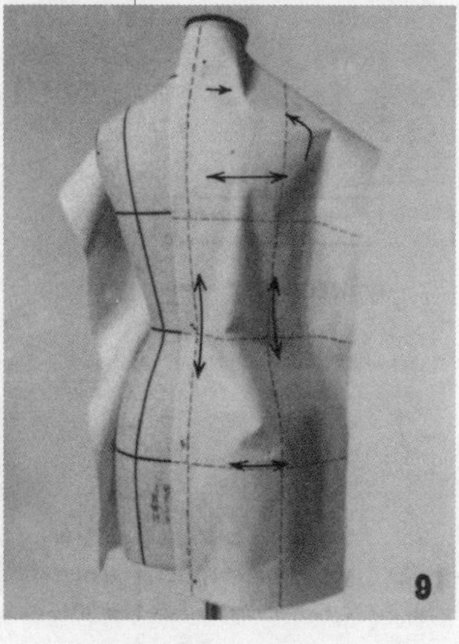

图 1－2－2(3)

10 如图，布料贴实人台后，将腰部多出的量收成省缝。此时臀部突出时，省缝可能直通至肩，背部突出时，省缝可能直通至下摆。应按图中所示，将背部与臀部份量均匀分开，使省缝出现于中间位置。在将人台整个地包裹好之后，在侧缝线上将前后身片用大头针固定在一起。肩上的余量收成省缝。

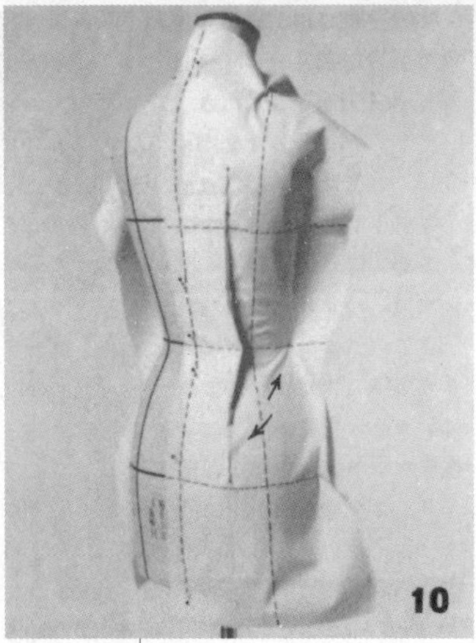

11 如图，调整肩缝和侧缝。先将前后身在肩、侧缝结合处大致清剪一下，把前后身片上横向彩色标记线连接成水平线，细细地用针固定。

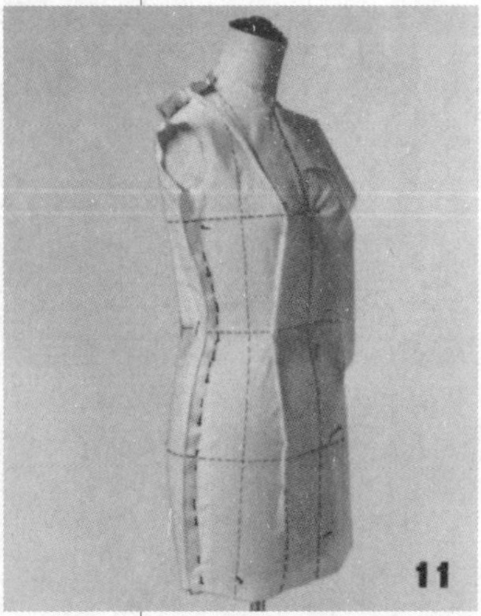

12 在领窝上缝入彩色棉线以做标记。在距臂根截面外，沿1.5cm处拱缝针法收紧臂根部缝份。至此人台表皮的立体构成复制操作基本完成。

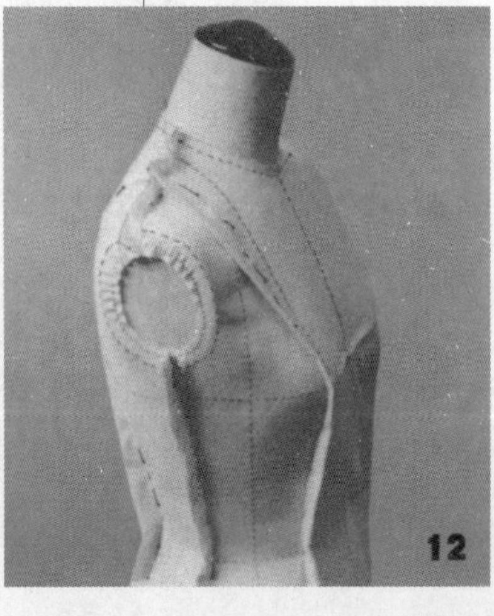

13 将裁剪好的人台表皮料片从人台上取下，用铅笔沿轮廓做好标记后展开。下面我们来看一下这个展开图。

因为，使用的是标准人台，所以，可以说是最具代表性的。腰围部省宽在4～5cm之间，整体线条比较流畅。比前所述，肩上的省缝与腰围上的省缝有时是分开的；有时是直至下摆的。后身上肩省与腰部省缝同样是有时直至下摆。细细地观察体会这里所呈现的线条特征，有助于应用到连衣裙和套装中去，以得到最完美的造型。这里得出的只是右半身，折合起来便可以得到左半身的展开图。之后便可以缝合了。将缝合的人台表皮穿在人台上，审视它是否很严紧地和人台吻合。最好是稍微紧一点无松垮现象。如完全吻合时，再用缝纫机以大针码缝合，留1.5cm左右缝份劈烫。曲线变化大的部位可开深剪口，后中心部位应按需要多留出些余量。臂根部位和下摆按（图1－2－2（12）所示那样，用拱针针法抽出吃势再固定。

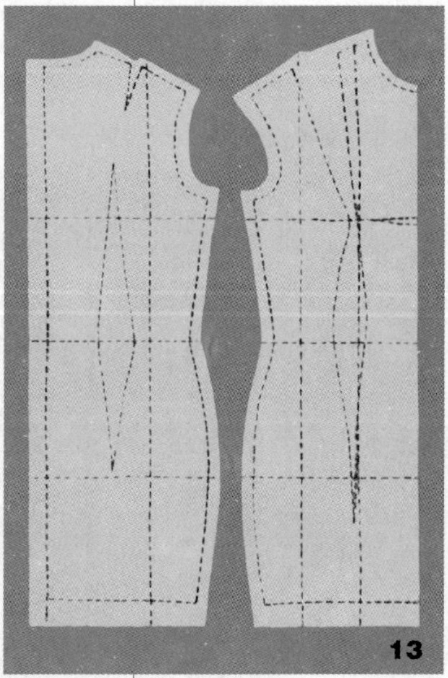

14 如图，领子用事先折烫成适当宽度的条形布带做成。加领子前要用熨斗把布条归拔为符合领口弯度的曲线形状。

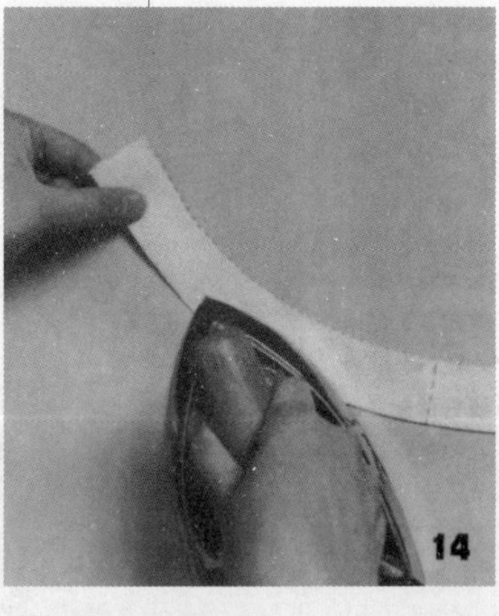

图1－2－2(4)

15 如图，将折烫好的领子，按领口标记线用大头针固定在人台上。

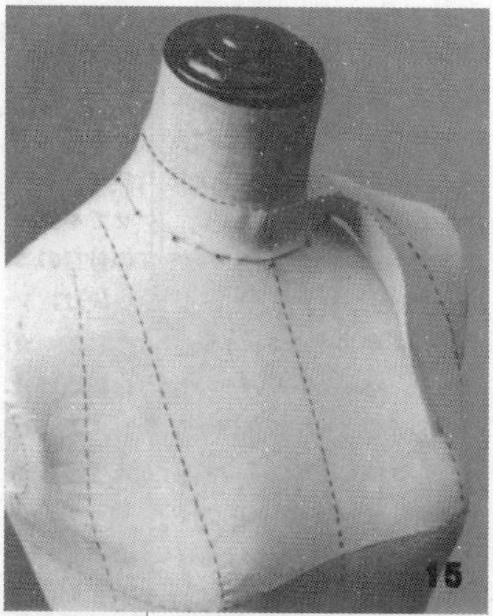

16 如图，将领子缝份折净缝合在领口上，在后中心部位应尽量剔薄一些，再将多余的份量清剪掉。

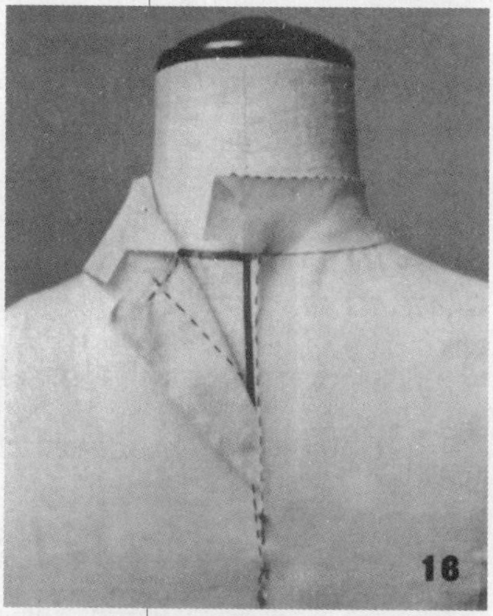

17 如图，将后中心线调整为一条直线，右后片按净印折边压缝在左片上。领子上多余的长度为左压右。臂根和下摆的处理，是在拱缝线上将缝份折净缝合。

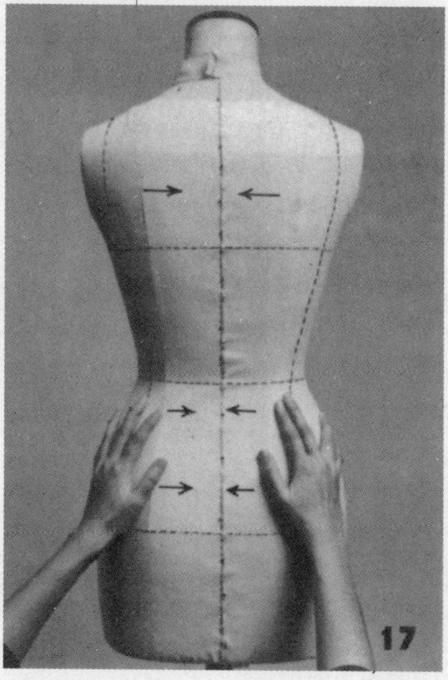

18～21 如图，人台表面立体构成至此完成。

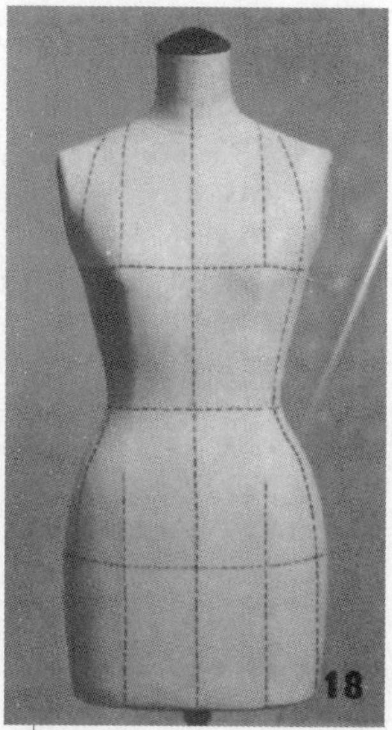

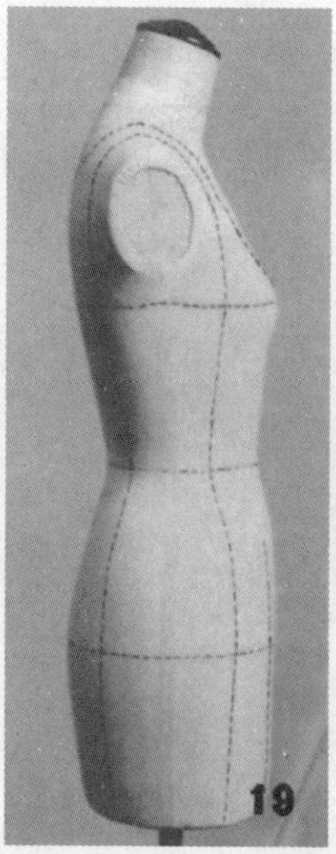

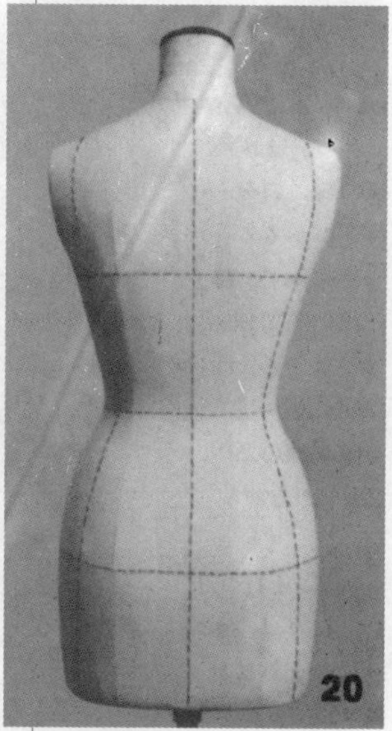

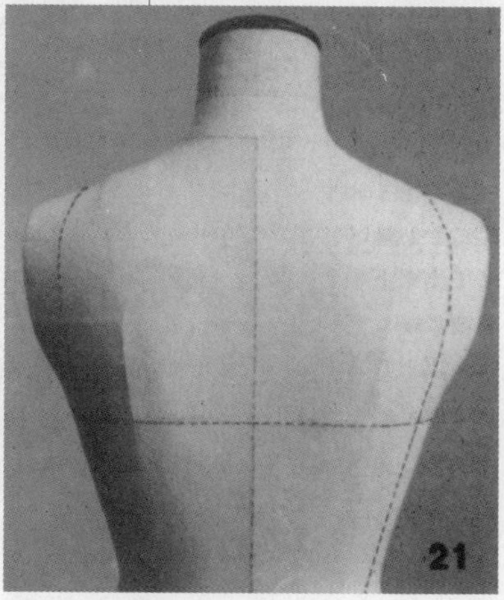

图 1－2－2(5)

人台的补正

人台是按照标准体制作的，可适应多种体型的需要，但和实际人体毕竟有一些细微差别。因此，如想消除这些差别或按某单体体型构成服装时，有必要对人台加以修补。只是这种修补只限于对人台进行某些部位的增加而不能切削。一般是用垫肩来进行添加；用垫肩剪成需要的形状，再重叠上一层絮片。这里介绍几种常用的补正方法。

另外，在使用有体型特点的单体人台时，应在构成人台表布之前加以补正。在为突出某一部位造型的需要而做补正时，其增补的絮片等应可以随时拆装。

如图A，在强调胸部的隆挺时，要注意观察人体；将胸部垫高但不能损坏胸部的优美形状，不要做得又圆、又高而要略呈椭圆形。垫肩的边缘要很自然地逐渐变薄。附贴在胸部时，不能有明显的段差。将中央位置显现出来后，用针线纳缝几针固定一下，再用大头针固定在人台上。

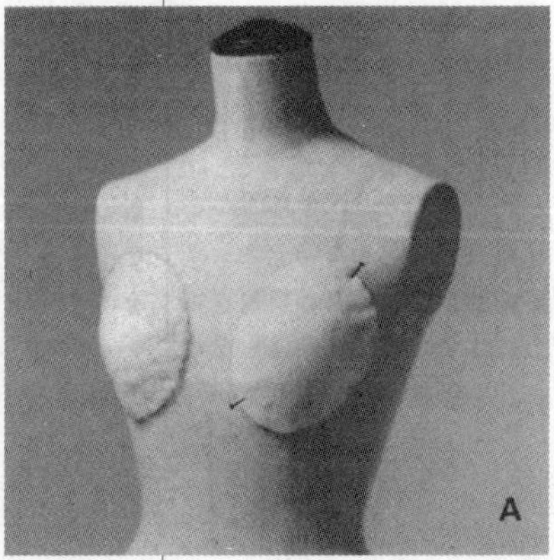

如图B，突出肩胛骨的补正；背部的美感同平平的相比略为隆起一些更好。有时从流行性和造型化上讲，也需要使背部隆起一些，如短上衣、棚式造型服装等，为了强调其突出点，有时须用垫肩加以添补。所用的添补物要用剪成三角形的垫肩制作。B图上只做了左半身的补正，实际应用时应两个半身同时添加。

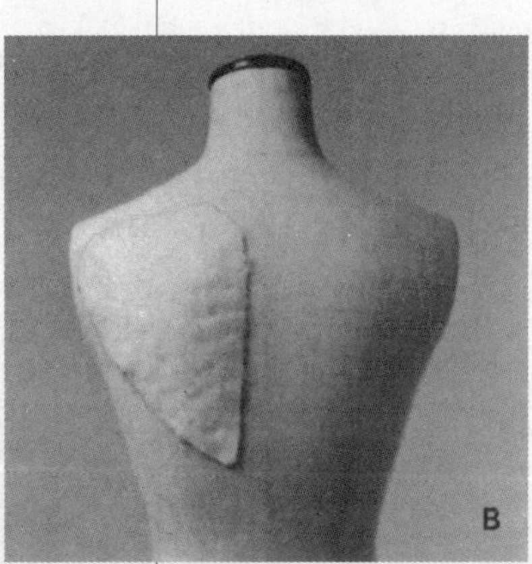

如图C，突出肩部；强调平肩效果时可以预先加垫肩。图C上便是直接加垫肩的方法。这种添加多数是出于流行的需要，应在人台表皮立体构成后添加。

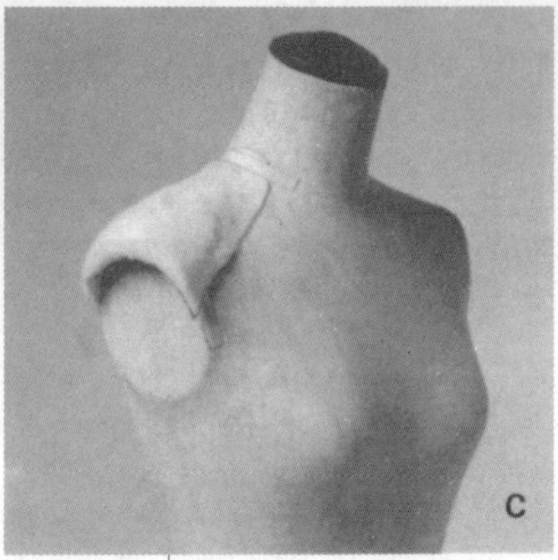

如图D，突出胯部；这种加附多是出于时装化造型的要求。有时也是出于体型上的考虑添加的。总之，要注意观察腰围至臀围的曲线过渡来添加。

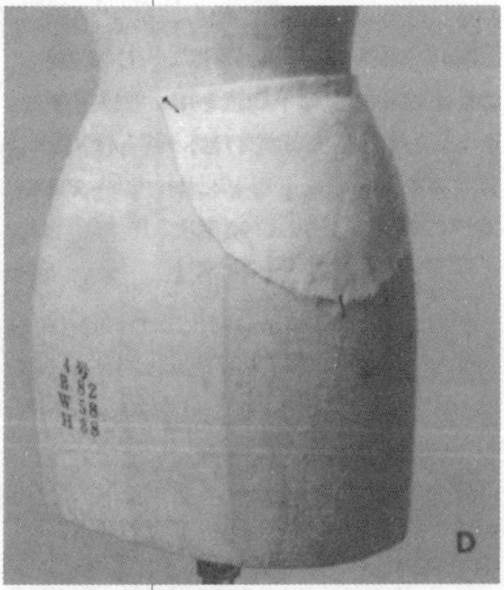

如图E，突出肩背厚度；沿斜方肌由肩至背加附宽，而且有厚度的棉絮片。由薄至厚顺序添加，形状要自然。

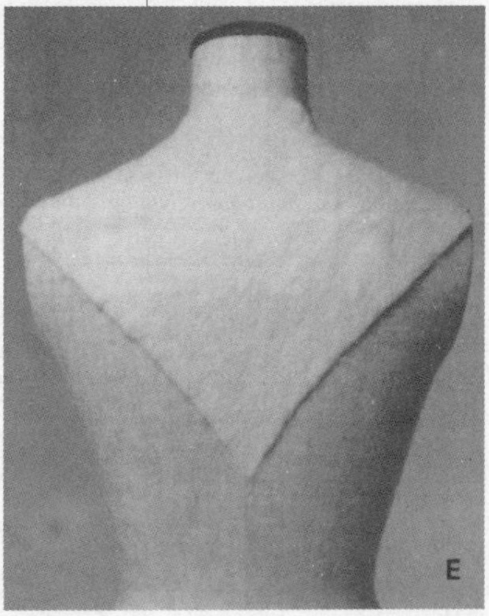

图1-2-3

手臂的制作

如同其它用具的准备一样，手臂是人台整体不可缺少的一部分。其形状要接近于实际手臂形状，而且要很容易地安装和拆卸。如果有两只手臂最好，但通常只装右臂。这里介绍手臂的做法。

做　图

手臂表布的作图方法，如图 1－3－1 所示。

由于各人手臂长度不一样，这里只采用了平均值。因为，在袖长上有时要做加袖头等处理方法，为了操作方便，应比标准长度略长一些，以便在做一些比标准长大的袖子时使用。另外，根据单体制作和批量制作的不同要求，应在此基础上加以缩放。手臂臂根位置的形状是前侧和后侧不一样的，对这点应仔细地加以观察。

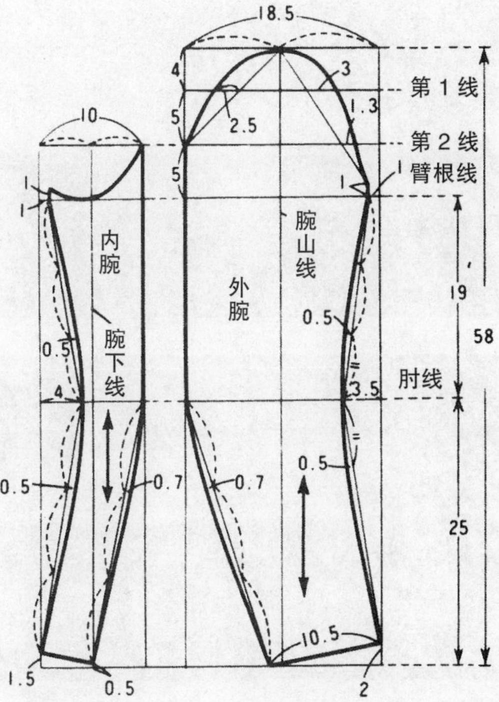

图 1－3－1

裁　剪

如图 1－3－2，使用中厚的本白色平纹棉坯布（经纱 30 支，纬纱 36 支左右）或性质相似的棉织物，可用和人台表皮立体构成所用相同的材料。

先留出大一些的缝份撕成适用的长度和宽度。之所以要用手撕而不用剪刀裁剪，是因为容易找出布的纱向。将撕成的布用熨斗烫平拉直后，在肘布和相当于袖山的位置，按图用彩色棉线按纱向缝入作为基准线，然后铺上样板，如图所示，画出净印与缝份。

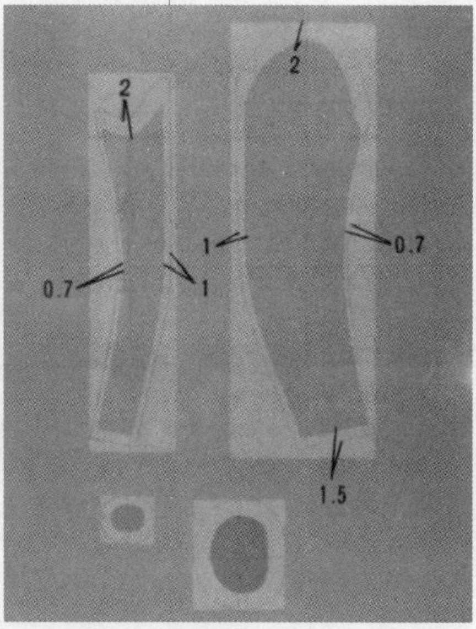

图 1－3－2

缝 合 手 臂

1 在大袖片袖肘位置上，用熨斗拔烫或用手抻拉一下。

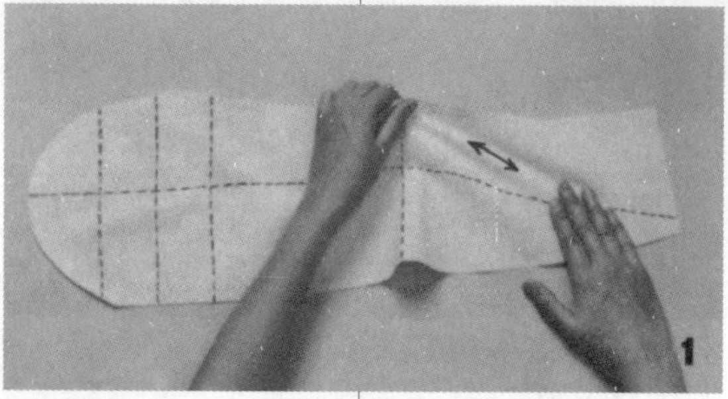

2 如图，将袖底缝折起 2cm，这时前侧肘部因抻拉过，可形成顺畅的弧线。

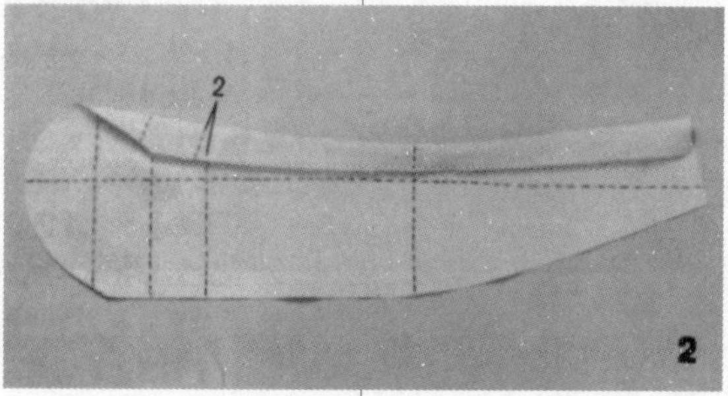

3 如图，将大袖与小袖的基准线比齐，用大头针把大小袖片固定住，此时的针以后要拆去，似乎麻烦了一些，但可以无误地使大小袖上基准线呈一条直线，是制作漂亮手臂窍门。

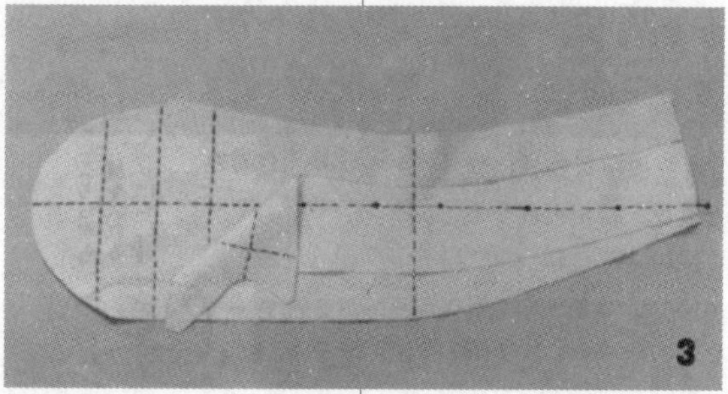

4 如图，将袖片平置于桌面，把大小袖的底袖缝缝份折合，用大头针固定。先对齐袖肘线，然后向下别针固定，再从肘线起向上固定。袖口处有长短不齐时，将其铺平清剪处理。

5 如图，同样将外袖线一侧也合齐并用针固定。不过这里的袖肘线不必勉强地对合在一起，而要在大袖袖肘线上下 8cm 范围内加上吃量，使大袖稍稍拱起一些。在这一段袖肘线可能会出现 5mm 左右的错位属正常。使袖山高线和下面的延线呈一条直线时，即可做成形状很好的代用手臂。

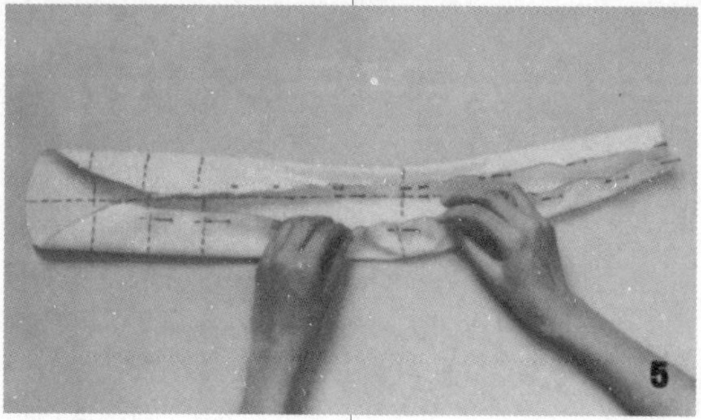

6～8 如图，已将大头针取下用线缝合起来的手臂表布，手腕一端缝份折齐。另外，臂根截面部位的挡布外缘用针线拱缝抽紧，里面垫上硬纸板做成照图上的形状，紧紧固定住。

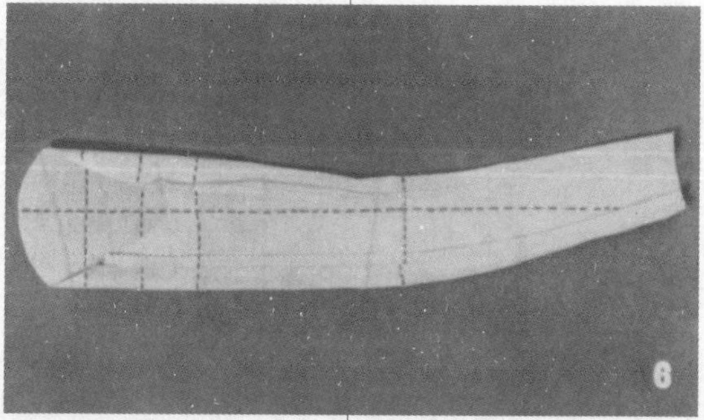

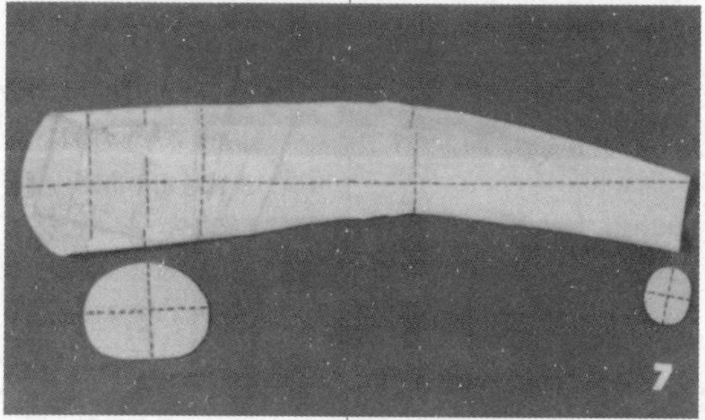

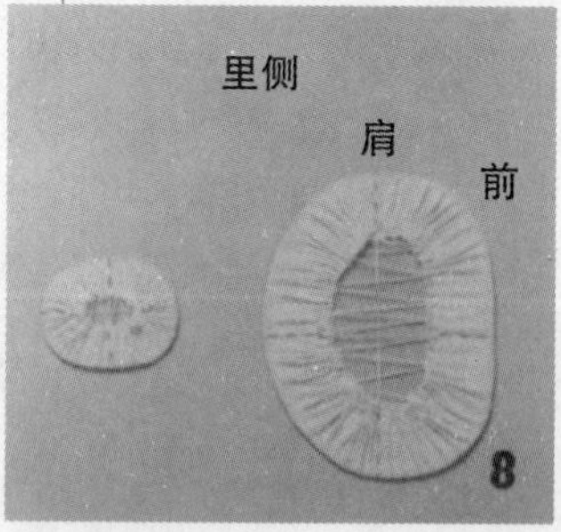

图 1－3－3(1)

填 充 棉 絮

9. 如图，手臂里的填充物要求平滑而有弹性，要使用棉絮或化纤絮片。这里使用的是次等棉花。用量为每个手臂80～100克左右。直接将棉絮填入手臂内也可以，但如果先把棉絮卷成手臂大致形状，并用布包裹起来则填充时比较容易，做好的手臂也好看些。

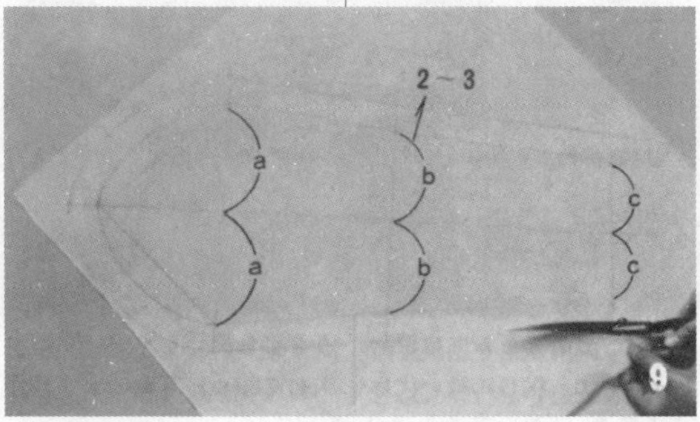

包裹棉絮的布应如图9裁剪，采用斜纱并留好缝份。

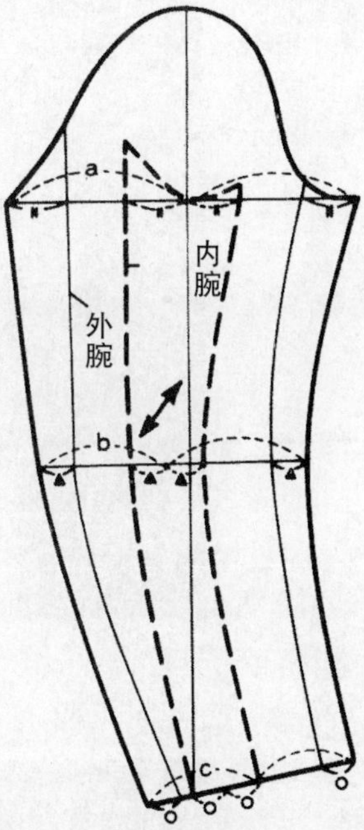

10 如图，按照手臂的粗细和大小，用裹布先将棉絮卷起来。特别要注意上臂部分的厚度、肘弯的弧度和手腕的厚度，将棉絮调整好。

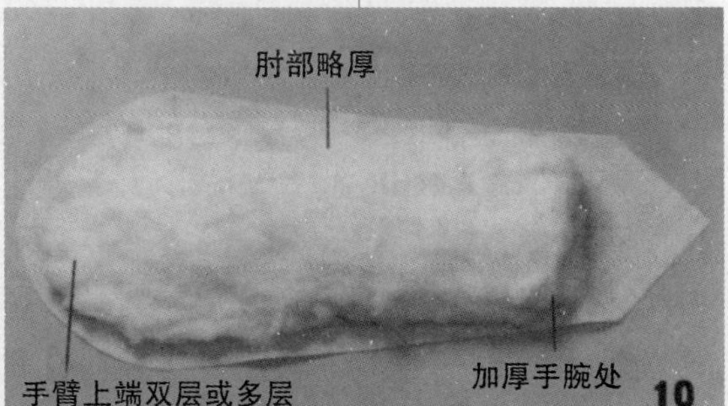

11～13 将卷成手臂形状的棉絮用裹布包好缝合起来。

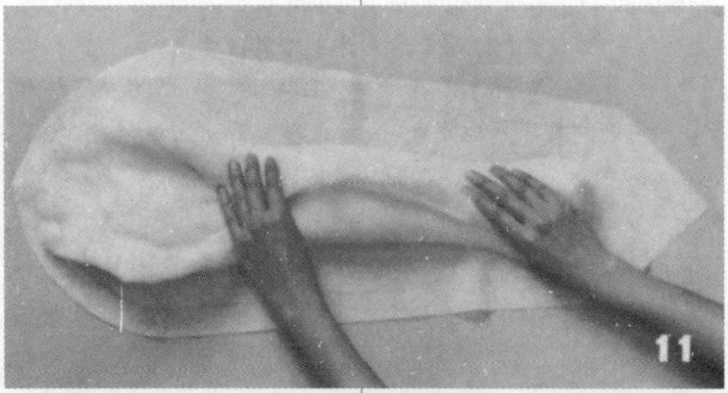

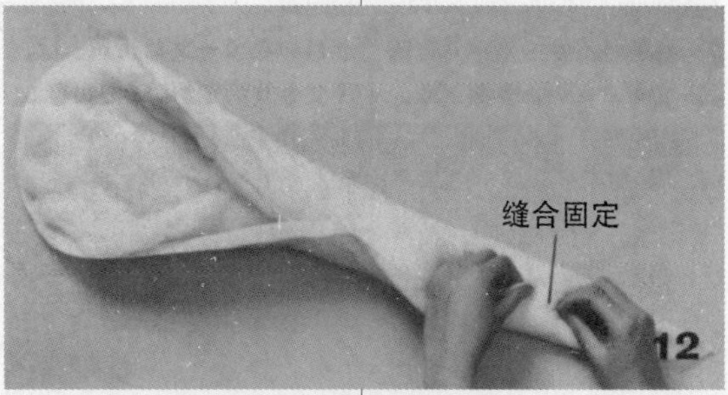

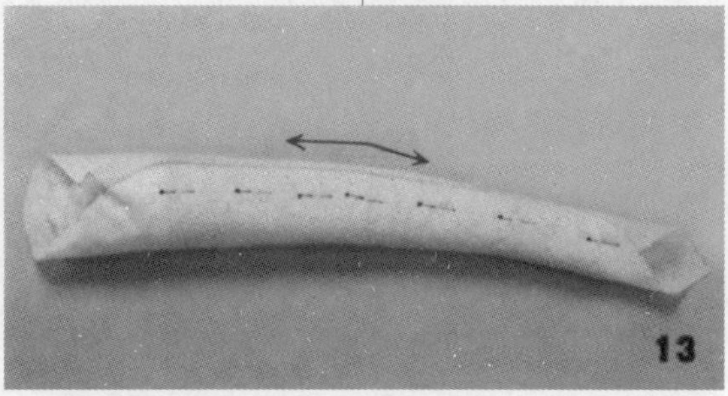

14 为填充方便可如图，将手臂表面折叠，然后卷好的棉絮从上端塞入，并从手腕处拉出。

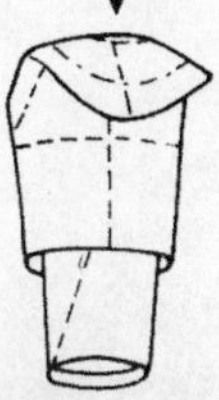

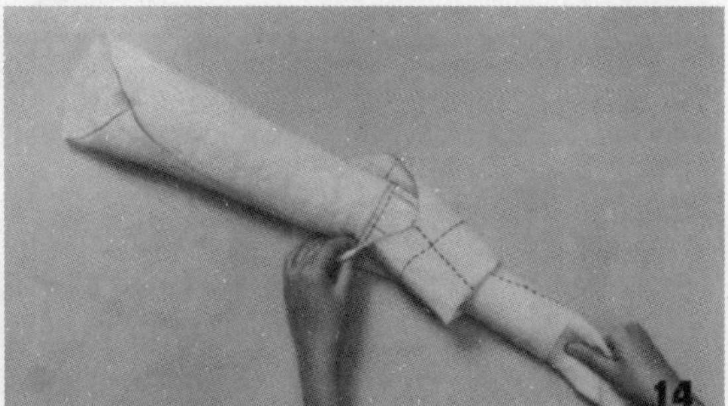

图 1－3－3(2)

15 将塞入的棉花从上端开始整理。把不平顺的部位理直，检查棉絮有无阻涩，彩色线标志是否直顺。把手腕处露出的棉絮留出 4cm 左右后，其余的清剪掉。

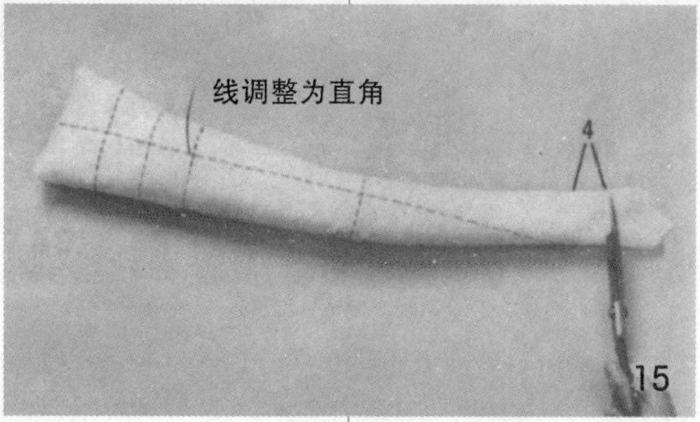

16.17 将手腕的部分折叠好，将手腕截面挡布，按彩色标记线比齐后，用大头针固定。周边用 30 支纱棉线扦缝。

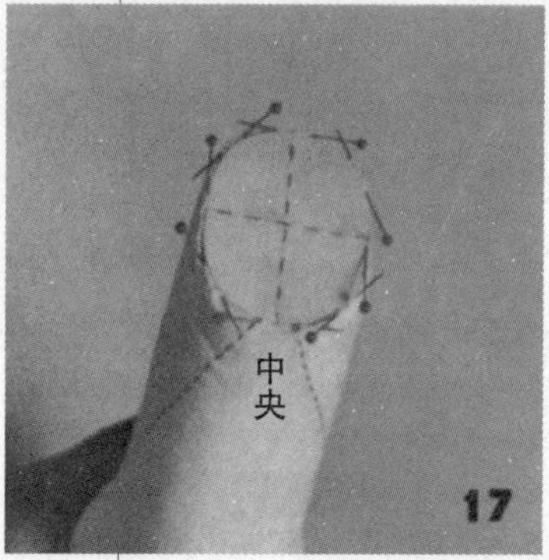

18 用拱缝针法抽紧臂根部位。

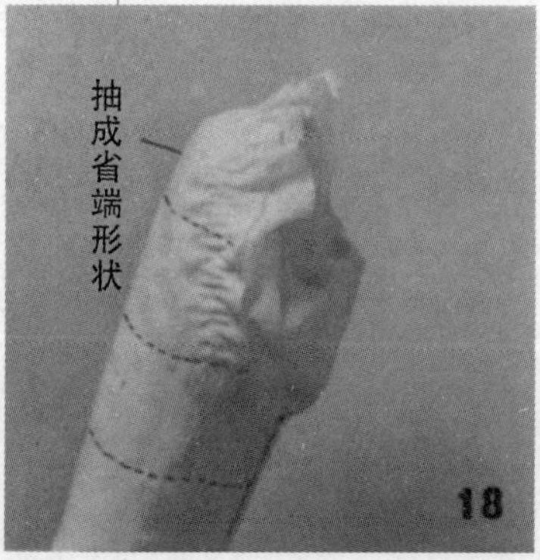

19 如图，缝装臂根部挡布。先将挡布上的纵向标记与手臂上标记比齐。挡布上横向标记与手臂上横向标记比齐，用大头针固定边缘。在这种状态上先在人台上比一下，看手臂倾斜度是否合适。然后将挡布下半圆与手臂缝合。

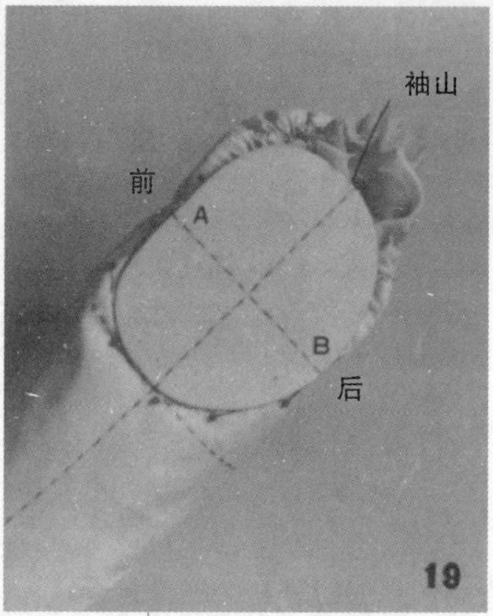

20 将挡布上 A、B 两点固定在人台上，仔细观察手臂上肘以上部位是否垂直。一般上端至肘部为垂直，肘部以下才开始向前弯曲。

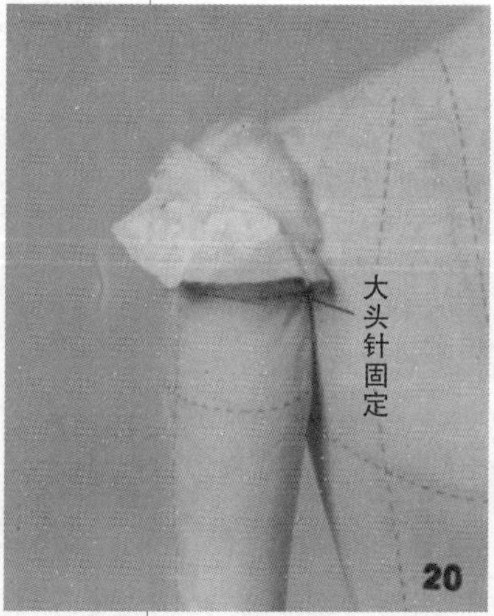

21 如图，将手臂置放于人台上，上端多余部分放在人台肩上。为做出圆顺的肩部形状，一边将棉絮塞入进去；一边将余出的缝份尽量向上提起，注意横、竖方向标记线都不要扭曲。前肩一侧应呈饱满的鼓起状；后肩一侧收成均匀的细褶用针固定。

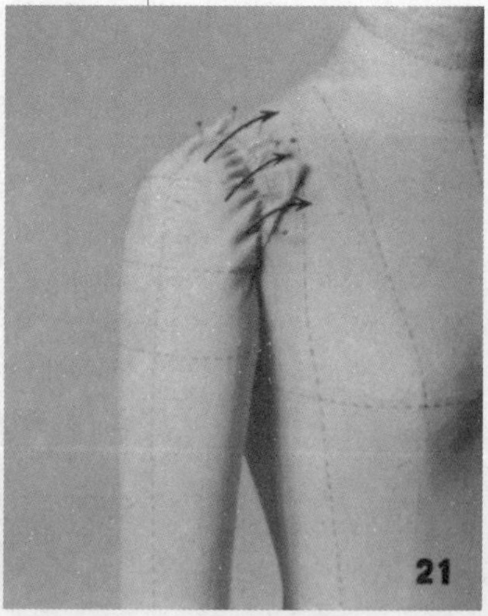

图 1-3-3(3)

22~24 在手臂上端拉住扦条，位置由A点至B点。扦条使用1.5~2cm宽的棉质织带。因为这里要经常拆装，所以要选择结实的织带。织带应包裹住A、B两点，长度要为A、B两点间长度的2倍。先用大头针将织带与手臂上端固定在一起，然后用针线扦缝住。

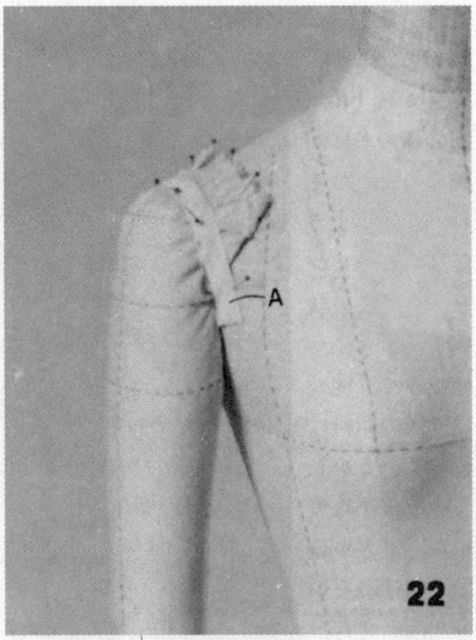

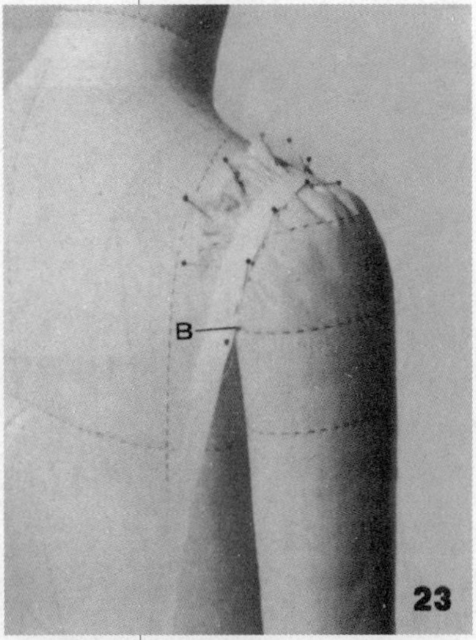

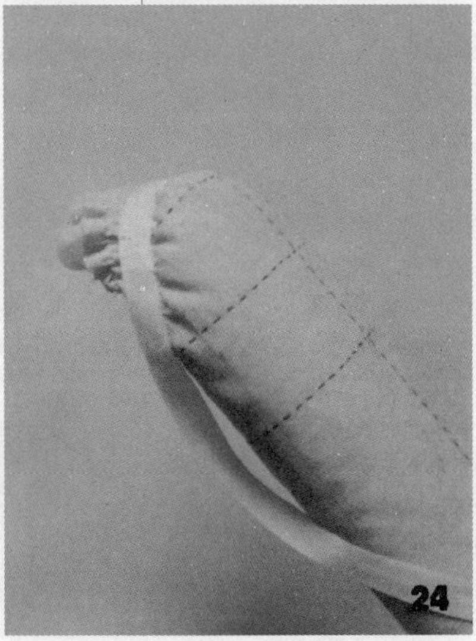

25.26 将手臂顶端缝份清剪到织带宽度以内，在A、B两点间用织带折合包裹住，用针缝扦缝结实。

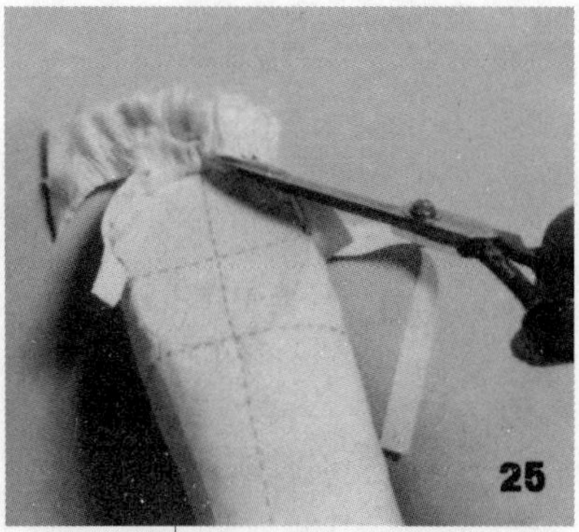

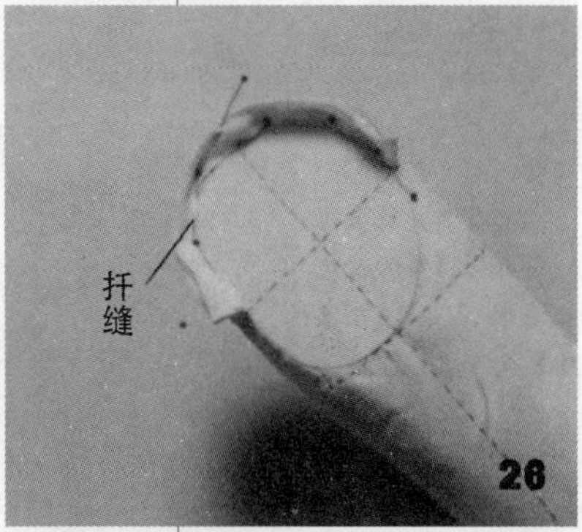

27.28 将做好的手臂往人台上安装时，先将织带掀起把两个截面对齐用针固定。再将织带铺平固定肩上。此时都用大头针固定，在织带固定好之后，再做肩部的其它调整。

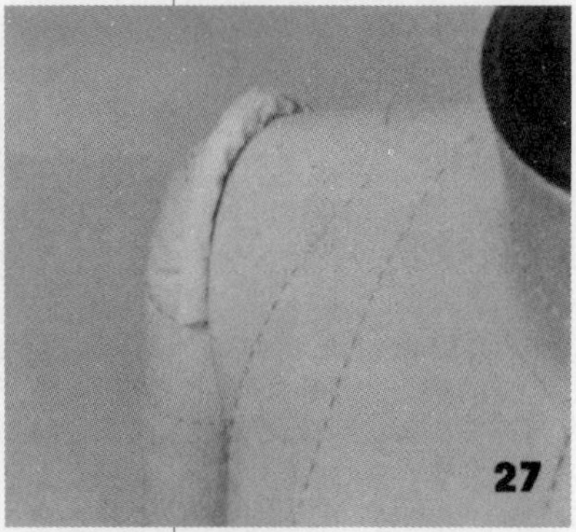

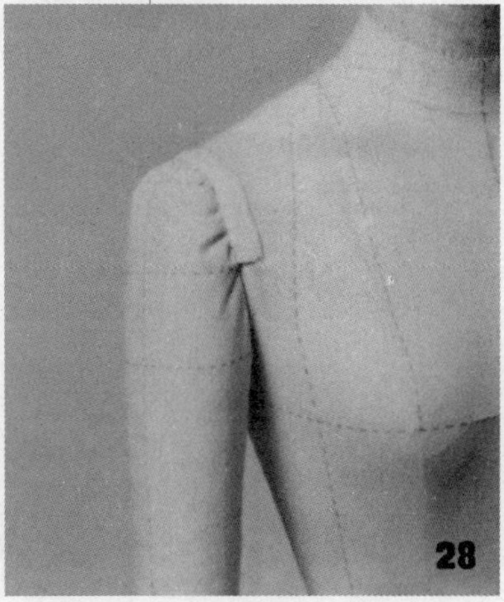

图1-3-3(4)

安 装 肩 布

29 裁两块布，布边各折进 1cm，材料和制做手臂材料相同。

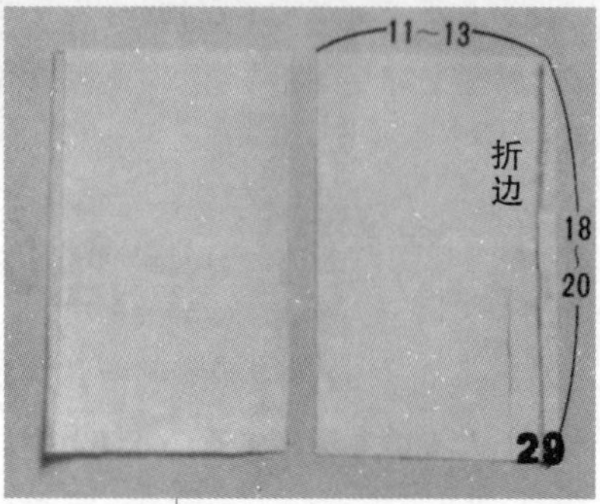

30 在颈侧处稍留出缝份，肩布折边一侧用针如图示方向，在手臂上第二条线处固定住。

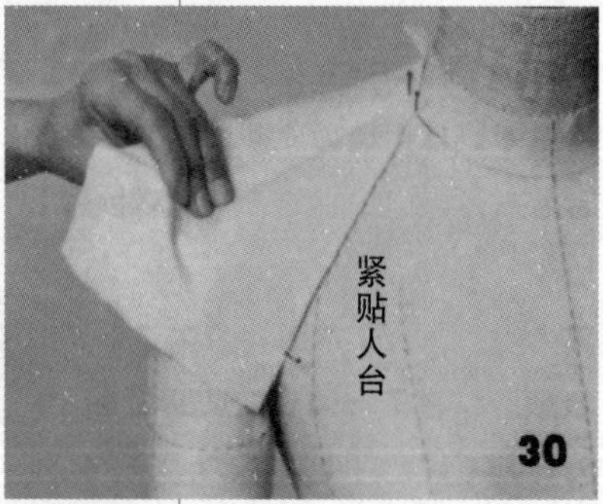

31 在后肩一侧同样装好肩布，在肩缝处用手指捏合在一起，使前后两片肩布紧贴人台。沿肩缝用针固定。

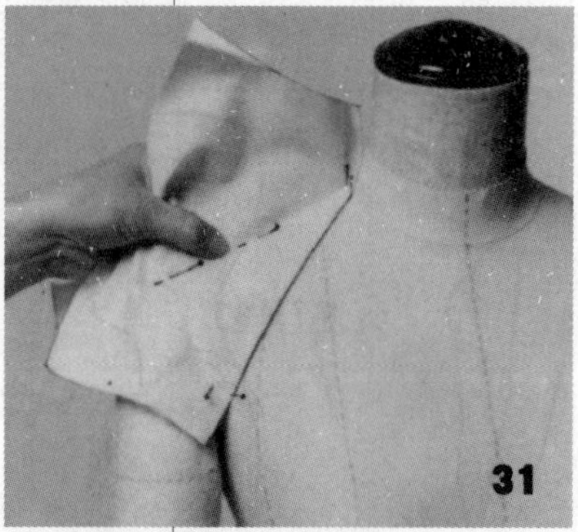

32 在肩线部位清剪整理，留下必要的缝份。

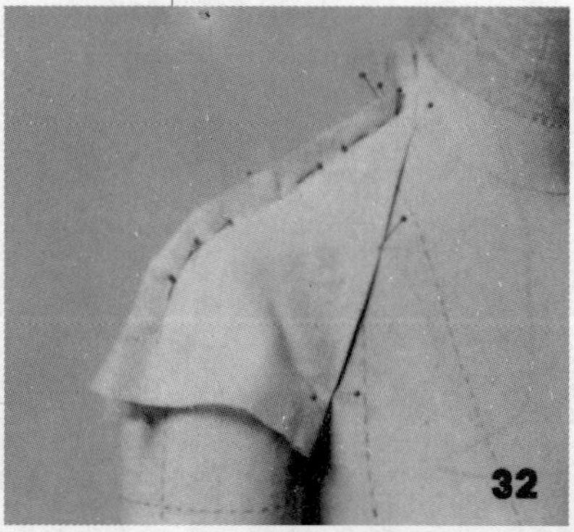

33 将前后两片肩布从人台上取下，按折边和针迹做好标记。

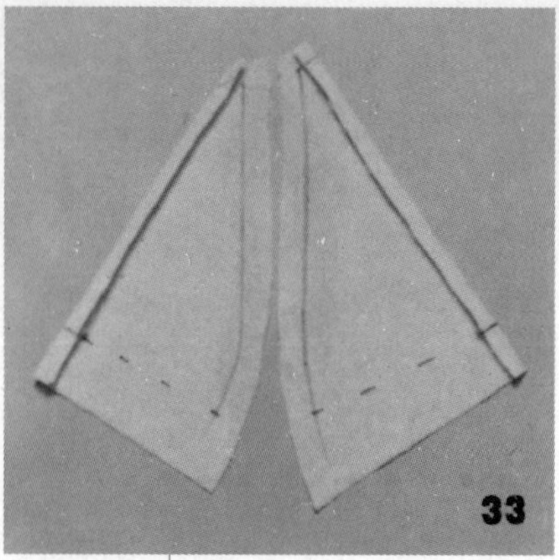

34 按标记线缝合肩缝，留 0.7cm 的缝份后，其余清剪掉，并将缝份劈烫。

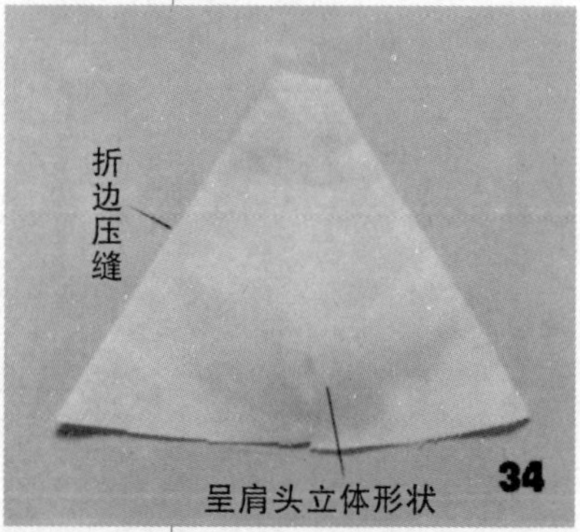

35 将缝好的肩布再装到人台上。在和手臂结合处留 1.5cm 缝份，圆顺地清剪成袖山状。

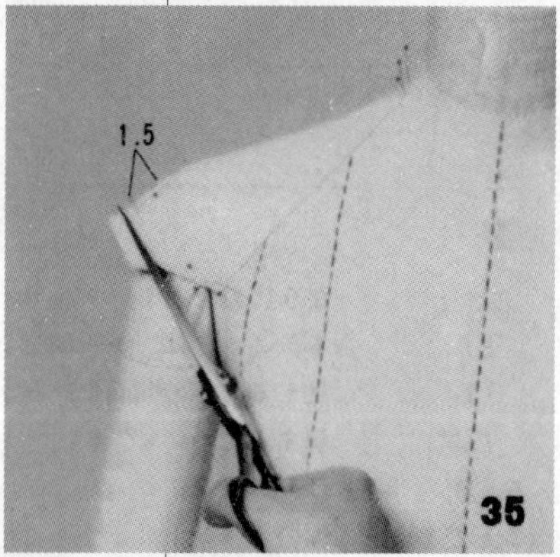

36 将缝份折回，并将折边与手臂上端平展地用针固定住。然后用针缝密实一些，扦缝在一起。

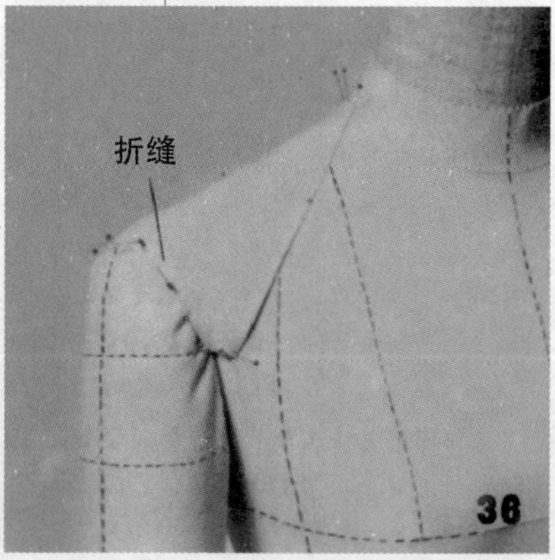

图 1－3－3(5)

⋯⋯⋯⋯ 人体与人台横切面的比较

人台在集中地表现各种各样人体的同时，也必须是人体美的集中表现。在立体裁剪的过程中，不能只针对人台来进行而忽略人体的特征。因此，了解人体与人台究竟有哪些差别，在立体裁剪中如何依据这些差别都是很有必要的。另外，人体与人台都有号型上的差别，了解各种人台的特征，对于在立体裁剪中针对不同的体型正确选择人台是很有好处的。

这里将使用滑轮测量仪测出的人体和人台的各部位横切断面做一介绍。人体与人台的最大区别，首先人体的左右半身是不对称的。相对人体不规则的凹凸轮廓线，人台在一定程度上进行了美化，因而人台将人体简化为对称的轮廓线。此外，因国际或区域间人体体型存在的差异、和不同人群对女性体态不同的审美标准品位起来也是很有意思的。可通过图片认真地加以比较和揣摸，进而引为参考。

附人体纵切断面图

对于立体裁剪来说，了解人体是非常重要的。在仔细观察人体外形轮廓的基础上为进一步加深了解，请看图 1－4－1(1) 的人体纵切断面图。所谓纵切断面，即躯干的垂直切断面。举出人体上突出部位的剖面来进行观察，可以理解人体是一个复杂的复合体形成的。

图 1－4－1(2) 所示，是纵切断面的轮廓线；实线表示人体正面，自前颈中心点经胸沟向下至会阴，反面从后颈中心点，沿脊椎而下至臀裂的纵切断线。实线长度是三条线中最短的。虚线表示人体正面经乳高点，背面经肩中央位置的纵切断线。点划线表示背面经臀突点的纵切断线。三条线形成三个纵切断面，表现出不仅各部位断面形态上有差异，其实际断面周长也有不同的特征。

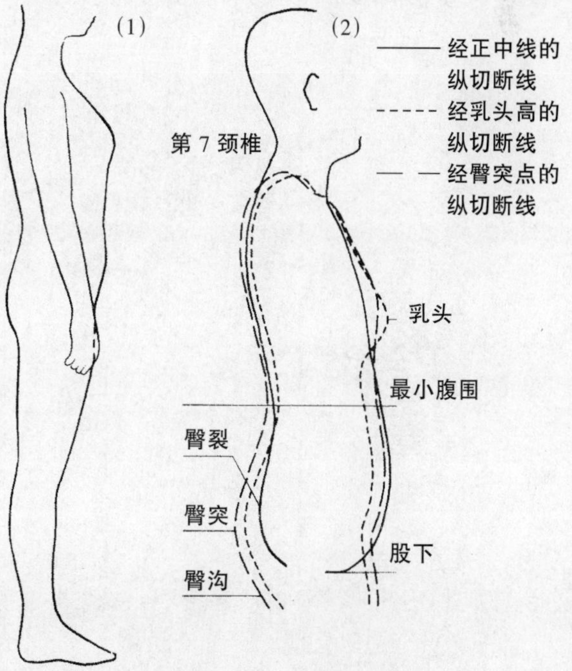

图 1－4－1

人体与人台横切面的比较

人体身高167cm，体重53kg，趋于扁平体型。

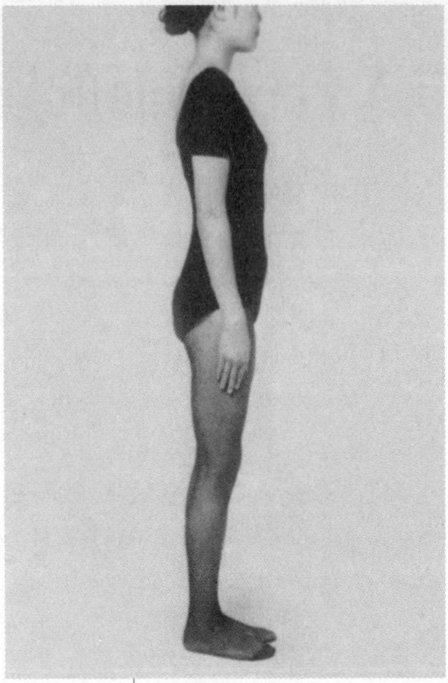

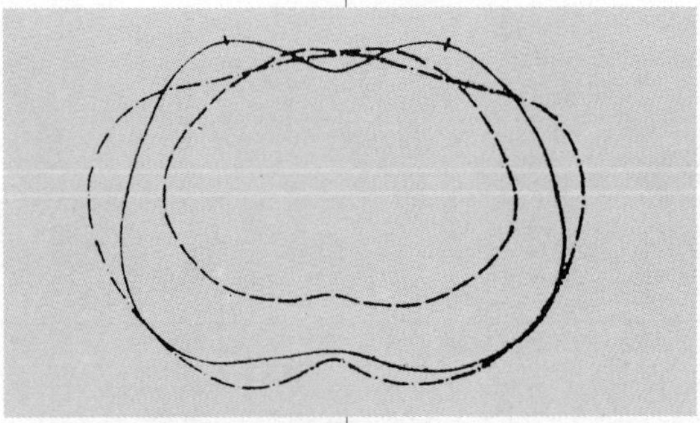

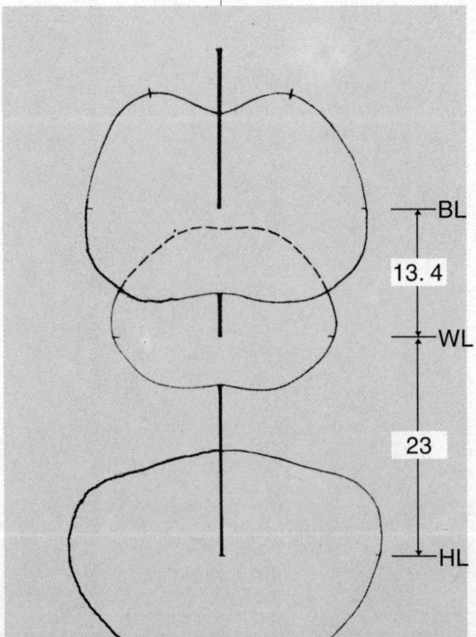

图1－4－2

人体身高161cm，体重51kg，躯干趋于浑圆体型，胸部丰满。

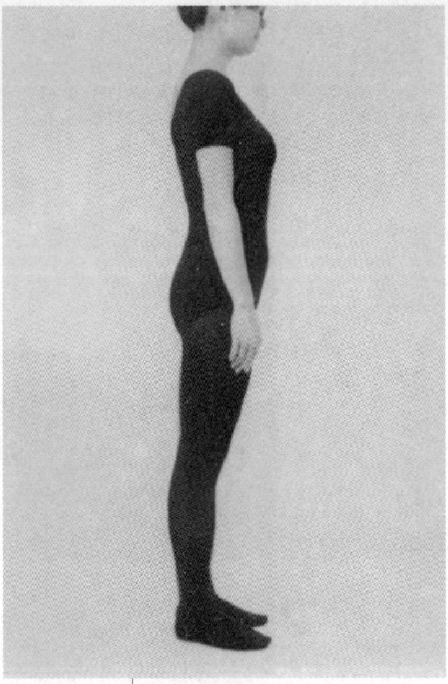

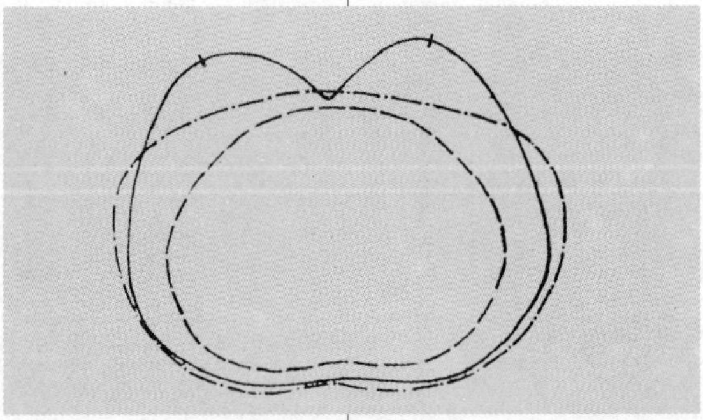

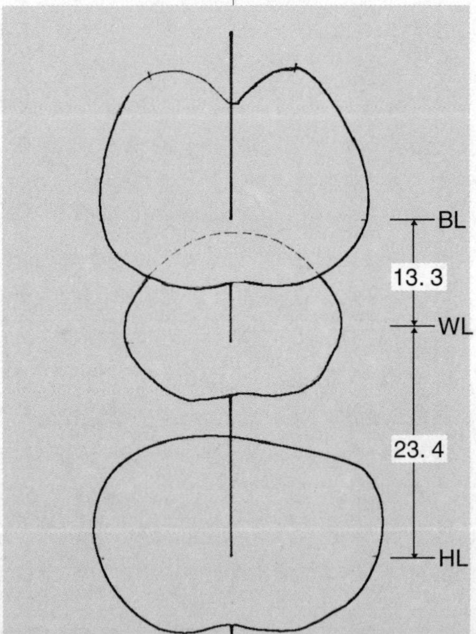

图1－4－3

人体与人台横切面的比较

日本制人台，文化服装学院开发。

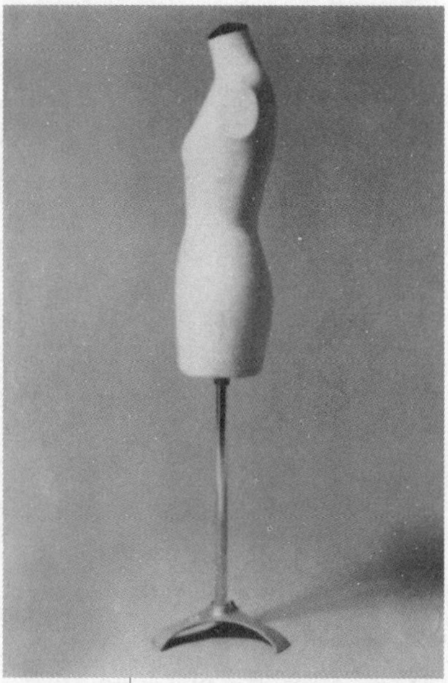

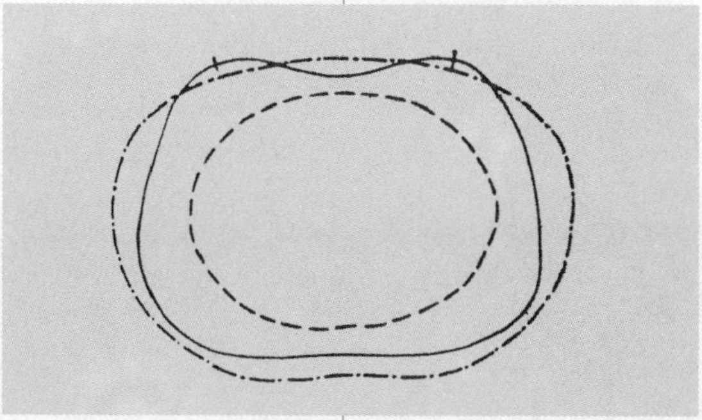

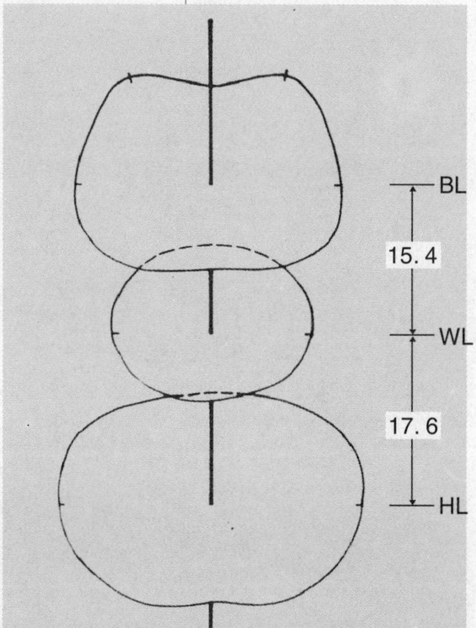

图1-4-4

法国制人台，CEIH(衣料产业技术中心的法国国立衣料研究所)推荐，扁平感强。

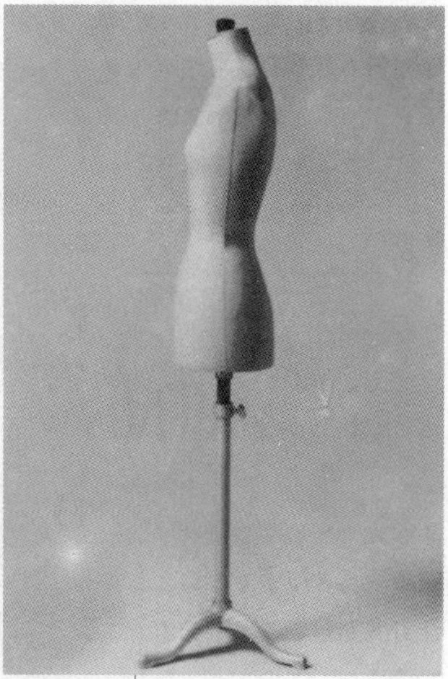

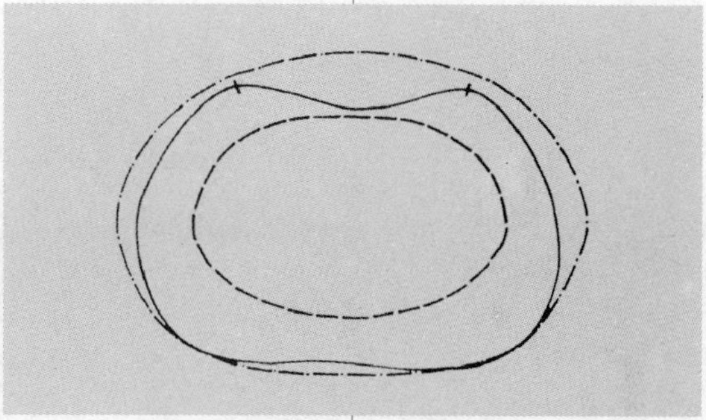

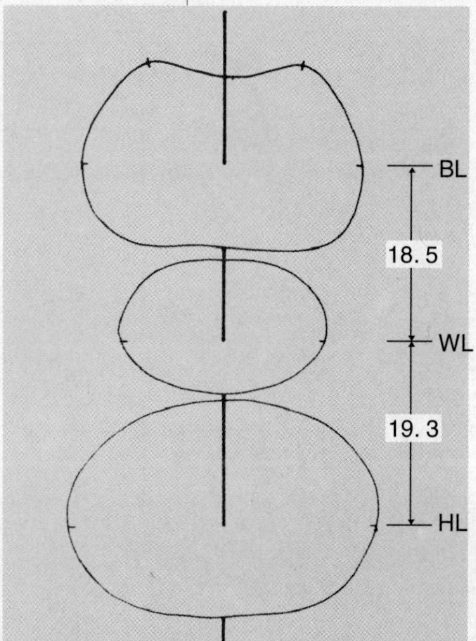

图1-4-5

人体与人台横切面的比较

美国制人台，厚体。

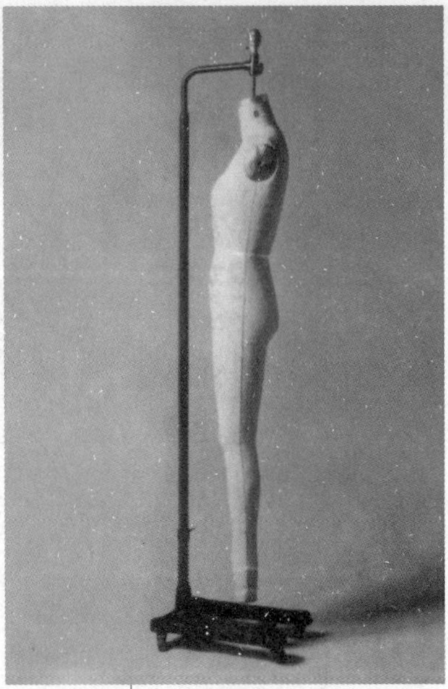

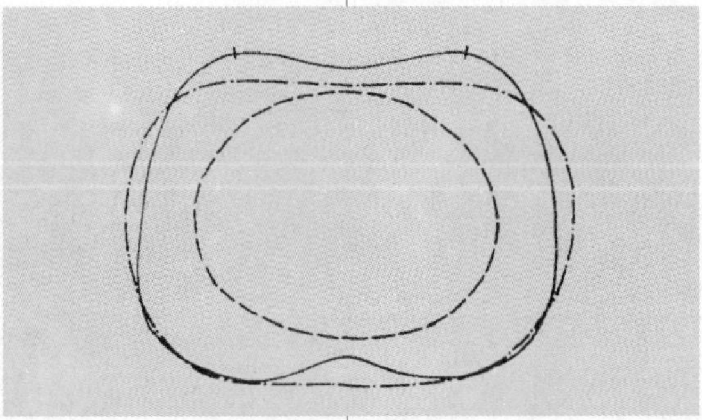

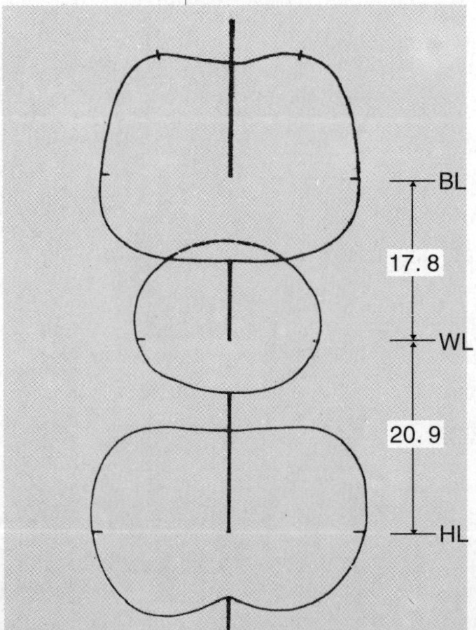

图1－4－6

日本制六岁儿童人台，胸、腰、臀的区分还不很明确。

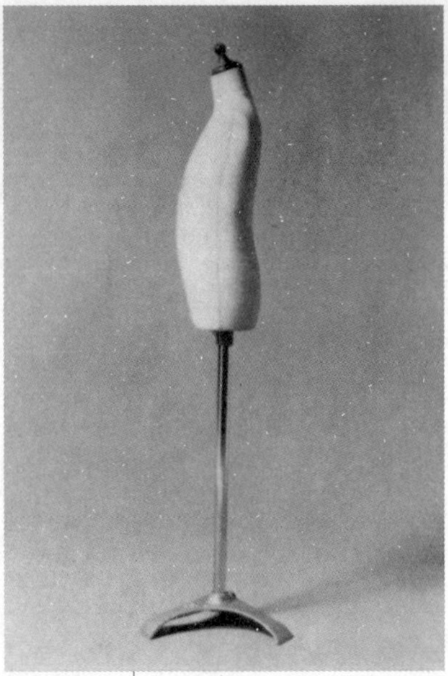

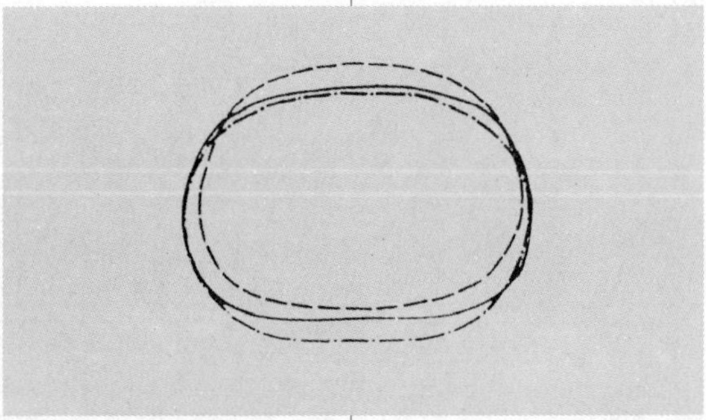

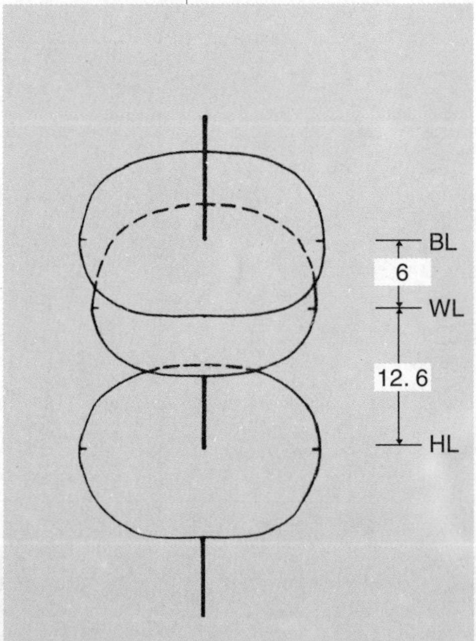

图1－4－7

大头针的使用方法

立体裁剪是用剪刀和大头针来完成造型的，如果不能正确地掌握针法，那么本来很有创意的造型也会被破坏掉，同时也影响效率。针法虽没有什么特别的规定，出于对一些部位固定的牢固程度和操作方便的考虑，这里把几种针法大致地起个名称介绍。其它的规则无非是直线的部位留出间隔，弯曲的部位用针稍密集些，斜向用针相对牢固一些。

掐缝针法

如图 1－5－1，将两片布用手指尖掐起，使布紧贴人台并让针尽量靠近人台，放开手指时无松动。针的位置即为最终缝合位置。

折缝针法

如图 1－5－1，将一片布折叠后压在另一片布上用针挑缝，此针法使折边形成的分割线在表面上，可以很容易地判断该线条是否准确妥当。这种针法可带针试穿。折边线即为最终缝合位置。

搭缝针法

如图 1－5－1，将两片布重叠在一起，在重复的部位将两层布一起穿透，将针尖挑出。此针法便于观察布片连接是否平展，如喇叭裙的侧缝处等常用此针法。最终缝合位置可在两层布搭接的任何位置。

挑缝针法

如图 1－5－1，在一片布的折边上入针，针尖挑透另一片布，穿出再刺入始针的折边上，从反面可看到缝合位置。此针法常用于绱袖子。入针处即为最终缝合位置。

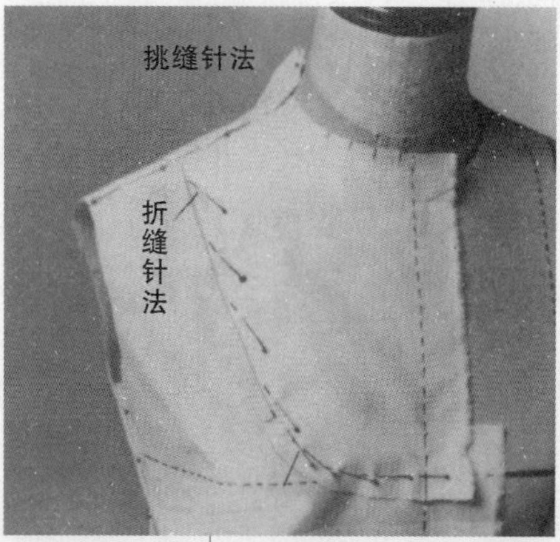

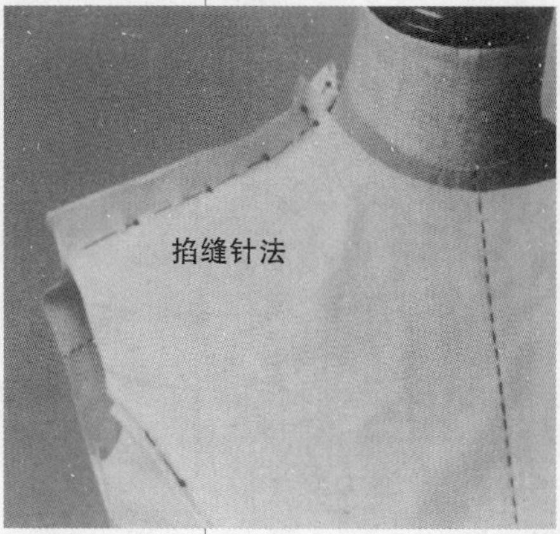

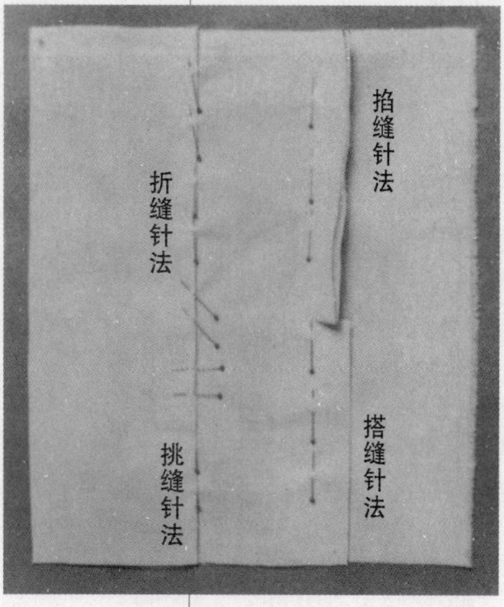

图 1－5－1

第二章

立体裁剪基础

原型的立体裁剪

女装的轮廓选型特征，主要体现在胸部的立体造型。如何使用平面的白布料，将起伏的胸部完美地、立体地表现出来。这要从如何处理好腰省开始。

平面裁剪所采用的原型，是所有服装制作的基础，为使读者便于理解，在此使用最有代表性的人体模型来进行操作练习。

用腰省处理省量的制作方法

1 将白平布放在人台上估算布料的使用量。首先从前身开始，其长度从侧颈点开始，通过乳胸点（BP点）到腰围线，上下再各留2～3cm的缝份。

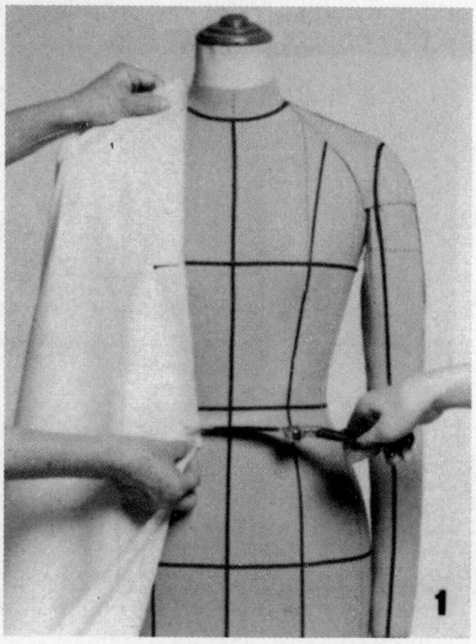

2 宽度的使用量，由前中心线向右预留5～6cm的松份，然后通过乳胸点到侧缝线再加4～5cm松份。

所使用的布料不管是纵向还是横向，均用手撕开。理顺布料的纱向，并且熨平。注意熨烫整理时，不宜喷水熨烫，以免布料上浆糊硬化，破坏布料的柔软感。

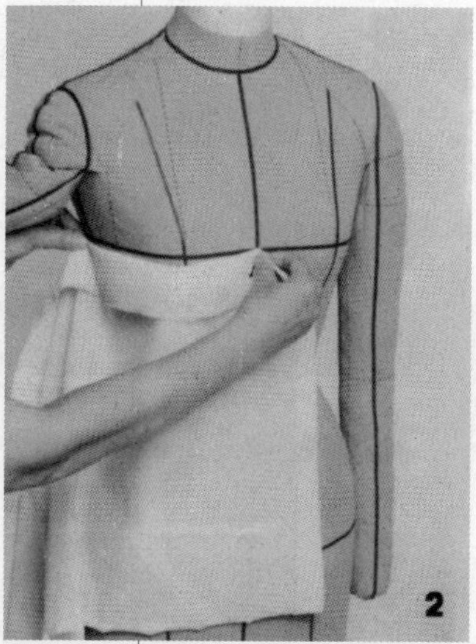

3.4 要认真进行基础操作练习，特别注意对齐布料的经纬纱向，这点很重要。如图2－1－(2)中4所示，练习标注基础线。

在对齐布料的纱向时，可照图2－1－1(1)中3那样用大头针的尖端，顺着纱线与纱线之间的空隙滑动即可。

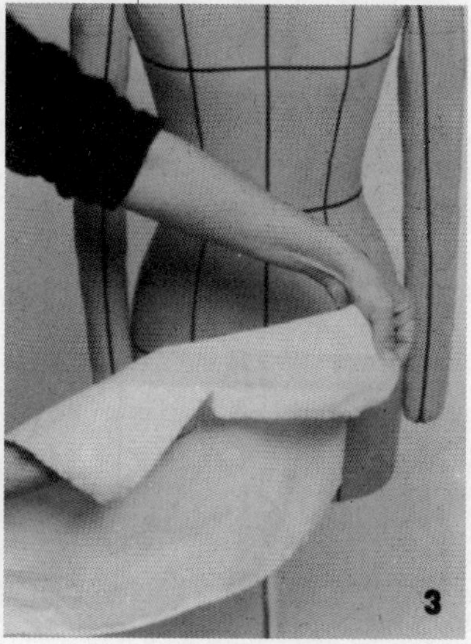

图2－1－1(1)

基础线包括前片的前中心线和胸围线，后片的后中心线，袖窿处的垂直线，通过肩胛骨的水平线。

使用大头针按照要求画出基础线的线迹后，可采用色彩鲜明的色线，或用 2B 铅笔将基础线标注清楚。

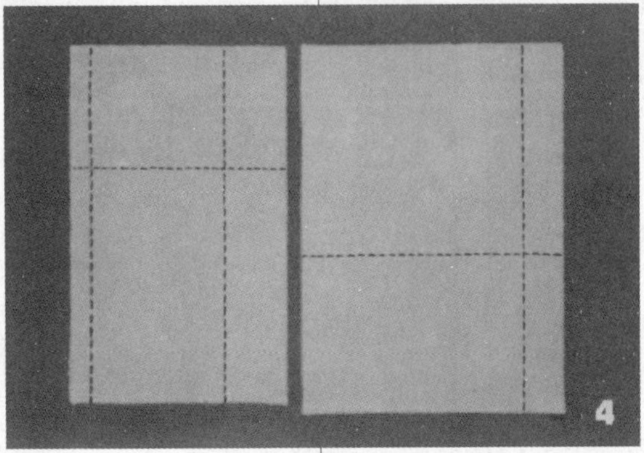

5 将前片白平布铺在人台上，布上的胸围线、前中心线与人台上的同各线对准，翻折领口部分确认标示线是否对齐。

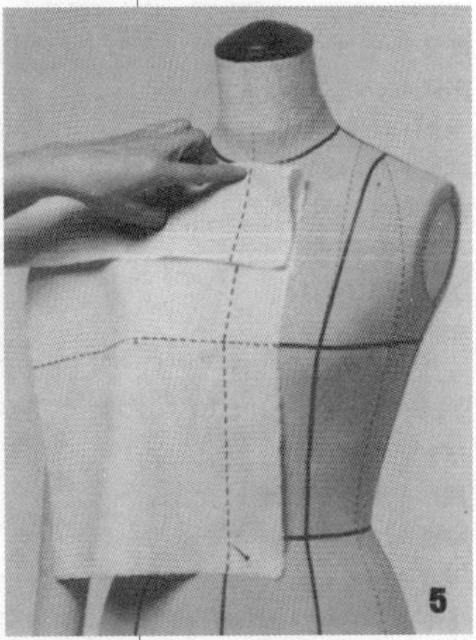

6 从领口上部前中心，向侧领点方向稍留取一部分松量，理顺布料。

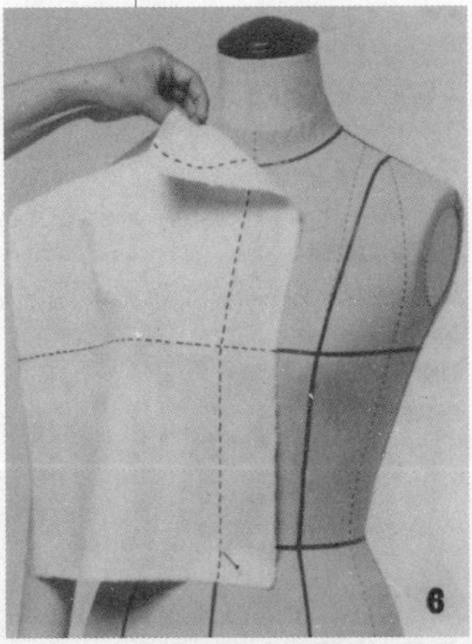

7 从肩部开始向袖窿侧缝将白平布自然理顺，腰围自然形成多余的松份，这就是胸省的余量。可在腰围处收省。

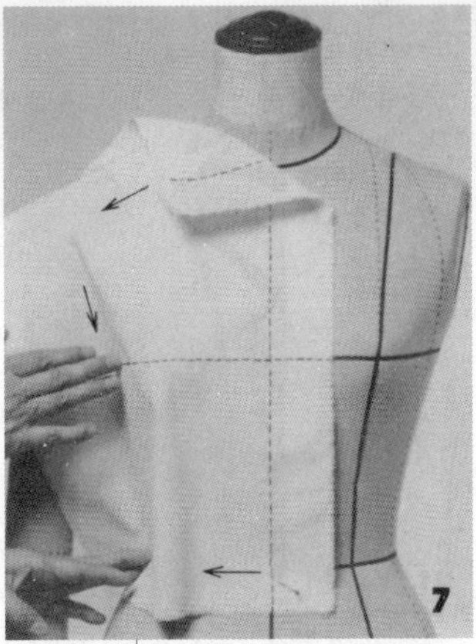

8 调整理顺前胸各部分之后，沿领窝剪去多余部分的布料。

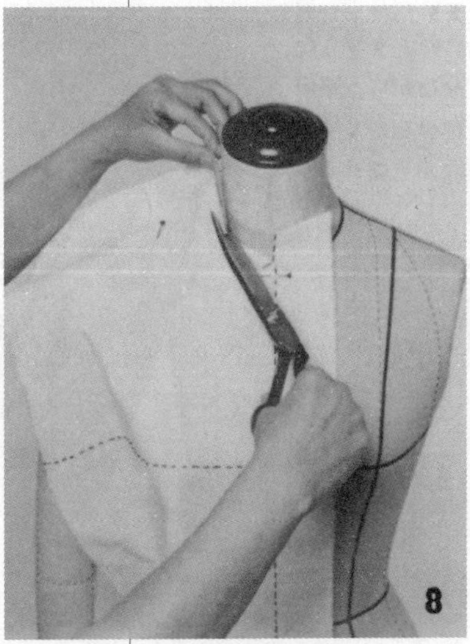

9 将领窝的缝份剪成放射状剪口。

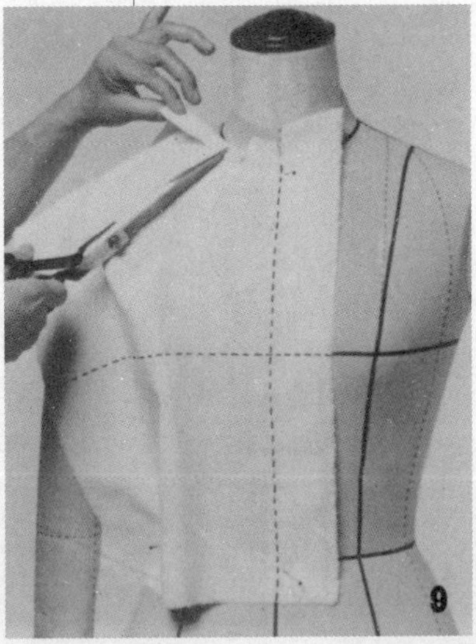

图 2－1－1(2)

10 注意袖窿部分不要剪去太多，与领窝相同也剪成放射状剪口。

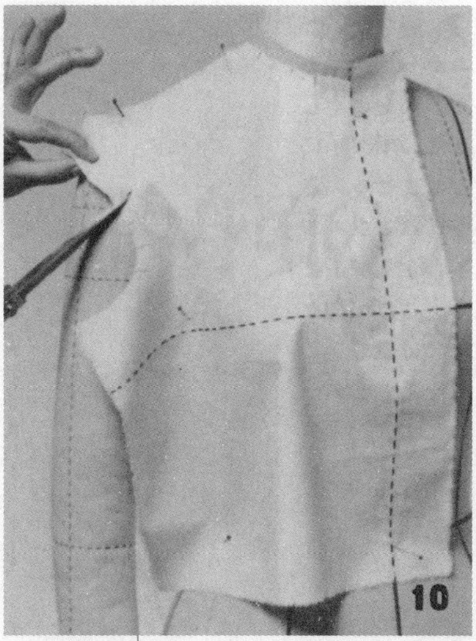

11 袖窿底留足松份的同时，轻轻理顺侧缝部分。

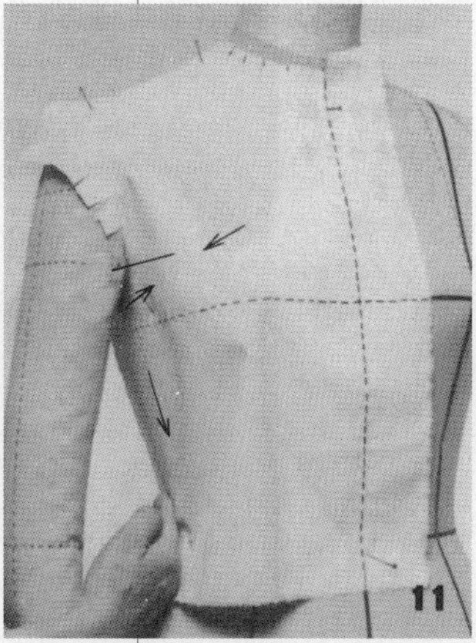

12 调整前身的整体轮廓造型，捏腰省。

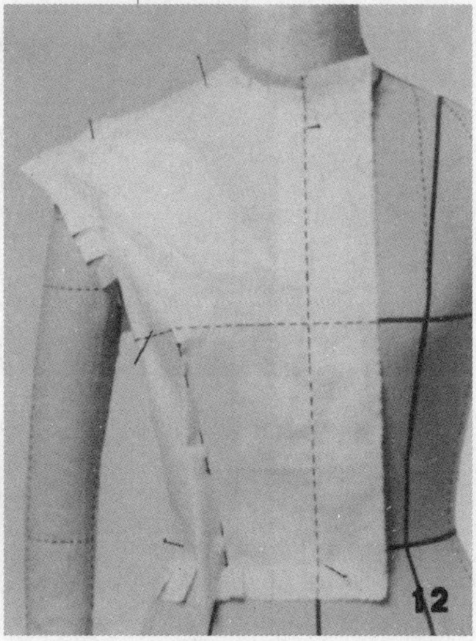

13 与前片同样的方法，计算出后片的布料使用量，将后片的中心线与人台的同各线对齐，横线保持水平，肩胛骨部位要留一定松份，理顺后片。

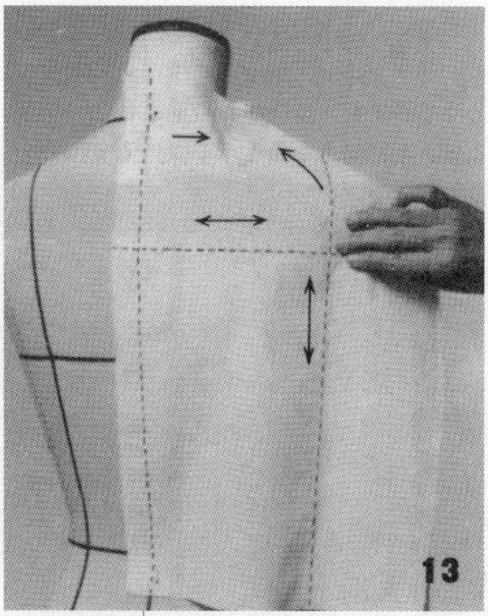

14 在人体模型上理顺后片侧缝，使用黑色胶带确认后片纵线是否垂直，这是确定后片纱向的一个重要环节，切不可粗心大意。另外，还应注意，布料与人台之间要留有一层空隙，不要将布料紧贴在人台上。

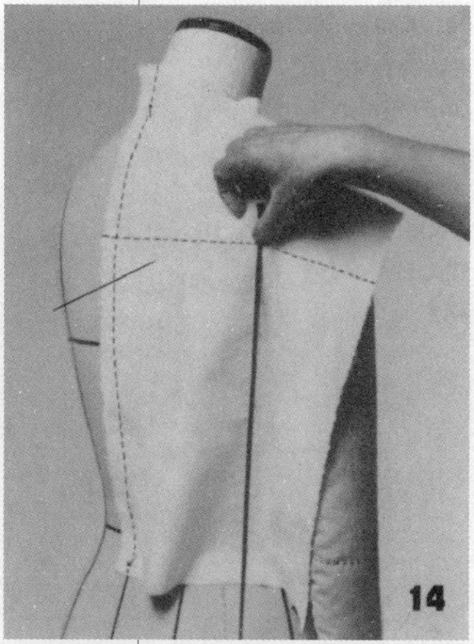

15 将图 2－1－1（3）中 14 的后片调整理顺，肩部及腰部产生的松份，在各自的部位捏省。伴随手臂的运动，背宽处需留适当活动量，因此，要追加等量的松份。

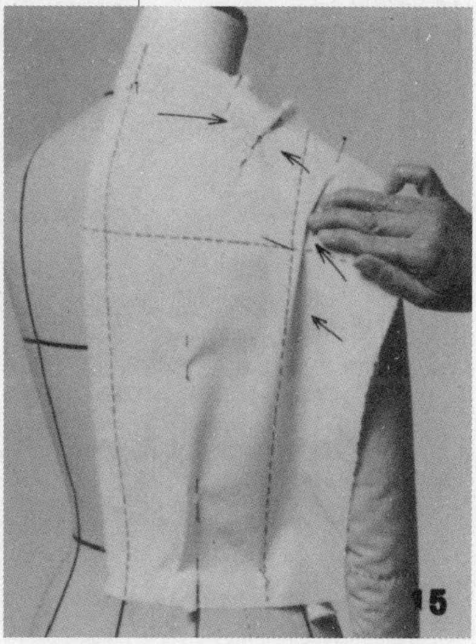

图 2－1－1(3)

16 注意不要忽视肩胛骨的余量，合好前后肩缝。剪去袖窿、肩部、领围多余的布料。

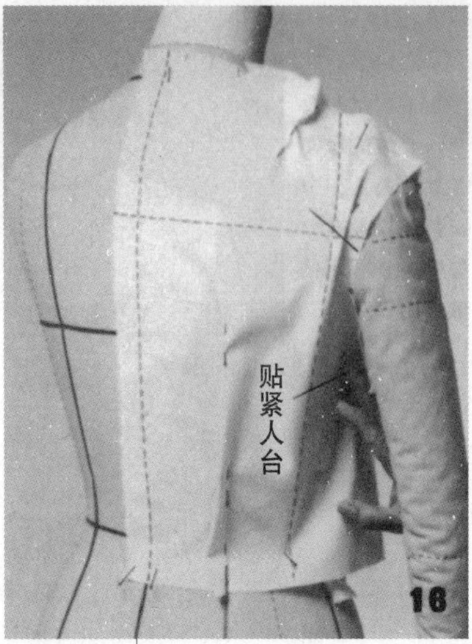

17 扒好前后侧缝。侧缝线应在前后片正好贴合在人台侧缝线基础上，各递加1.5cm，腰围处追加0.7cm松量。

18～20 标注袖窿线。袖窿底部在人台袖窿底部向下大约2.5cm处，正好是一个竹制尺的宽度，如图18所示，做一个标记，袖窿是一弯曲形状，可用彩色粗线如图20一样，大体标出袖窿线，待调整出适当的袖窿形状之后，用铅笔标出袖窿线。

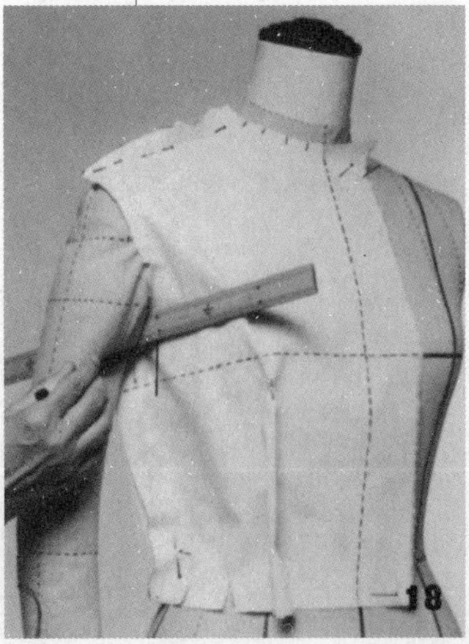

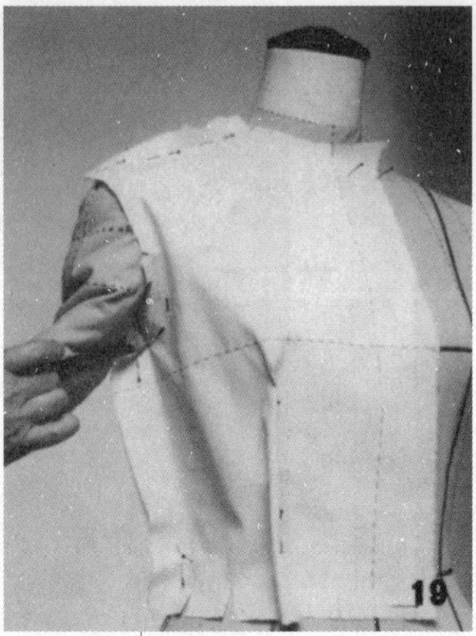

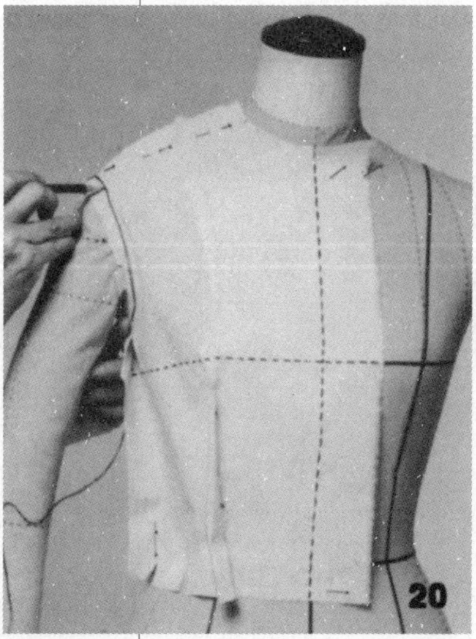

21 领围线也采用同样的方法标注。将有色线用大头针固定在前中心上部，待调整好领口形状之后，标注领围线。

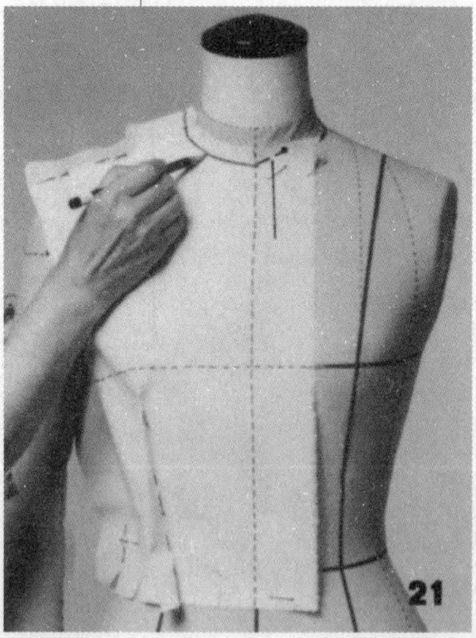

图2－1－1(4)

22 用黑色胶带围绕出腰围线的位置，并用铅笔描出记号线。

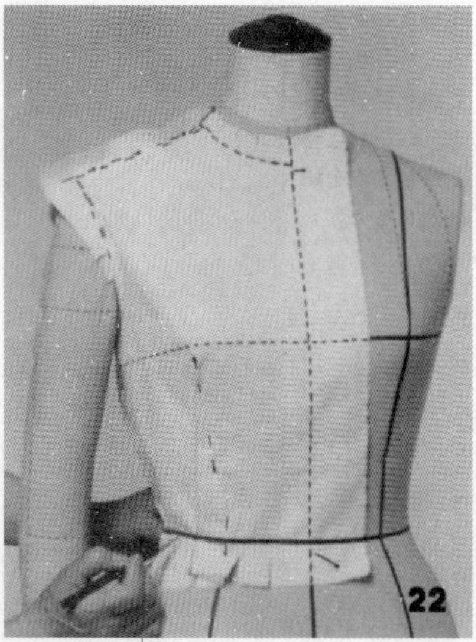

23 展开图

每个省道都呈现出曲线状，其结构相当于平面裁剪的“原型”结构。

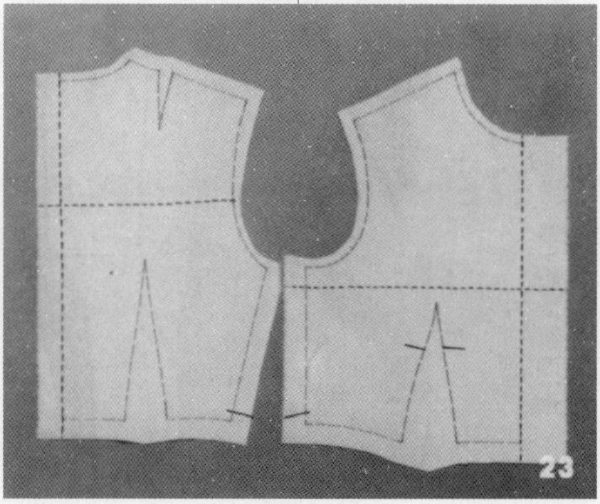

24. 25 缝合完成效果图

胸部呈现出明显的人体松份，后背也呈现出一定的活动量。

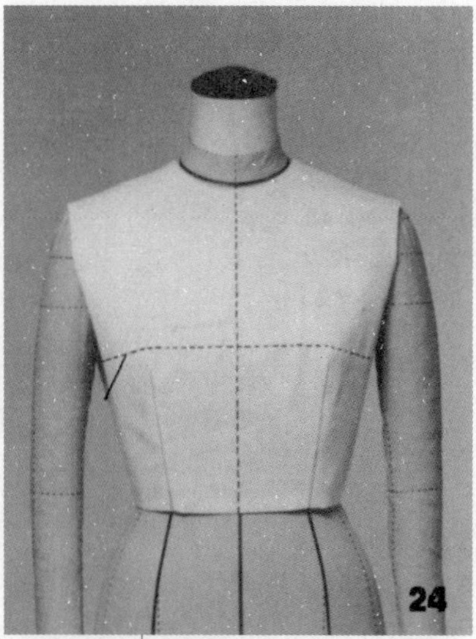

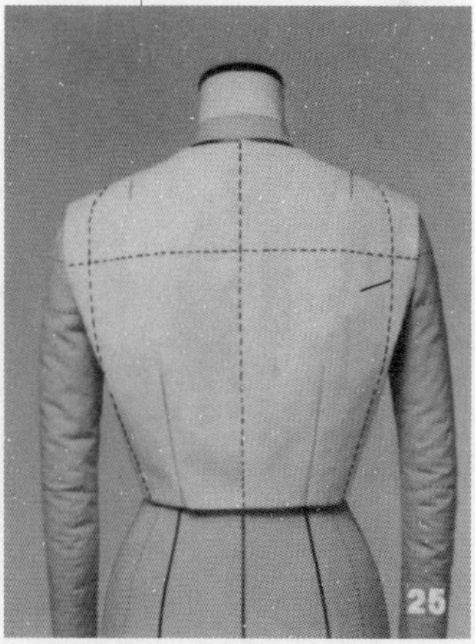

图 2 – 1 – 1(5)

用肋下省处理省量的方法

1 估算出布料的使用量，裁剪到领窝的处理与前后所述相同，保持胸围线水平的同时，按箭头所指方向用手调整理顺前片，应呈现出箱型的立体造型，将多余的松量推向胸围线，让前胸宽也有一定的松量。

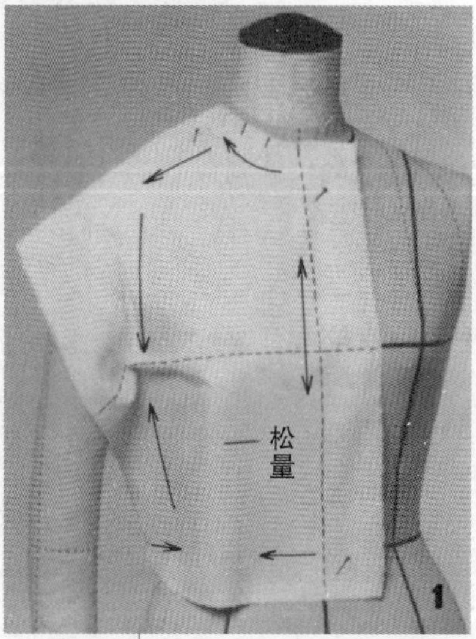

2 将上下产生的多余松份，在保持水平的胸围线上捏省，省道前端距乳胸点（BP点）3～4cm，后片的处理方法与前片相同。

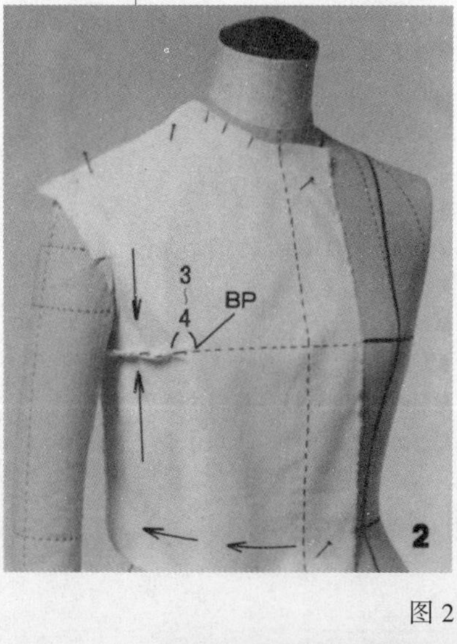

3 标注完成结构线的展开图，腰围线呈水平状，前胸宽的松量使袖窿弧线变得平缓些。

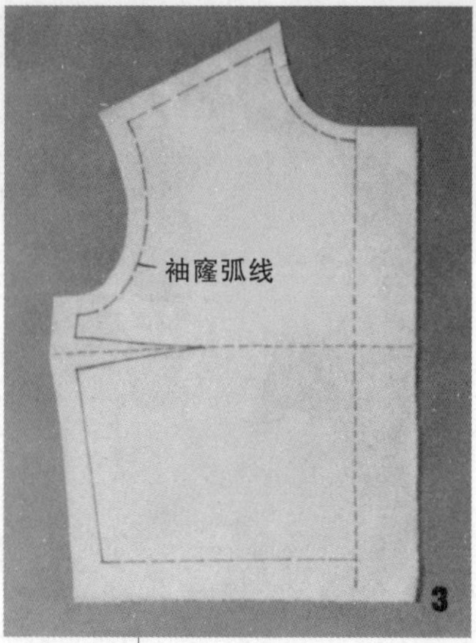

4 完成图

与腰省处理方法比较，整体造型较为宽松。

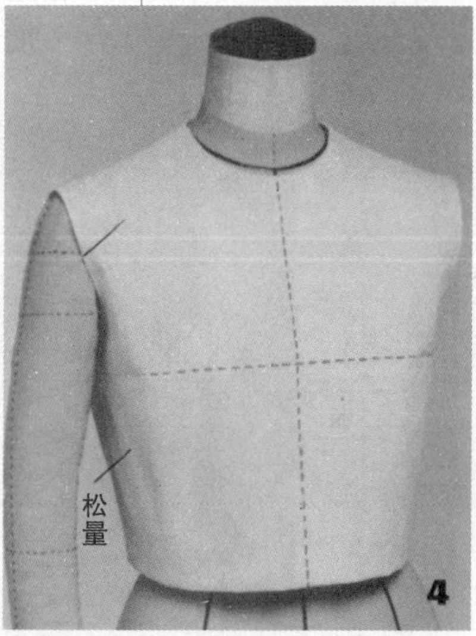

图 2－1－2

用袖窿省处理省量的方法

1 将布料的胸围线、前中心线与人体模型同各线对准，在保持腰围节线与胸围线水平的条件下，将前身造型调整为细长的箱型。

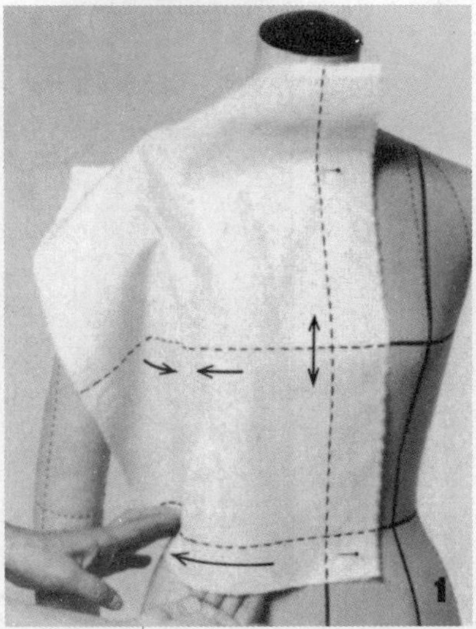

2 在保持腋下胸围线水平的同时，把多余的部分向胸围线的上方推挤。

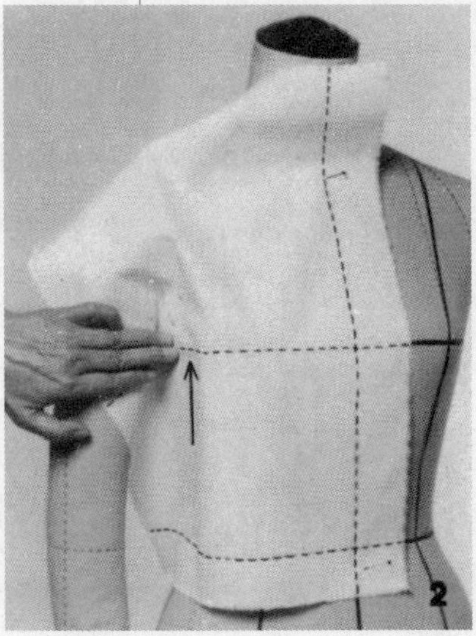

3 剪去领窝多余的部分，一面调整领窝、肩部；一面把肩部多余的部分推移到袖窿。

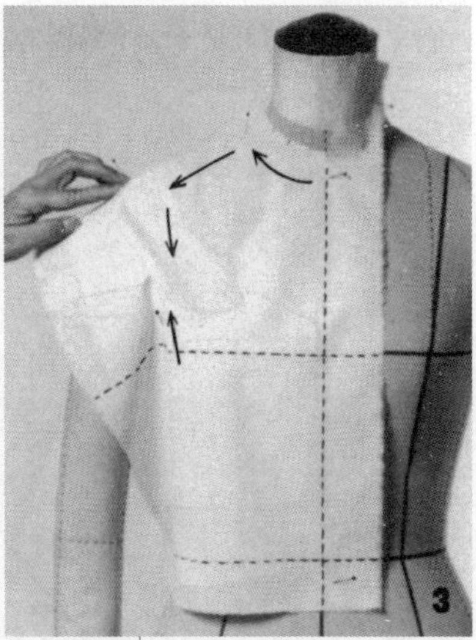

4 将袖窿多余的部分捏成省。省尖距乳点（BP）3～4cm，注意不要使袖窿变小。

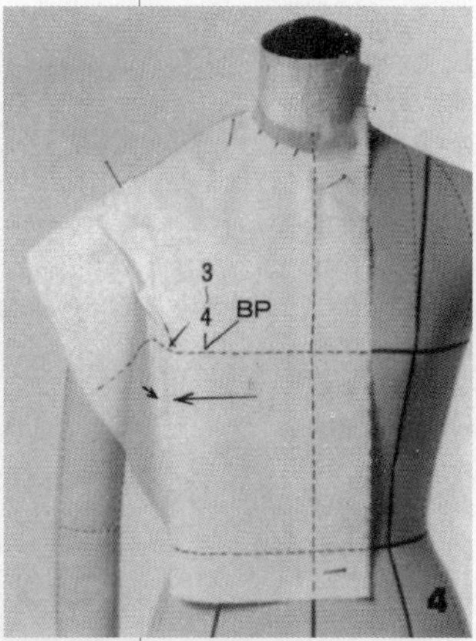

5 剪去袖窿多余的布料，重新调整袖窿省上的大头针，袖窿省不要捏得太多。为了穿着美观、方便应留取适当的松量。

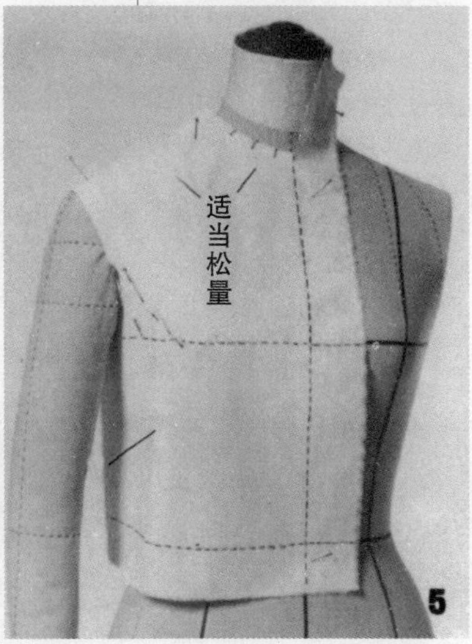

图 2－1－3(1)

6 将水平线、垂直线对准之后，把后片铺在人台上，理顺领窝、肩、肩胛、手臂根部位，留取适当余量，调整出箱型立体轮廓。

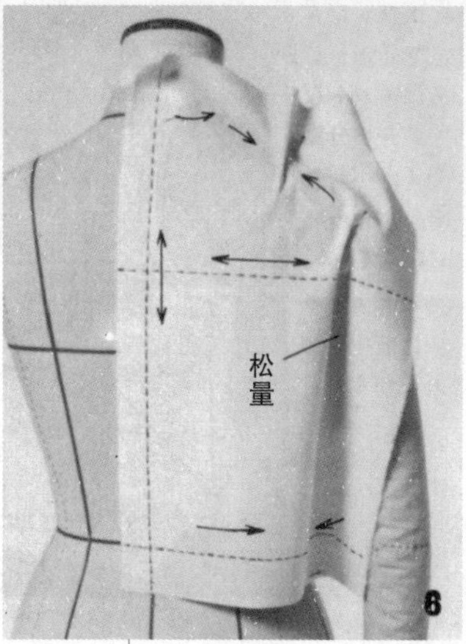

7 把肩部多余的部分捏省，肩省的方向稍向肩胛骨突起的部位，省的尖端像一根线似的自然消失。

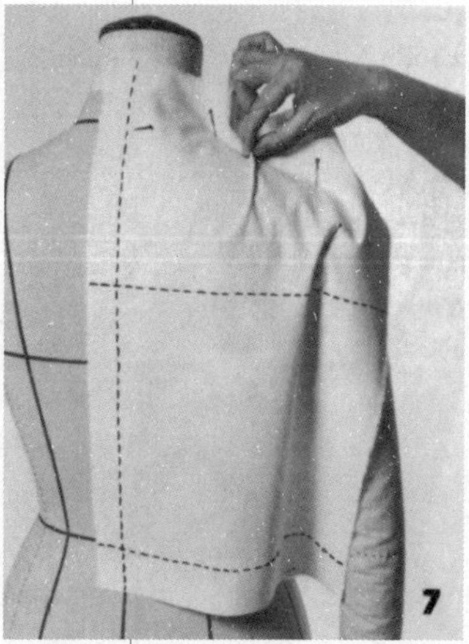

8 拼合前后肩缝，肩端要留有大约 3~4 指的松量。

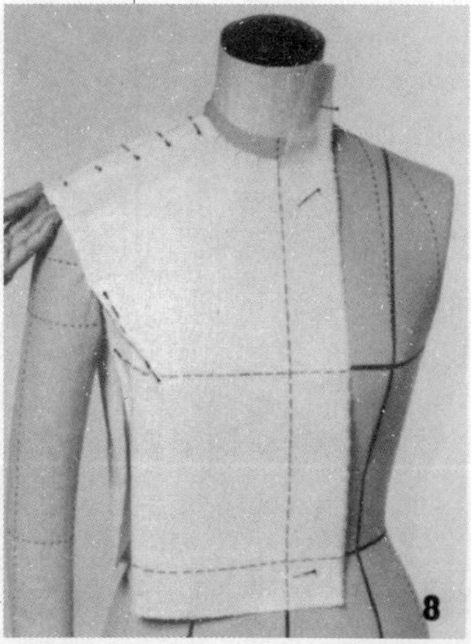

9 拼合前后侧缝，在侧缝中央部位使布料紧贴在人台上，在此基础上前后各留出 1.5cm 松量，别上大头针，腰围也留出同样的松份，用大头针固定。

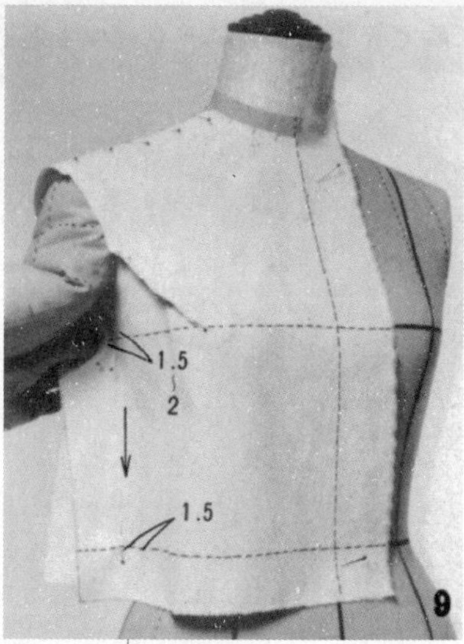

10 展开图　省道并不是直线状，在靠近袖窿的地方呈曲线形状，这证明了人台具有微妙的立体感。

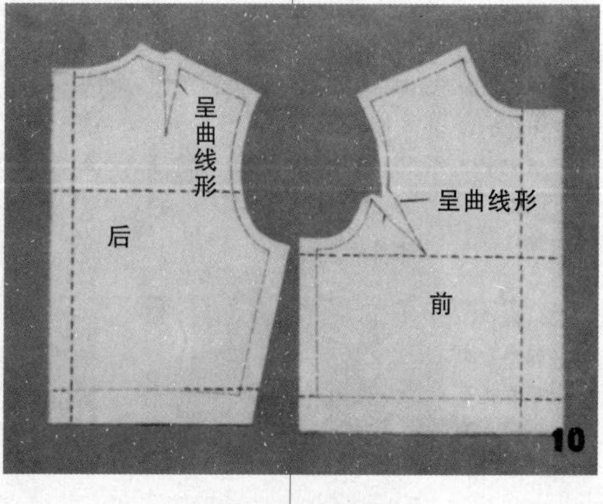

11 完成效果

省的前端离开 BP 点，形成立体的造型。

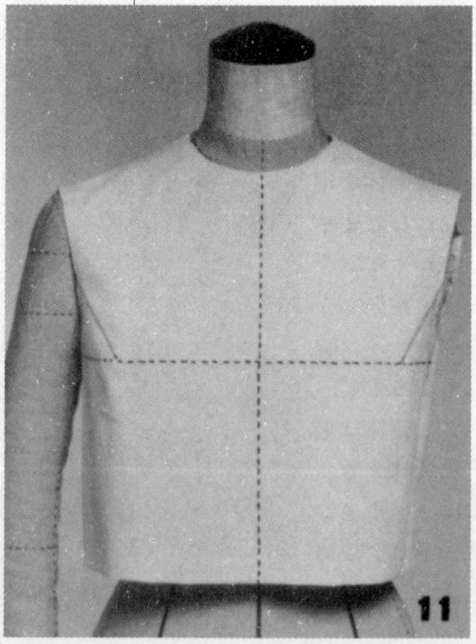

图 2－1－3(2)

用侧斜省处理省量的方法

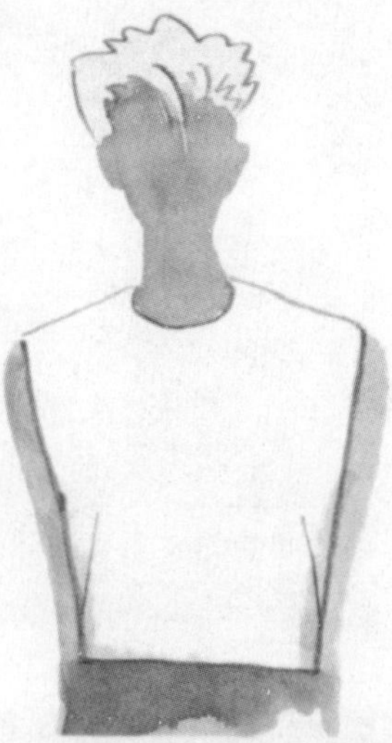

1 将前片的前中心线、胸围线对准人台的基准线，首先剪掉领窝外多余的部分，再将腰围部分由前中心向侧缝推挤，形成部分省量，然后，从领窝、肩、臂部开始向侧下轻轻推挤，再将腰围产生的所有松份捏成省。

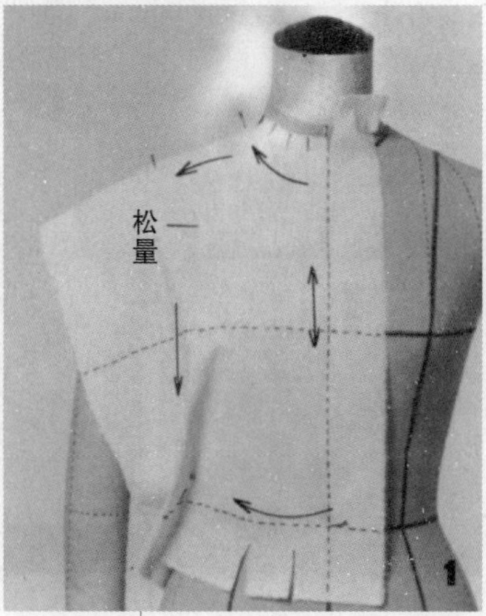

2 剪去袖窿多余部分，重新调整理顺各个部位，并用大头针固定。省道造型也是构成服装设计因素之一，因此，要特别考虑它的长度及所在位置，最后，用黑布胶带标出腰围线的位置。

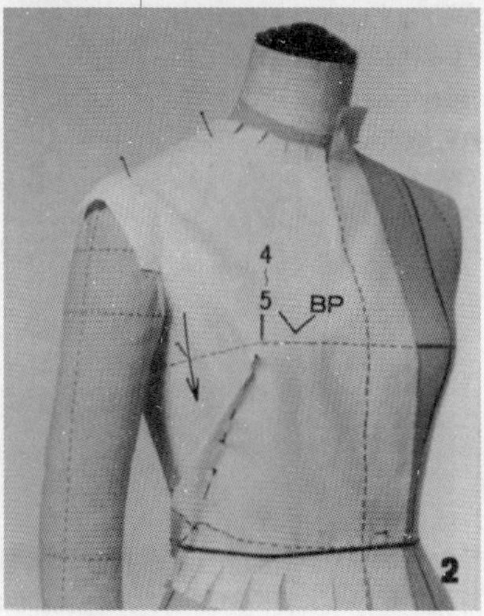

3 展开图

这是合体的紧身造型，所以省量较大，省道呈现出带有弧型的曲线，腰围线由前中心开始向下倾斜。

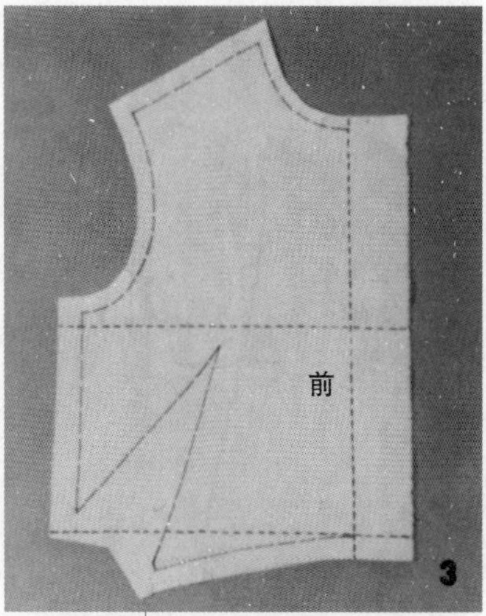

4 完成效果

虽然省尖离开了乳点（BP点），但是呈现出优美的立体造型，同时袖窿既松量适度又合体。

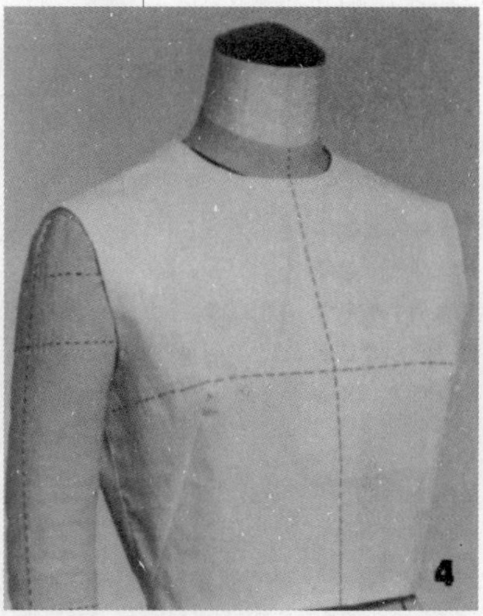

图 2－1－4

用前中心省处理省量的方法

1 将前片的前中心线，胸围线对准人台的基准线，胸围线下方与人台贴合，腰围应留有适当松份，然后，依箭头所指方向将侧缝、袖窿、领窝多余的部分向前中心转移。

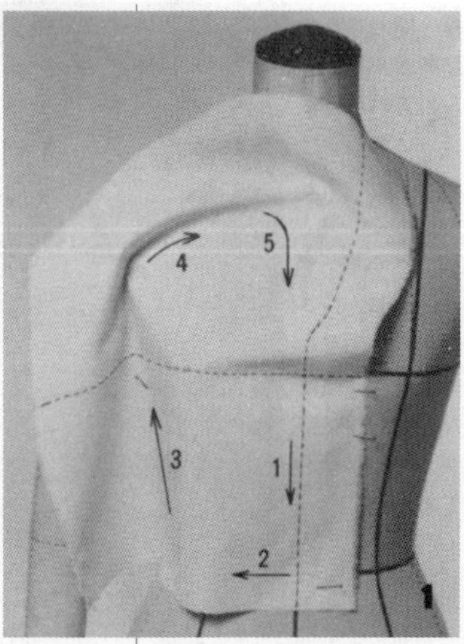

2 将推挤到前中心多余的松量，在胸围线附近水平捏省，领窝剪成放射状剪口。

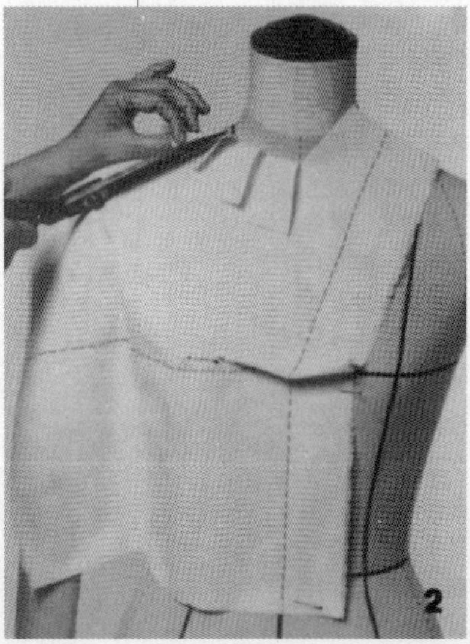

3 剪去领窝、袖窿多余部分，重新调整整体造型，要特别注意不要让腋下呈平面的造型。

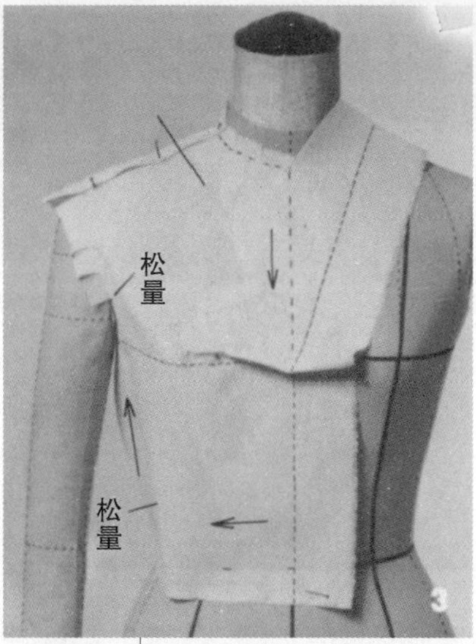

4 展开效果

胸围线以上的前中心线变化较大，呈斜线状，因此，胸部呈现出圆顺的立体造型。

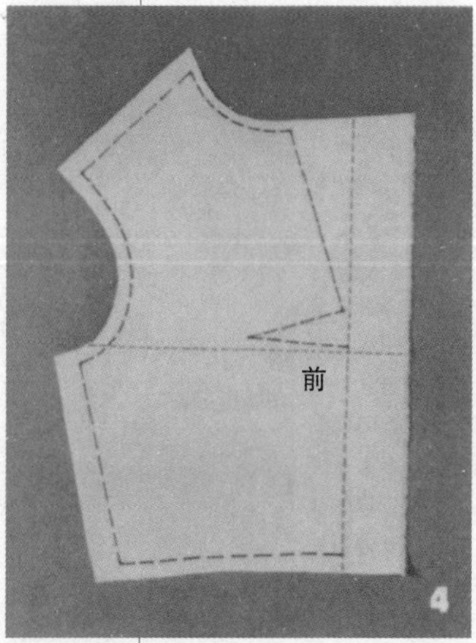

5 完成效果

由于省的位置在双乳点凹陷处，强调了胸部的立体感，前中心省终止点在BP点较近处捏合。

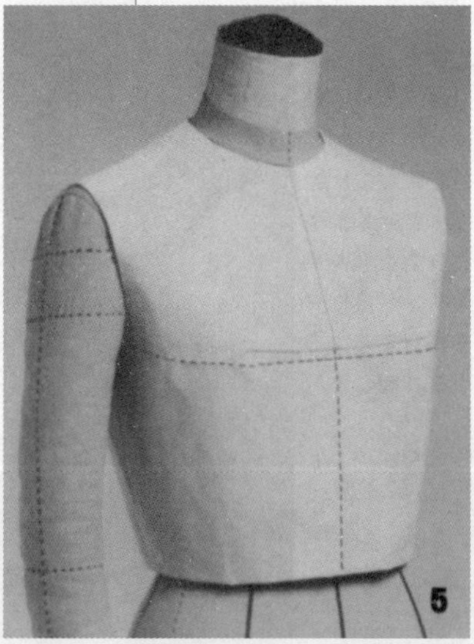

图 2－1－5

在领围外抽褶处理省量的方法

1 首先将布料的前中心胸围线对齐人台的基准线，轻轻理顺，并且用大头针固定，然后按住领窝，使腰围部分合体地贴合在人台上。沿箭头所指方向，把多余部分推挤到肩部。这样就形成了较多的褶皱。

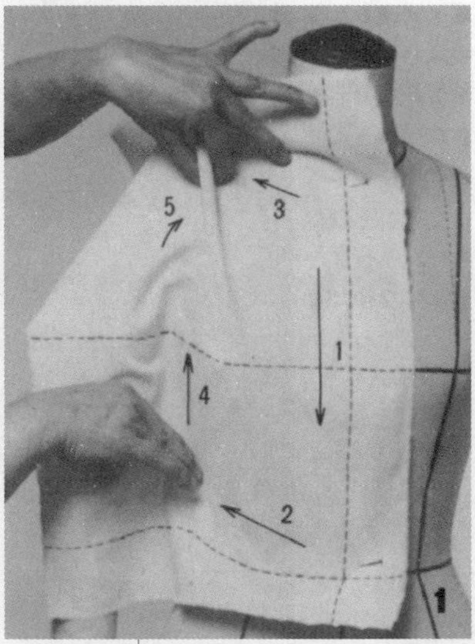

2 要想制作出更多褶皱效果时，可用一只手按住腰围部位，另一只手在 BP 点附近捏出 3～4cm 松份。

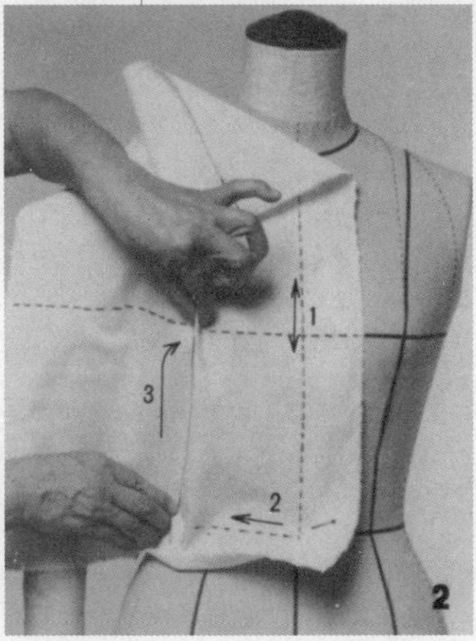

3 将捏起的部分，按图所示，可在肩部制作出几个褶皱，然后将按照图 2－2－5（1）中 4 所示，在领窝位置制作褶皱。

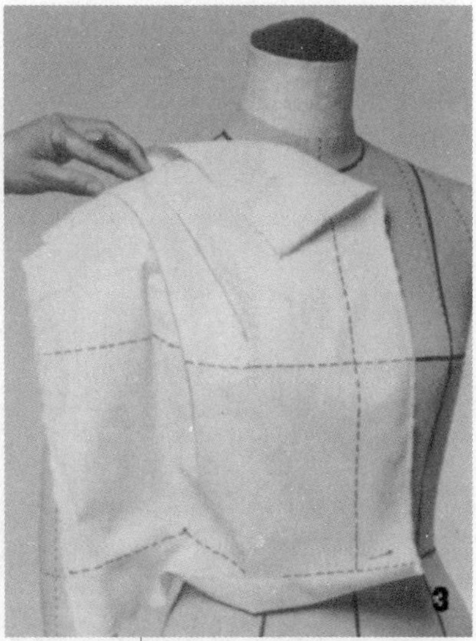

4 将集中在领窝位置上的松量，根据自己设计要求可捏成活褶及碎褶的造型，此时应注意调整皱褶的大小，使之形成具有韵律的皱褶。

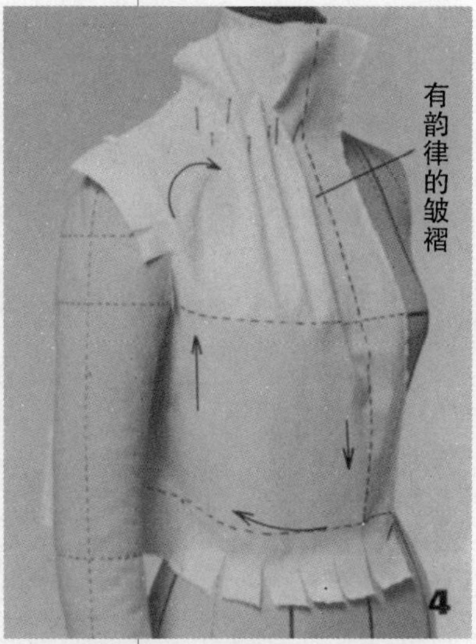

5 对合后中心线，将后片铺在人台上，腰围稍留松量，从后背的上部到领窝处要留取足够的余量，按箭头所指方向从腰围开始推移，移上来的褶量不够时，可调整腋下袖窿，增加领围的松份。

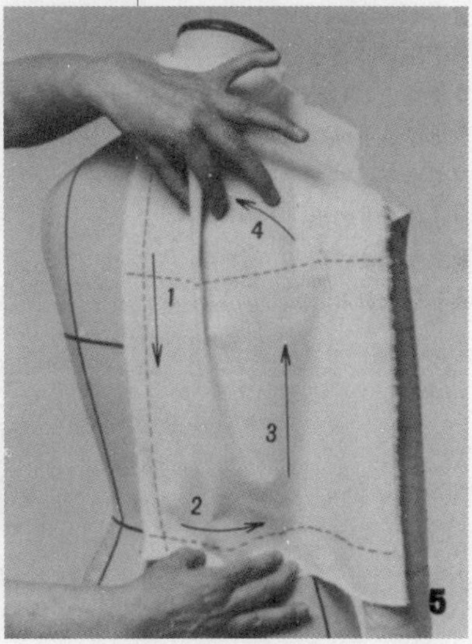

图 2－1－6(1)

6 当调整好松量后，与前片的处理方法相同，捏出皱褶、待褶调整好之后，拼合肩缝侧缝。

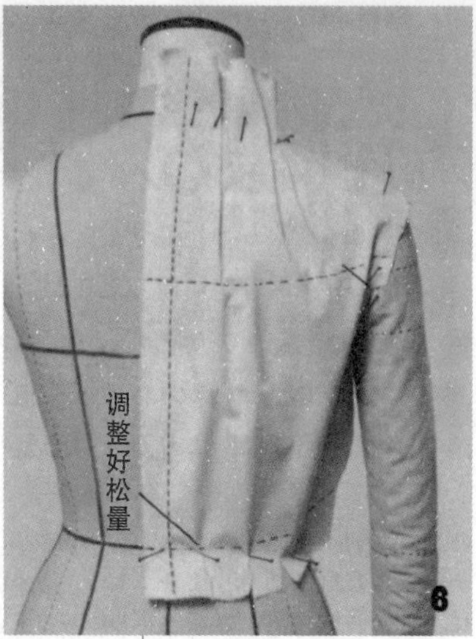

7.8 前后领窝的褶皱造型可自由设计领口形状。使用黑色胶带标出领围的位置，另外，领围线外的多余部分也可裁成荷叶领。

后片腰围松份可用活褶或碎褶的方法处理。

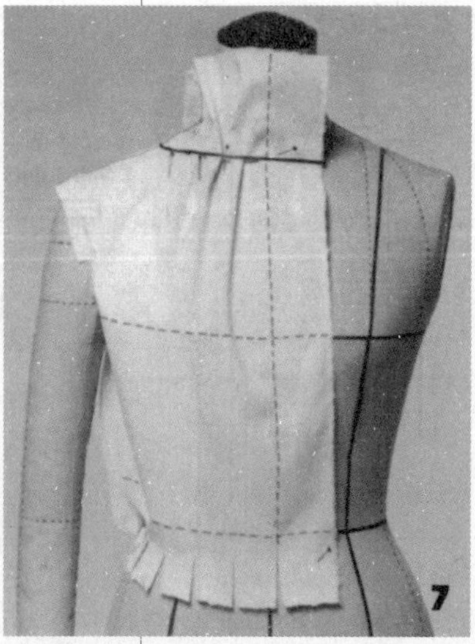

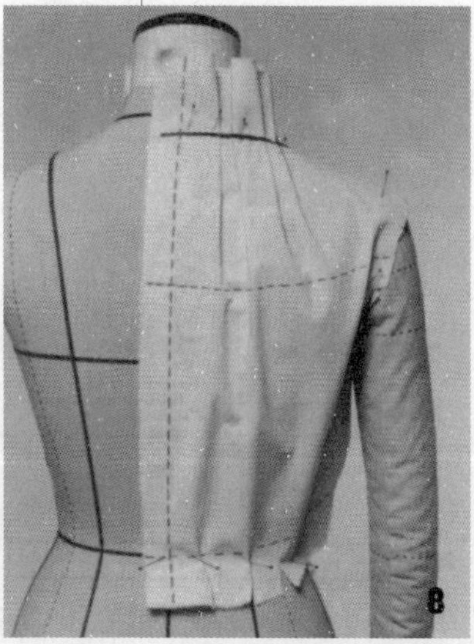

9 展开效果

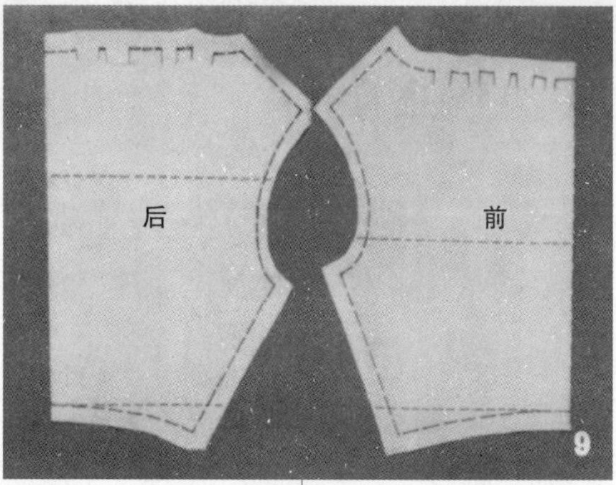

10.11 完成效果。此款是带有立领的造型，采用立体裁剪可制作出各种自然褶皱。

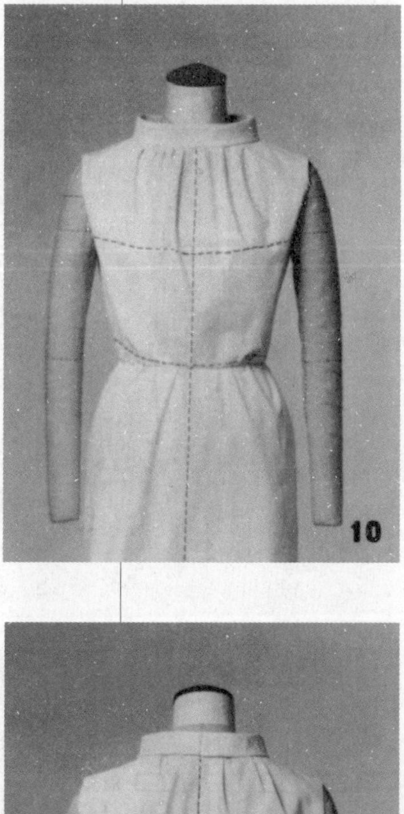

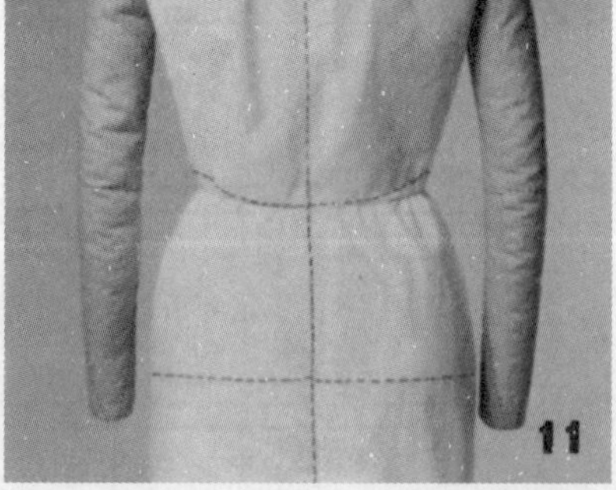

图 2－1－6(2)

依据人体立体裁剪

对于裁剪特殊体型，必须在标准原型基础上进行补正、修改，如果直接在人体上制作原型，比较容易、准确。

使用皮尺，在人体的前后测量20～30cm部位的尺寸，使用平面裁剪的方法，可制作出各种体型的原型。由于不是熟练者以及测量的误差，很难达到预期效果。相比之下，如果采取本文所介绍的实际人体立体裁剪法，则很容易地制作出更为准确的原型。

原型的制作准备

在进行立体裁剪之前，必须先在人体上使用细布条标注基础线。本文图中介绍了上半身、下半身、全身标注的基础线。细布条的尺寸如图所示，以标准尺寸为基准，并以中心为起点左右间隔5cm做标记。固定结合部位，可使用尼龙搭扣或大头针固定。

细布条的尺寸(上半身)

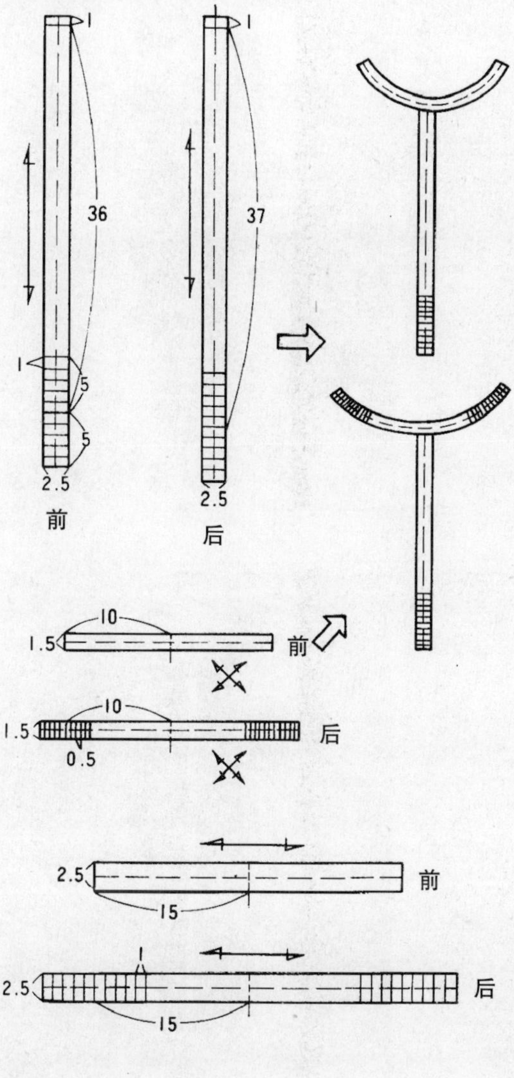

细布条的尺寸(下半身)

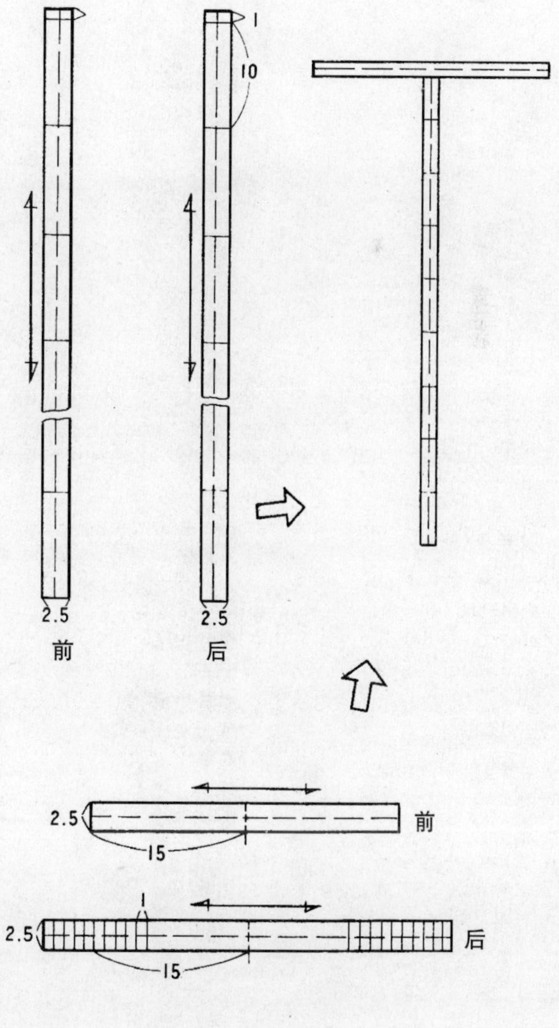

图2-2-1

上半身(前)

使用颈部带围绕住颈根，前身布带呈垂直状态，腰围布带保持水平。

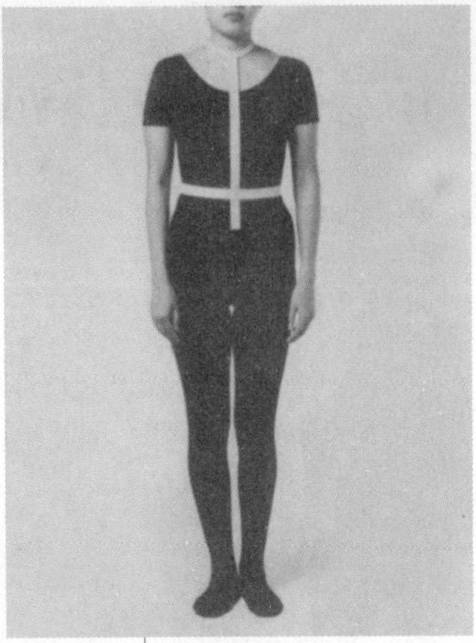

上半身(后)

与前半身方法相同。

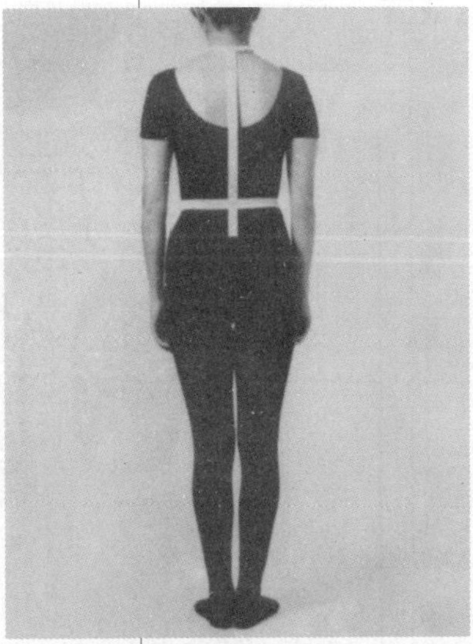

下半身(前)

腰围布带呈水平线，裙长布带保持垂直状态，若在裙长布带下方附加铅坠，就容易确定其位置。

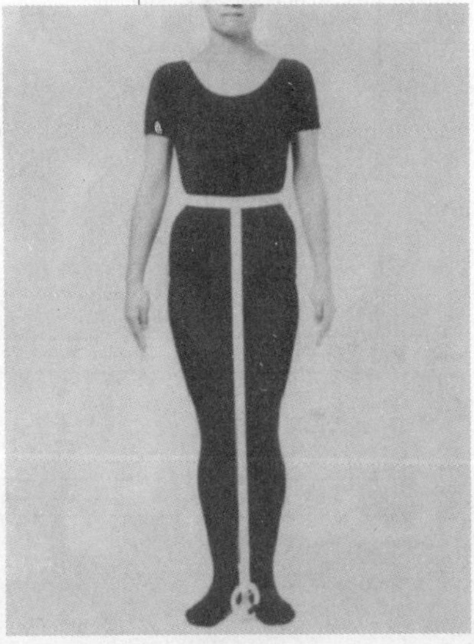

下半身(后)

处理方法与前下半身相同。

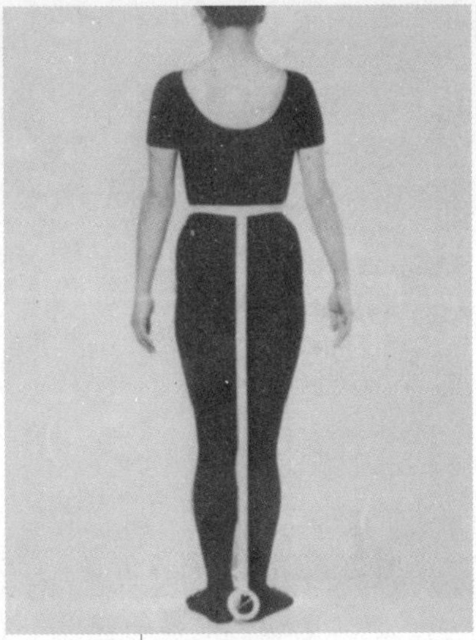

全身(前)

当制作连衣裙时，将上半身与下半身细布带相接。

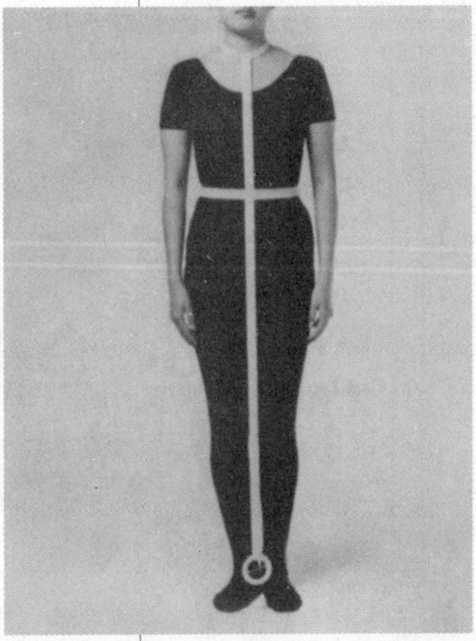

全身(后)

处理方法与前身相同。

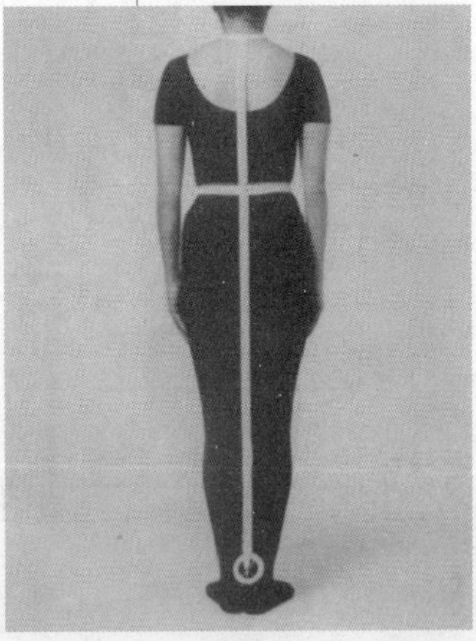

图 2－2－2

上半身(模特 A)－原型

1 准备的布料与人台所用的布料相同，将布料铺在人体上，从前中心领窝开始，到腰围为止，对齐纱向后，固定在布条上。剪掉领围多余的布料。

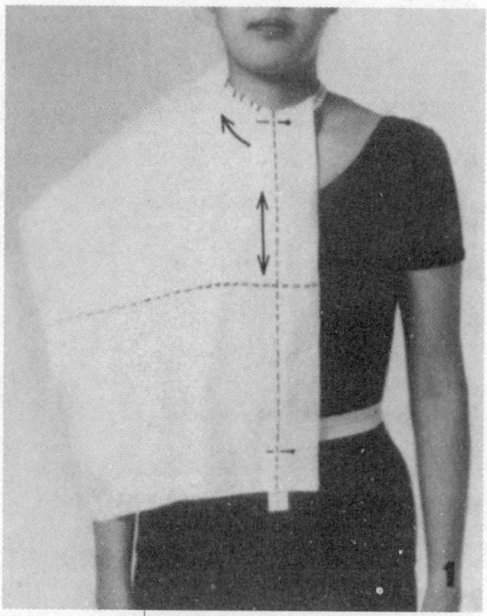

2 从肩部向腋下轻轻推抚布料，使其服贴于身体，这时，在腰围处产生一定的松份，将多余的松份捏成腰省。

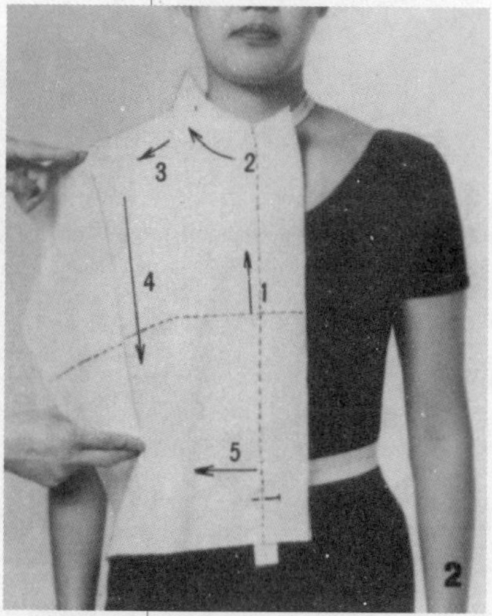

3 在保持后片的基础线水平及垂直状态的同时，将后片铺在人体上，特别是侧缝部位的垂线，一定要保持垂直，捏肩省、腰省。

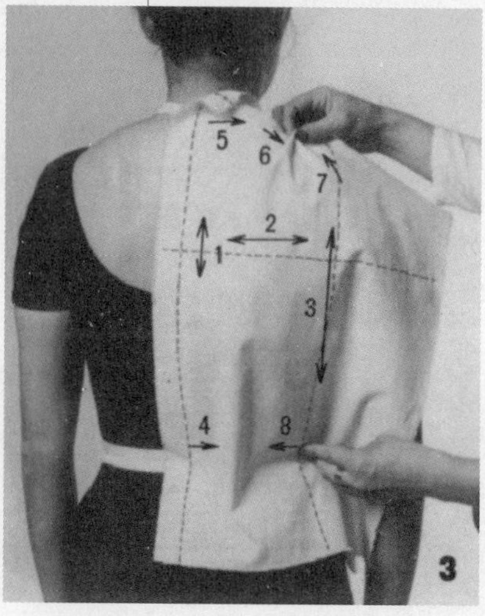

4.5 扒合肩缝，调整并剪掉领窝及袖窿多余的部分，前后身胸围要留取适当的松量，拼合前后身侧缝。

适当的胸围加放量，应是前片当人体深呼吸时，胸围也不感觉过紧，后片应是手臂向前活动时，背宽不觉得太小。

省的长短大小因人而异，不要太长、太大，应制作出优美的立体造型。

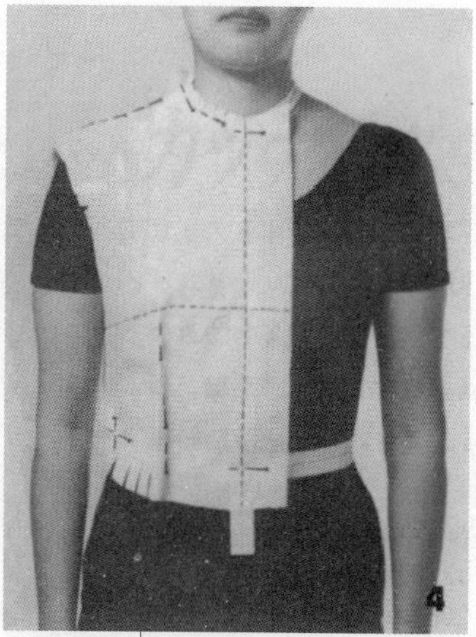

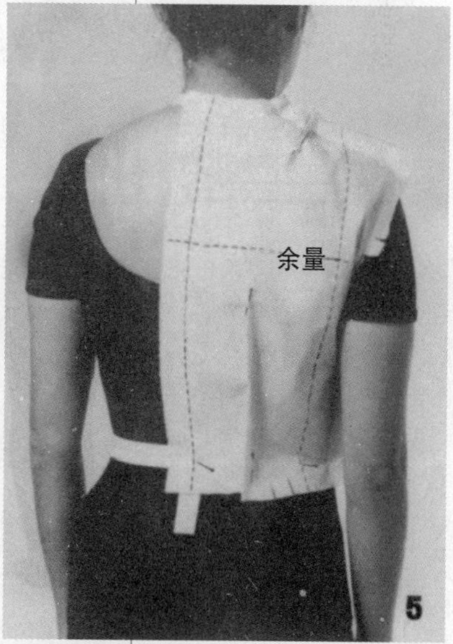

6 展开效果

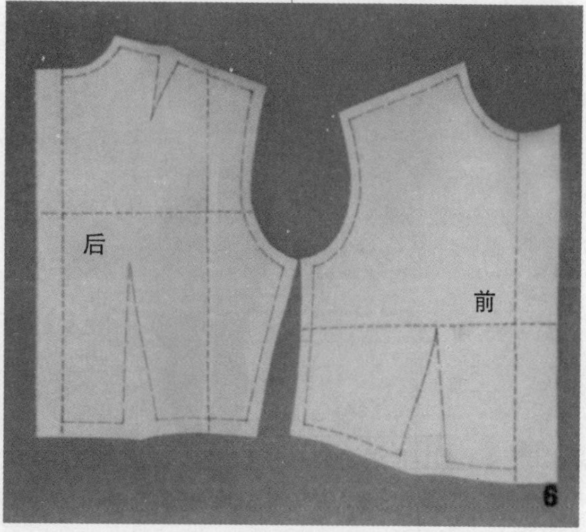

图 2－2－3(1)

上半身(模特 B)－原型

立体裁剪的方法与模特儿 A 的方法相同，从展开图上明显看到体型不同，省道的大小形状也各不相同，由此可知，B 模特的胸部比 A 模特更为丰满。

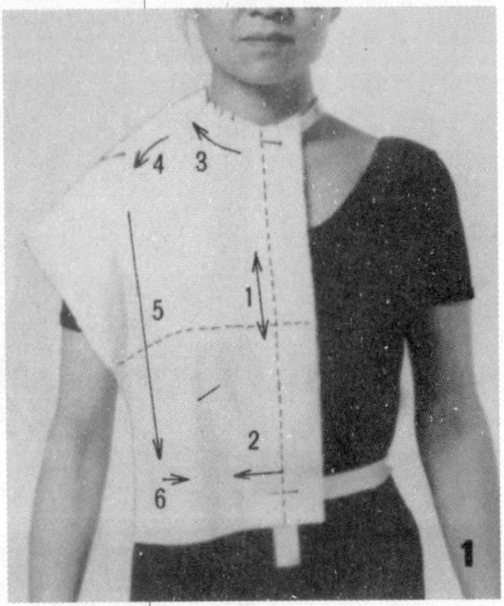

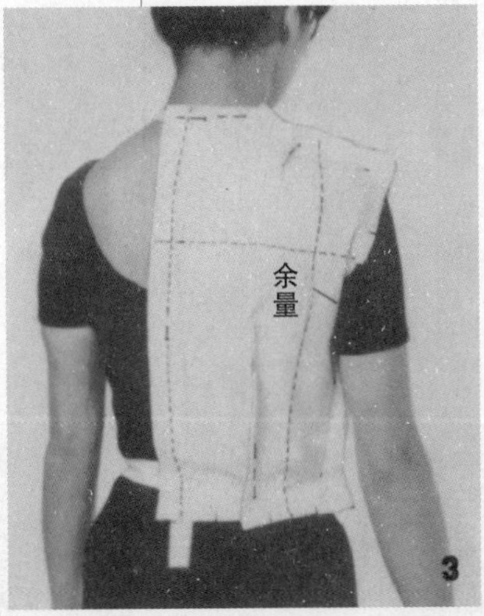

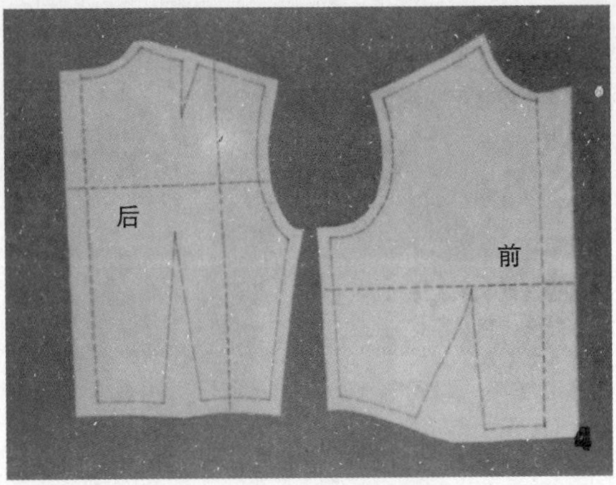

图 2－2－3(2)

下半身——半紧身裙的制作

1 将准备好的前片裙布料用大头针固定在腰带和裙长带上。然后，将布料向臀部方向推抚，此时应注意留取臀围的加放量和立体造型。

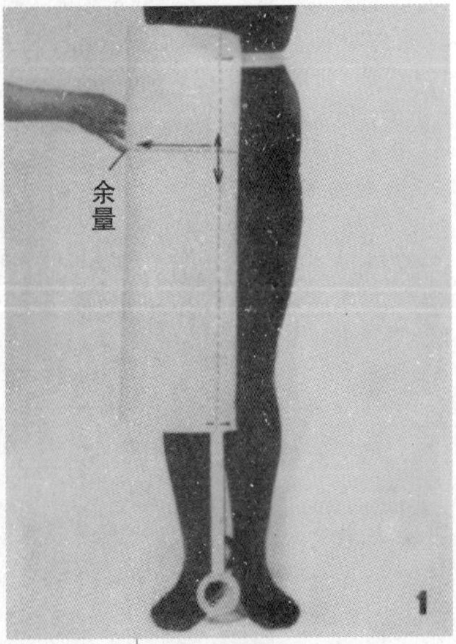

2 臀部松量不变，扩展底摆，调整出半紧身裙的立体轮廓造型，腰围多余部分捏省。

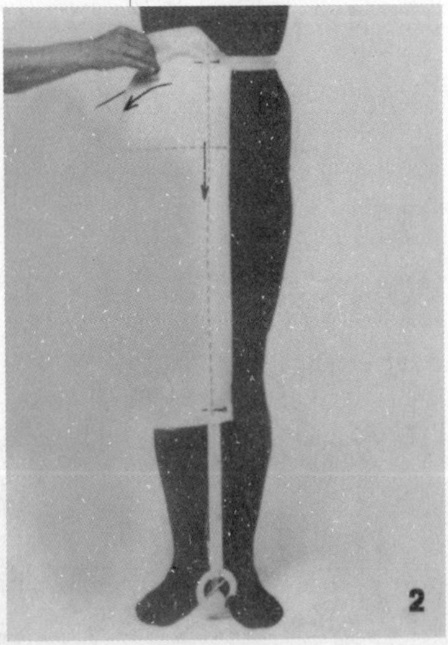

图 2－2－4(1)

3 用同样的方法，将后片调整出半紧身裙的立体轮廓造型，捏腰省、前后省道的方向，大小可结合布料自然垂坠的形态进行确定。

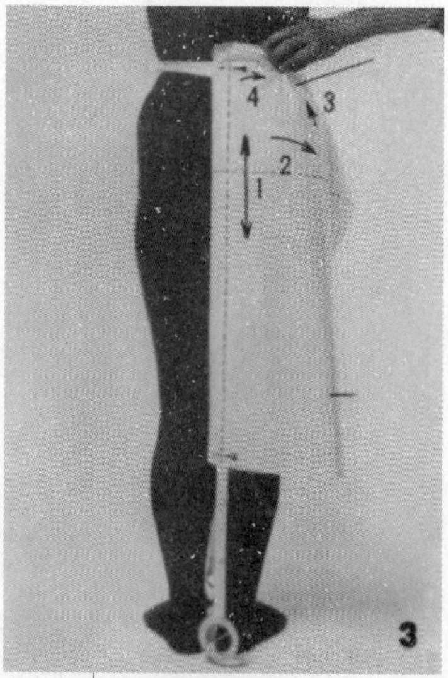

4. 5 将前后侧缝叠合在一起，使用黑色胶带标注侧缝线，如图5所示，侧缝线应稍向后弯斜。

人体侧面的分割线条并非只限于垂直线最具美观，尤其对于裙装来讲，考虑到臀部、腹部的突出，其分割线以稍向后方弯曲的弧线最具美感。

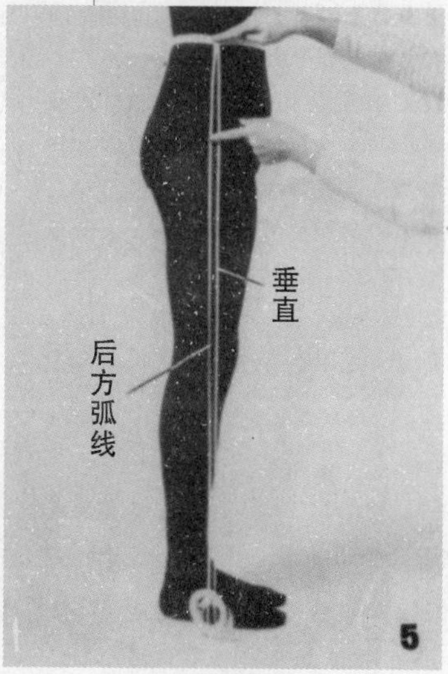

6 别上腰带，确定裙长，其长度以从地面向上量取方法测量，标注裙摆线。

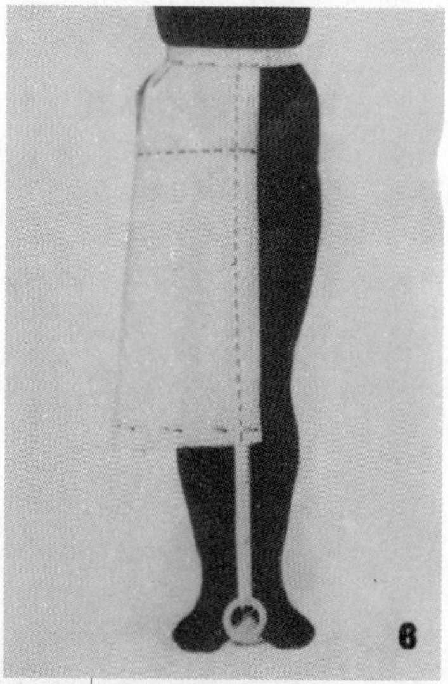

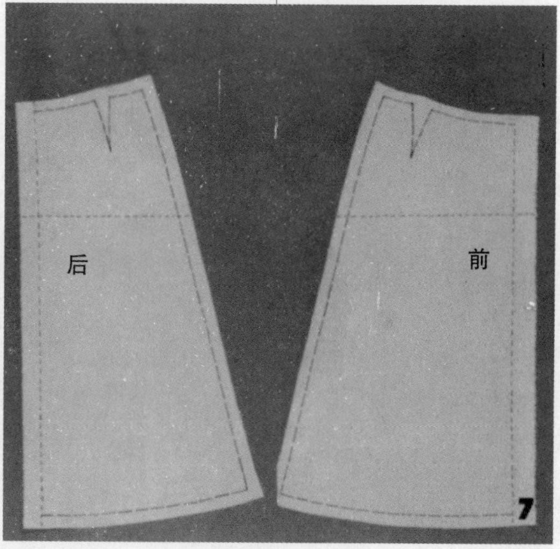

7 展开效果

前裙摆较大、省道短，并呈弧线状。后片腰省、省道长呈直线状。两者之间有微妙的差异。

图2-2-4(2)

········· 依据人台有余量的立体裁剪

前面已叙述过，人台有产业用人台与裸体人台。

使用带有一定加放量的工业用人台进行立体裁剪。

由于成衣制造业大都采用带有加放量的人台来制作成衣。这里介绍原型的制作过程、要点，掌握松份的加放方法。通过观看图示所准备的布料、工具与使用裸体人台相同。

1 对准前中心线，将前片固定在人台上，推抚领围并剪开前中心线。

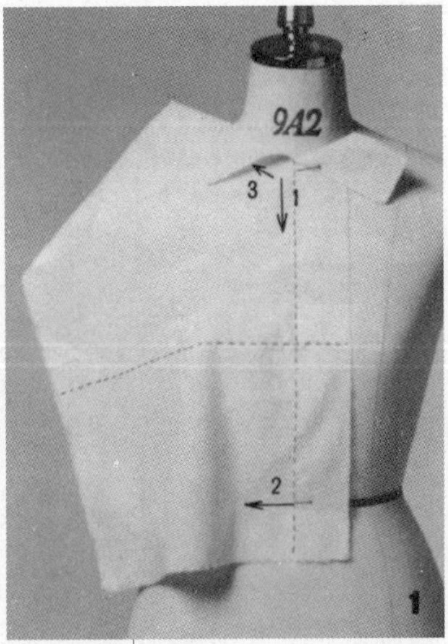

2 剪掉领窝多余部分，从肩部到袖窿、腋下理顺前片，因此，在腰围处自然产生了一定的松份。

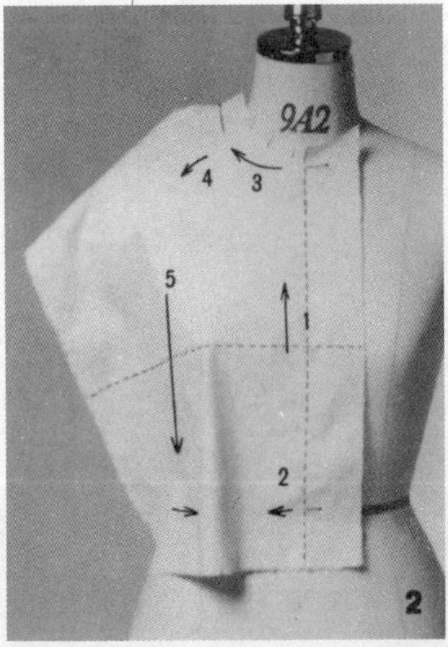

3 将腰围多余的松份捏省，这里腰围不需增加任何松份，然后在腰围伸拉部位打剪口。

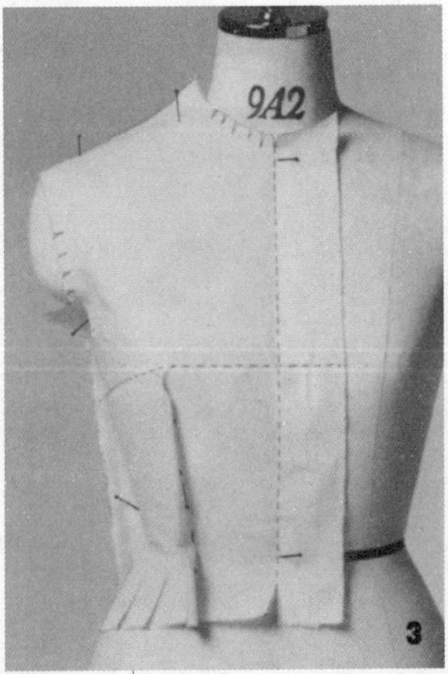

4 折出侧缝的结构线。

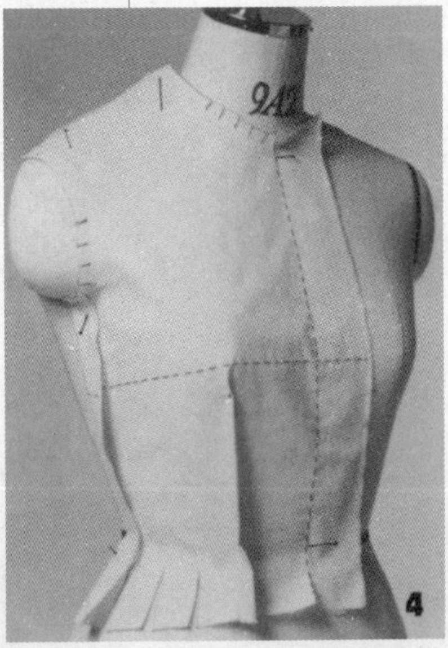

图2-3-1(1)

5 将后片固定在人台上，通过肩胛骨横向纱向保持水平，腋边的纵线呈垂线，腰围自然产生松量。捏腰省，理顺后领窝及袖窿，同时将产生的松量在肩部捏省。

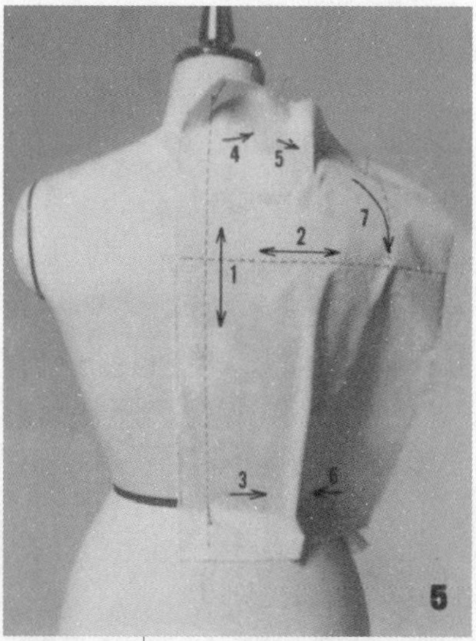

6 拼合前后肩缝及侧缝。

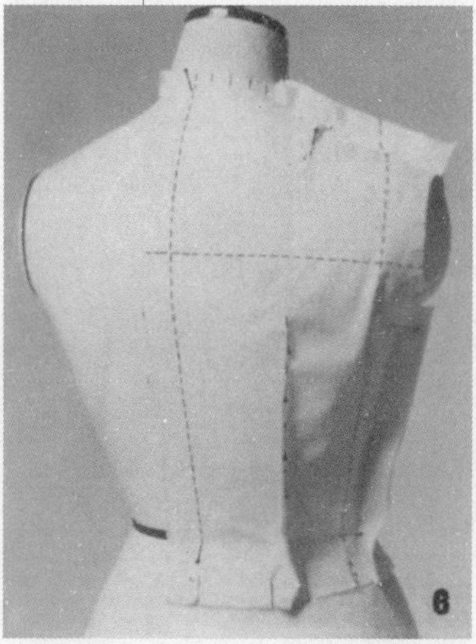

7 标注领围、袖窿、腰围的轮廓线，图片中的后袖窿线，是按照臂根形状标注的点线，由于背部加放效果不足，所以用黑色胶带加以修正。

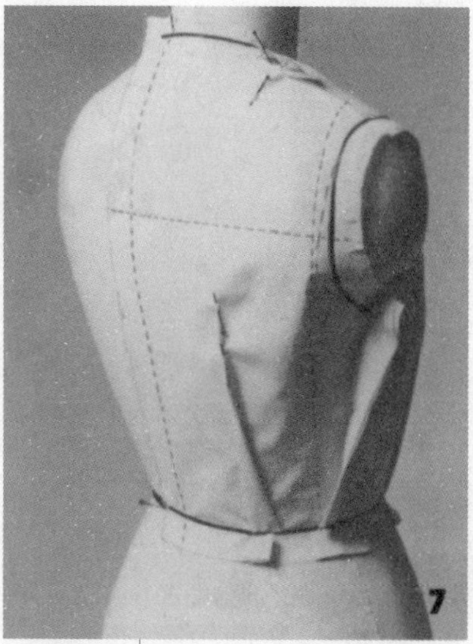

8 展开效果。从平面角度可以看到，前片的袖窿线如果按照人台臂根形状标注出来的轮廓线，凹陷较大，但是，背部上方形成了较好的立体感。

通过使用带有加放效果的人台，立体裁剪后观察展开图，可以了解带有加放量的人台的特点以及使用方法。

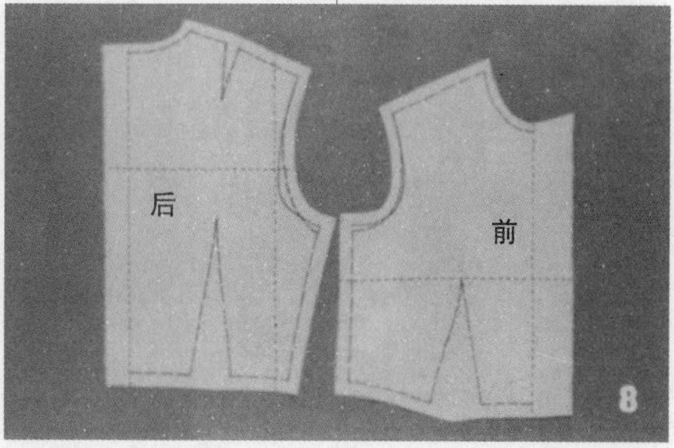

图 2－3－1(2)

第三章

立体裁剪范例

衬　衣

波浪形下摆衬衫

本款式按不同质地的材料，可展开设计成女西服及大方雅致的连衣裙。布料的使用量，以腰围分割线为基准，分为上部分用料以及裙摆用料两个部分计算。前面的搭门为2cm，按止口边翻折。

1 将前片上部分铺在人体模型上，准确对好前中心线。

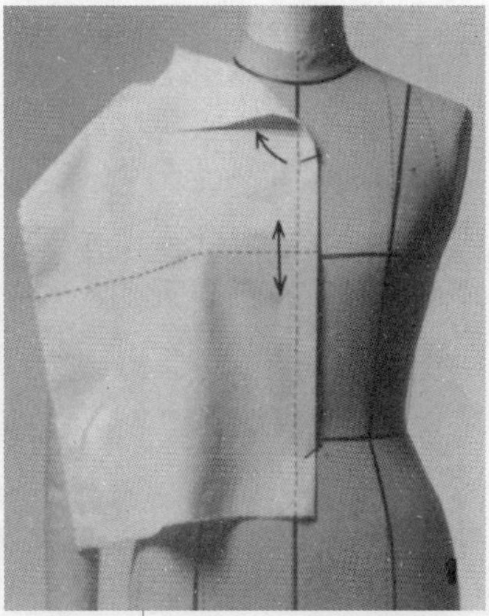

2 剪出领窝的形状，按箭头所指方向调整理顺前片，观察腰省的大小。

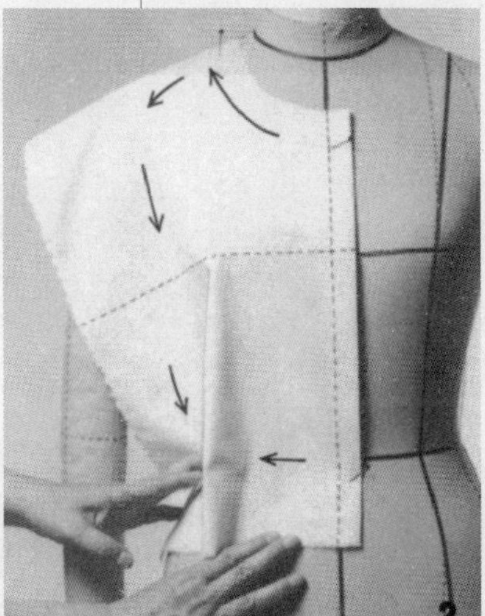

3 仔细观察省的位置是否合适之后，用大头针固定腰省，省道的终止点距BP点2～3cm，剪去袖窿多余部分，并使腋下部贴合于人体模型。

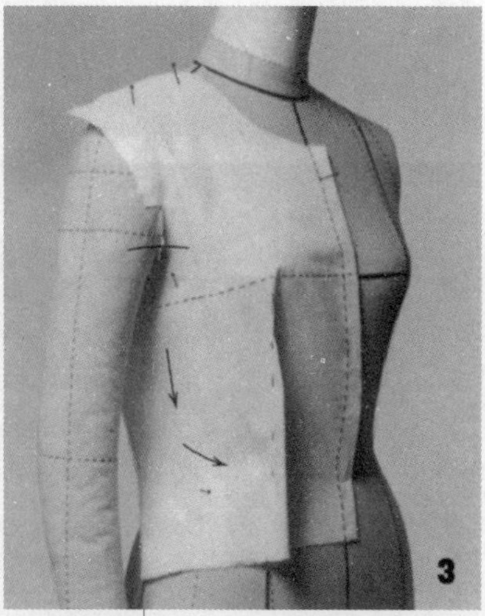

4 将后片上半部分铺在人体模型上，准确对合好后中心线。

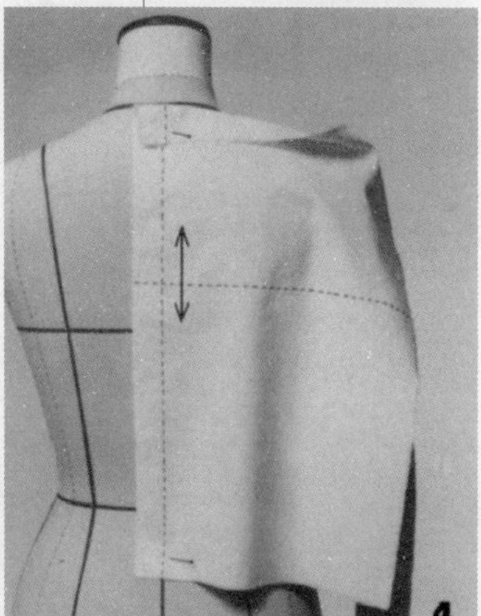

图3-1-1(1)

5 剪出领围，背部的纱向线保持水平。同时理顺后片，将多余的松份合理分配到腰部、肩部。

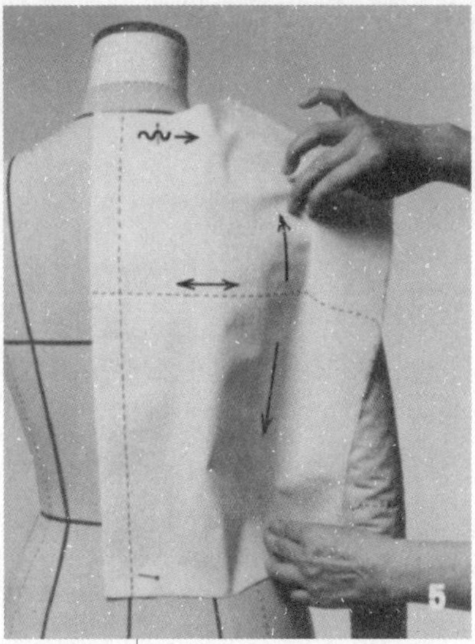

6 用大头针固定省量，手臂根部要捏起充足的宽松份量，腰省终止点控制在胸围线下方。

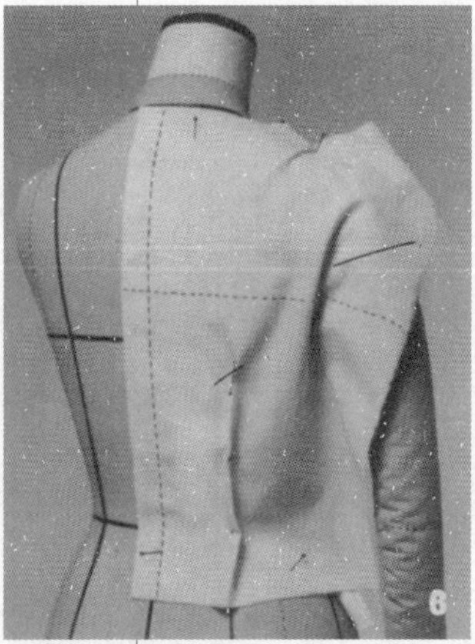

7 剪掉袖窿多余部分，腋下留足充分的松份，拼合前后侧缝。

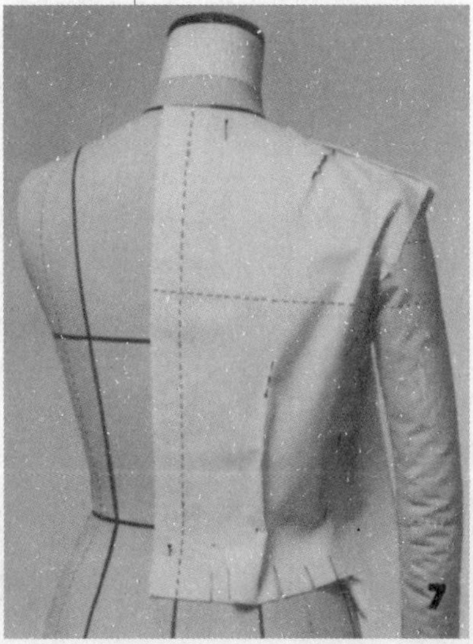

8 腰围线的位置设定在人体模型腰围线的下方，且要合体。

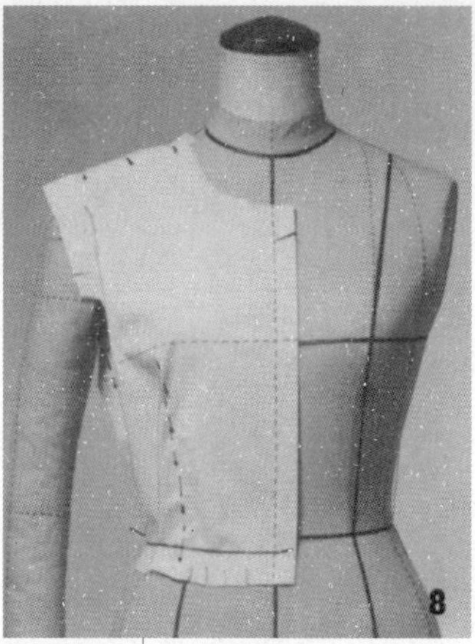

9 裙摆布料要留有足够的下摆量，对准前中心线，一边调整裙摆的大小；一边将腋下腰围部分向上伸拉。

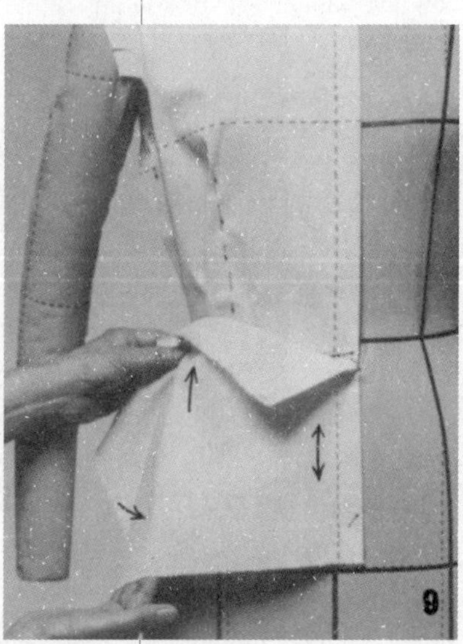

10 剪掉腰围多余部分，一面按准腰围部分；一面调整裙摆造型。

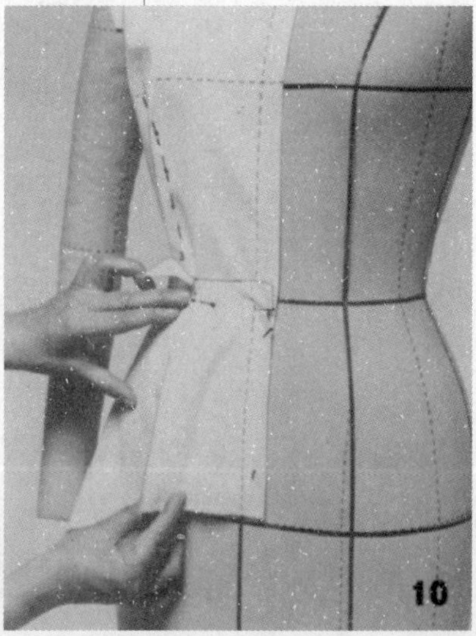

图 3－1－1(2)

11 裙摆的造型设计为两个波浪，可根据体型及个人喜好，自由设计出各种造型。

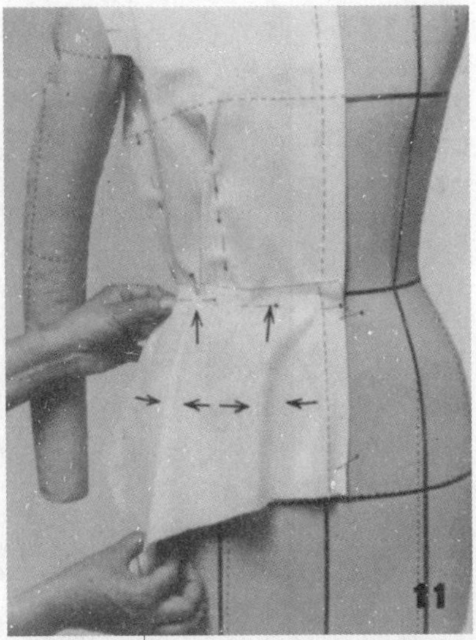

12 后片裙摆的制作与前片相同。

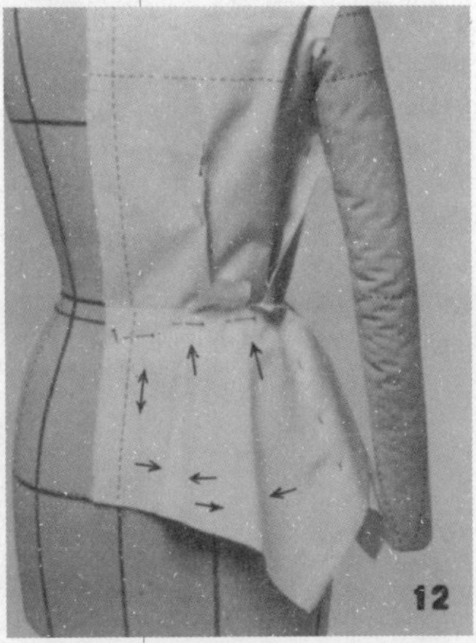

13 拼合前后侧缝，用带有色彩的纱线，确定裙摆的位置，并沿着纱线扒上大头针或打上标记。

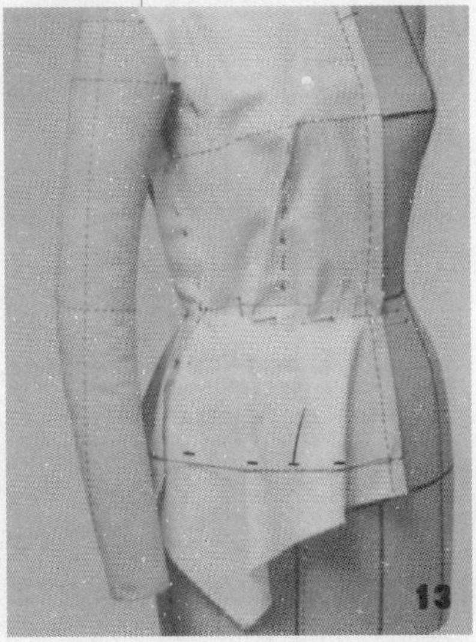

14 准备粗裁用的细布，观察袖上肥的大小，袖子要大一些才能衬托出衣身简洁的造型。

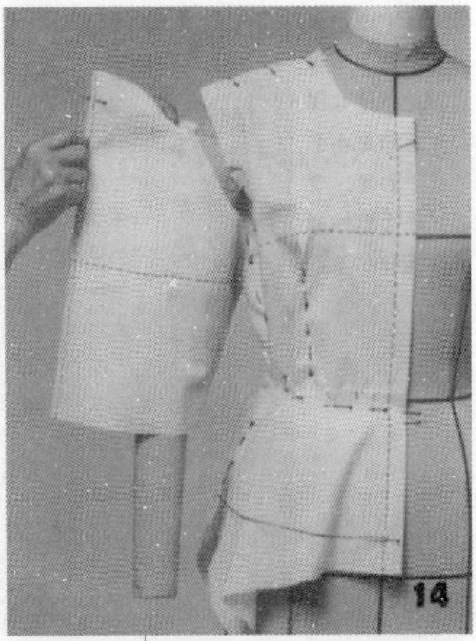

15. 16 袖山抽成活褶，用大头针固定。

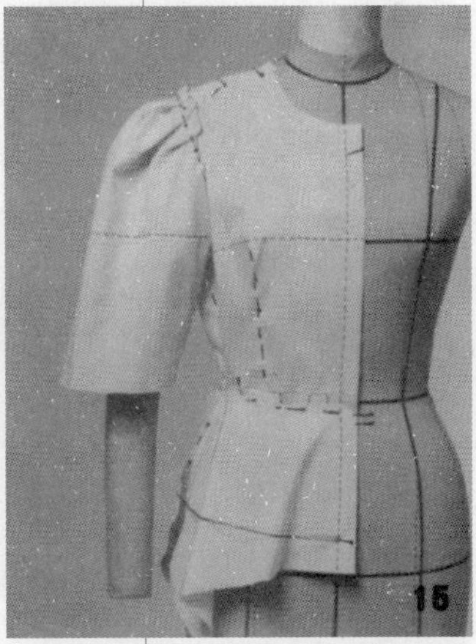

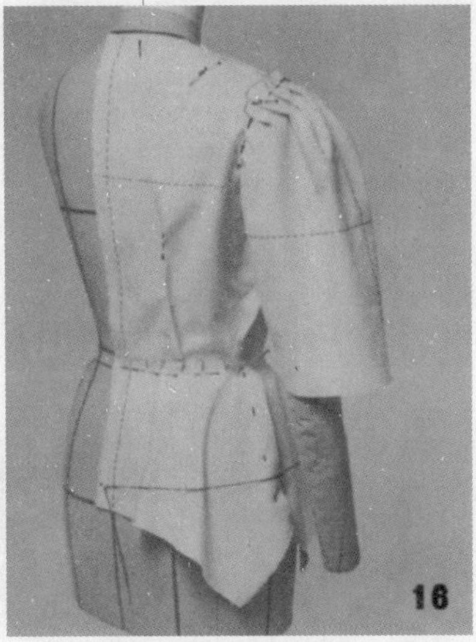

图 3-1-1(3)

17 袖口也抽成活褶，袖子的长度后面稍长，前面稍短，活褶的份量后面多于前面。

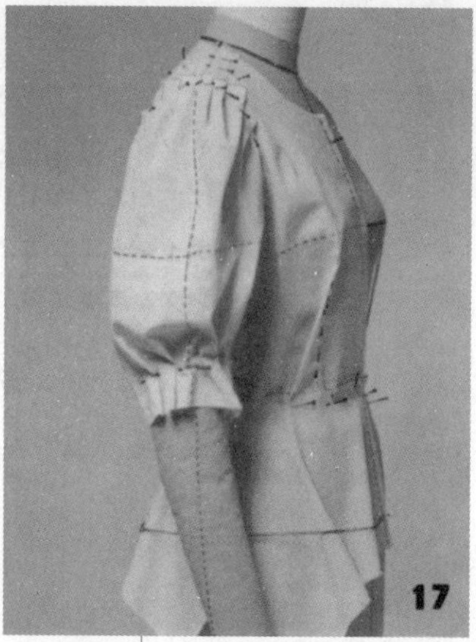

18 决定袖口布的宽度。

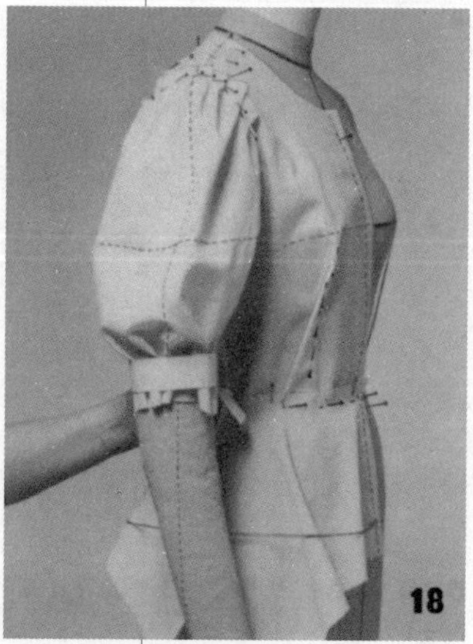

19. 20 将全部裁片从人体模型取下缝合后，再穿到人体模型上；使用带色彩的纱线描出领围，剪出适合于脸型的领围，一定要注意观察剪出的领围是否适合穿着者，本款设计为U字形领窝造型，后领窝必须与前领窝协调、均衡美观。

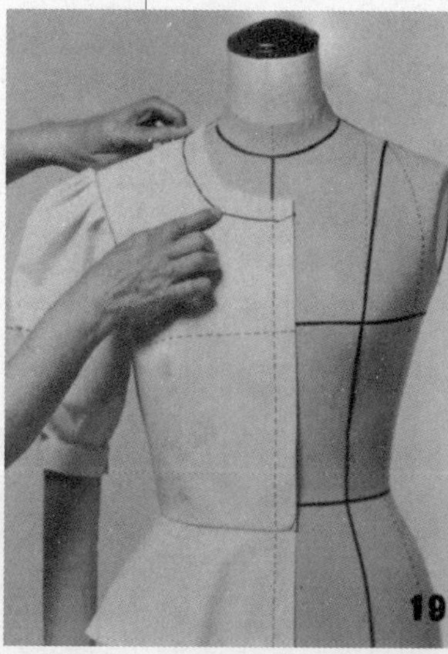

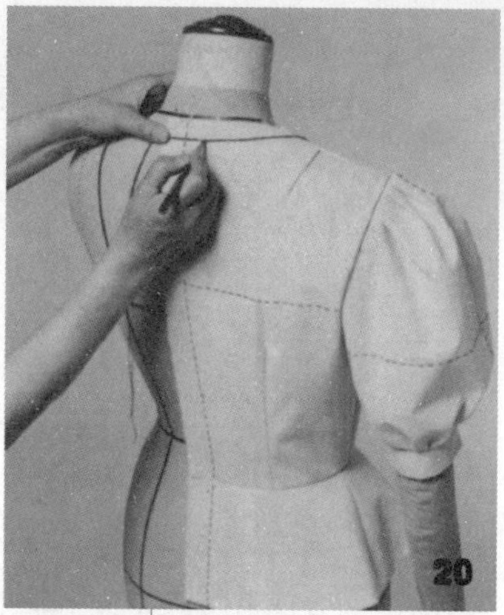

21 展开图

从图上可明显看到：前后腰省、袖山的差异。

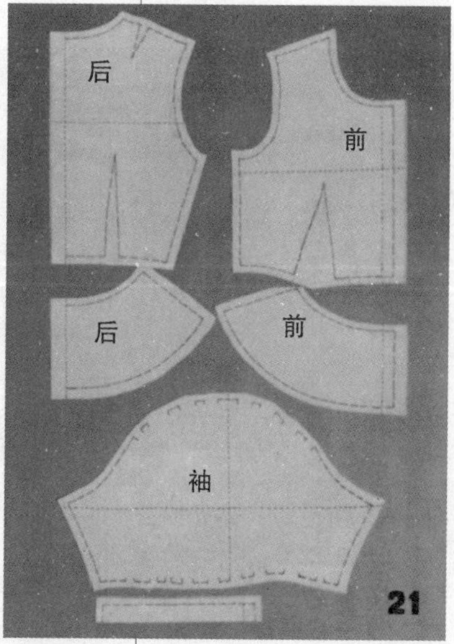

22 完成图

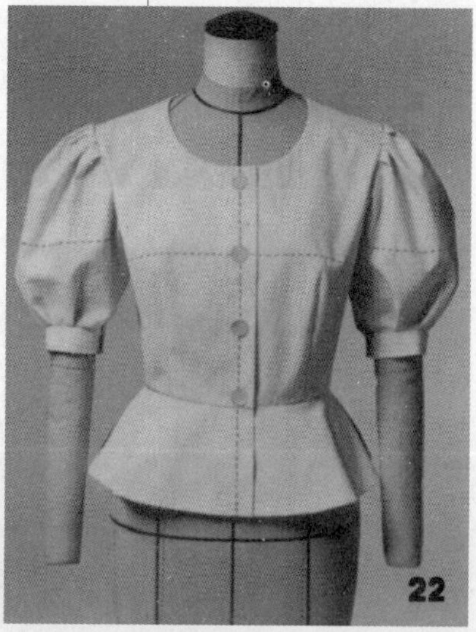

图 3－1－1(4)

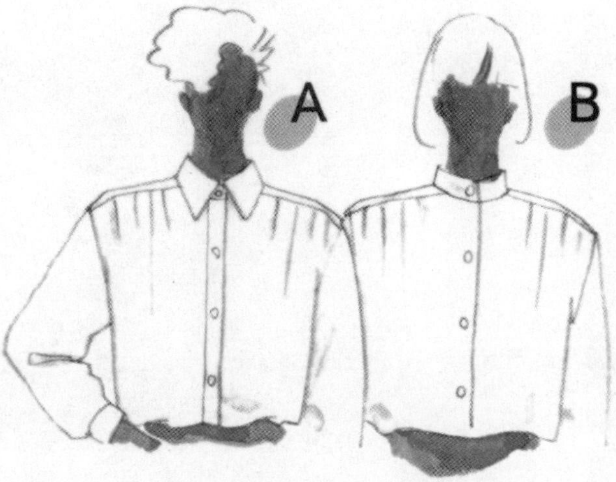

衬衫两款

举出两款衬衣风格的罩衬作为示范。其中抽取碎褶的份量是本款罩衬的重点，所使用的布料为薄质白棉布。

1 将粗略裁剪的左右过肩，以中心为基准对折后，折线对齐人体模型的后中心线。

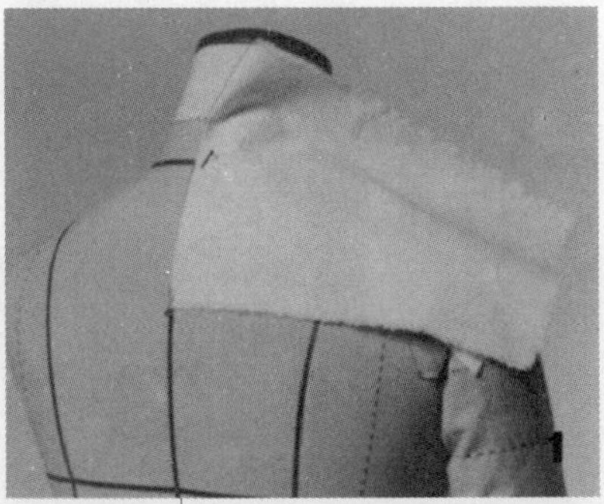

2 将布料向肩端点方向轻轻推抚，剪掉颈部多余部分。领窝伸拉的地方开剪口，将过肩向前翻转。

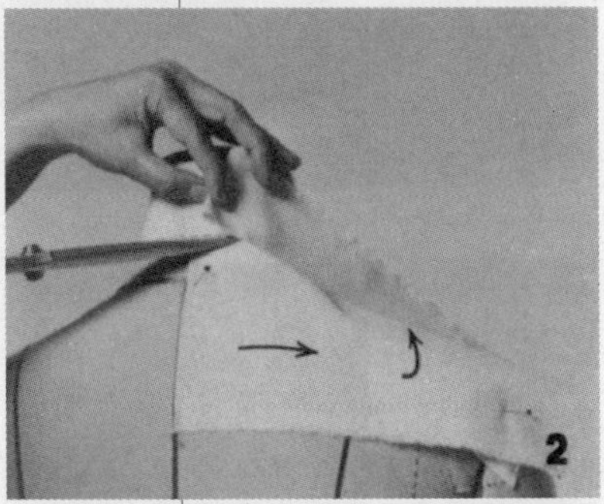

3.4 将过肩抚平，为了强调肩部松量及衬衫的感觉可放入垫肩。

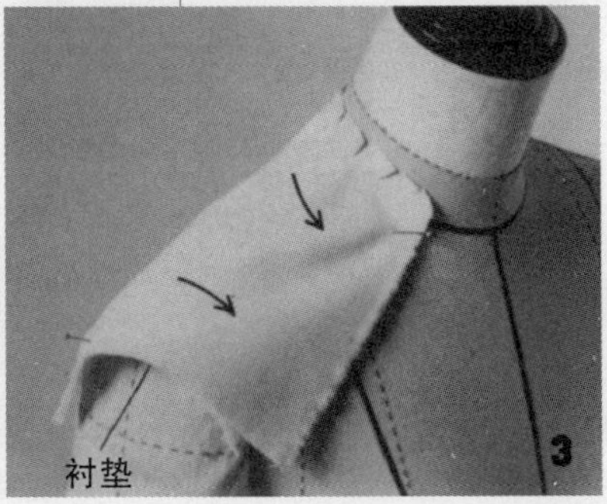

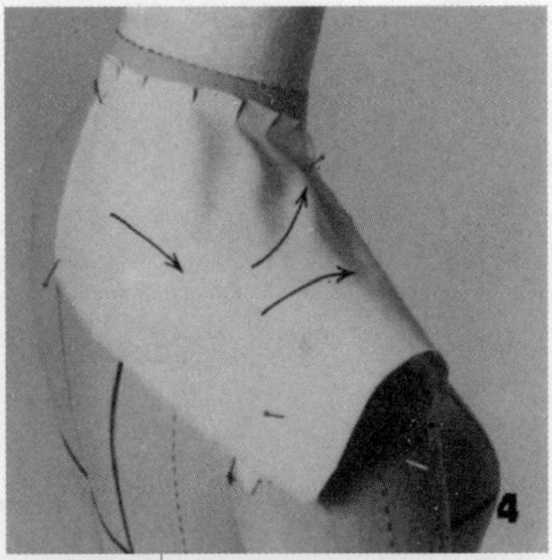

5 将后中心对折的过肩展开，自然贴合在左右肩部。然后，把后片料固定在人体模型右侧。

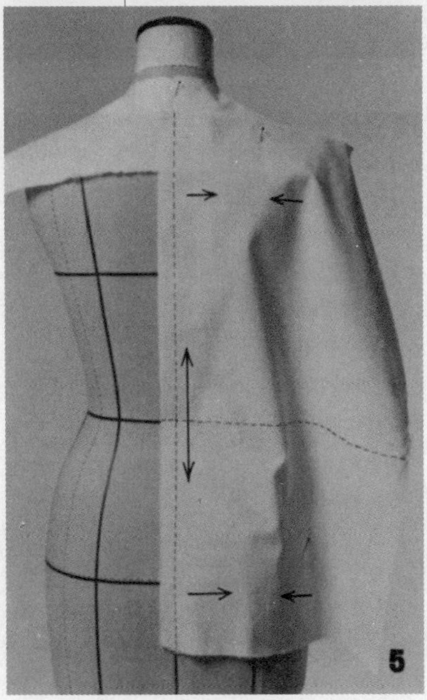

图 3－1－2(1)

6 这里的两种款式设计造型，左右设计造型各不相同（左右款式各异），右半身采取在后中心抽活褶的设计（A），其活褶的松份作为臀围的加放量。

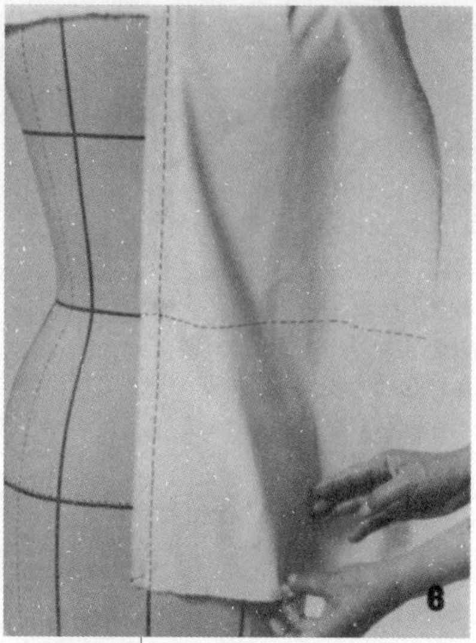

7 左半身在肩胛骨的附近，采取抽碎褶的设计造型。

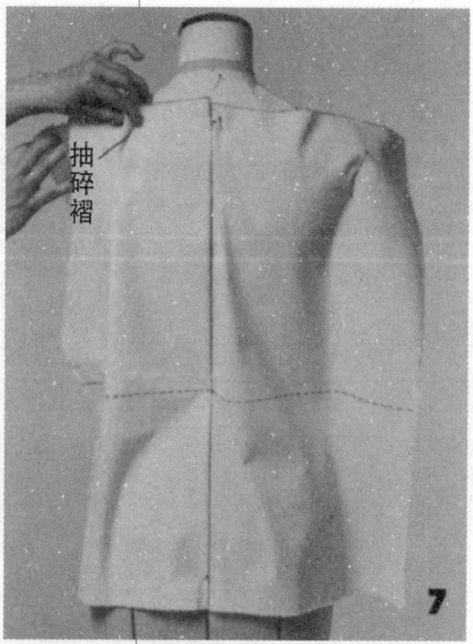

8 左半身的造型，根据喜好、机能性抽取适当的碎褶，使用黑色胶带标注左右过肩的位置，如果将腰围设计成活褶及宽松衬衣，必须掌握好后背的宽松量。

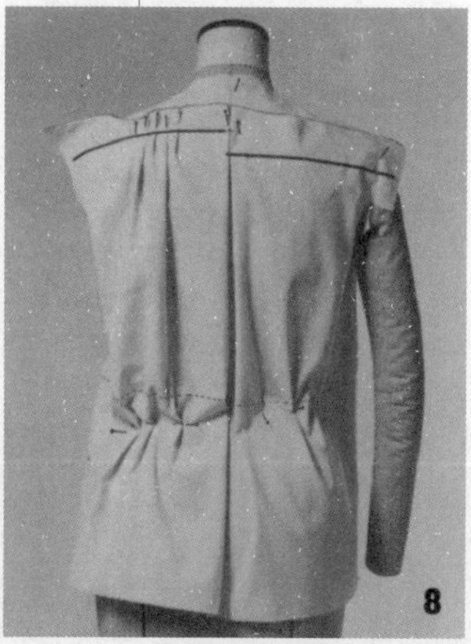

9 决定A、B前后过肩的位置，将后片腋下部分按完成侧缝线翻折。

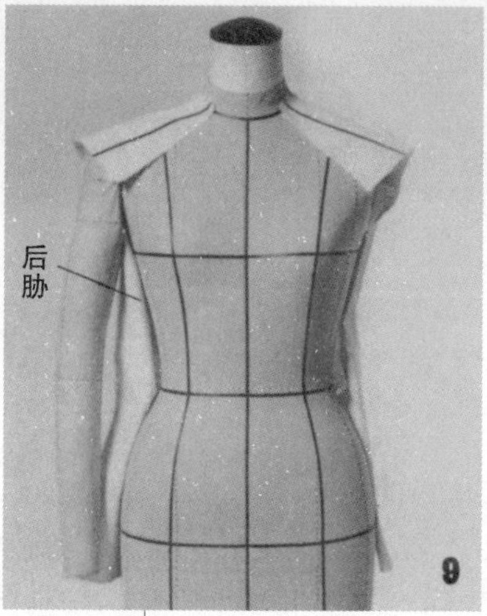

10 从人体模型前中心为基准，留取1.5～2cm的搭门，将前片铺在模型上，在胸部留取足够的松份，与腰围线、臀围线保持水平。

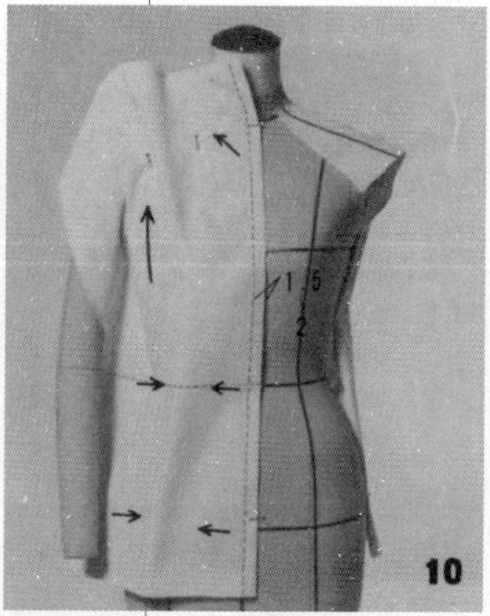

11 在过肩处抽取碎褶，在腰围处应掌握适当的松份，使抽取的碎褶形成自然垂直，然后，剪掉袖窿、过肩、领围多余的布料，此时应注意袖窿部位不要留取过多松份，腋下留取适当松份，确定修整线位置拼合侧缝。

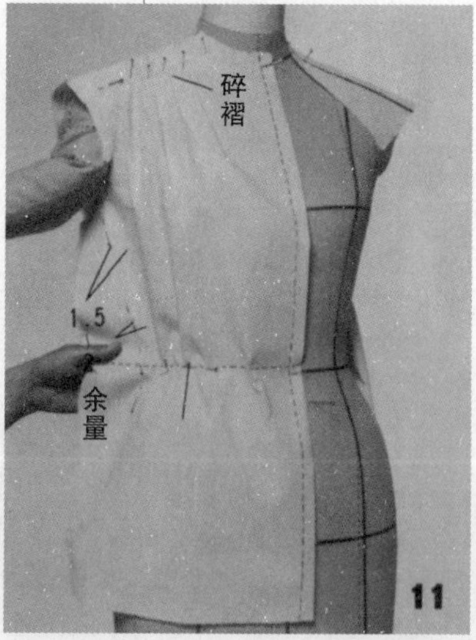

图3-1-2(2)

12 准备绱领，右半身设计为有领座的衬衣领。左半身设计为立领。两款领子的领口通用。首先按照标准领围尺寸的一半 18cm 为基准，从后中心开始向前量取 18cm 标注领窝的位置。

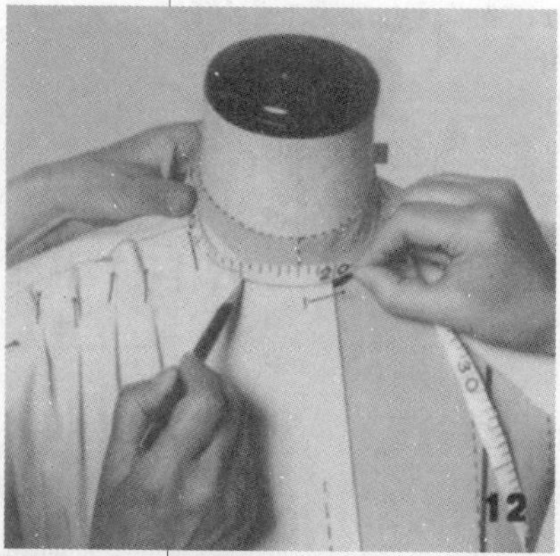

13 制作领子

将长方形座领的裁片从后中心开始，沿领窝方向绕向前止口，领子是否附贴，取决于座领的倾斜角度，因此变换领口拼合的位置，找出合理的领围。

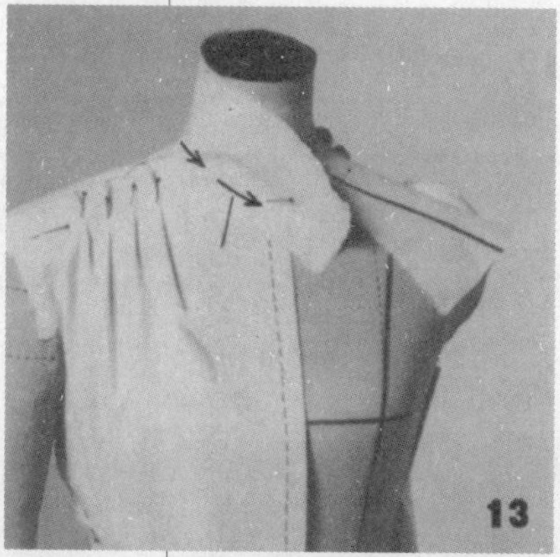

14 如果座领拼合倾斜弧线确定下来之后，座领的上部也剪成同样的弧线状。

15 裁剪翻领，翻领拼合线弧度比底领的弧线更加弯曲，按此要求，大致剪去翻领的形状便于操作。

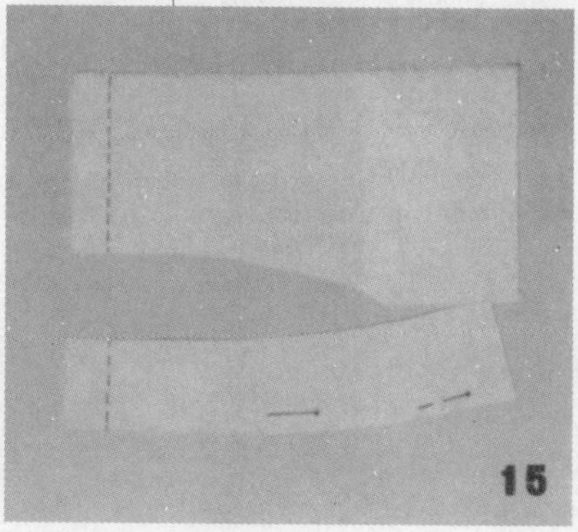

16 拼合座领，由于拼合领子的弧线尚未决定，所以，结合处留取 0.5cm 的缝份，调整好颈部的间隔和造型，用大头针固定。

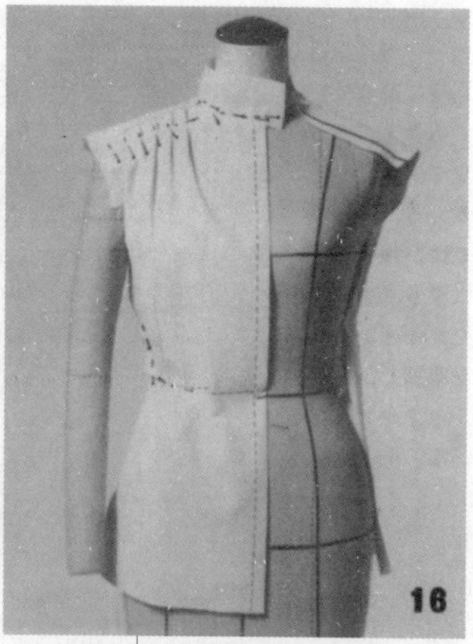

17. 18 决定座领的宽度，拼合翻领，伸拉部位打剪口，同时决定翻领宽。

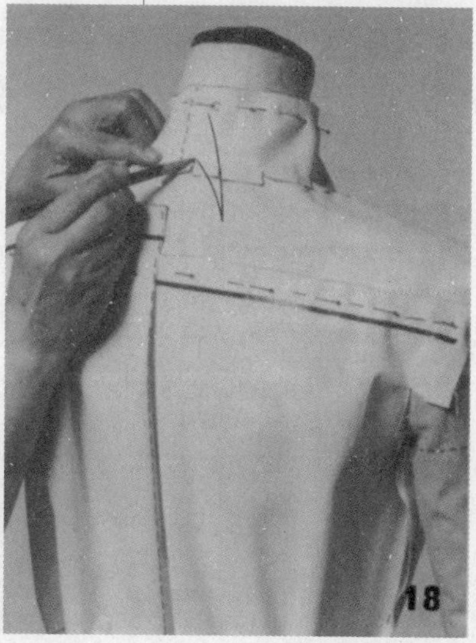

图 3－1－2(3)

19. 20 依据个人喜好，确定下摆造型及长度，并用黑色胶带标注轮廓。

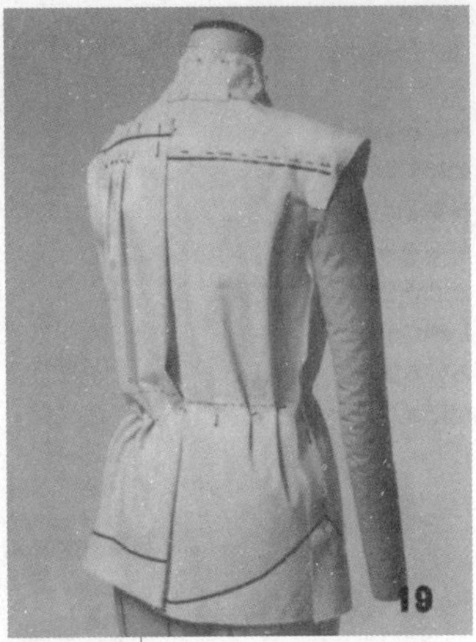

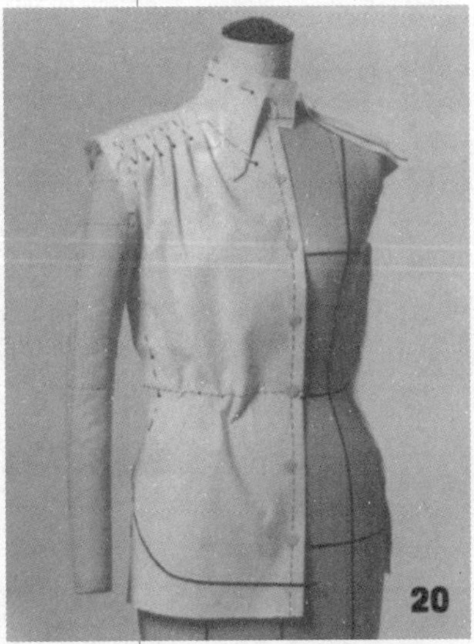

21 设定袖窿尺寸，一般普通衬衣为 42～45cm，使用布尺按袖窿尺寸用铅笔标注袖窿位置，根据袖窿尺寸，粗略裁剪袖子。

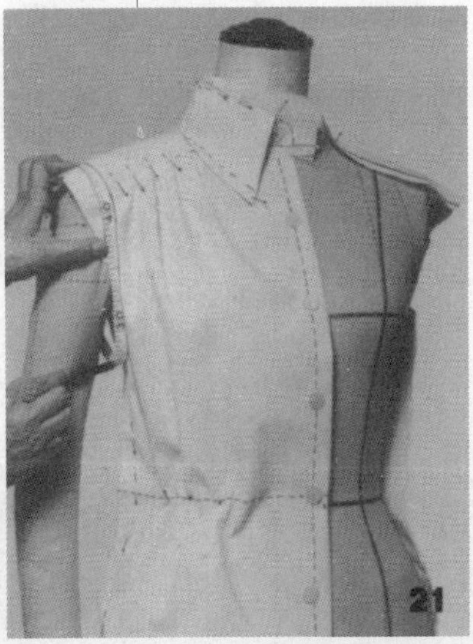

22 将袖子假缝上去。均衡地考虑袖肥、袖长、袖头的宽度与整体的协调后，用大头针固定。

23 A 款式的展开图

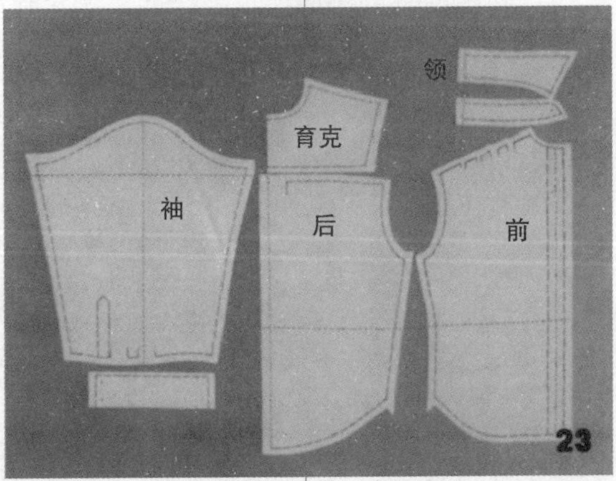

24 A 款式的完成图

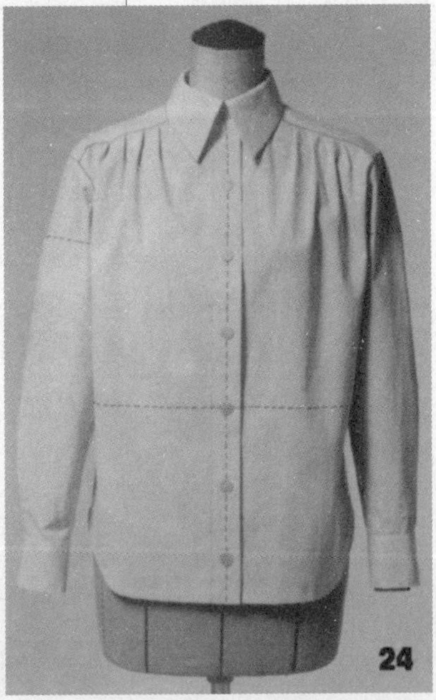

图 3－1－2(4)

25 A 款式后背的完成图

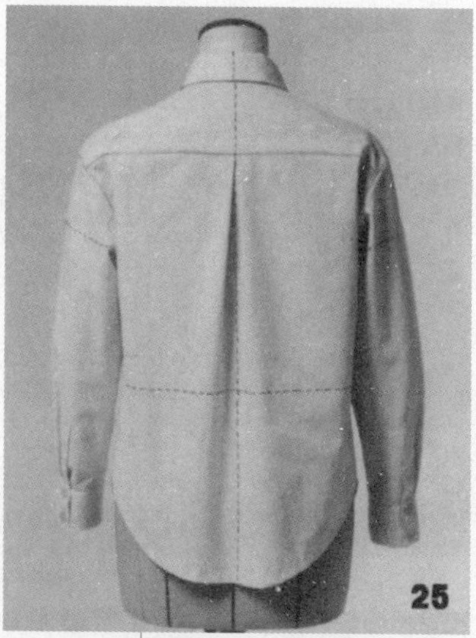

26 B 款式展开图

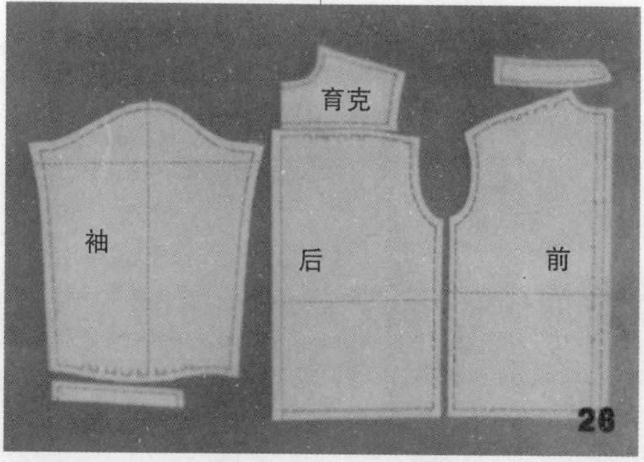

27. 28 B 款式的完成图

A、B 款式如果变换不同质地的布料，衣身的宽度及碎褶的份量也随之变化。请多尝试各种布料的制作效果，应多做各种布料制作的练习。

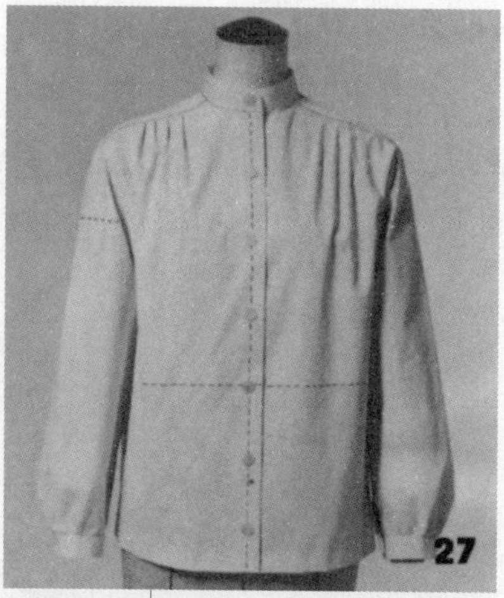

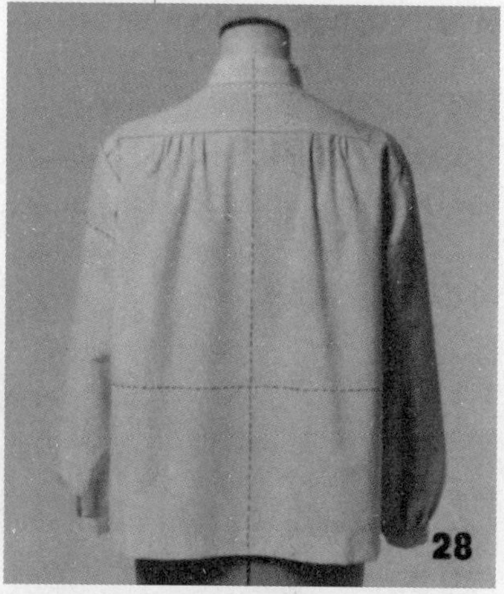

图 3-1-2(5)

前中心收褶衬衫

衣服褶皱的形状，依材料纱向变化呈现不同的造型效果，这里介绍两种款式操作的说明。

在布料的斜纱方向抽取褶皱

1 所准备的布料在经纱方向，留取足够抽褶量，按照V字形领口设计线，将布料铺在人台上。

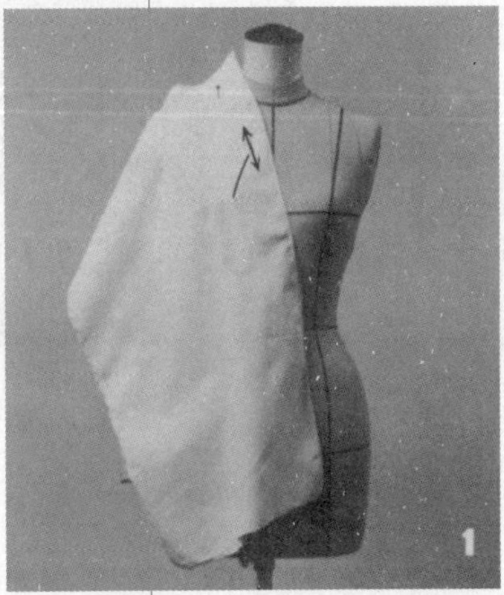

2～4 按照从上到下的顺序，捏取皱褶。首先决定褶皱的基点，然后将左手按住基点，右手捏取所需褶皱，按照款式设计的要求重复操作，便可制作出造型美观的褶皱。

由于抽取的褶皱走向是沿着布料正斜纱方向，因此，线条柔软、顺畅。以下的操作方法参照61页B款式。

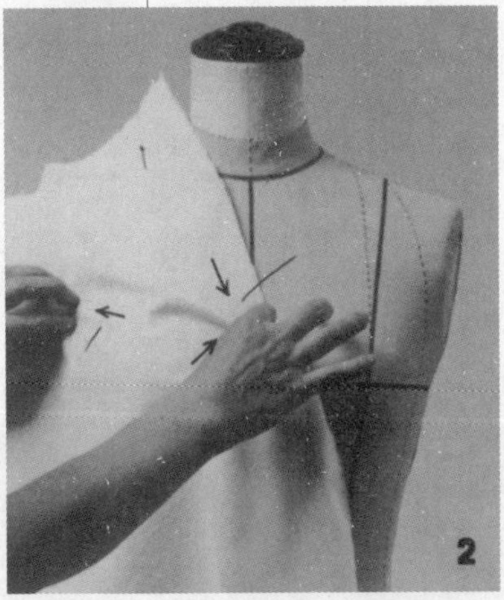

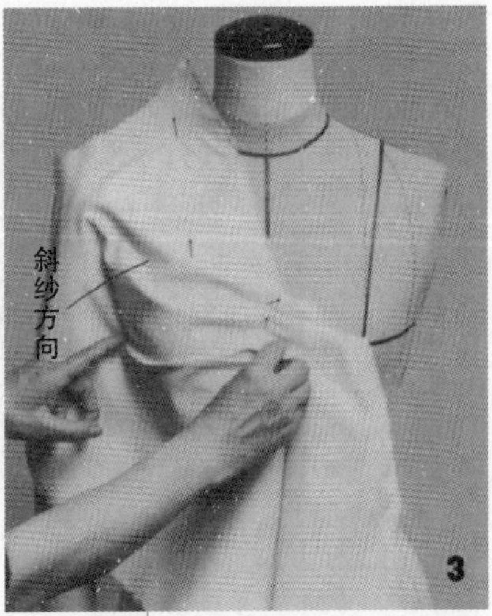

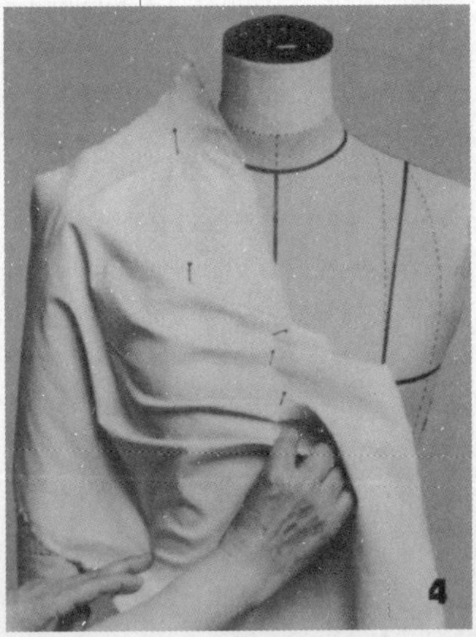

图3－1－3(1)

在布料的纬纱方向抽取褶皱

1 将布料的经纱方向与人台的前中心对准，铺在人台上（或前中心采用经纱方向的布料，并铺在人台上）。

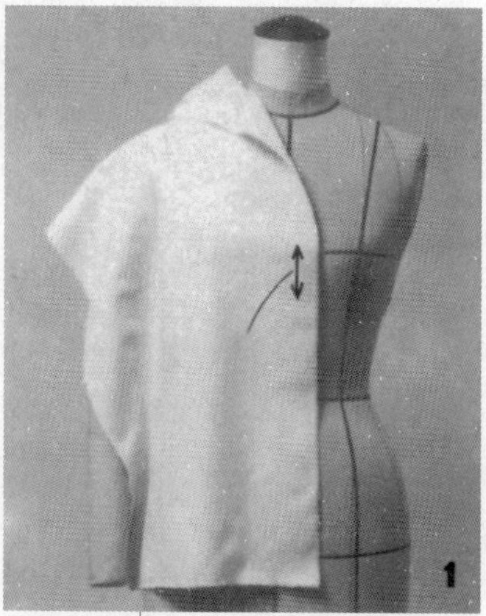

2～4 在前中心处自由捏取褶皱的操作方法、前中心捏取褶皱，并向侧缝方向伸拉，反复操作。

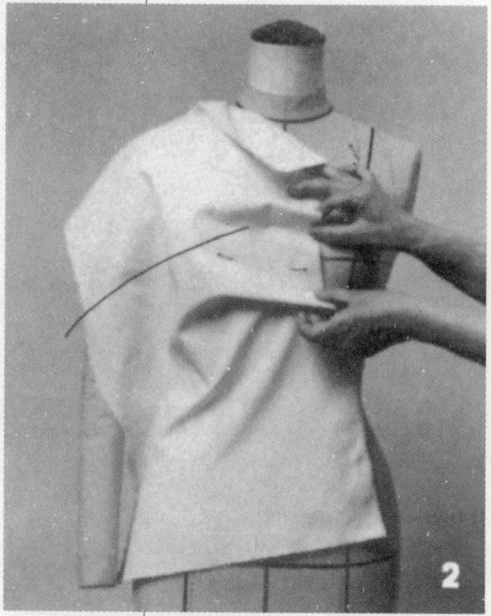

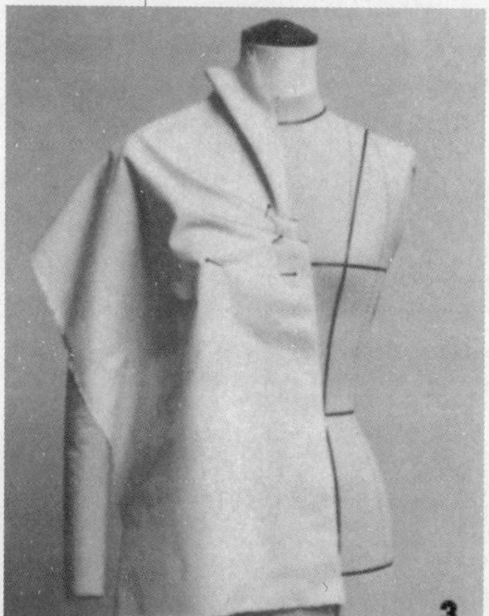

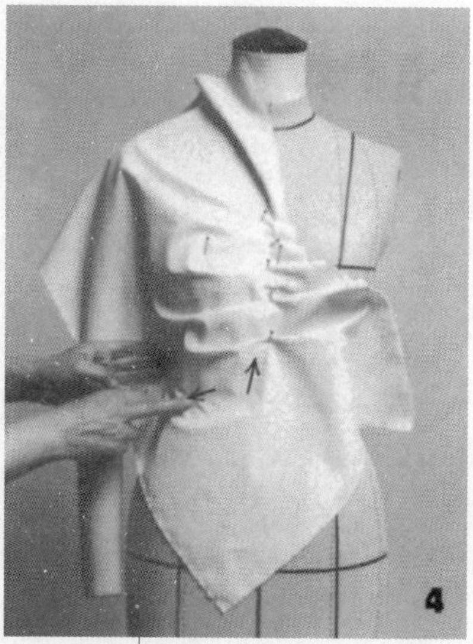

5 确定褶皱的造型之后，剪去领窝、袖窿、底摆多余部分，在腰围伸拉的缝份上打剪口。

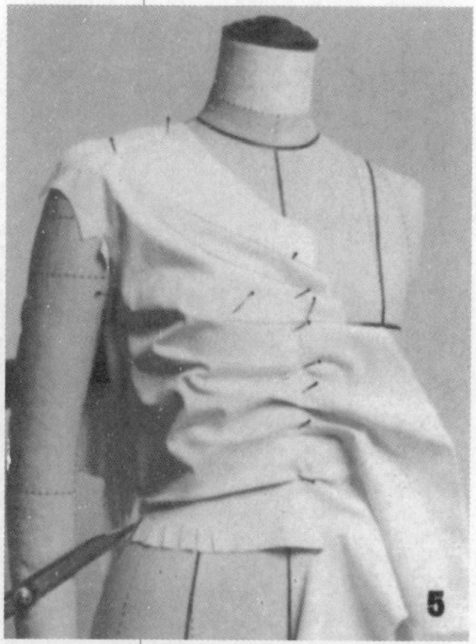

6.7 对齐后中心线，将后片铺在人台上，保持肩胛骨附近纱向水平，并留取足够的松份。由于人体背部伸缩变化较大，所以横向的松份应多留一些，在肩部或领窝处捏省，腰部适当留取一定松量且不收省，使其造型美观、合体。

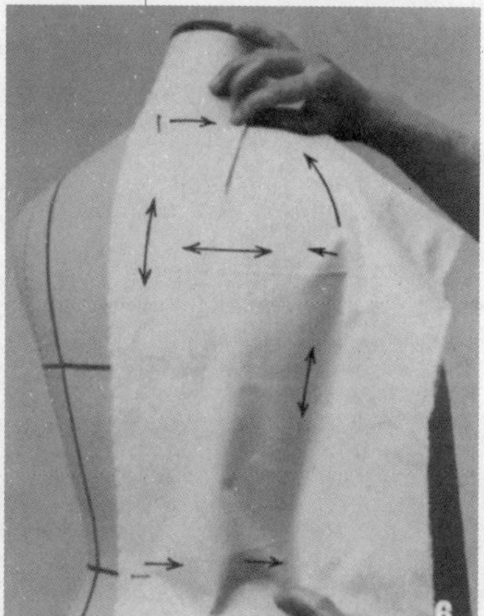

图 3－1－3(2)

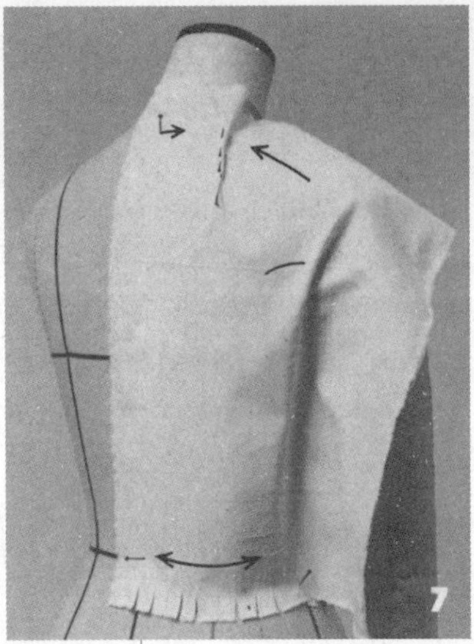

8 剪去袖窿多余的布料，拼合前后侧缝。

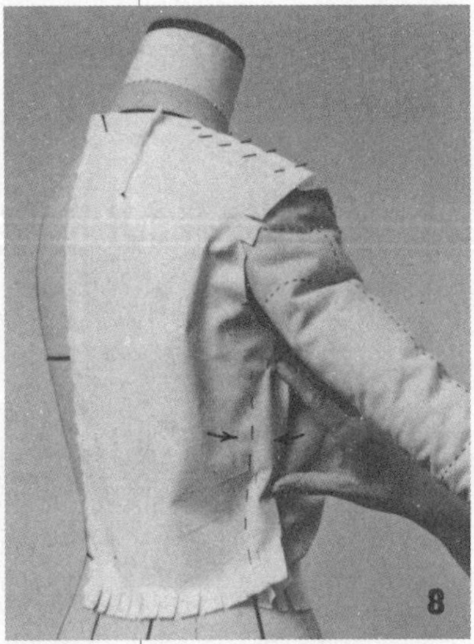

9. 10 将折叠好的细窄斜纱布条从后领窝到前中心、下摆处固定后，检查整体造型效果。

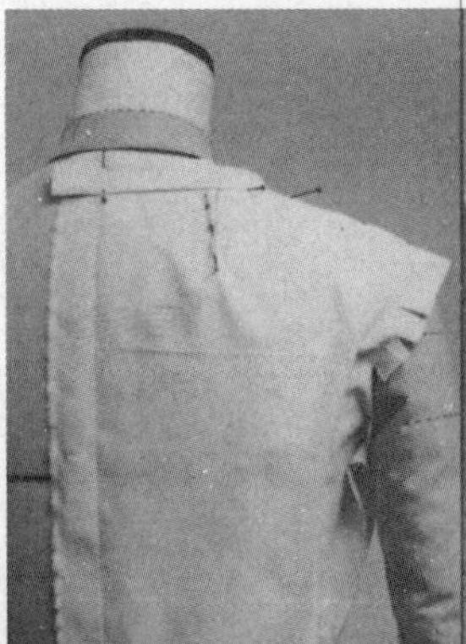

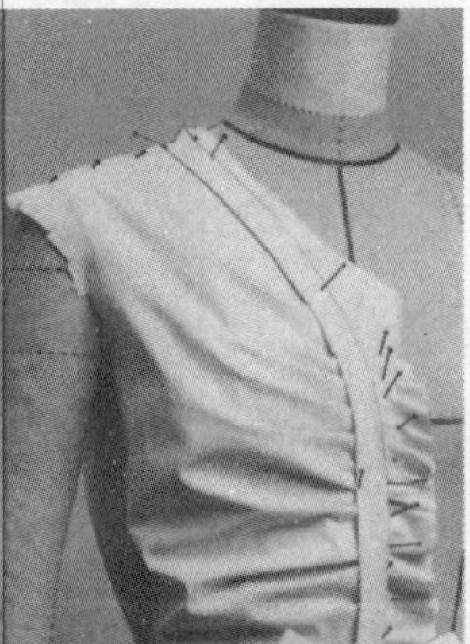

11 展开图

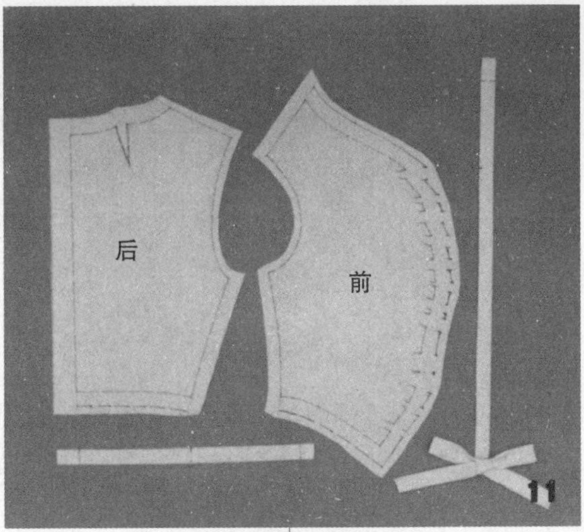

12. 13 完成效果图

根据款式设计要求，衣长及褶量可自由变化。

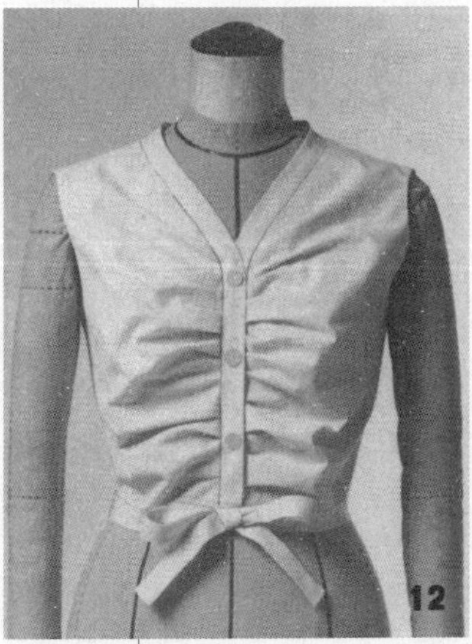

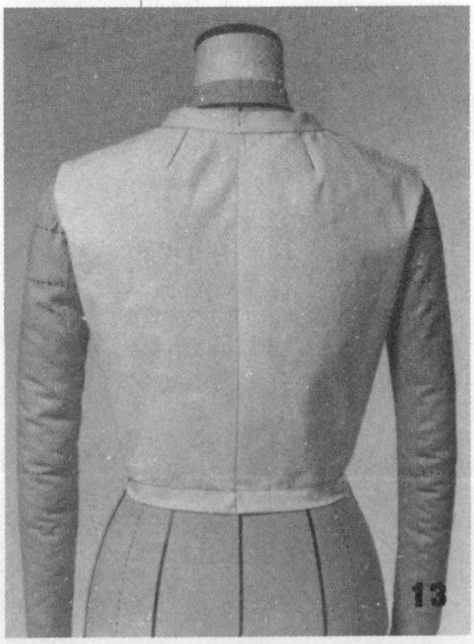

图 3－1－3(3)

有韵律波形褶的衬衫

前面已讲过，抽取褶可在经纱、纬纱及斜纱方向抽褶，其中以纬纱方向的褶皱可以充分强调胸部的立体感、腰部的纤细感和臀部丰满的感觉。本文结合三个部位的特点，下面介绍带有褶皱合体罩衫的制作方法。

1 由于胸部量越大，越容易抽取褶量，所以在人台的胸部，附加一块胸垫。

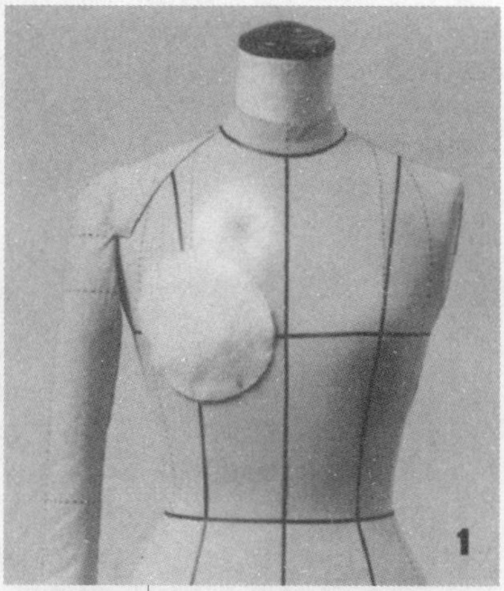

2 将前片铺在人台上，尽量准备较大的布料，纱向可选择经纱、纬纱、斜纱，其造型效果各有特点。

这里领口部位采用纬纱，利用袖窿、腋下面料的反作用，使前中心部分形成褶皱。

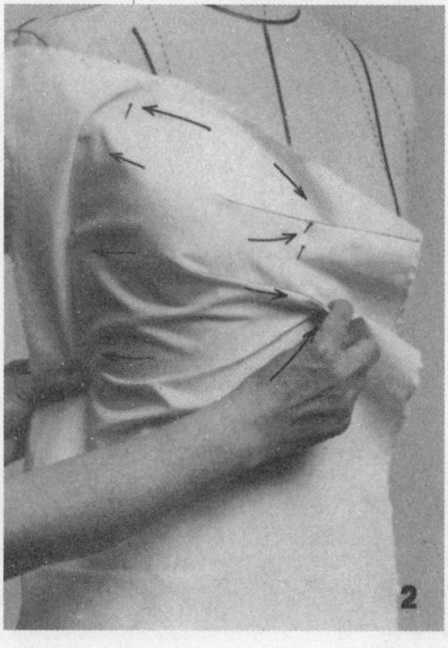

3 臀部也是从腋下向前中心捏褶，按图 2 所示，使用大头针固定侧缝后，用手指尖捏起褶皱。

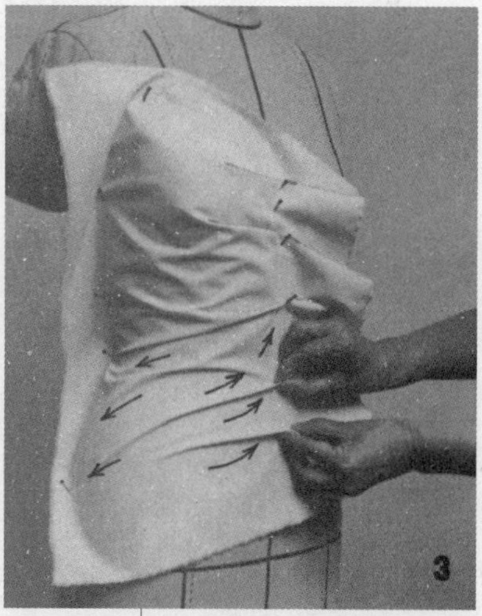

4 剪掉袖窿及侧缝多余的布料，侧缝处打剪口，使皱褶更加牢固。

图 3 – 1 – 4(1)

5 将后片合体地铺在人台上，并把肩部的布料向前推抚，在领窝处捏省，由于是高领口要防止领口变型。

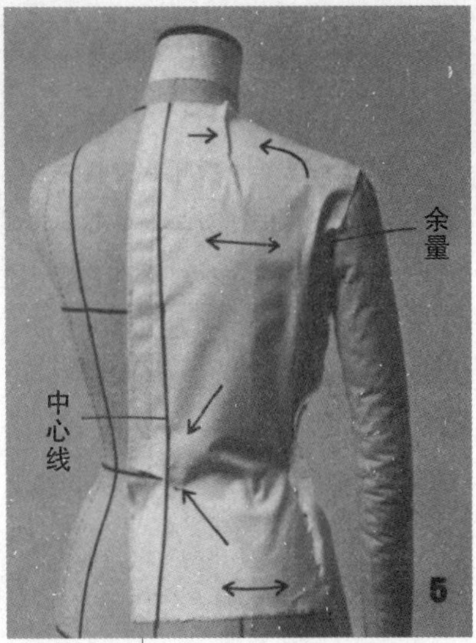

6 由后片肩部推抚过来的布料，与前片的领口线形成菱形的造型，使用黑色胶带标出前中心线、底摆线的位置。

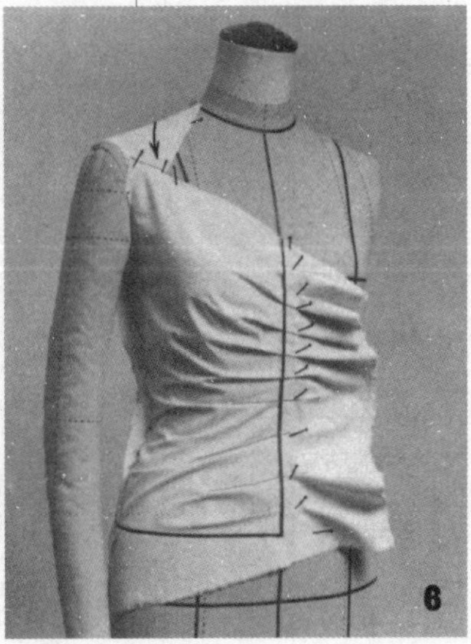

7 展开图

按平面制图来讲，就是前中心剪开，加入了展开量的样板。

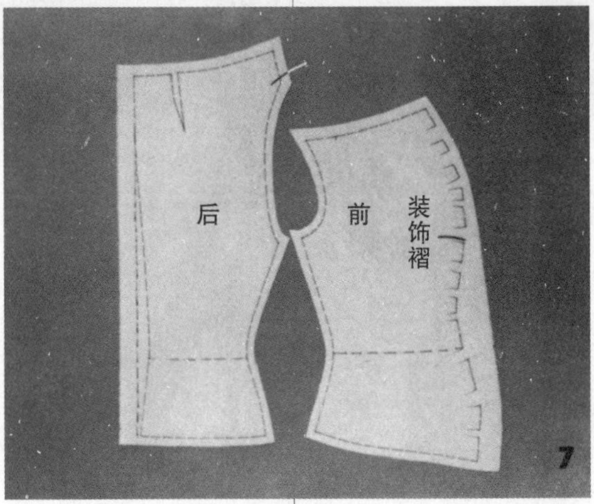

8 完成效果

本款可与抽碎褶的裙子搭配起来，可以作为年青人参加社交的礼服，也可以与合体的长裙相组合，作为夜礼服穿着，还可以作其它各种不同的穿着。

图 3－1－4(2)

前身堆褶衬衫

本款造型的领子，衣身可使用一块布料裁剪完成，也可以分开裁剪。这里介绍采用分开方法先制作出带有褶皱的领子，然后再把它绱在领口上的操作方法。这种方法不只限于罩衫，也可广泛应用于其它各种服装款式上。

1 按照法式袖罩衫准备好左右前片布料，前中心对折后、对齐人台的前中心线。

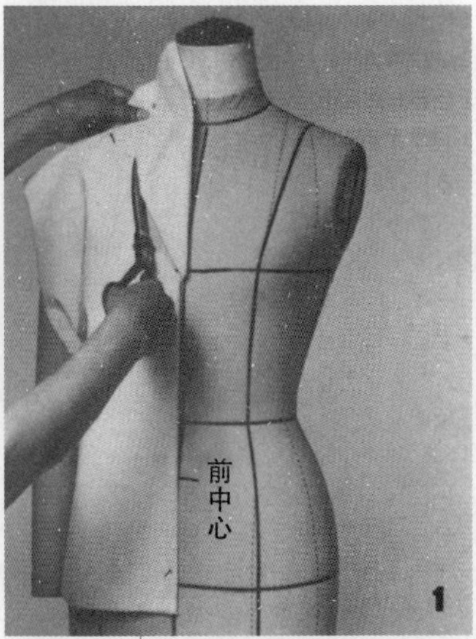

2 领口造型剪成V型或U型之后，按照箭头方向将布料推抚理顺，固定在人台上。

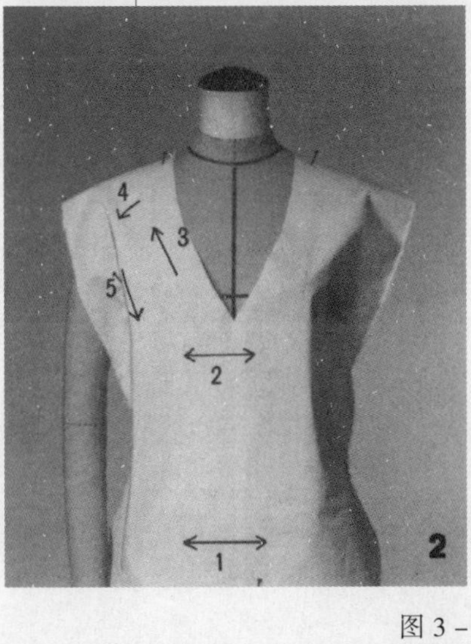

3 本款是利用经纬90°的角度，来制作褶皱，所以准备一块有直角的布料。将准备布料的对角线及直点对齐前中心线，形成正斜纱向，然后使用大头针固定，也就可以制作出正斜纱向的褶皱。

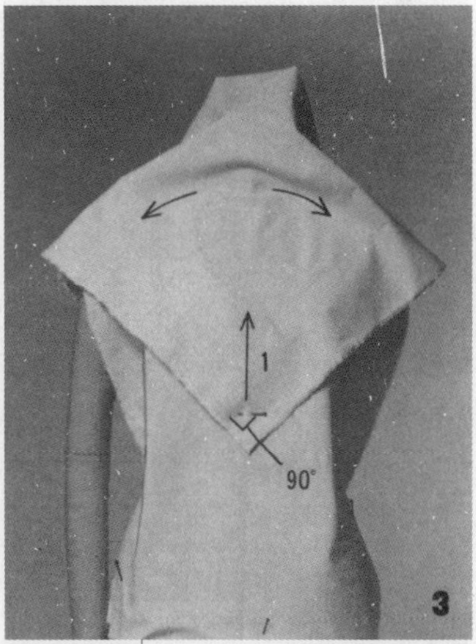

4 按照褶皱的走向、大小，可以制作出各种不同造型效果的褶皱。褶皱的美感来自于明暗对照和微妙的立体造型。在制作练习时，应尝试创作出更多优美的造型来。

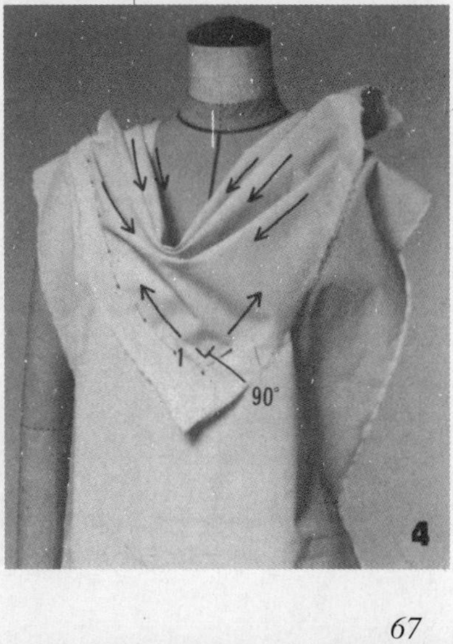

图 3－1－5(1)

5 将大致整理好的褶皱轻拉至肩部，褶皱造型可依据各人喜好随意调整。

6 将整理好的褶皱布料固定在肩部，袖窿部分可作成法式袖，左侧领子的造型可按照右侧制作，也可采取左右稍有差异的造型设计。

7 后片造型的制作。

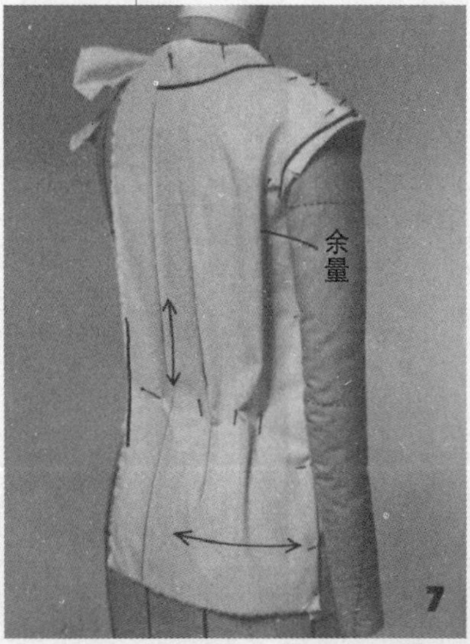

8 展开图

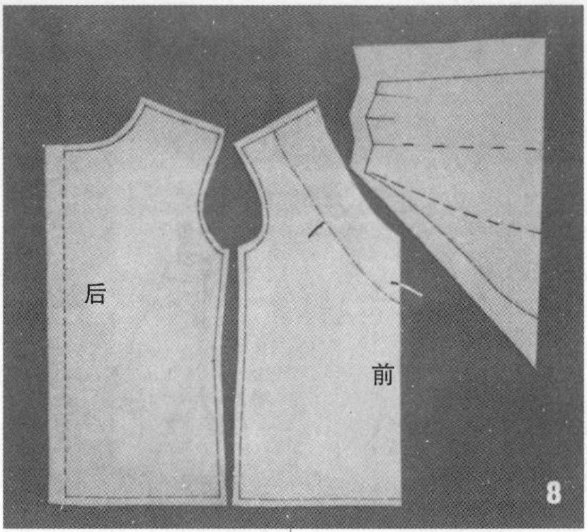

9 完成效果

使用条纹布料制作，可以显出布料条纹对比效果，当然也可采用单色布料来制作出优美的褶皱效果。

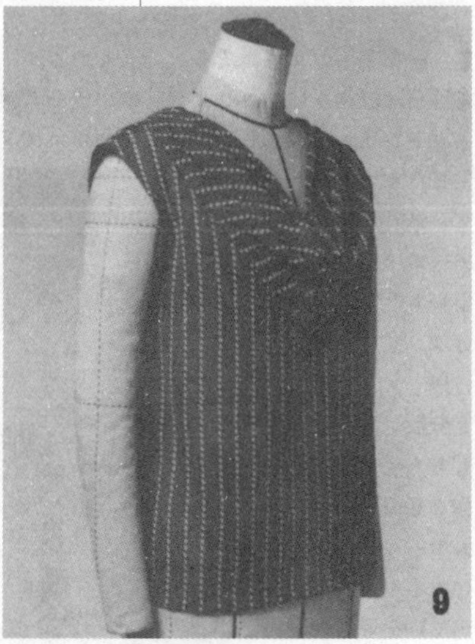

图 3-1-5(2)

马　甲

V形领马甲

衣长短合体是V型领马甲的基本造型特征。它可与西服或衬衣搭配穿着，所采用的材料也十分广泛。

1 将前片铺在人体模型上，布料的经纱方向保持水平，将腰围自然形成的松份捏省，袖窿所产生的松份尽量分散到领窝、肩部。虽然也可将松份用袖窿省或腰省全部处理掉，但是考虑到穿着及运动的方便，最好如图所示，捏取适当的腰省。

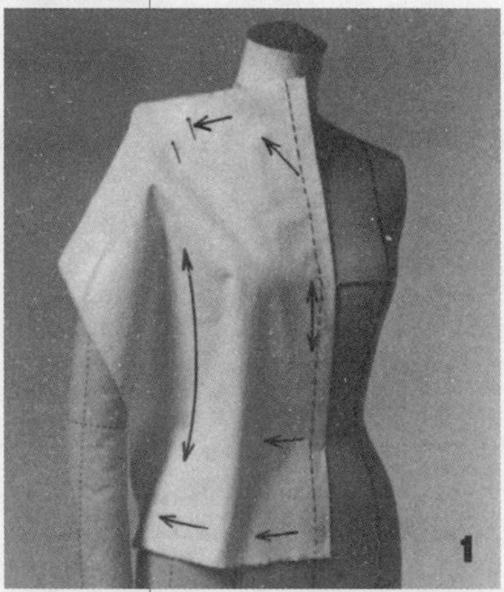

2 将后片铺在人台上，腰围部分尽量贴合于人体，肩胛骨部分留取足够的松量。

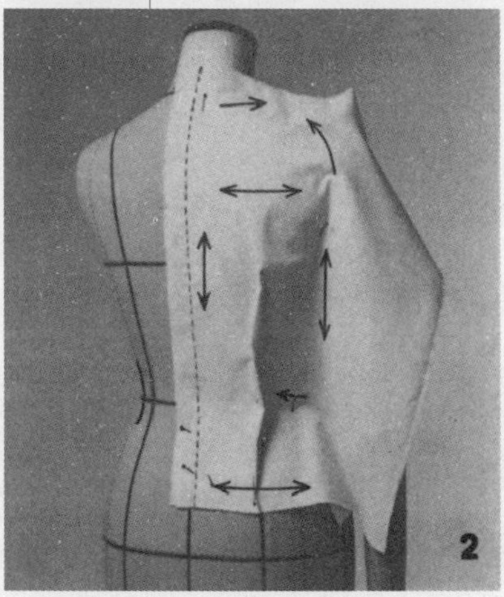

3. 4 确定袖窿、底摆位置，领围的造型根据个人喜好确定。

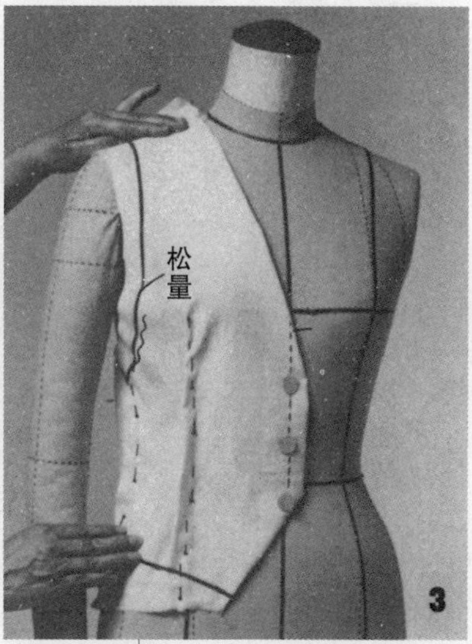

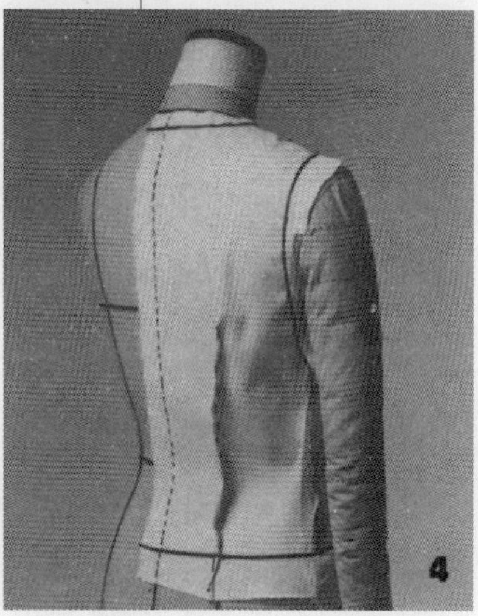

图 3－2－1(1)

5 展开图　可以在此基础上变换成长马甲。

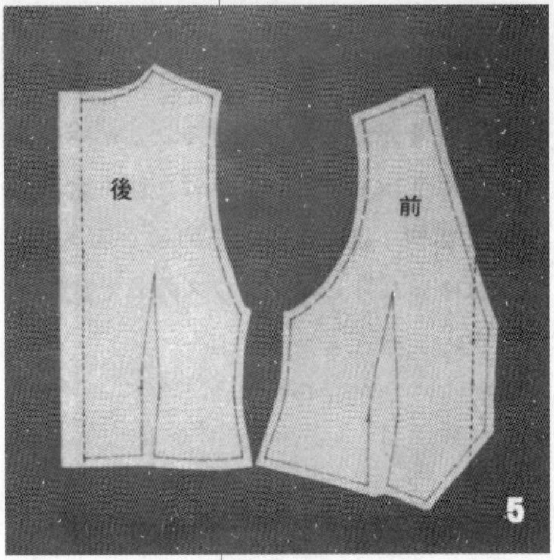

6.7 完成效果

本款是采用人造革材料制作的，虽然只有腰围捏省，但是仍然充分显现出胸部的立体感。

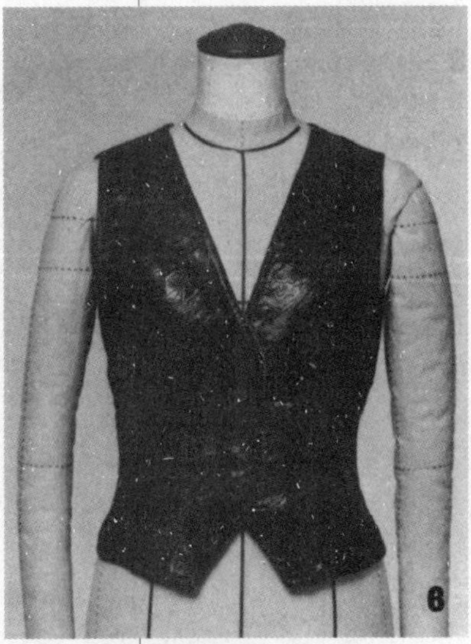

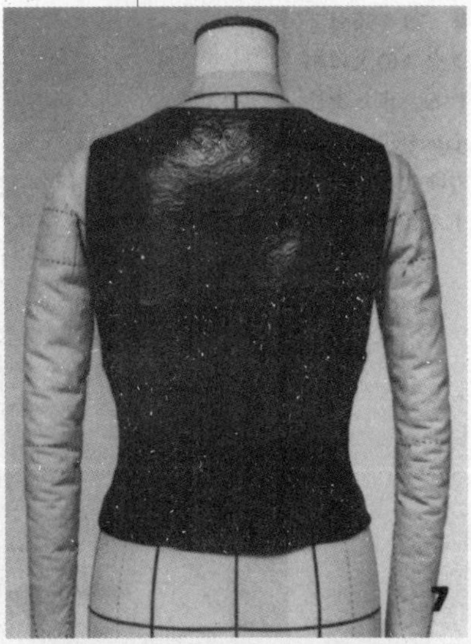

图 3-2-1(2)

应用设计范例

图 3-2-1(3)

宽松式马甲

在穿着宽松舒适的罩衫的基础上，再套上一件轻松自如的马甲。马甲制作的要点，就是留取充分的宽松量，很难留取宽松量时，可采用先将组合穿着的衣物套在人台上，然后在此基础上进行裁剪，本例介绍宽松罩衫裁剪的工艺方法。

1 首先将组合穿着的罩衫穿在人台上。

2 将前片铺在罩衫上，把马甲的前中心与罩衫的前中心对齐固定，领口剪成个人喜好的造型，留够马甲松量，大致剪裁袖窿。注意不要剪坏下面的罩衫。

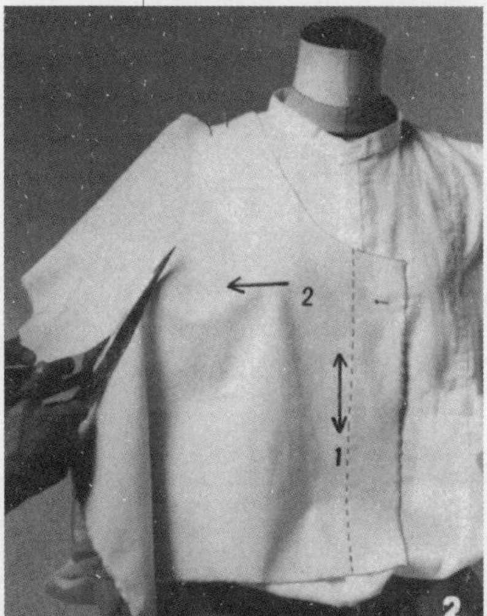

3 调整前片的松量，确定侧缝的位置。

4 将后片铺在罩衫上，确定领口位置，调整好侧缝的松量。

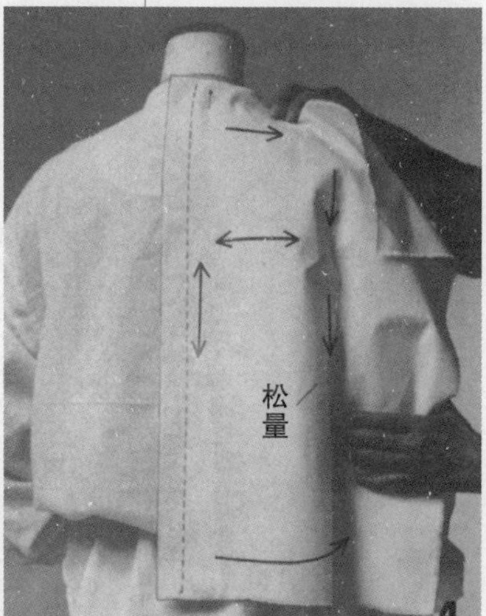

图 3－2－2(1)

5 剪裁袖窿、搭合前后侧缝。

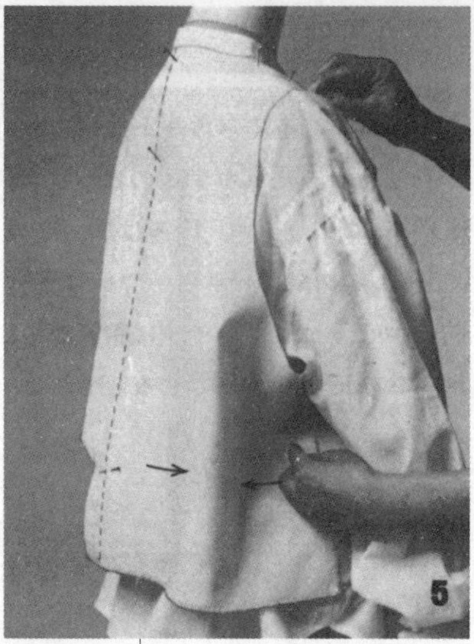

6 马甲袖窿要与罩衫袖窿协调一致。调整马甲前后袖窿线，同时观察前后侧缝位置是否合理。

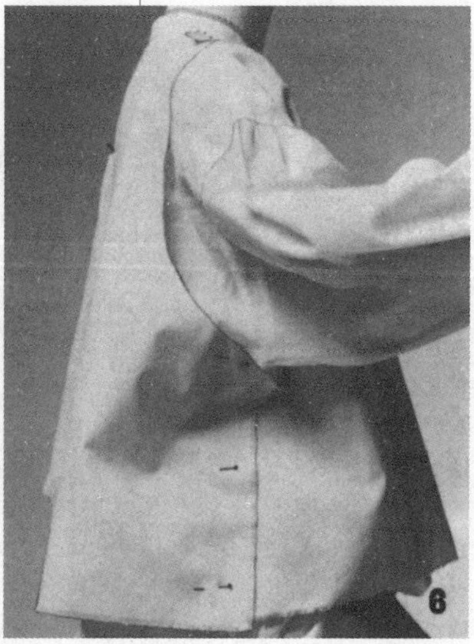

7 展开图

虽然样板简单，但是对于平面裁剪很难计算出确切的松量。

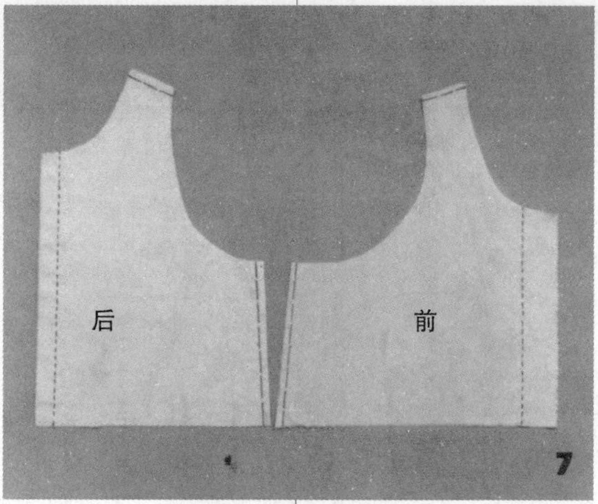

8 完成效果

本款采用方格的棉布制作。

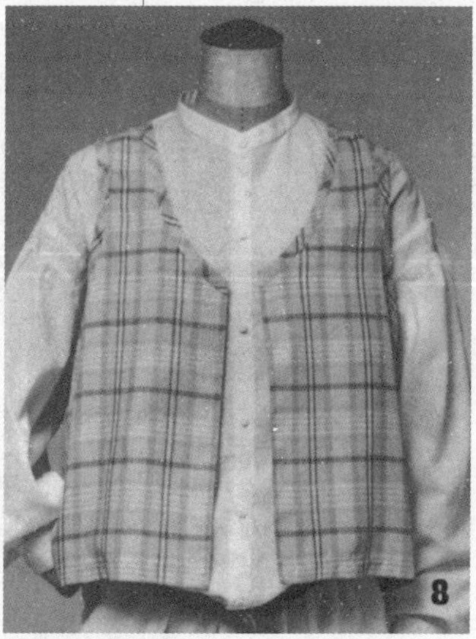

图 3-2-2(2)

裙　子

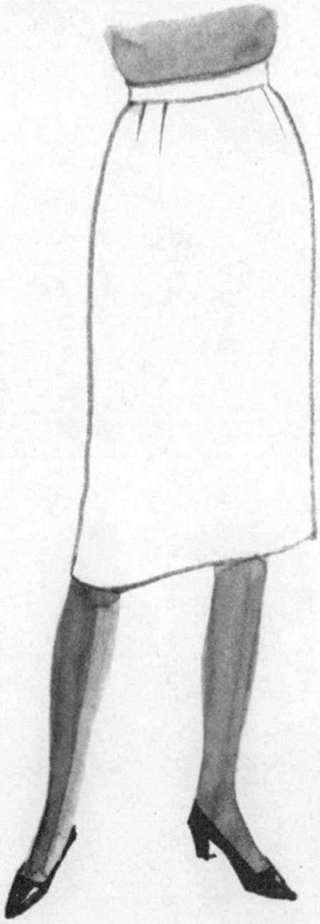

紧身裙

估算布料，衣长按照所设计的裙长加上腰围及裙摆的缝份，宽度为人体模型臀围尺寸的$\frac{1}{4}$，再加宽松量前片5～6cm，后片加3cm，上裙宽的松份1～1.5cm，以及上侧缝的缝份5～7cm。在前后中心臀围线上缝好纱向线，也可以使用铅笔标注纱向线。

2 把所捏取的松量分散到整个前片上，侧缝从臀围线以下为垂直线，臀围线以上为弧线，调整前片腰围自然产生一定松量，这是由于腰围与臀围尺寸差所产生的。可以通过捏腰省、收褶及侧缝转移的方法，处理多余的松量。

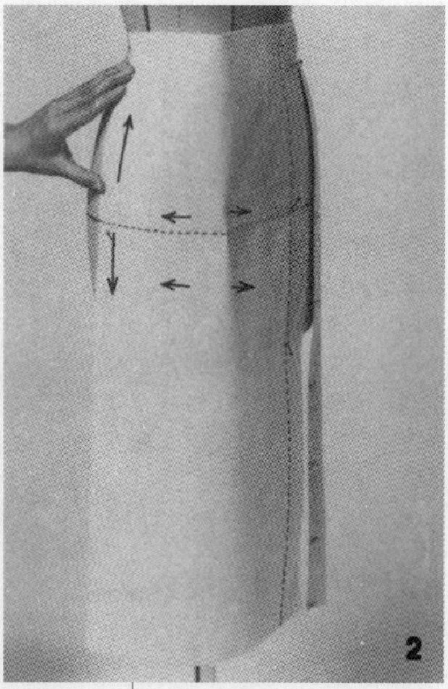

1 为了准确找出裙长的位置，可从人台腰围线向下垂吊一条皮尺，将前片的前中心线与人体模型的前中心线对齐，在保持臀围线水平状态的同时，捏取1～1.5mm松量。

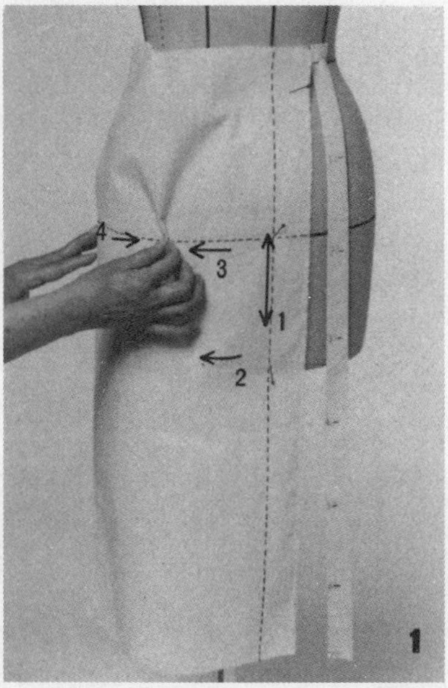

3.4 右手从臀围线上方距侧缝大约一个手掌的位置，向腰围的侧缝推抚布料。左手捏住布边向斜后方拉扯，这时会在中臀围附近出现一定的松量（如图中4所示），这是使腰骨附近平顺所需要的松量。这些松量可以在侧缝采

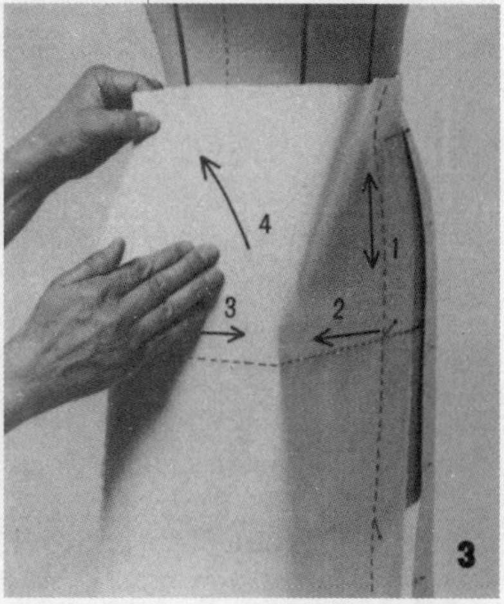

图3－3－1(1)

用缩缝的方法处理掉，缩量的大小依照材料的不同有所不同。毛与棉缩缝各不相同，其中棉布的缩缝小，毛料则多一些。

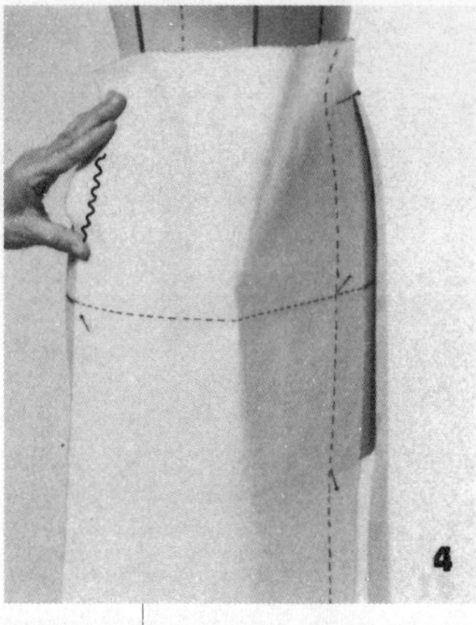
4

5 剩下的松量向前中心推移，捏取两个腰省，省道的位置及间隔，是在调整裙子的选型使其符合体型的过程中形成的，通常腰省较短，主要是考虑到臀部的松量能够均衡分配。

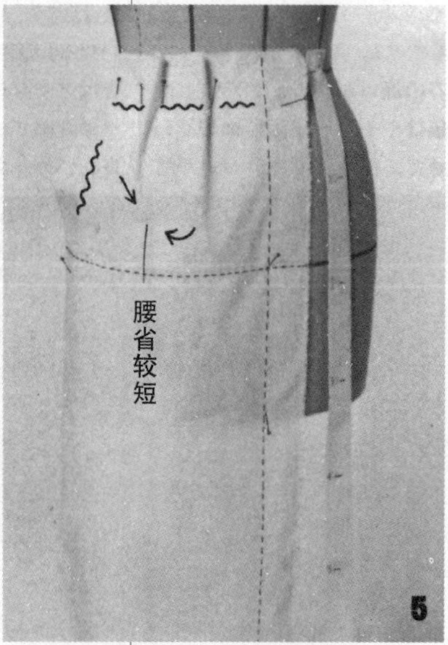

5

6 调整好腰围的布料，使其平顺自然，再用大头针固定腰省。

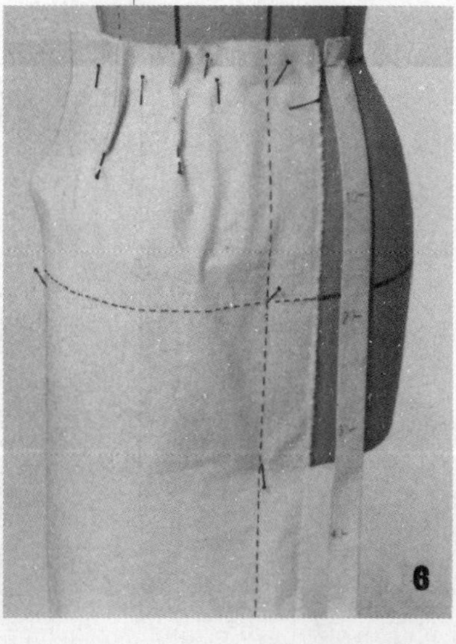
6

7 确定前片的归进量及腰省的同时，确认侧缝线的缝合线及缝份。

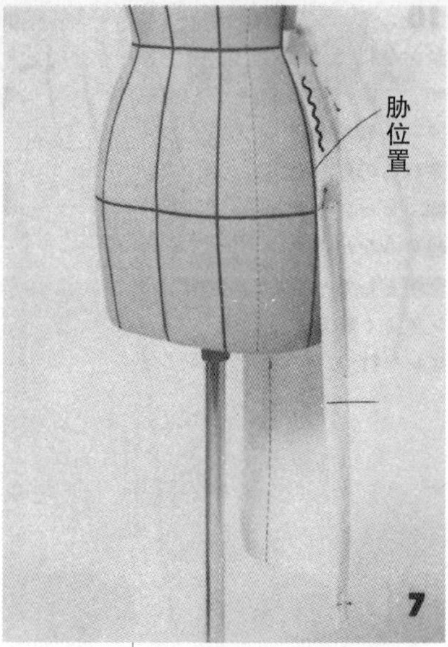

7

8 裁剪后片

将后片中心线与人体模型后中心线对齐，保持臀围水平状态的同时，留取与前片的松量1～1.5cm。侧缝与前片相同，臀围线以上部分弧线要自然，侧缝的归进位置由于后臀部较为突起，所以归进的位置比前片稍低一些。

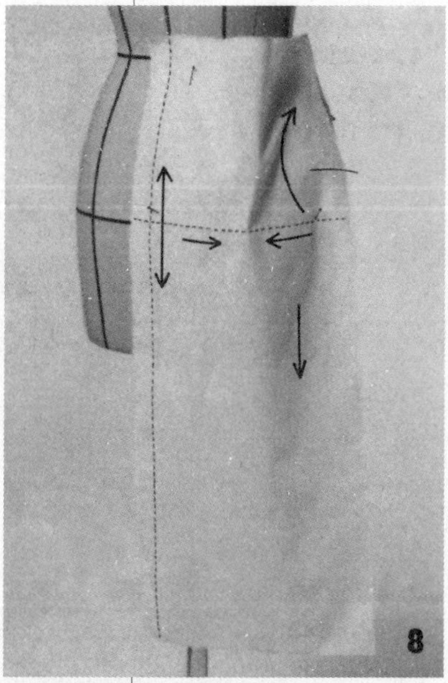
8

9 调整后片的造型捏取腰省，由于体型的关系腰围省道之间没有吃量，所以省量较大、省道较长。

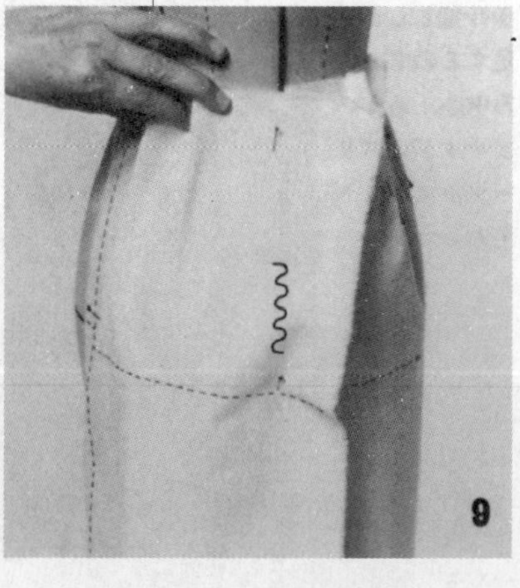
9

图3－3－1(2)

10 用大头针固定腰省。由于腰省直接决定着臀部的造型，所以在观察调整裙片、裙宽、臀部造型的同时，应考虑整体的均衡美感，再用大头针固定。

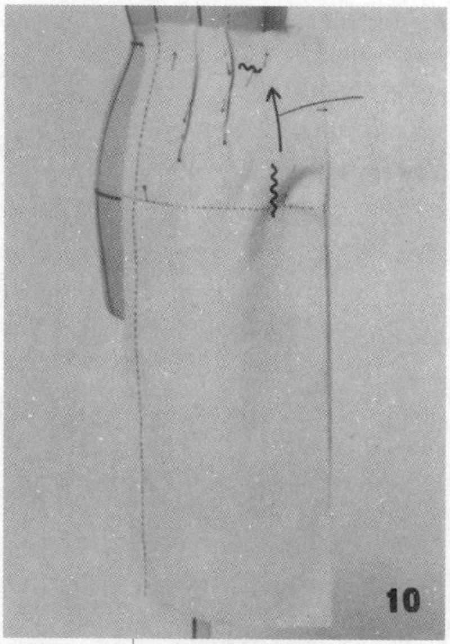

11 扒合前后侧缝，为了不使收缩的位置偏离，在缝份上标注合印点。

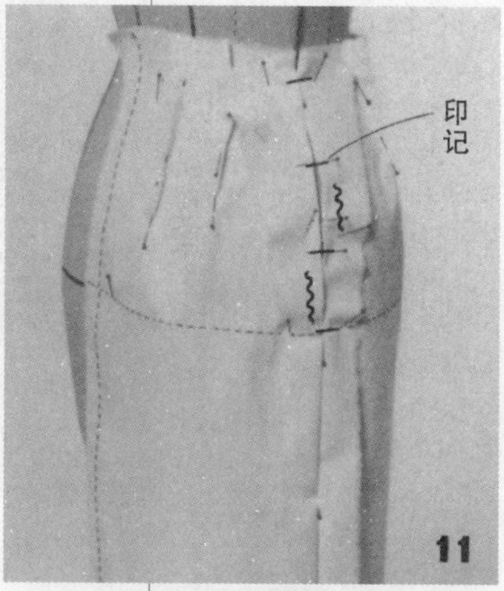

12. 13 别上裙腰，标注下摆位置，由于本款裙子的松量较小，腰满足不了走路所需的活动量，所以，必须在后中心或侧缝开衩或打活褶的方式处理。

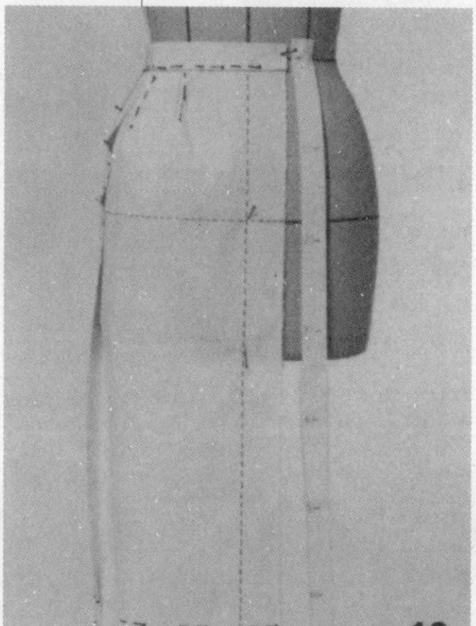

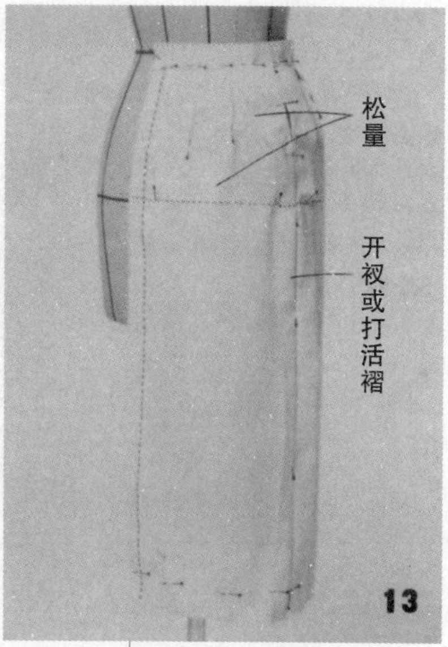

14 展开图　从图中可以明显地看出前后片的差异，前片侧缝吃缩位置较高、弯度较小，而且缩缝也较细，而后片缩缝位置较低，而且较粗些。如果在侧缝不做缩缝处理，省道较长。省道并不是直线，而是向腰部呈弯曲的弧线。

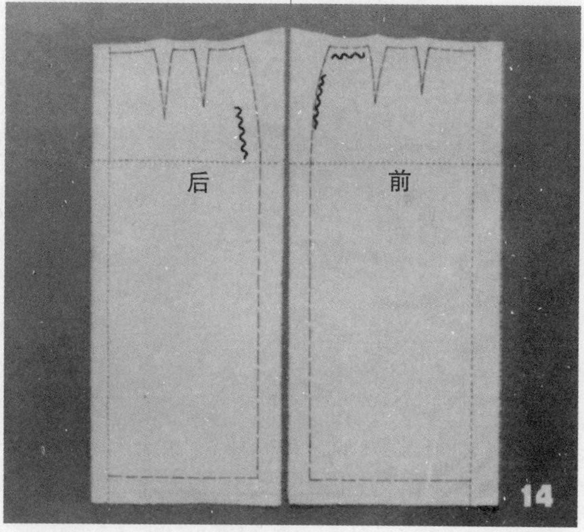

图 3-3-1(3)

15~17 完成效果

图中的款式是用薄棉布制作，可以看到腰围附近松量较多，如果在实际制作时，使用毛料制作，穿着后这些多余的松份会自然消失。

后片腰省不宜过长，以衬托出臀部突起的立体感。

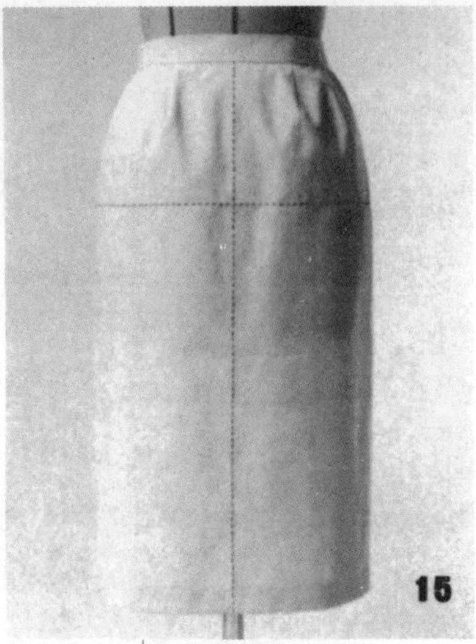
15

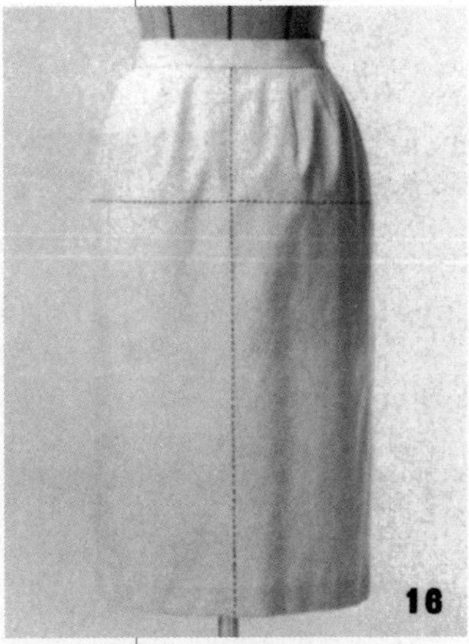
16

17

应用设计范例

图 3-3-1(4)

小喇叭裙(斜裙)

本例斜裙没有开衩及活褶，裙摆的松量足够行走的需要，虽然款式简洁，但应该注意它的立体轮廓的协调性。

1 将前片铺在人台上，对齐前中心线，臀围留取适当松量，然后按照箭头所指方向，从水平向斜上方伸拉推抚，再由腰部向下推抚布料，臀围线以下到裙摆自然形成倾斜角度。确定侧缝位置，使裙摆达到能自由行走所需要的尺寸。

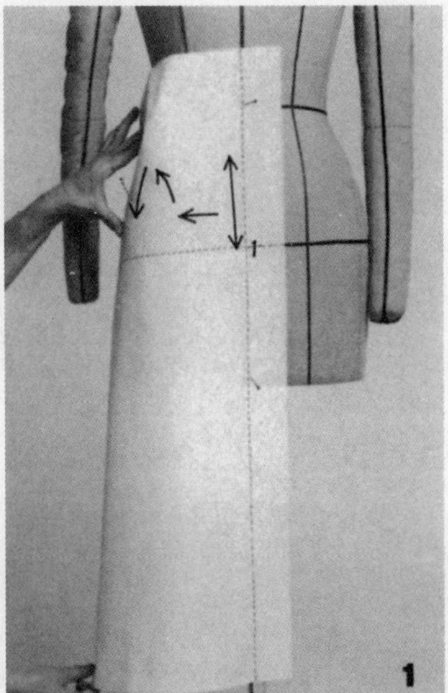

2 由于腰围产生多余松量，所以向腹部突起的方向捏取腰省，注意省道造型。

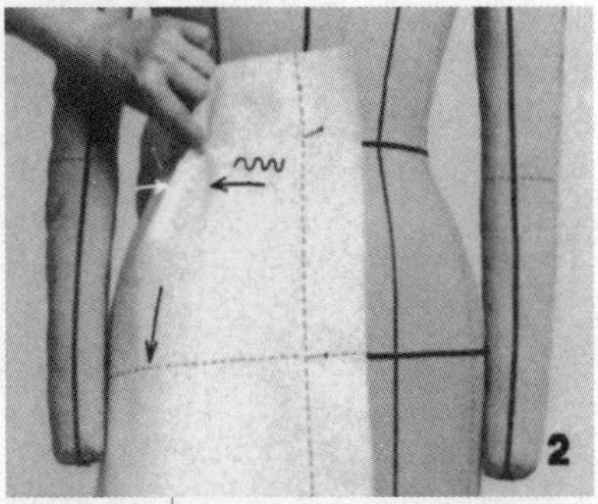

3 在侧缝位置坠一条黑色胶带，观察裙子整体造型是否协调。

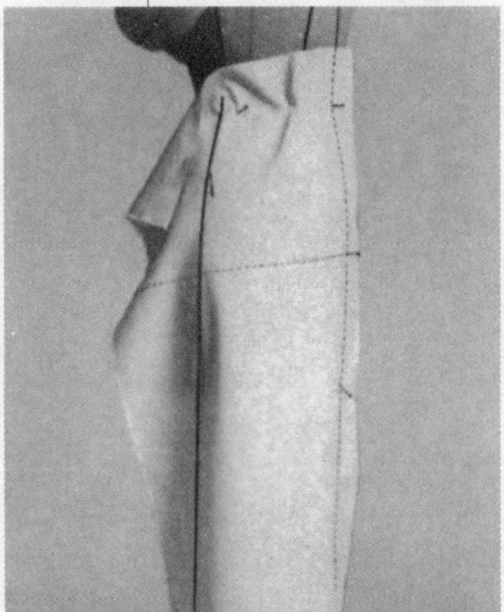

4 确定侧缝线，剪掉多余布料；省尖指向腹部突起处，并用大头针固定。

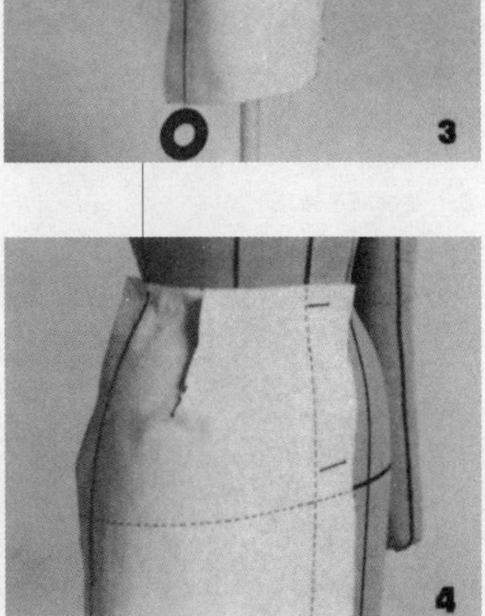

图 3-3-2(1)

5 将后片铺在人台上，对齐后中心线，下摆宽度稍小于前片，然后配合臀部凸起的实际状况，捏取腰省。

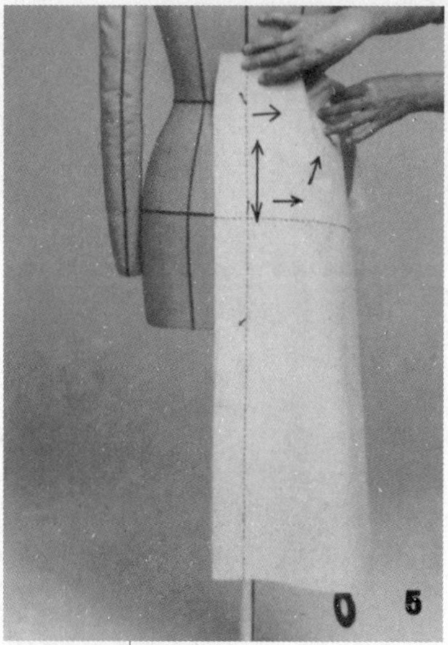

6 重叠前后片侧缝缝份，使用大头针固定后，前后片呈现出稳定的小喇叭立体轮廓，绱裙腰。

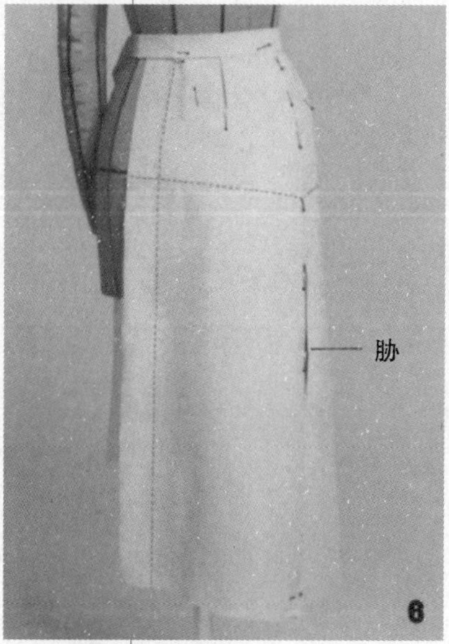

7 确定裙长。从地面向上量取等距离长度。用大头针标注裙摆位置。

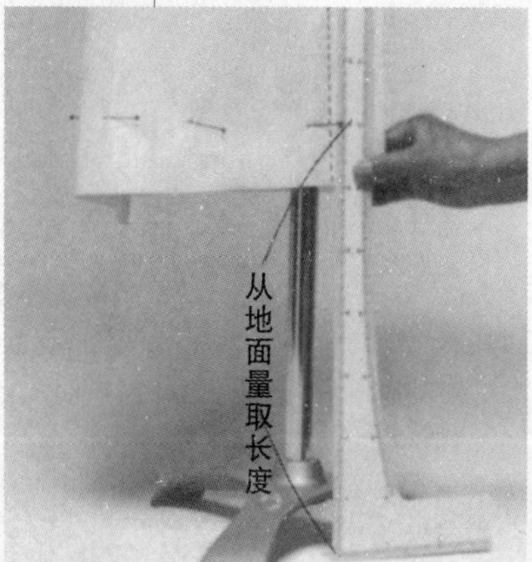

8 展开图

从图可以明显看到前后片形状差异主要在腰省上。前片腰省短而呈弧线；后片腰省细长而且呈偏向侧缝的弧线。

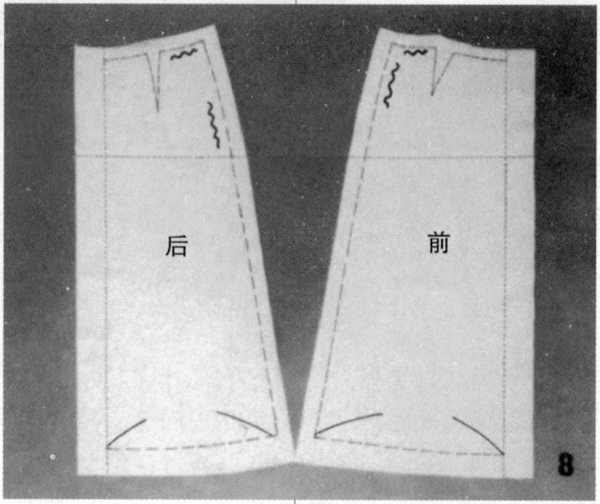

9.10 完成效果

如果使用较厚一些毛料进行制作，整体轮廓更加优美。

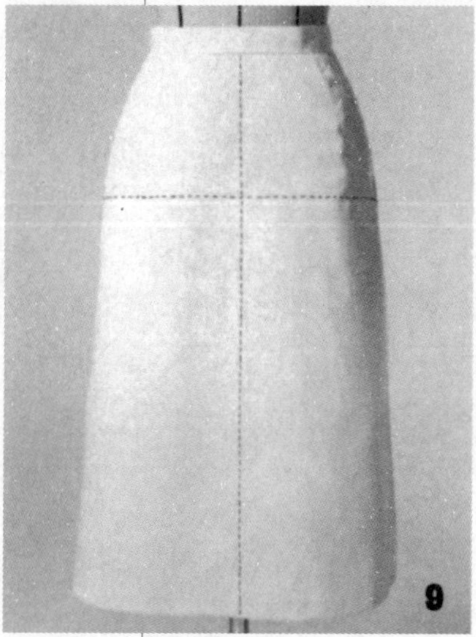

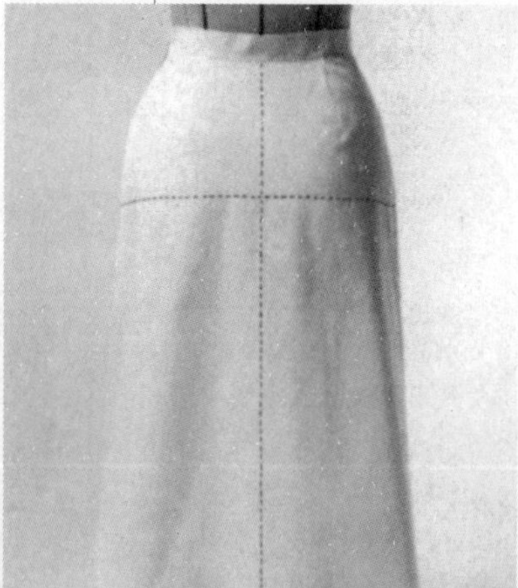

图 3－3－2(2)

腰际横向分割的斜裙

本例介绍一种裙腰拼接处拥碎褶的代表范例。其制作的关键是处理好裙腰的宽度、裙长、裙宽与人体之间的比例关系。所以，在裁剪制作的同时，要仔细观察整体均衡关系，这样才能制作出优美造型的裙子。

3.4 由于低腰裙中臀围处比较合体，所以，将前后育克合体贴合在人台上。注意贴合程度不宜过松或过紧，按箭头所指方向推抚布料。

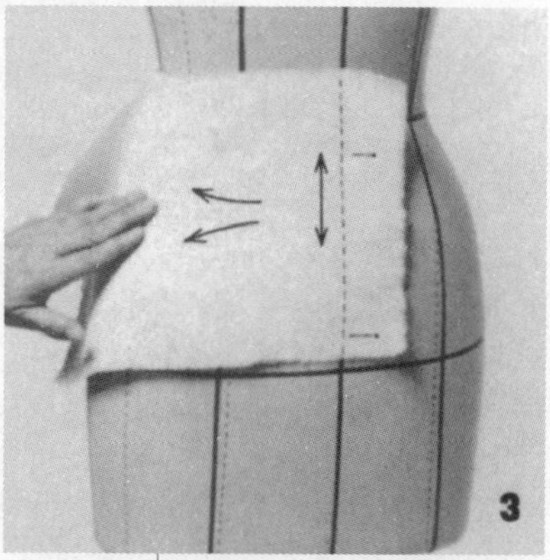
3

1.2 使用布料围绕人台腰部，由于裙腰带有剪接裁片，腰围线较低，所以，腰部要留取适当松量。然后用黑色胶带标注腰围线和育克的形状。

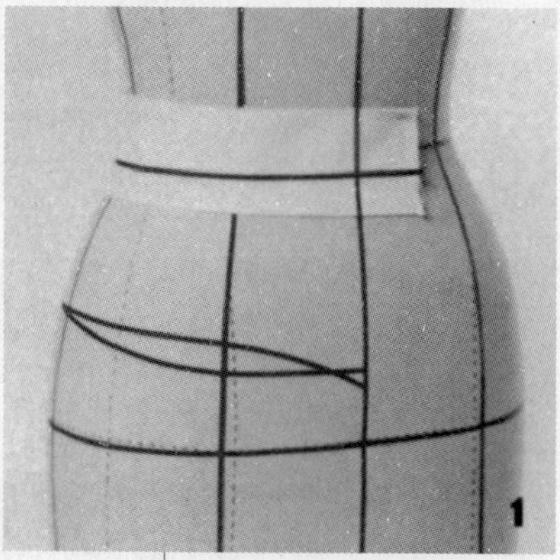
1

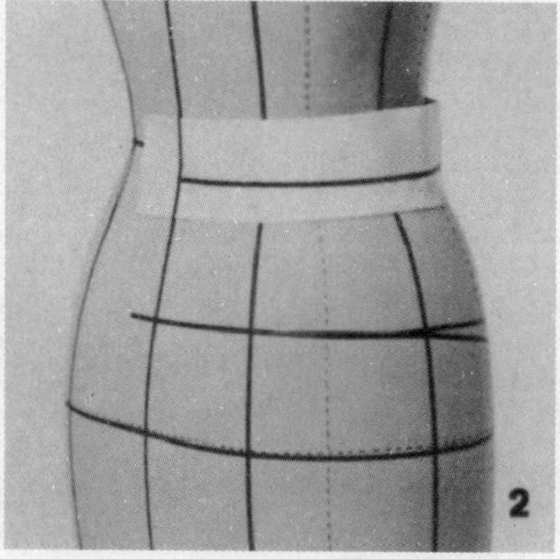
2

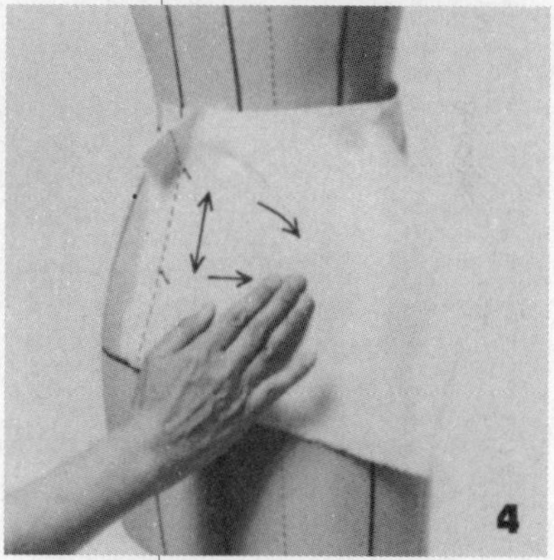
4

5 掀起育克下方，以便能够看到拼接线。

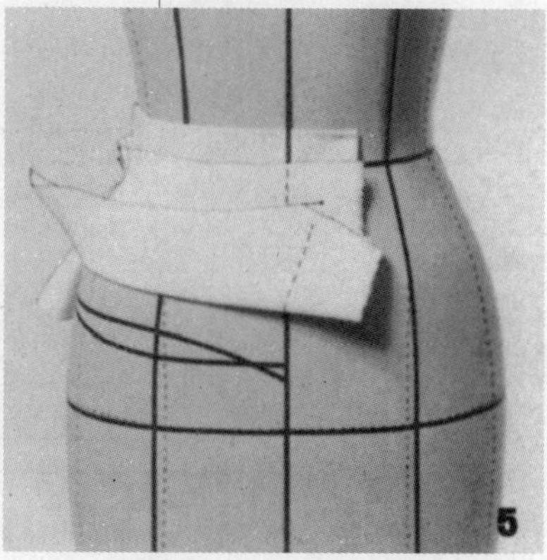
5

图 3－3－3(1)

6 将前片铺在人台上，对齐中心线后，按箭头所指方向推抚布料，使下摆自然悬垂。

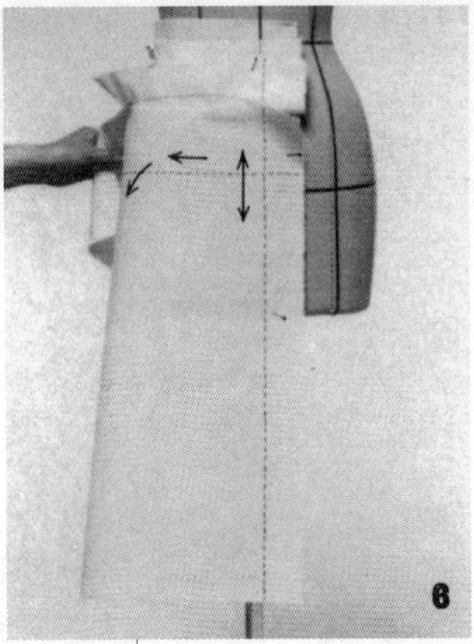

7 在不改变侧缝斜度的情况下，追加必要的碎褶份量和裙摆份量。

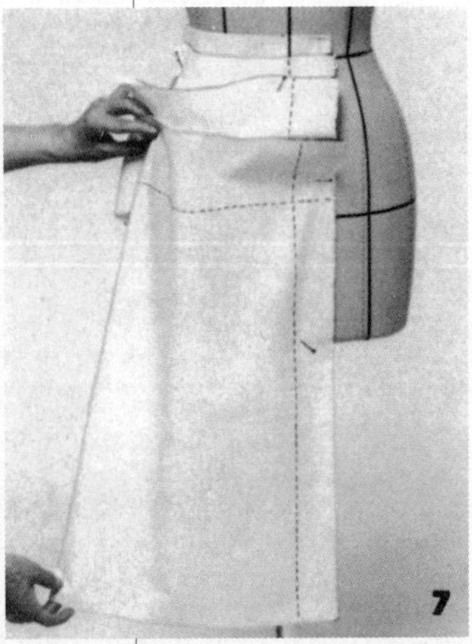

8 在拼接线的位置上，捏取适当的活褶。如果留取的褶量不够时，可从侧缝外推移褶量加以补充。

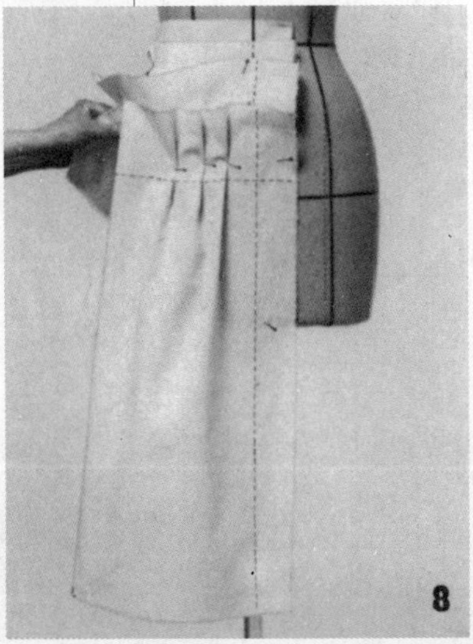

9 观察前片侧缝线的位置，折叠侧缝。

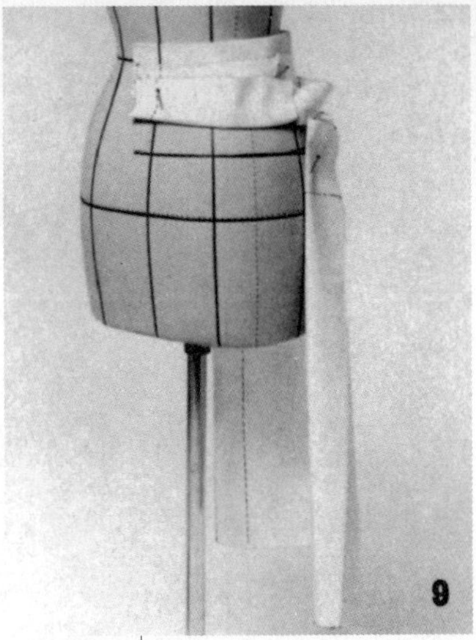

10. 11 将后片铺在人台上，操作方法与前片相同，捏取活褶。

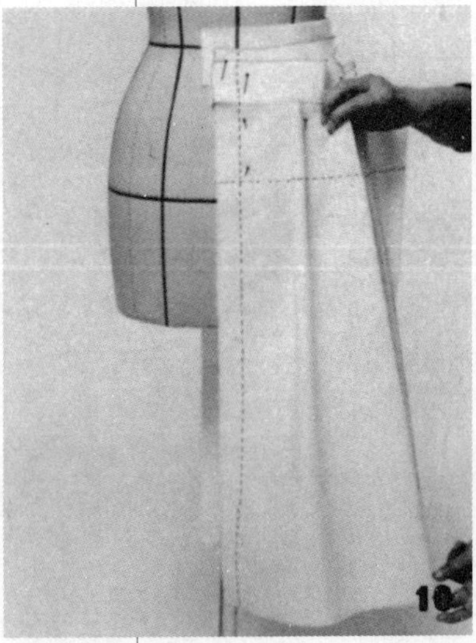

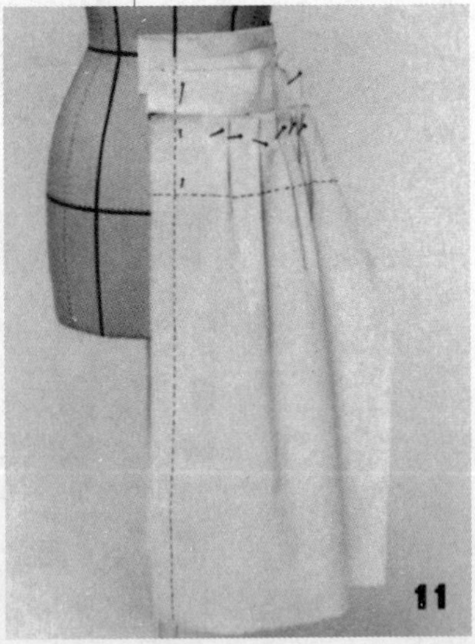

图 3－3－3(2)

12 扒合前后剪后侧缝，使侧缝线稍微向后偏斜。

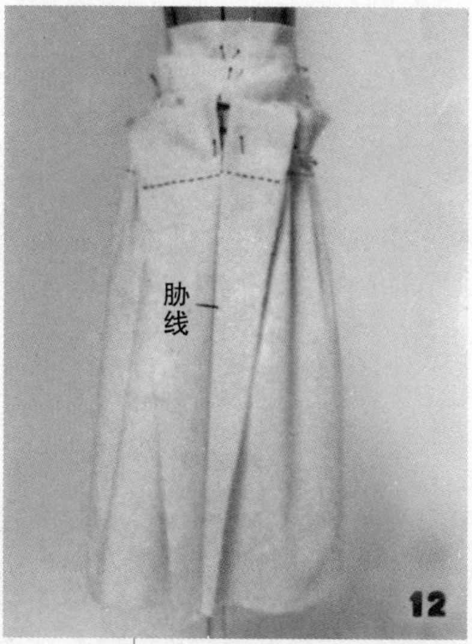

13 剪掉多余布料，折叠后侧缝并重叠于前片上，调整好整体造型后，用大头针固定。

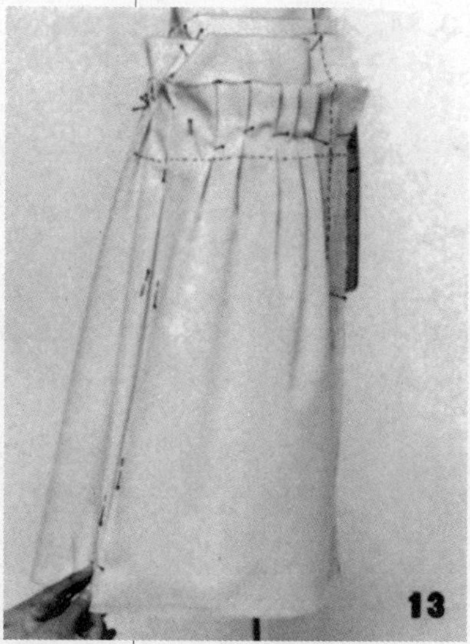

14 将掀起的育克翻下来，重叠于裙片上，调整好二者的比例关系后，确定适当的拼接位置。

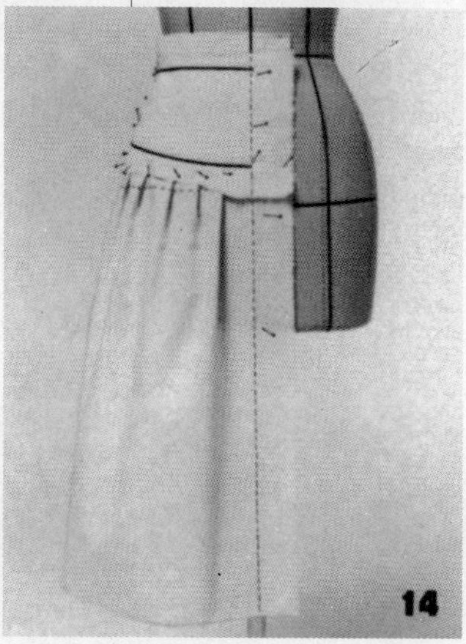

15.16 确定育克的轮廓线后，用黑色胶带标注其位置。

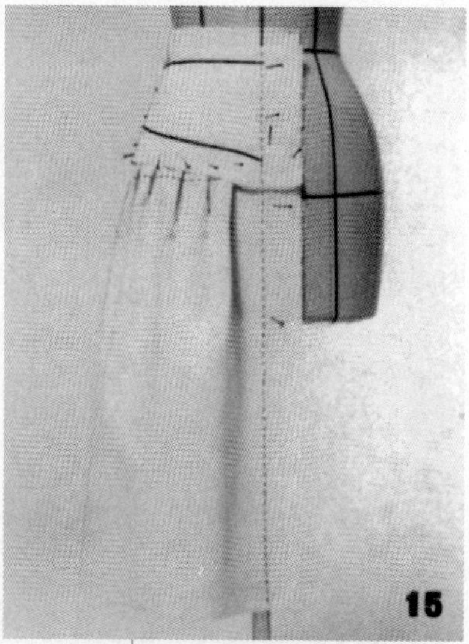

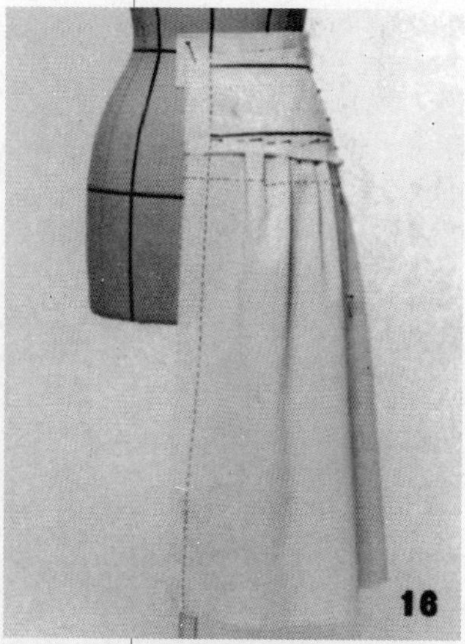

17 确定裙子的长度。

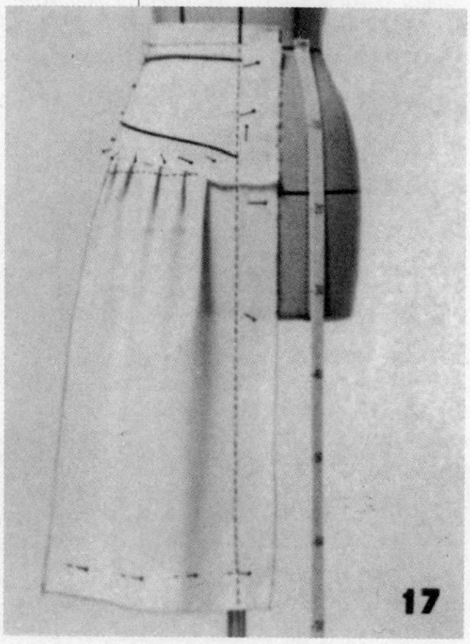

图 3-3-3(3)

18 裁片展开图

腰围与臀围的尺寸差可在拼接线上，从侧缝起抽取碎褶处理。

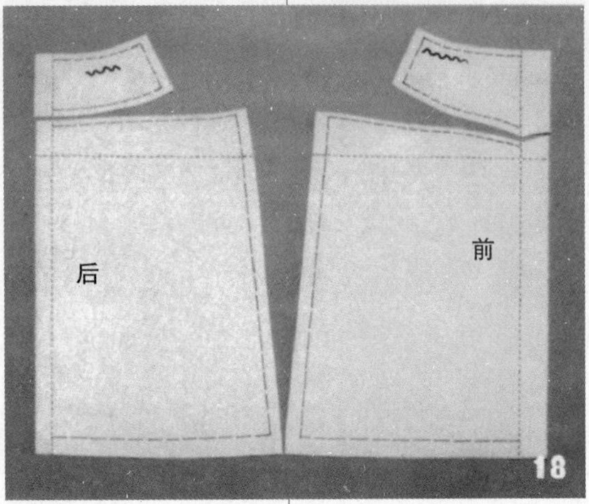

19. 20 完成效果

将留取活褶的松量，用抽取碎褶的方法处理。整体造型清爽悦目。

应用设计范例

图 3－3－3(4)

喇　叭　裙

本例前后片均用整个布幅，而且是有较大波浪摆的裙子。波浪的位置及大小要协调。通常使用经纬纱支粗细、差距较小的布料。

1～3 将布料90°角对折45°角，根据腰围和裙长适当地留出宽余份，进行粗裁布料，前后片均用整个布幅宽度。

粗裁下摆时，最好按如图中3所示，折叠剪裁。

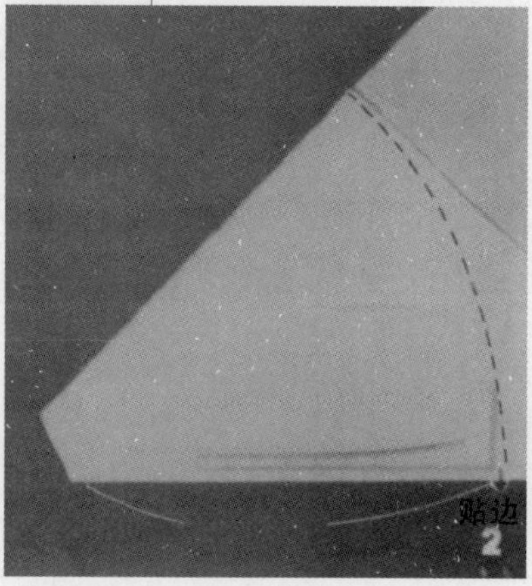

4.5 将最初的折印线（即正斜纱线），对齐人体模型上的前中心线，并使布料自然下垂，在所要设计波浪效果的位置，用大头针或手指压住、捏出适当的波浪，有波浪造型的部位腰围线会有稍微伸展的现象。如果腰围有伸拉现象时，可以打剪口。上述方法为伸展法。制造

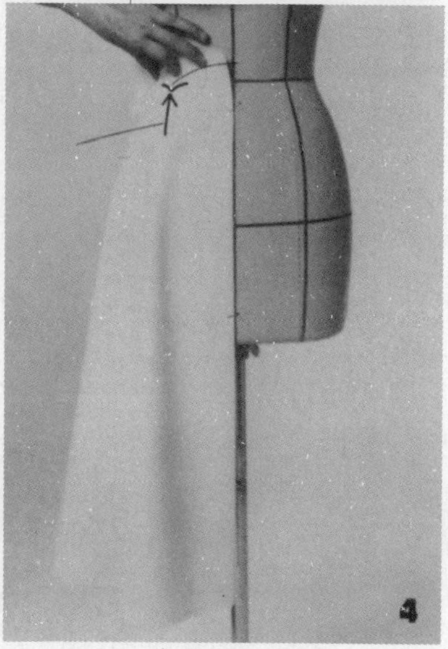

图3－3－4(1)

波浪效果也可采用腰围缩缝的方法。本例前片共有 4 处波浪造型效果。

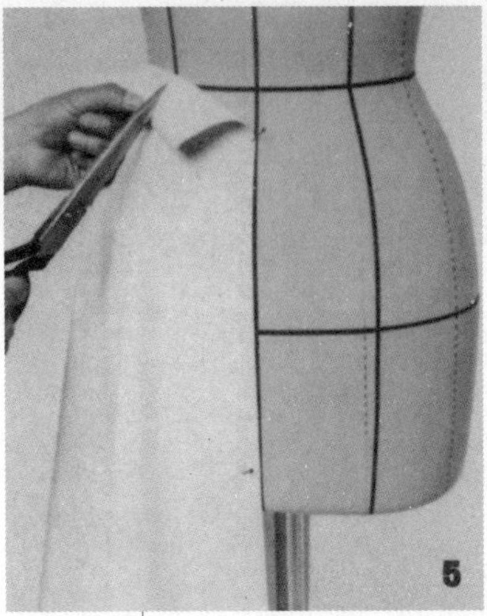

6 后片的制作方法与前片相同，半身有两个波浪造型，但是，由于腰围及腰部的形状与前片不同，所以形成波浪的位置及大小也不相同。

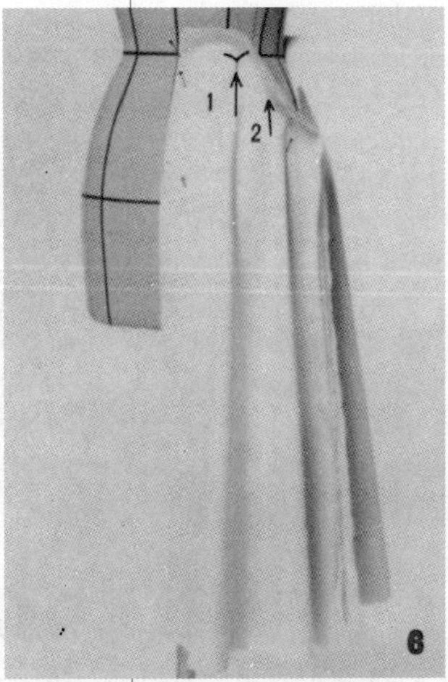

7 对合前后侧缝，要使其自然形成一体的感觉，用大头针固定。

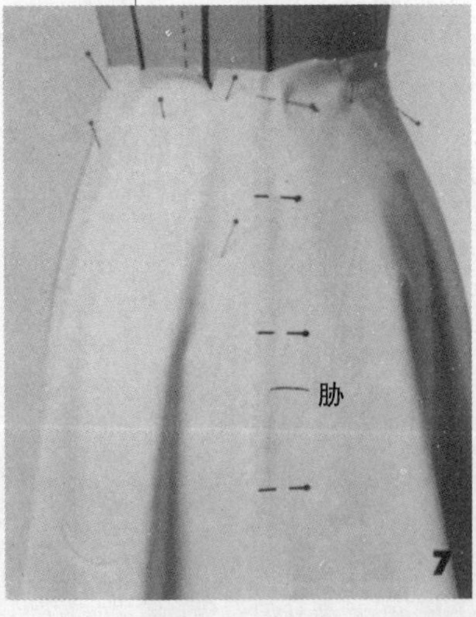

8 确定侧缝位置装上裙腰，并在形成波浪顶点的位置用大头针固定。整理波浪造型。

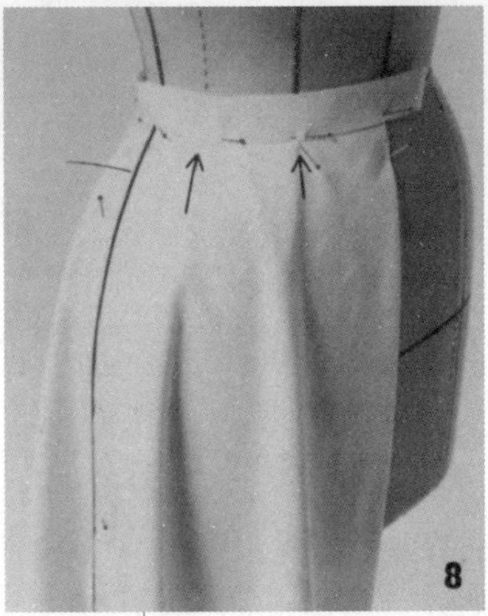

9 确定裙长，从地面向上测量裙摆的位置，并在下摆线处别上大头针。

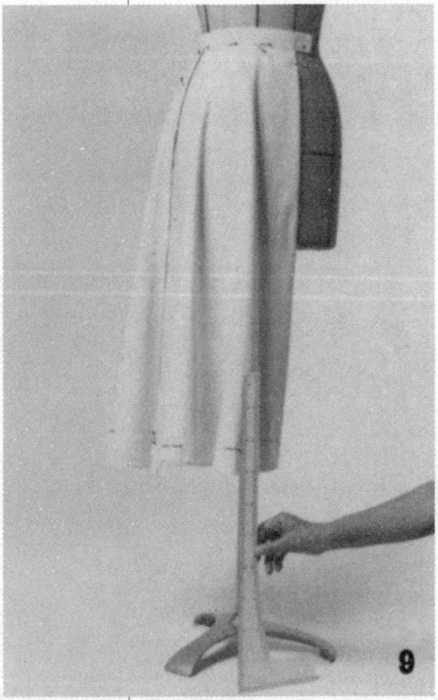

10 裁片展开图

腰围线并不是圆顺的曲线，波浪造型顶点位置有一定的棱角。

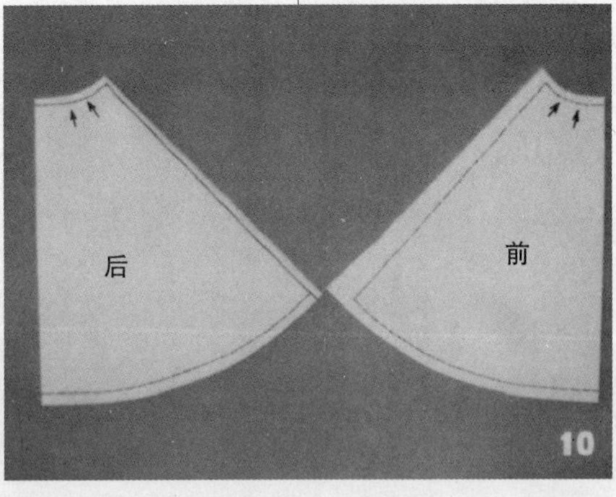

图 3－3－4(2)

11. 12 完成图

应用设计范例

图 3－3－4(3)

10　片　裙

10片裙是由10块裁片拼合而成的无省裙子。在每片拼接的位置加入一定展开的松量，制作出波浪效果，裙摆也较大。本例裁剪制作要点，是使波浪造型效果形成统一和谐的美感。为了达到这种效果，应调整每一片的展开松量。另外，波浪的形状会因体型而产生较大的变化，所以在制作时，应掌握好身高与体型的均衡关系，然后设计制作适当的波浪造型。

1 将人台的腰围线及臀围线按设计要求分割出拼接的位置，使用黑色胶带做标记。

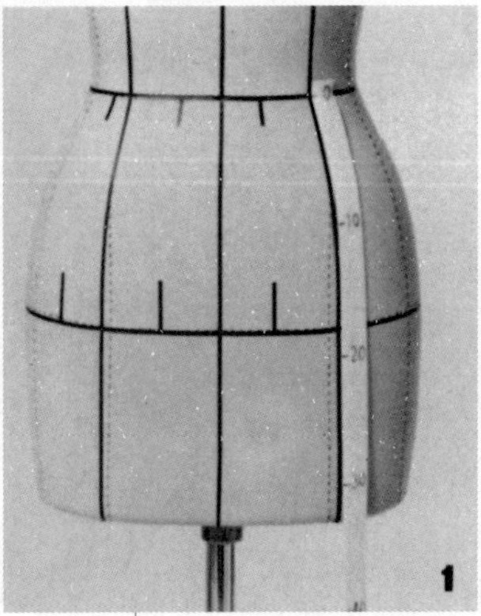

2 将布料铺在人台上，按设计要求确定其形状后，粗略裁剪出所需的拼接片数，粗略裁剪的裁片，要标注臀围线及中心线。首先将前中心裁片贴合于人台上，对齐中心线。

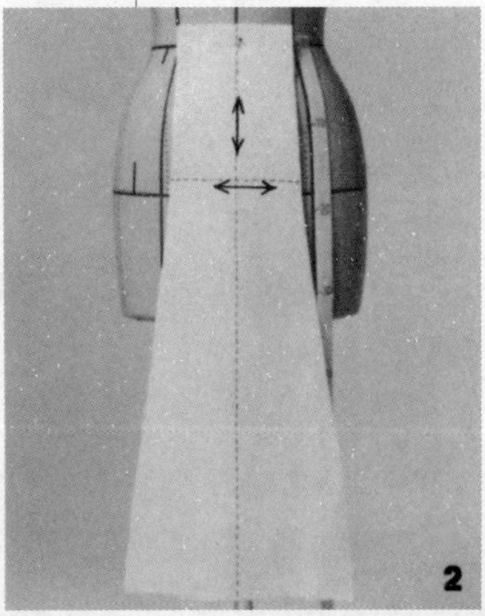

3 在前中心的臀围线附近，捏出适当的波浪造型，所捏松量为1cm～1.5cm，从中臀围到腰围的布料平伏贴合于人台上，而使裙摆呈现自然的波浪效果。

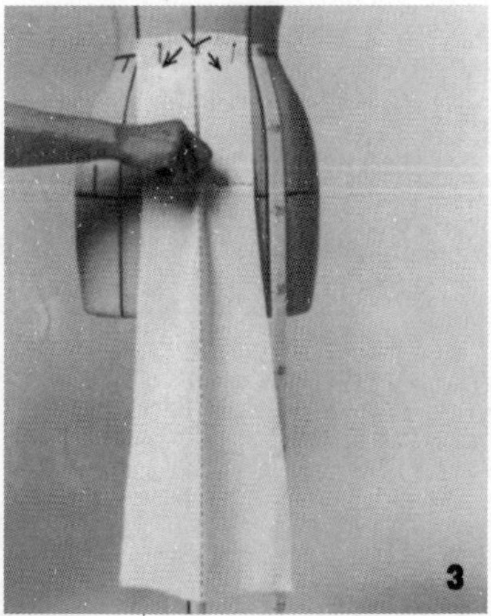

4 折叠第一块剪接片的缝份，然后铺合第二块剪接片。拼接裁片时，应注意臀围线要保持水平。

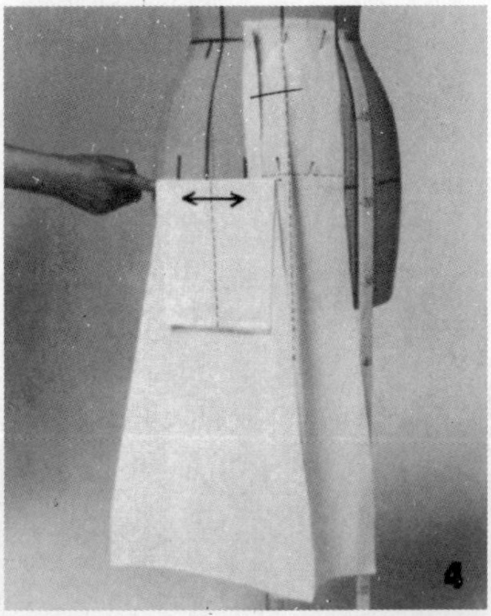

图3－3－5(1)

5 铺合另一片拼接裁片，由于所在侧缝位置和从中央部位设计制作的裁片立体轮廓方法不相同，应该从臀围线向腰围垂直推抚布料。

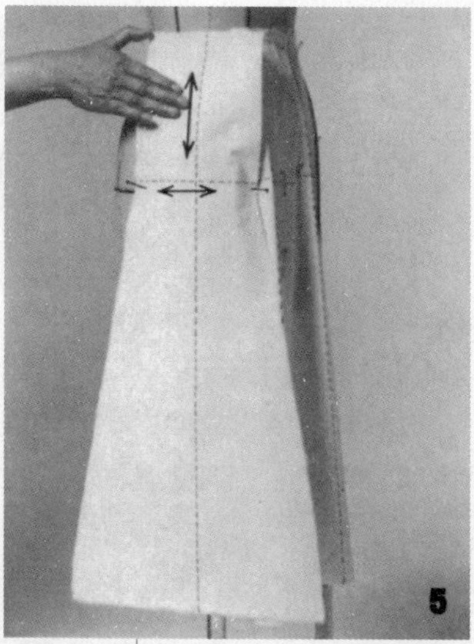

6 将后中心拼接裁片贴合于人台上，处理方法与前片相同，也是从后中央的位置上捏出适当的波浪造型。

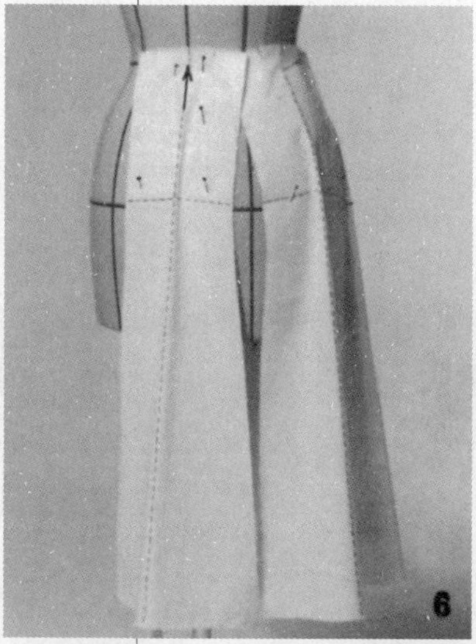

7 将裁片依次拼接后，仔细观察调整波浪的大小及裙子的整体造型。这时应在臀围线下方约1.5cm的地方，追加适当的松量，并用两手将缝份展开，调整出具有均衡美感的立体造型，各拼接缝均按此要领操作。

8 使用黑色胶带标注前后各拼接裁片的轮廓线位置。

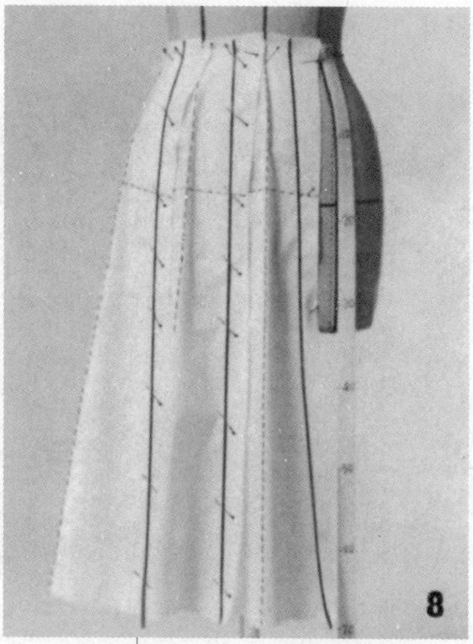

9 装上裙腰。

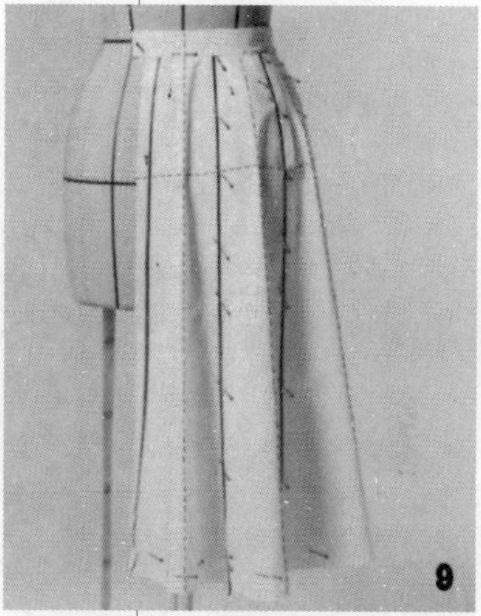

10 从侧面观察，侧缝线稍稍偏后，且显得美观。

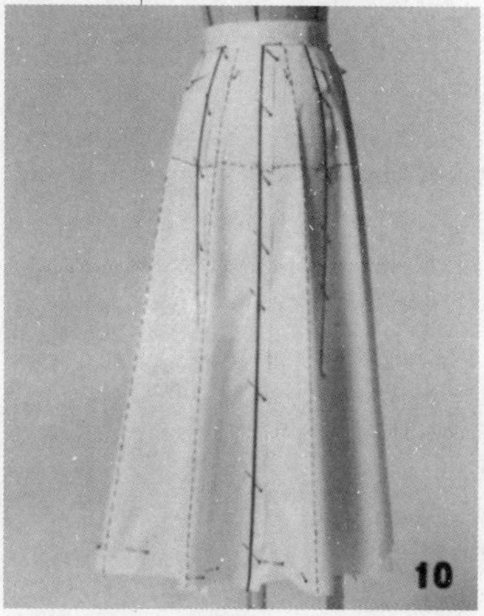

图 3－3－5(2)

11 裁片展开图

拼接线并不是直线，稍有点弯曲。

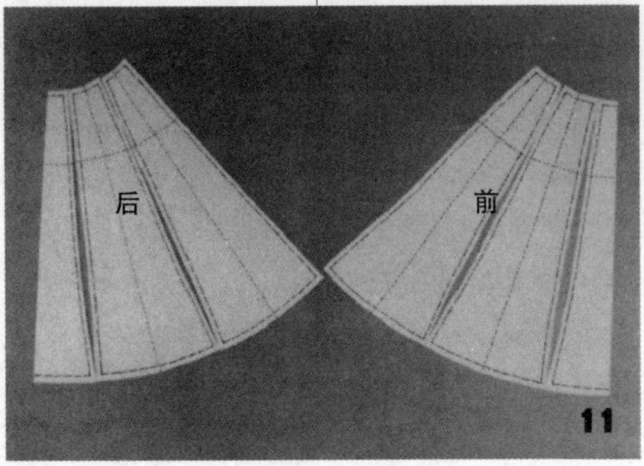

12 完成效果

波浪型多片裙并不只限于不太厚的材料，其它材料也可以用来制作波浪裙。可根据设计要求及材料质地自由设计拼接位置。

应用设计范例

图 3－3－5(3)

单方向折褶的百褶裙

事先把布料折叠成竖褶，根据褶的宽度、数量、臀围尺寸及宽度松量计算布料使用量。通常总的布宽为臀围尺寸的2.5～3倍。本例规定臀围尺寸88cm、加上2cm的松量，使用几条褶宽为4.5cm的明褶，暗褶宽度3.5cm。

2 将折叠好的布料固定在人台上，对齐前后中心线，臀围线保持水平，然后用大头针固定。

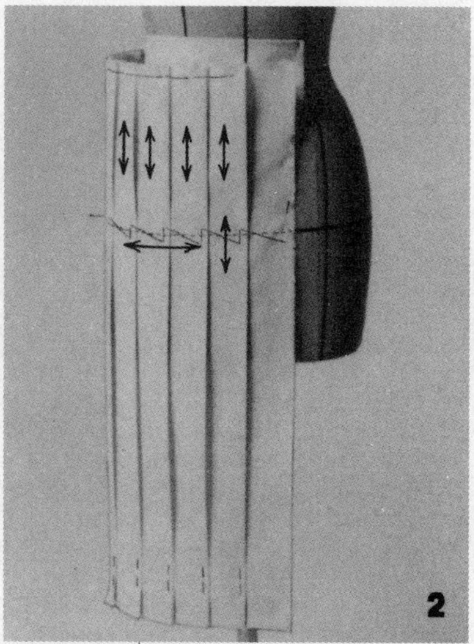

1 在人台上围绕腰头布作为固定褶裙的基座，同时也可调整腰围尺寸。

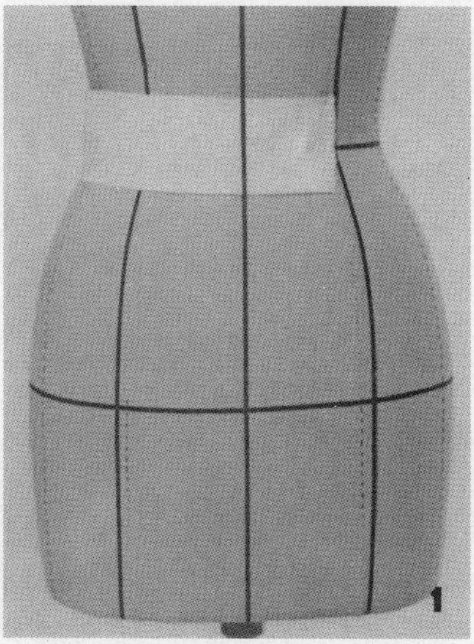

3 首先从前中心的臀围线起，向腰围方向轻轻用手推抚外折边，在腰围线处超过中心线的位置。接着以同样的方法，处理侧缝及后中心。从臀围线向腰围推抚布料用大头针固定。腰围会因与臀围的尺寸差距而形成宽松现象。

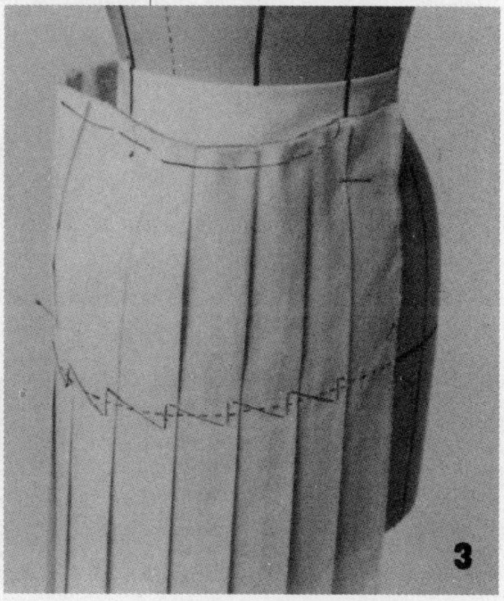

图3－3－6(1)

4 剩下的叠褶，同样也竖直向上推抚。将腰围多余的松量在褶子自然重叠位置理顺叠褶。这种方法与捏合腰省方法类似，如果叠褶较宽时，可在暗褶处捏省。

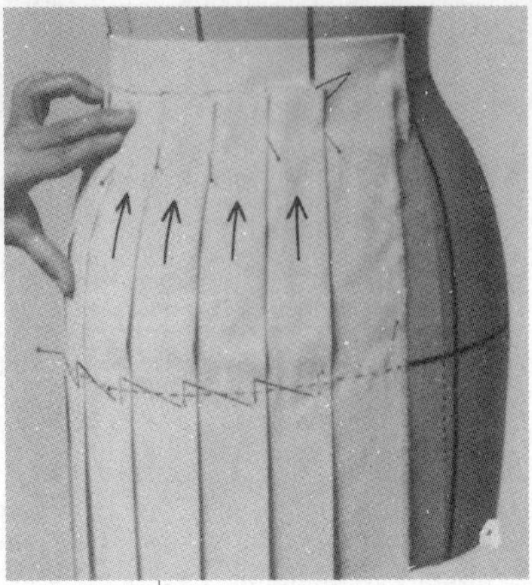

5.6 理顺叠褶后，在腰围处装上裙腰。后中心腰部结合身体的凹陷稍向下降，中腰隆起的弧度所产生的松份，采用归拔的方法处理。另外，腰围的褶宽由于体型的关系并不均等。

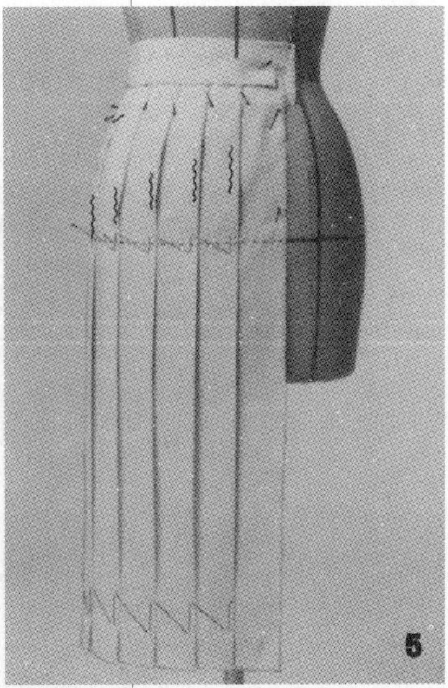

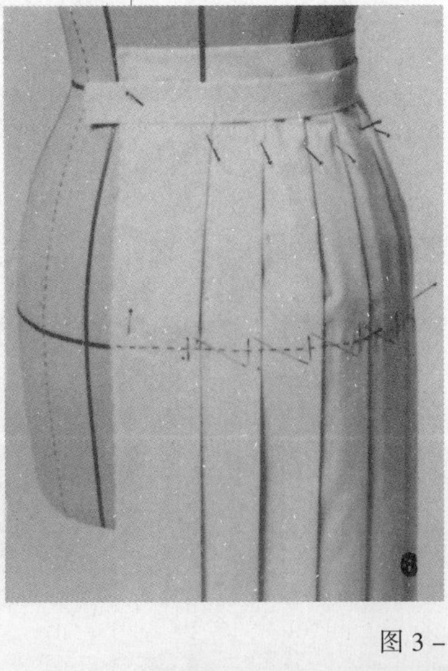

7 将裙子从人台上取下，一面注意不要使中腰弧线变形，一面用熨斗将褶烫平。

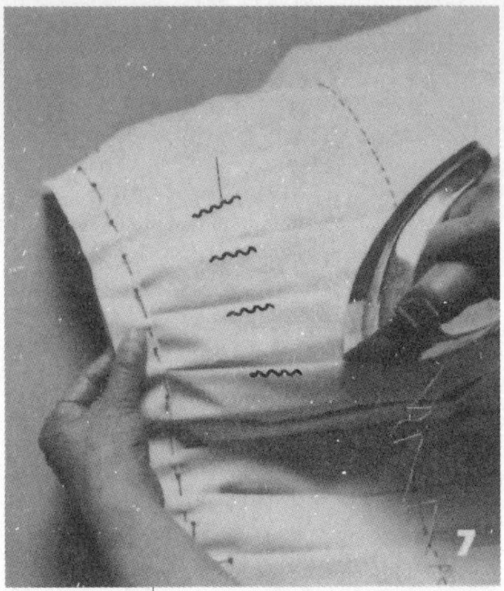

8 平台展开图

从图中可以看到腰部叠褶的大小，在弯曲度较大的侧缝，其褶量较大。

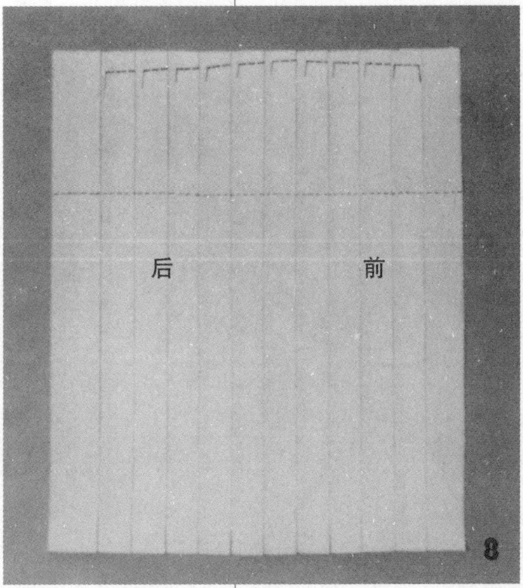

9 完成的效果图

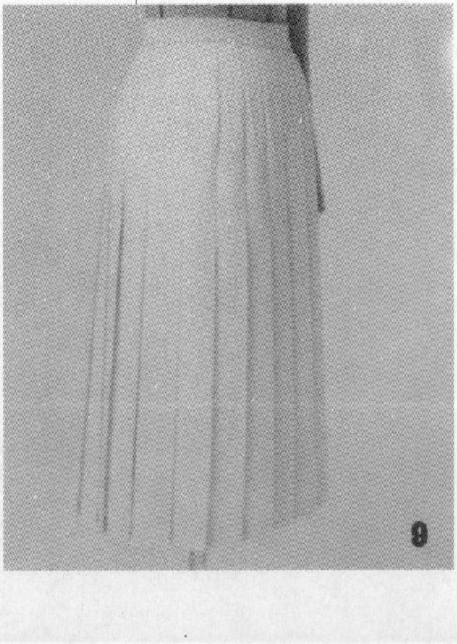

图 3－3－6(2)

箱式多褶裙

使用布料的计算法与单向褶裙相同。臀围加有 2cm 松量，整体是折叠 8 条箱形褶。为了防止叠褶松散，用线把褶搽上。

2 从臀围线开始向上推抚叠褶，使裙子上部外折边相互重叠，因人体腰围弧度不同，裙褶所在位置不同，其褶子重叠的份量也会有差异，由于臀围与腰围尺寸的差距，腰围部分也产生多余的松份。

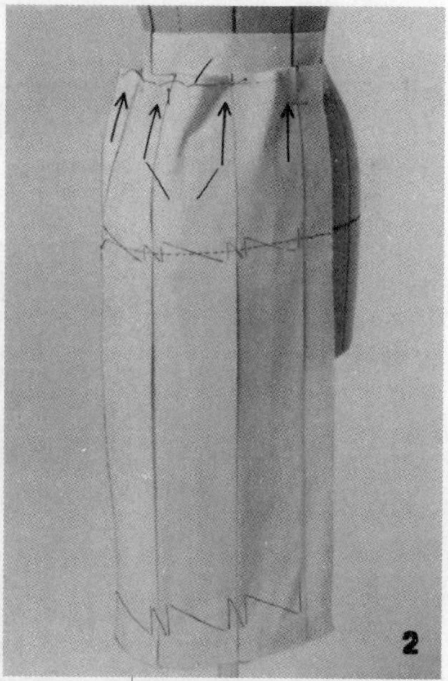

1 将褶裙的前后中心线与人台前后中心线对齐，臀围线保持水平的同时，用大头针固定。

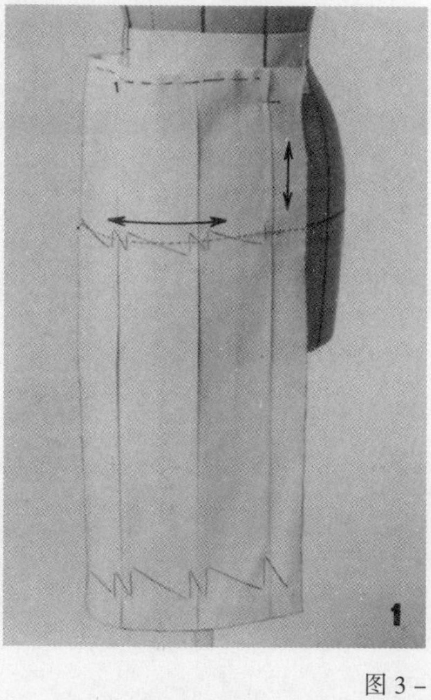

3 将腰部褶子重叠后，仍然还有多余松量，可在褶与褶之间捏取活褶。

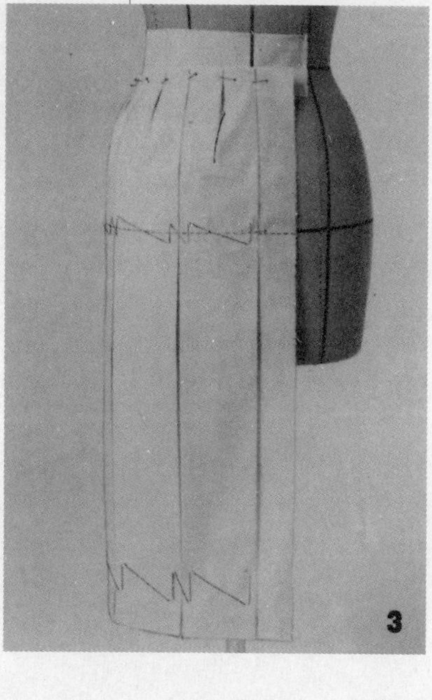

图 3－3－7(1)

4.5 确定腰带位置，如果做连衣裙的裙子时，那么就先用黑色胶带标出腰围线，按此位置连接连衣裙的上身，后片腰围线可得保持水平或稍低一些。

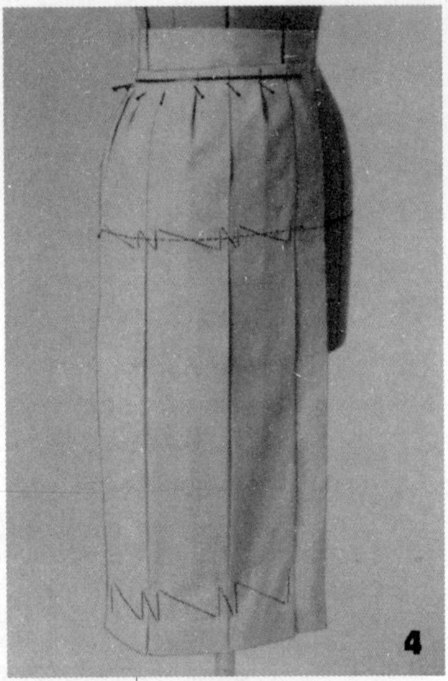

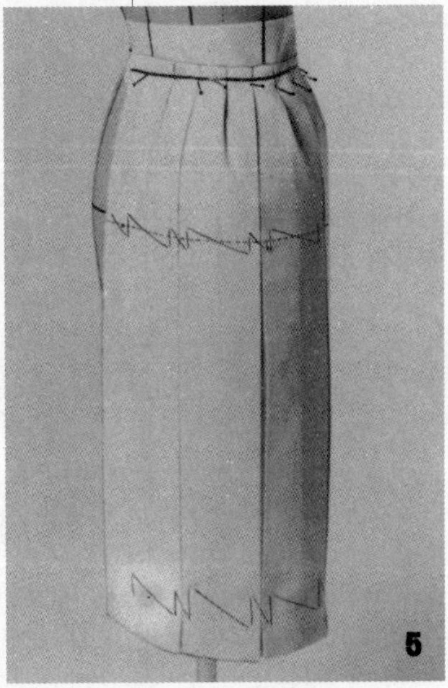

6 裁片展开图

从图中可以看到腰围线的倾斜度，省量的差异及体型上的特征。

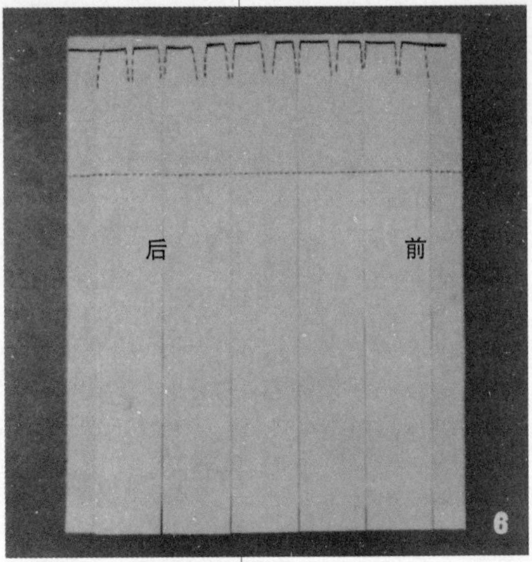

7 完成效果

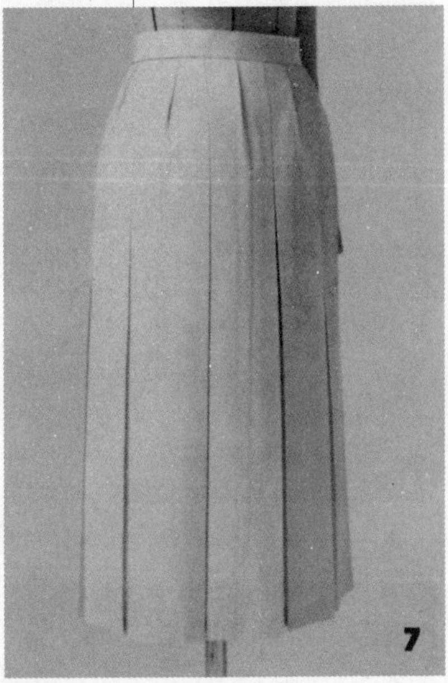

图 3-3-7(2)

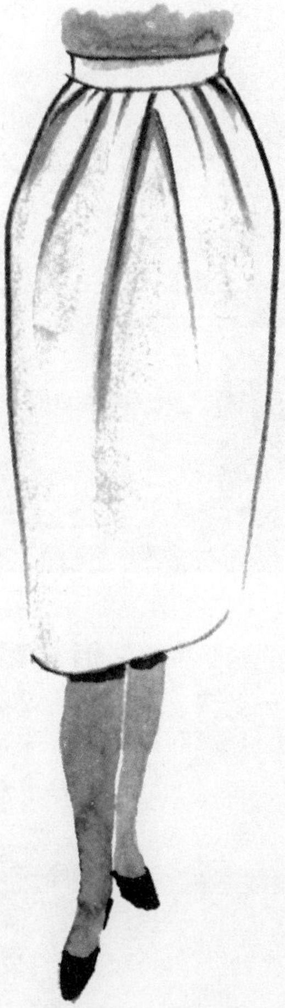

垂褶裙

臀围与腰围的尺寸差相差较大，一般都在25～30cm左右，这些相差的尺寸要在款式简单的裙子上处理是相当困难的。但是，如果将这些尺寸差运用到设计当中，就能够轻易解决。本例把尺寸差分配到褶皱中去，利用尺寸差设计出自然垂坠褶纹的款式。

1～3 将裙前片对齐中心线后，用大头针固定在人台上，考虑适当行走的活动量，确定下摆的宽度，并调整出具有均衡美感的造型。由于臀围要留有充足的松量，所以侧缝的轮廓线条，自然形成下摆变窄的形状，而臀围线、腰围线在侧缝的地方稍向上偏移，腰围的处理方法与紧身裙不同，可将宽松份按照个人的喜好做出各种垂坠褶纹或活褶。图中2为稍宽的活褶。图中3是带有强弱区别的三条垂坠褶纹。

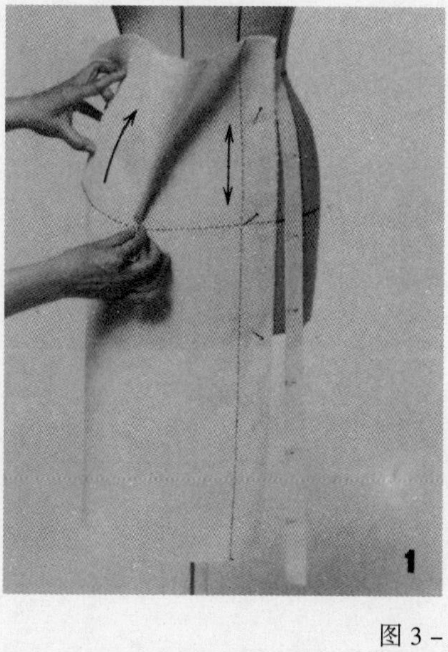

1

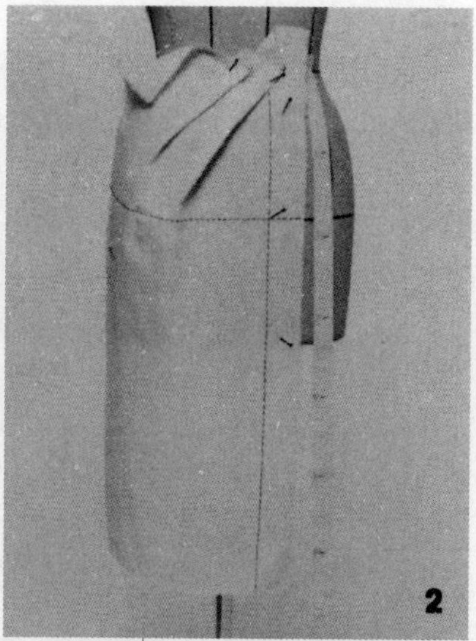

2

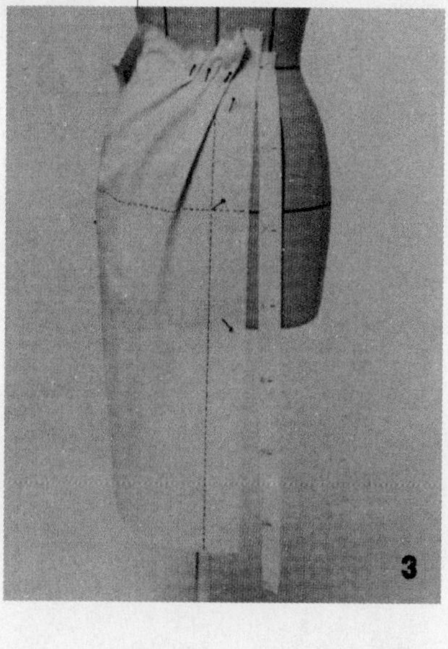

3

图3-3-8(1)

4.5 当褶纹调整之后，装上裙腰，在平面裁剪时，垂坠褶纹的处理，需要仔细的计算和有熟练的操作技巧才能完成较难的褶纹处理。但立体裁剪却可以依照自己喜爱的褶皱，可在短时间内轻易地制作出美妙垂坠褶纹。侧缝折叠后，用大头针固定。

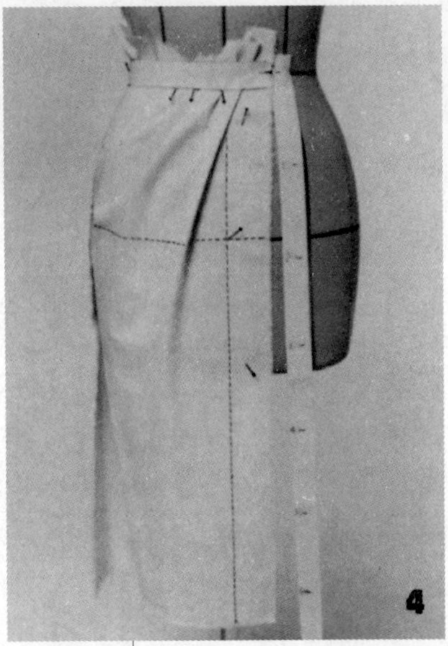

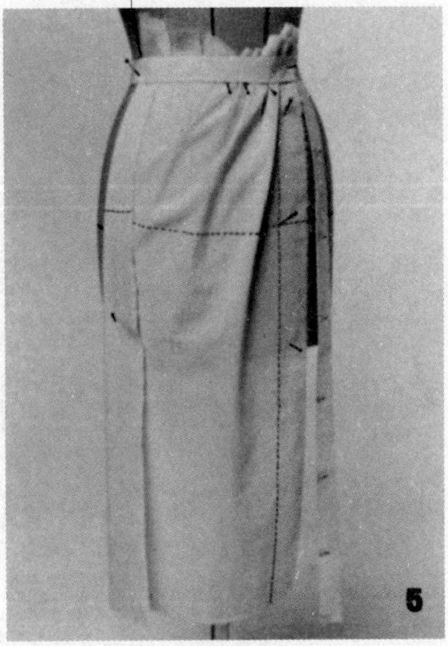

6 裁片展开图

侧缝线并不是直线，而是呈微妙的变化曲线。腰围弧线呈现出中腰部突出的形状。此裁片展开图可直接应用到平面裁剪。

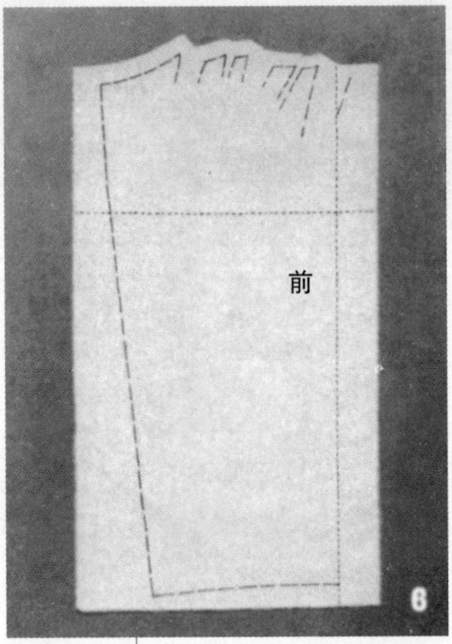

7 完成效果

后片采用简单的紧身裙的制作。

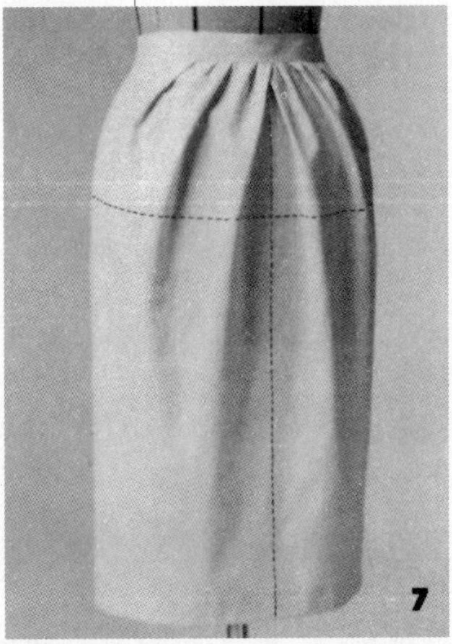

图 3-3-8(2)

两款气球式波浪裙

介绍两款圆而鼓的气球造型的裙子。所用材料,选用有一定硬度及弹性的丝绸面料。作为宴会服装效果极佳。裁剪时应注意裙摆的宽度,不要影响正常行走。带有变化的褶纹、比走向一致的褶纹造型更具有活泼的感觉。

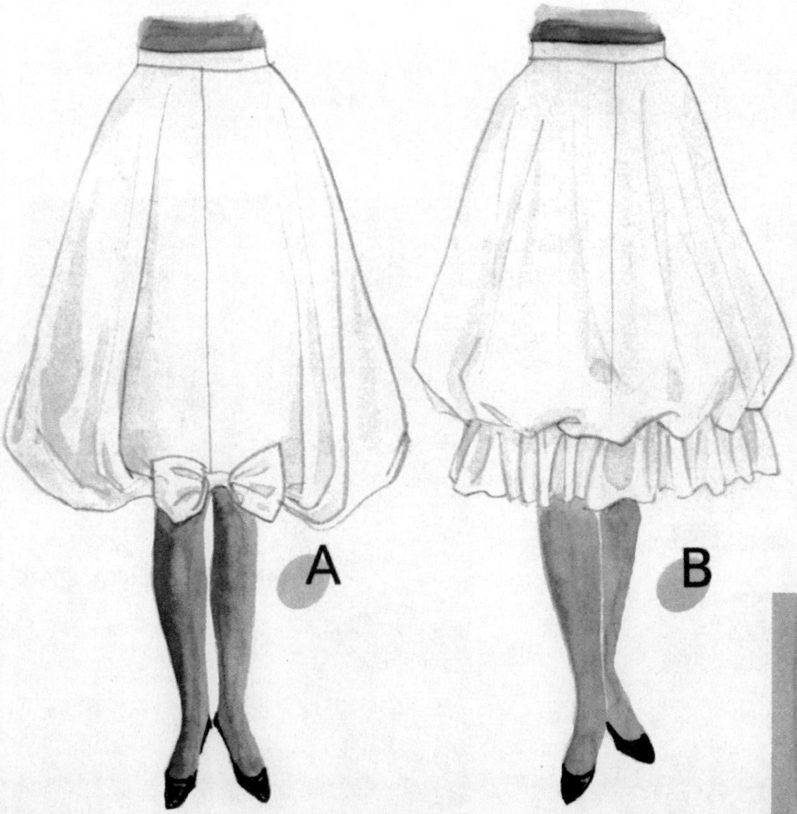

A—

1 前片要多准备一点，前中心采用纬纱，利用斜纱下垂的效果，留取足够的褶量。

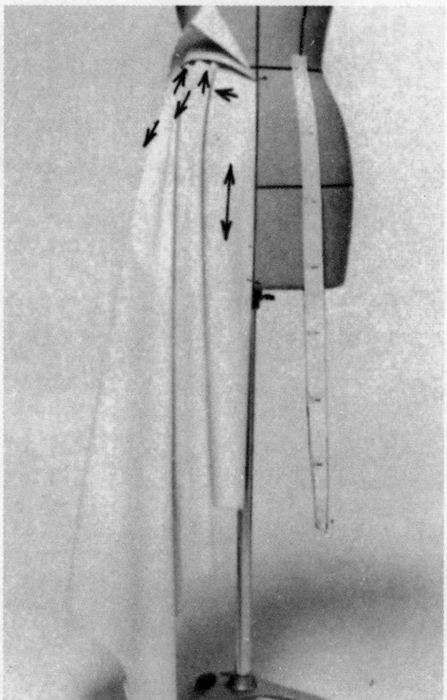

2 将衬裙穿在人台上，裙长要比波浪裙短一些。

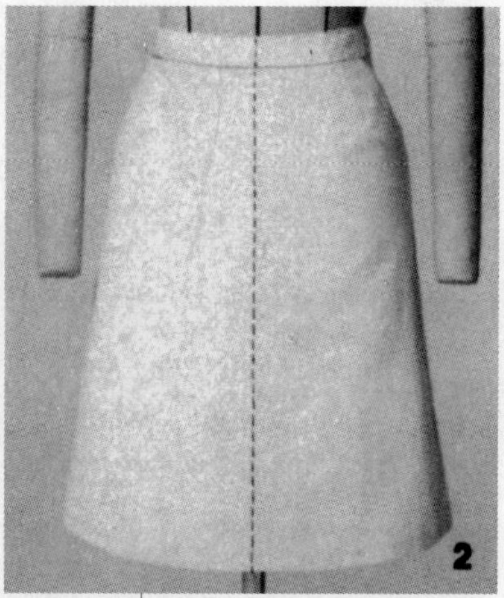

3 将前片按照图中 1 的方法固定在衬裙上，剪去腰围多余的布料。

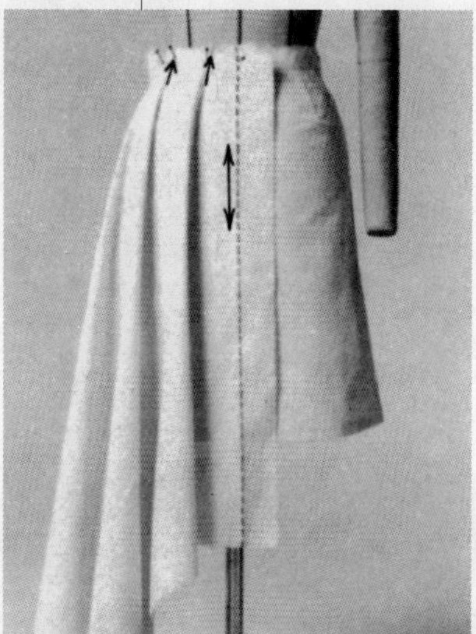

图 3－3－9(1)

4. 5 利用留取的褶量，在下摆处理出适当的蓬起造型，中央接缝处可用布条或丝带，折成蝴蝶结加以点缀。

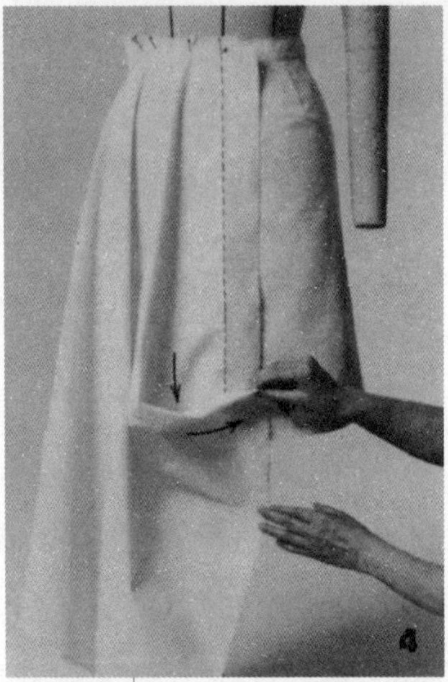

B—

1 本例介绍的是将宽松裙摆，做成蓬起的气球造型。开始制作方法与 A 款式 1～3 图相同。但是，裙摆向内翻折使其成为气球式立体造型。

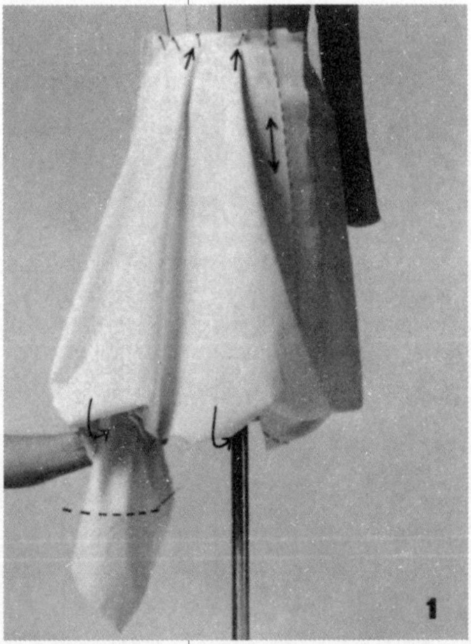

2 留够裙摆收缩部分下方所需的荷叶皱褶松量，剪掉多余的部分。

图 3－3－9(2)

3.4 重新调整裙摆的蓬松形状。在收缩的位置标注黑色胶带，同时固定于衬裙上。垂坠褶的形状及深度不必强求一致，以避免单调和缺乏活泼气息。

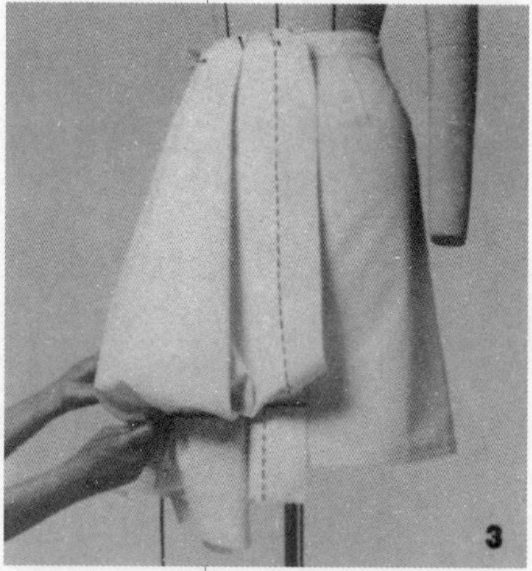

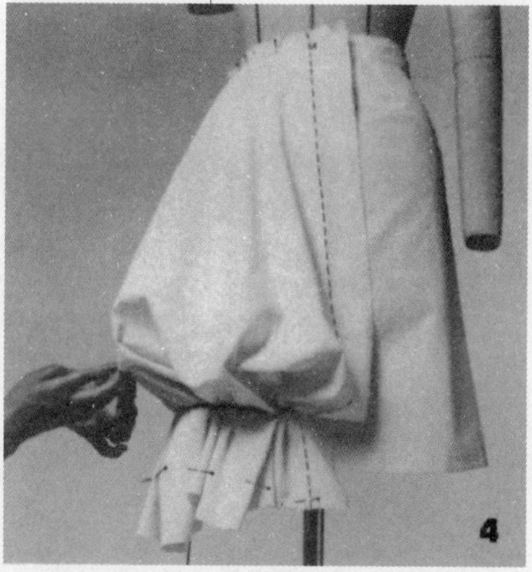

5 裁片展开图

实际制作时并不是将所展开的半片裙直接转移到另一边，而必须左右两边都用立体裁剪方法处理，所以展开的平面效果只供参考。

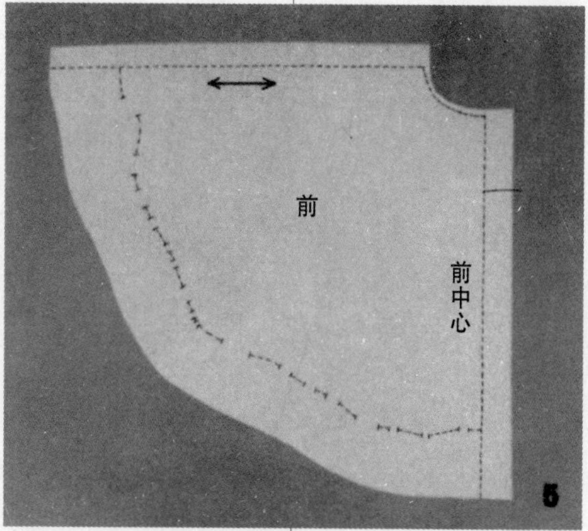

6 完成效果图

图 3-3-9(3)

上　衣

基本型西服上衣

西服上衣款式丰富多彩，是现代职业女装和时装的主要服装品种。本款为衣身稍长的基本型女西服，其结构为两开身。为制作出合体、美观的效果，胸围、腰围、臀围各部位余量加放方法及局部细节的处理，是不可轻视的技巧。

估算布料使用量，在布料上标注出胸围线、腰围线、臀围线及中心线。

1 将前片固定在人台上，对齐前中心、胸围线、臀围线、腰围线保持水平，同时向侧缝轻轻推抚布料。如图片所示，BP点（乳尖点）到腰骨突起的部位，出现了多余的松量。把袖窿出现多余的松量推移到领口处。

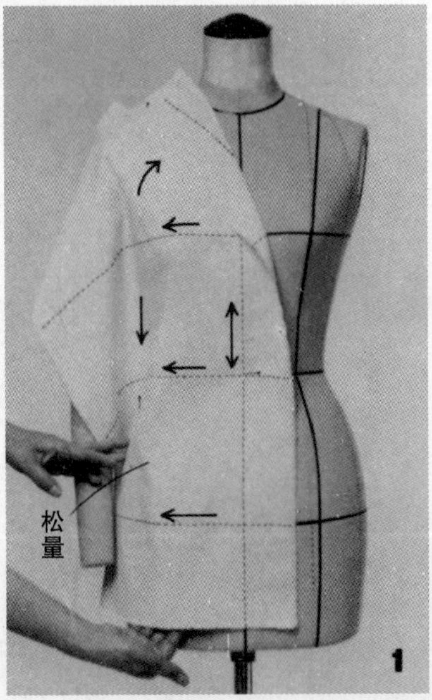

2 领口松量，可在领子遮盖的部位捏一条细领口省。将腰围松量捏成不要太靠近侧缝的腰省。省尖不要与BP点重合，向侧缝偏移比较好一些，腰省的处理方法，在整体设计上，会使服装产生典雅、大方的感觉。

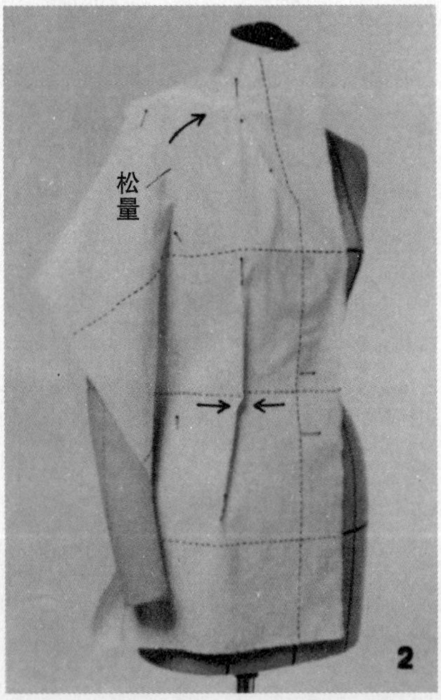

图3-4-1(1)

3 剪掉袖窿的多余部分。

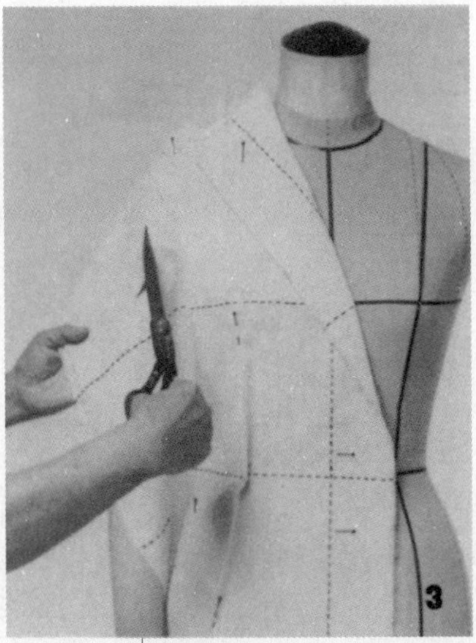

4 调整好前后身造型后，将腋下多余的布料推移到后背。由于本款设计造型的侧缝线比较偏后，所以要注意推移布料余量是否合理。

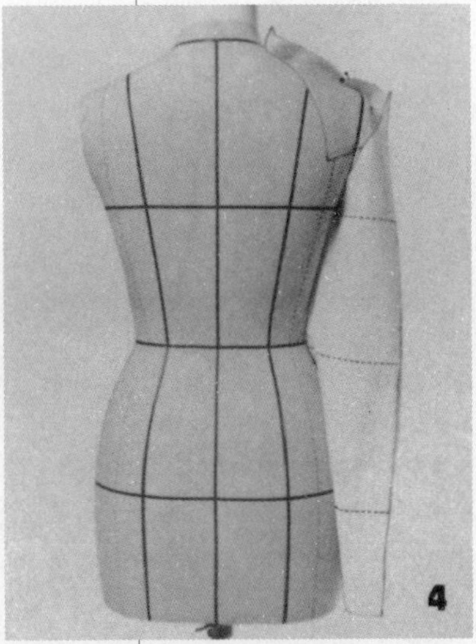

5 将后片固定在人台上，首先对齐后中心线，然后按箭头所指方向轻轻推抚布料。

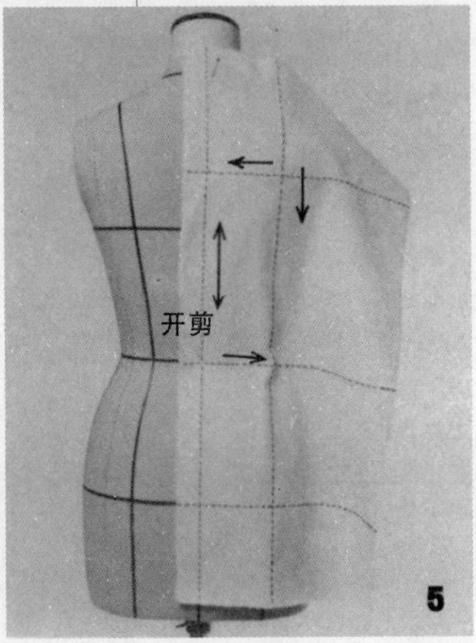

6 按图中 **5** 操作，腰部出现了多余的松量，需要捏后腰省量。本款式是无腰省设计造型。所以把这些松量推向腰围与臀围之间的后中心位置。但必须使布料纱向保持水平，后中心线呈现稍弯曲的弧线。

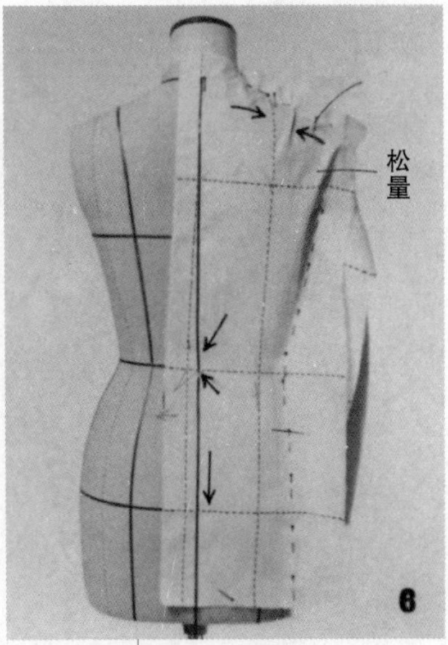

7 背部应留取足够的余量，然后与前片对合用大头针固定。前后片臀围线尽量保持水平，侧缝腰部及中臀围部分要做归拔处理。将肩部的余量捏省，折叠侧缝、肩缝、后片的缝份与前片对合固定，剪掉多余的缝份。

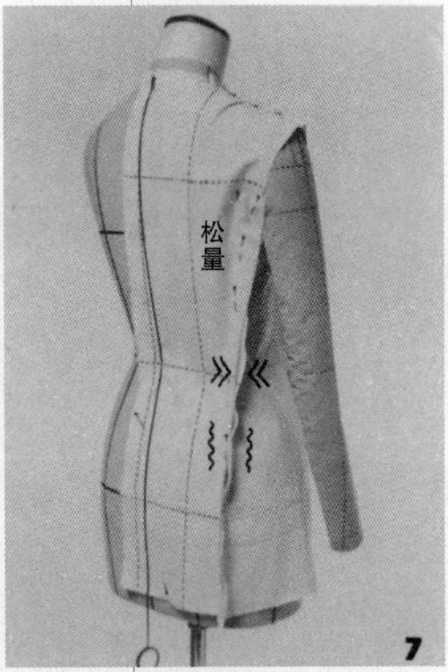

8 确定翻驳线。

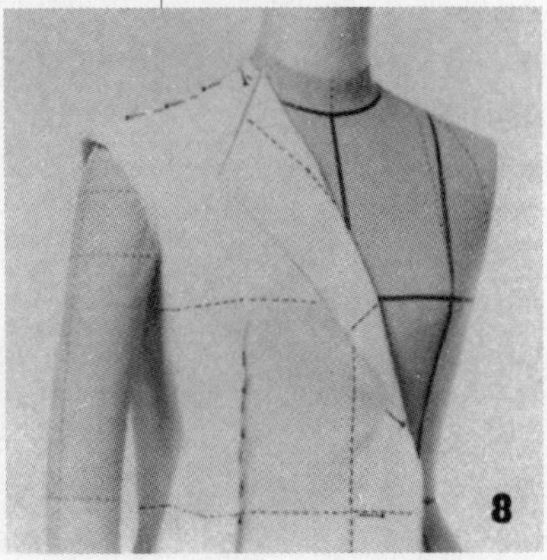

图 3－4－1(2)

9.10 绱领子

领子使用宽8cm、长2.5cm左右的正斜纱布料。将领子由后中心向前围绕、调整造型，同时确定座领与翻领的宽度。

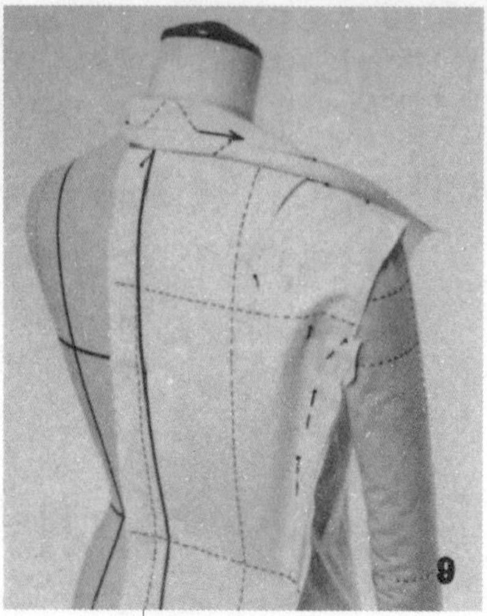

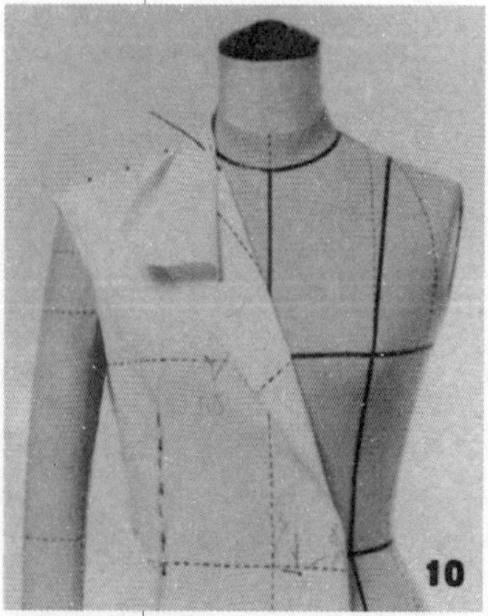

11 对合领子与驳头，边拼接边用大头针固定。领角造型，可依个人喜好设计。确定衣长和纽扣的位置。

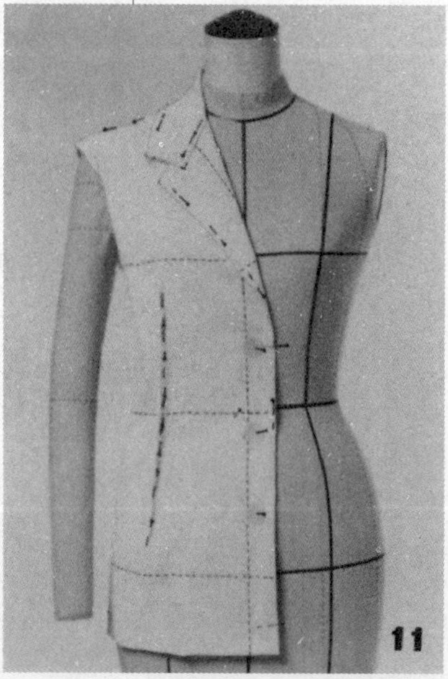

12 粗裁细布，结合衣身造型，确定袖肥。

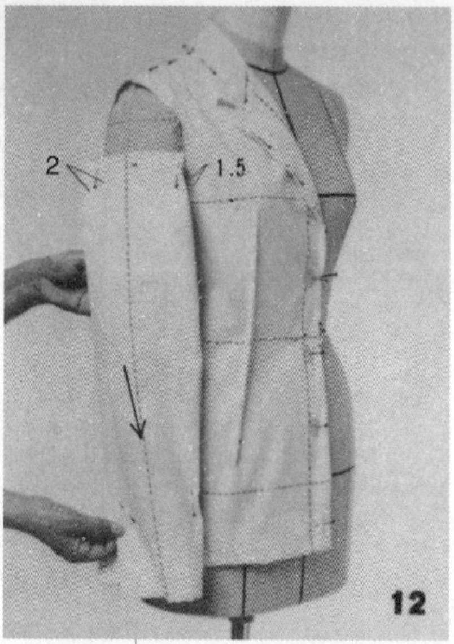

13 粗裁剪袖山的大体轮廓，其轮廓如图上点线所示。

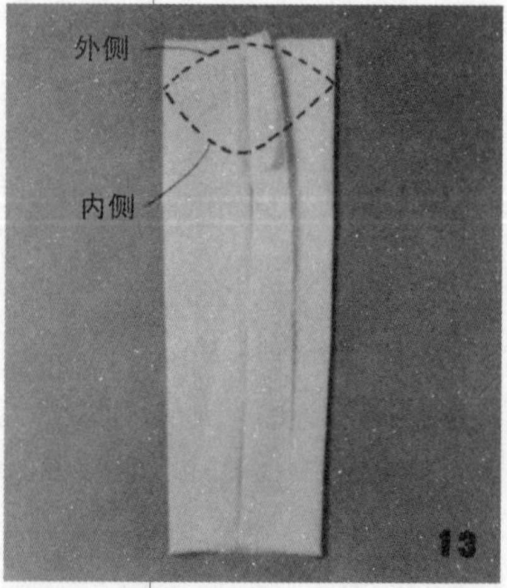

14 缝合前后衣片，绱袖子，首先用大头针将袖山固定在肩缝处，调整所需吃量后，用大头针以藏针别法固定。袖子的方向按图所示，稍向前倾斜。

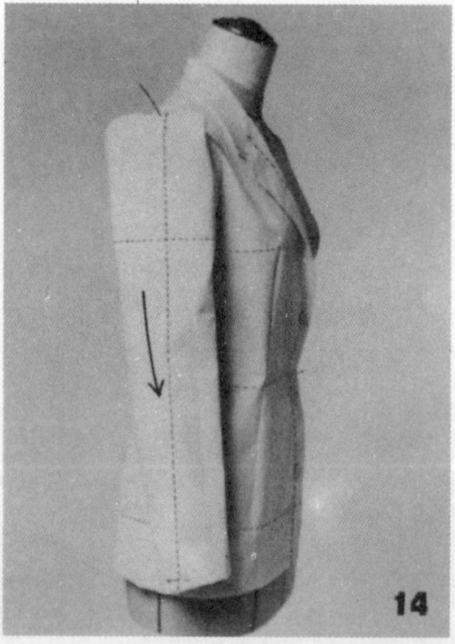

图 3-4-1(3)

15 将袖子做成45°左右，调整好手臂活动所需的松量后，用大头针将袖底和衣身固定。

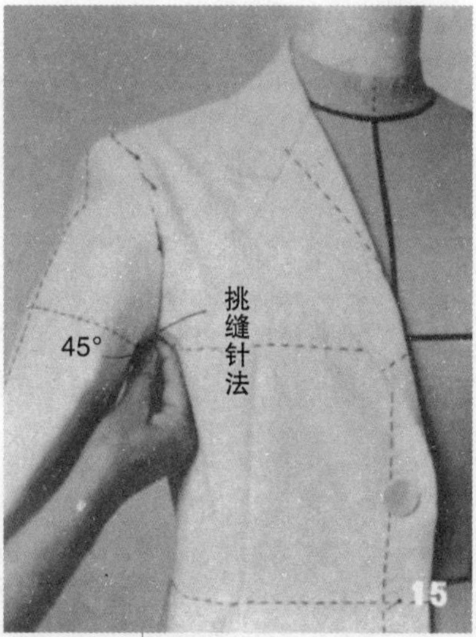

16 后片与袖子结合时，应注意手臂活动所需的松量。

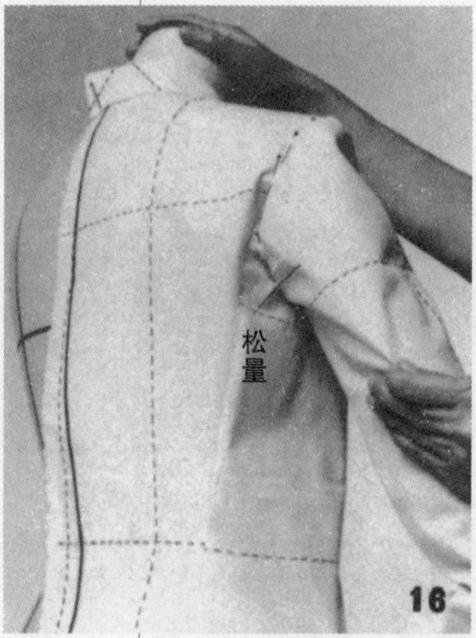

17 绱袖子，由于袖子是用藏针方法固定的，从里面看像拱针缝合。所以可按大头针的位置缝合。

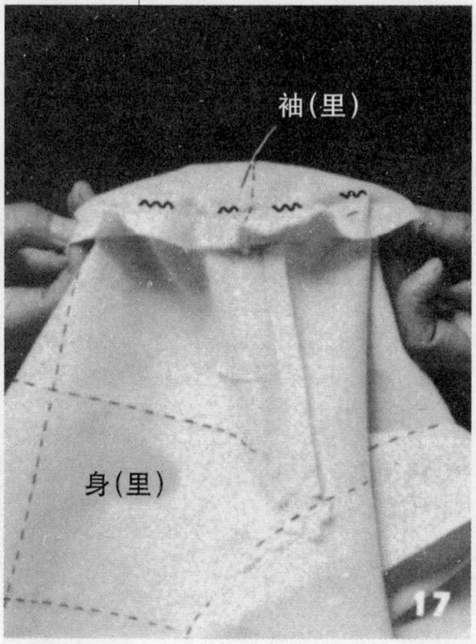

18. 19 决定前身口袋位置，重新确认整体造型。

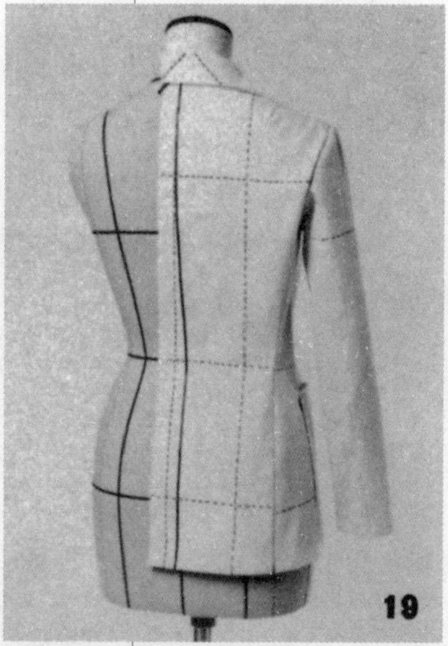

20 裁片展开图

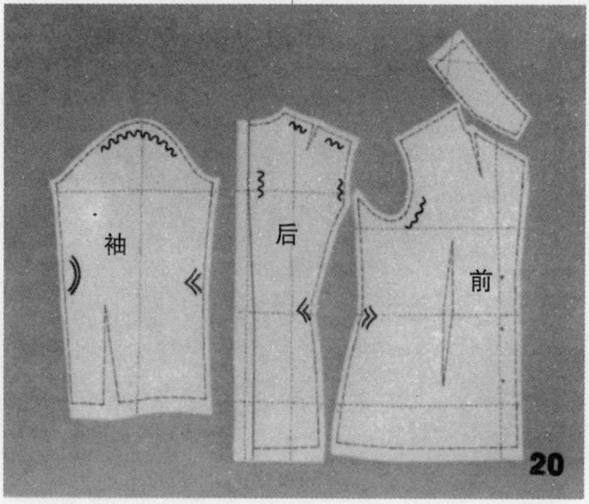

图 3－4－1(4)

21. 22 完成效果

本款为贴身合体造型，实际制作时，应按图 20 所示，做适当的归拔处理。

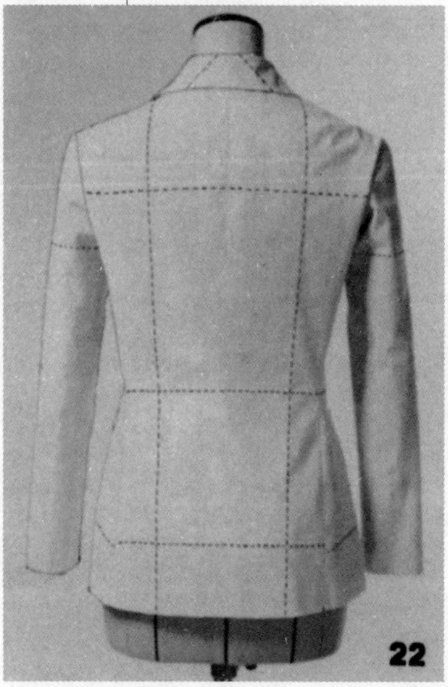

应用设计范例

图 3－4－1(5)

刀背式女上衣

本款为前身带刀背缝的西服上衣，设计的刀背缝比较偏向侧缝。

2 将前片铺在人台上，对齐前中心线，使胸围线、腰围线、臀围线均保持水平，臀围要留取充足的余量。

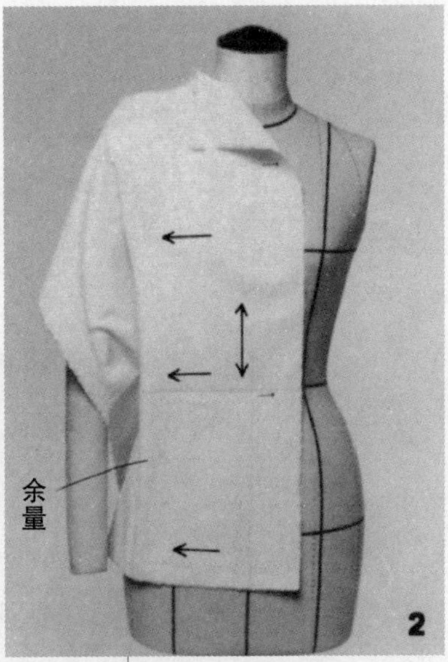

1 用黑色胶带、预先标注侧缝的位置。为了造型的需要，可使用垫肩。

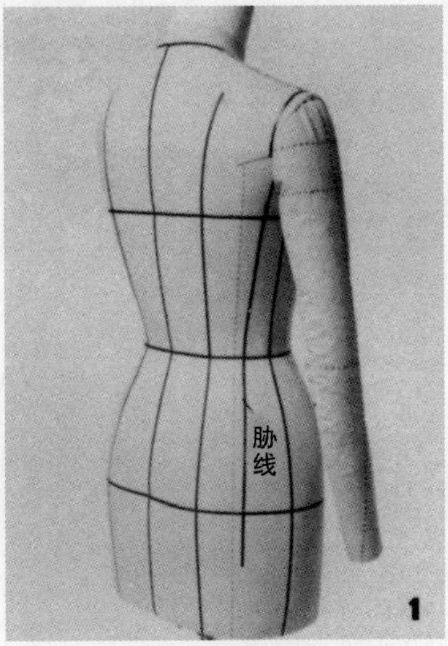

3 在偏离 BP 点靠近侧缝处，捏取较大的腰省，使胸省向四方分散。

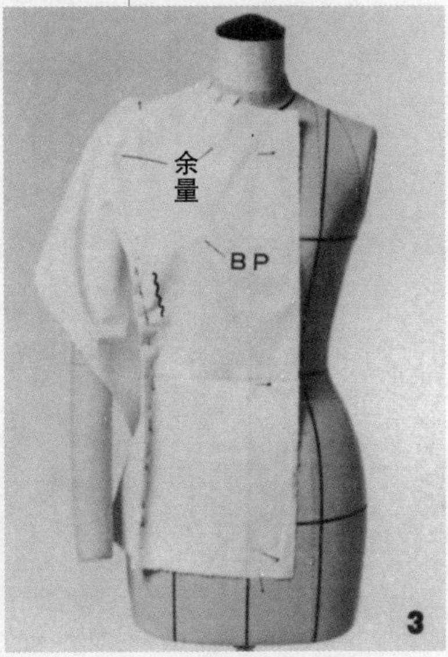

图 3－4－2(1)

4 肩宽要宽一些，侧缝要留取适当余量。

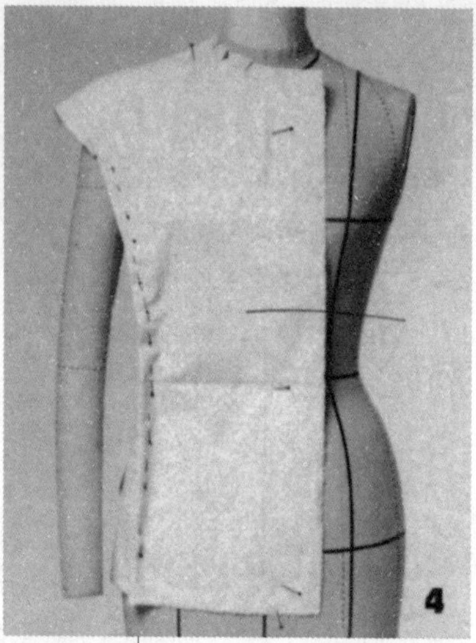

5 折叠侧缝轮廓线，后片处理方法参照99页

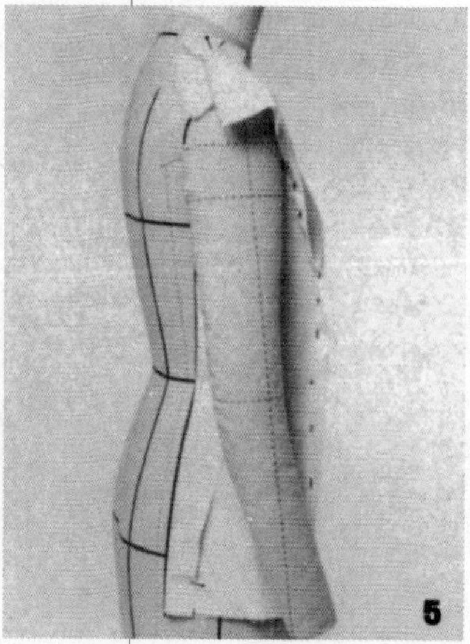

6 缝合刀背缝，轻轻地穿在人体模型上，呈现出合体美观的立体造型。

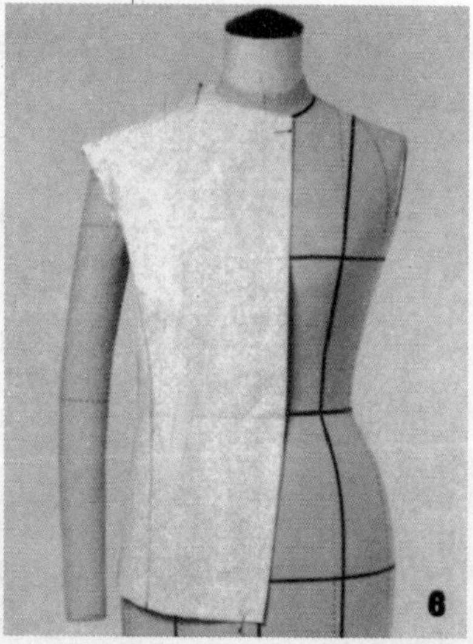

7 裁片展开图

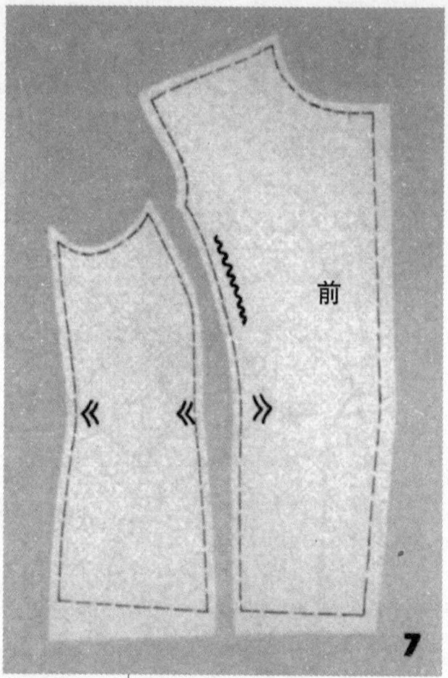

8 完成效果

领口可自由设计。

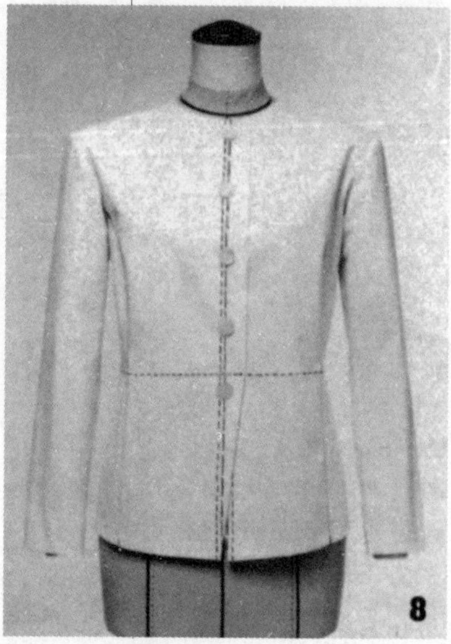

图 3－4－2(2)

箱式造型女上衣

本款女装造型简洁、穿着立体、裁剪容易。领子采用简单的变化造型，可自由地裁剪。这也是最基本操作练习之一。

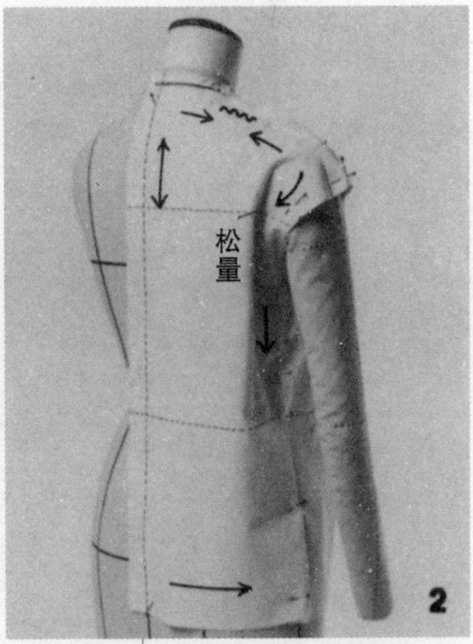

2 将后片固定在人台上，处理方法与前片相同。为了穿着方便，后袖窿处要留取足够的松量。

1 将前片固定在人台上，臂围线保持水平。同时，要留取充足的松量，并调整造型。如果设计为箱式造型，可将前片调整成倒三角的形状；若选翻折领，可在领子背面收省，为了保持整体的柔和感一般不收省。胸部比较突出时，可把胸省转移到袖窿处，增加落肩或在前袖窿处留取带有褶皱的余量，这几种手法都可以起到分散胸围的省量。

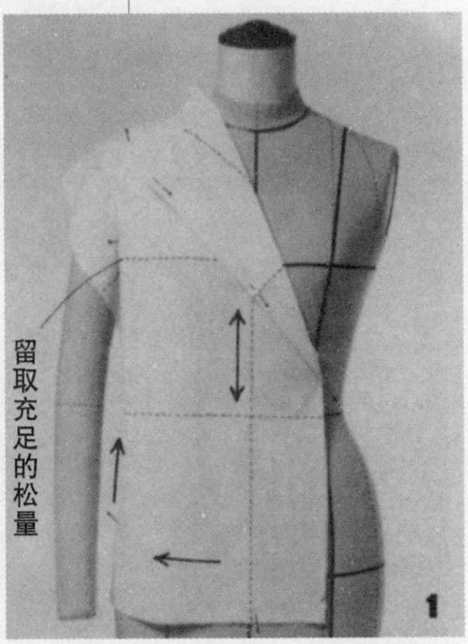

3 拼合前后肩缝，肩端要留有充足的松量。

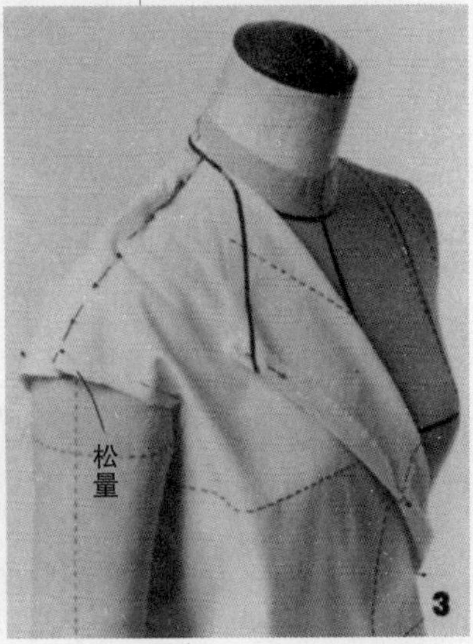

图 3-4-3(1)

4 折叠后片侧缝，搭合于前片侧缝上。别上大头针，袖窿深浅可自由设定。本款袖窿深在原型基础上下落0.5～2.5cm。

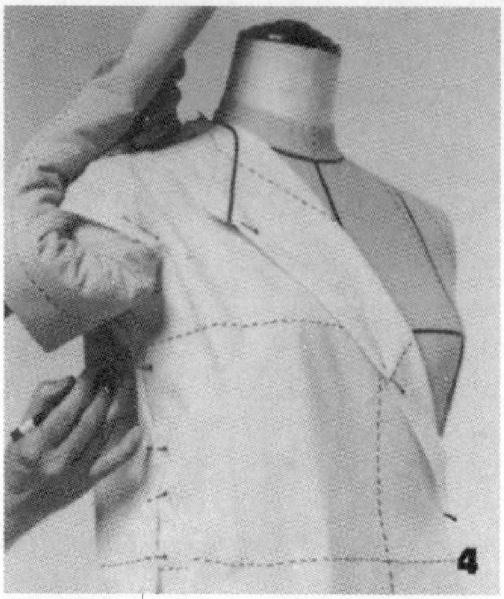
4

5 粗略裁剪出较宽松的袖子外形。

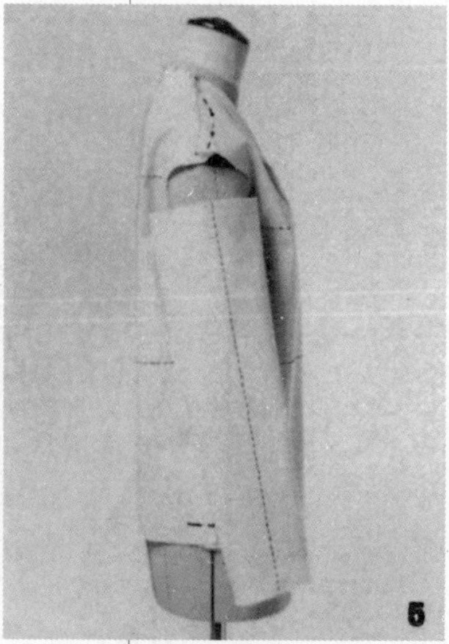
5

6 由于落肩较低，所以袖山要低。

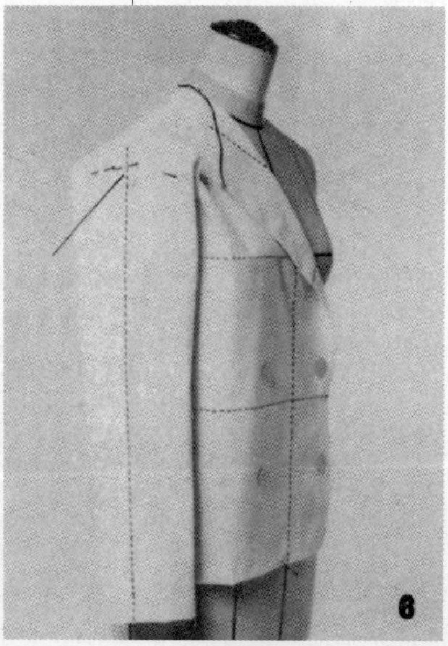
6

7.8 抬起手臂，用大头针将袖底和衣身固定，确认手臂活动所需松量。

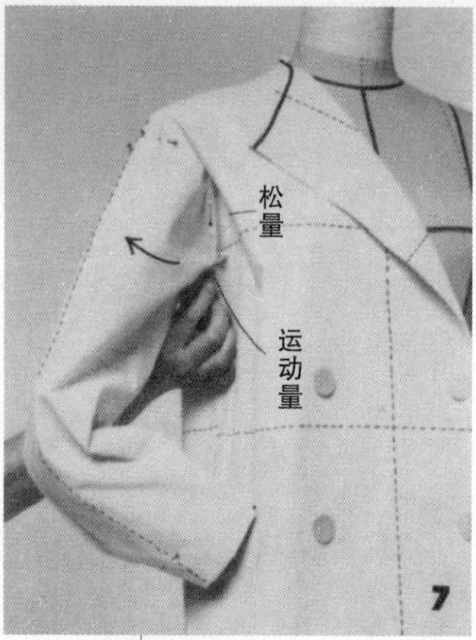

7

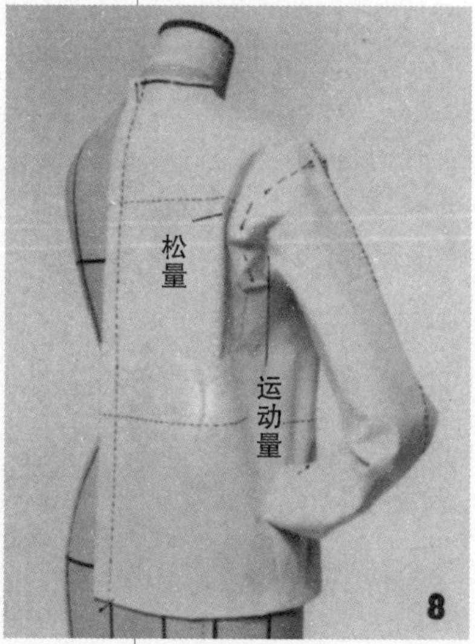

8

9 裁片展开图

侧缝下摆变窄，由于落肩较低，所以后袖山线曲线缓和，前袖山线稍向里凹，袖子方向向前偏斜，袖山几乎没有吃量。

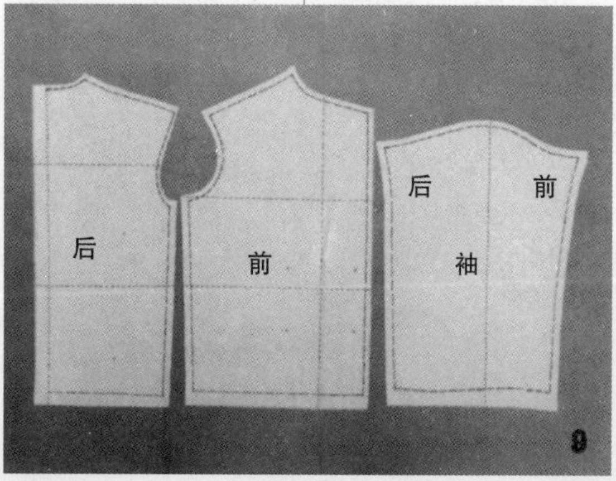

9

图 3－4－3(2)

10. 11 完成效果
选用中厚毛料制作。

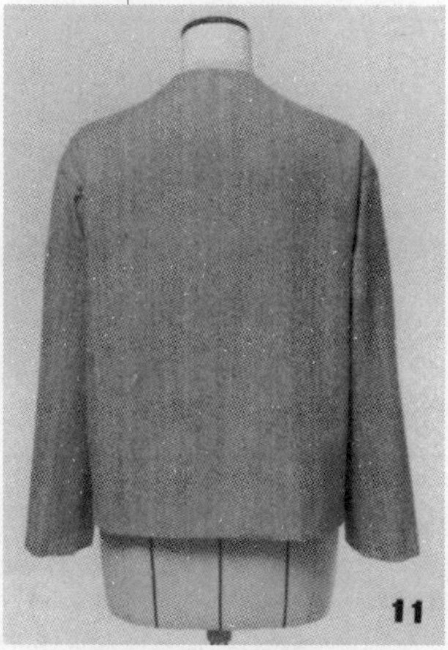

应用范例

图 3 - 4 - 3(3)

宽松型女上衣

西服上衣与大衣类服装,喇叭形的很多。在轮廓造型的分类,把A字造型或者帐蓬式造型都叫作宽松式造型。对于在平面裁剪中很难完成的轮廓造型,如果采用立体裁剪,则很易制作出其造型效果。

按下摆展开量准备布料,预先确定前门搭合量。本款上衣,前中心包含0.5~1cm的松量。裁剪布料时,按图所示下裁比较省料。

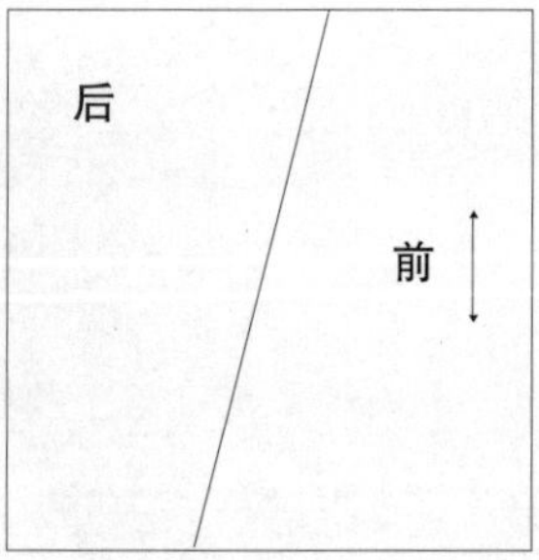

1 将前片固定在人台上,粗略裁剪领窝,从领窝向肩部按箭头方向推抚布料,就会从BP点部位出现相当于胸省展开的造型。

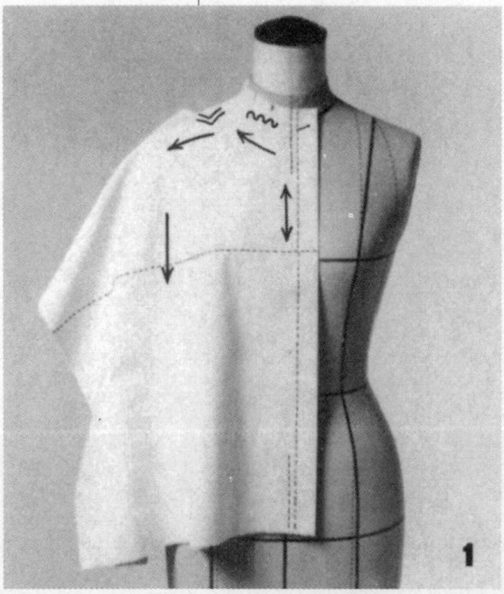

2 由BP点形式的展开效果并不太美观,需要进一步调整造型。按箭头方向推抚布料,将一部分展开量分散到侧缝,另外,领窝、肩部、袖窿要留取适当的松量。

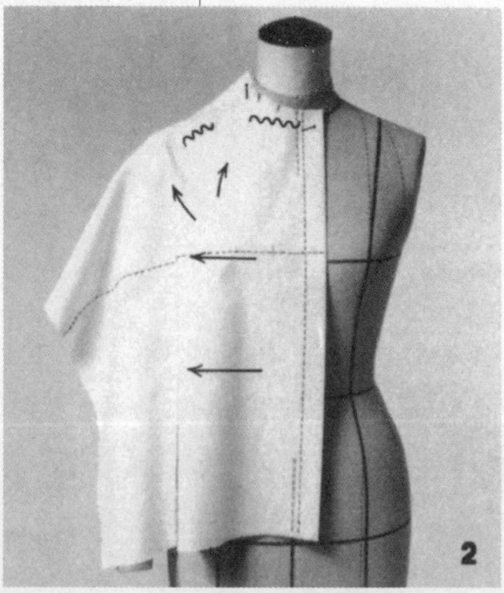

图3-4-4(1)

3 调整展开量，同时剪掉袖窿多余部分。

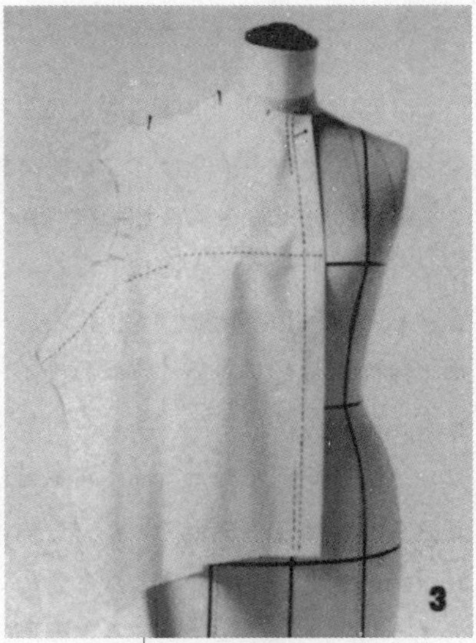

4 调整好前片腋下余量之后，向后翻绕布料，确定侧缝位置。

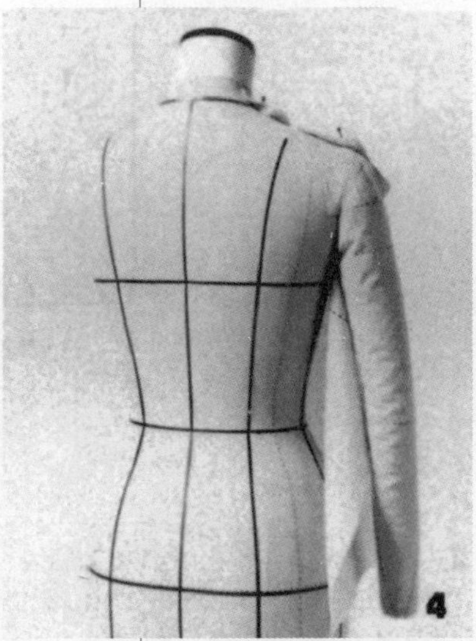

5.6 将后片铺在人台上，用于背部隆起，下摆自然形成展开效果，对于肩胛骨突出者下摆展开量更大。所以，下摆宽松的设计造型适合于这种体型。如图中 **5**，**6** 所示，针对肩胛骨比较突出的体型者，进行体型补正，观察下摆展开效果。

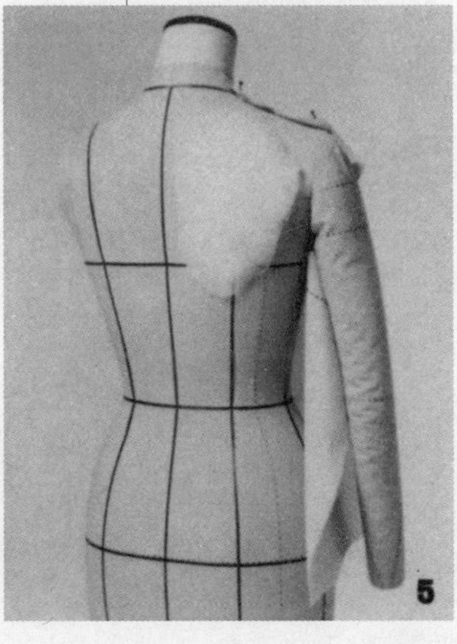

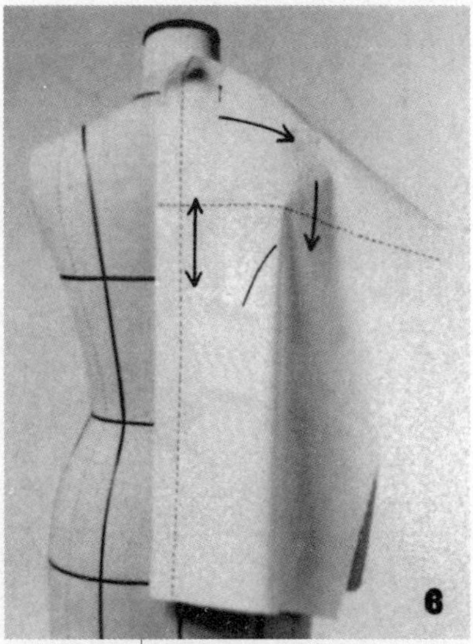

7 对于肩胛较小的体型者，制作过程中要有意识加大展开量。

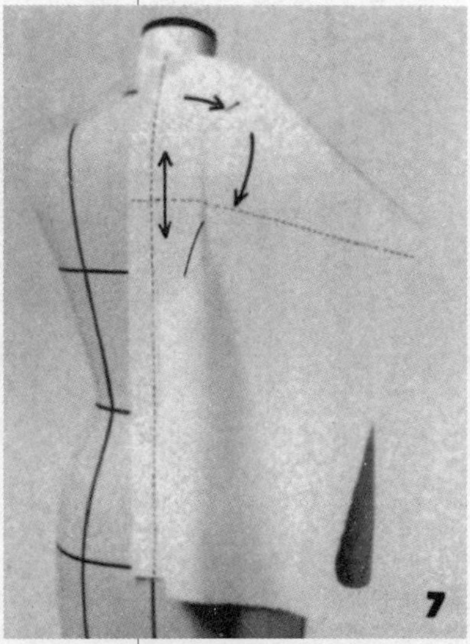

8 不加垫肩，使用标准体型的人体模型，即使肩胛不太突出。按照图中 7 的操作方法，也能制作出一定的展开效果。

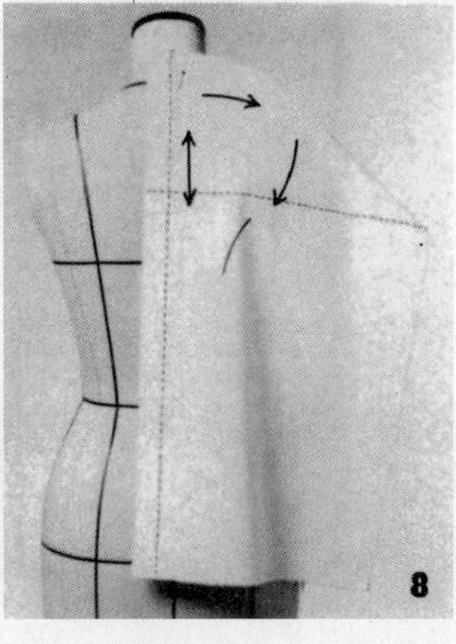

图 3－4－4(2)

9 利用背部的突起，向上推抚布料，同时调整下摆展开量。如果想要两个波浪造型，看好间距、上提两个波浪的基点。利用反作用效果达到预期造型。

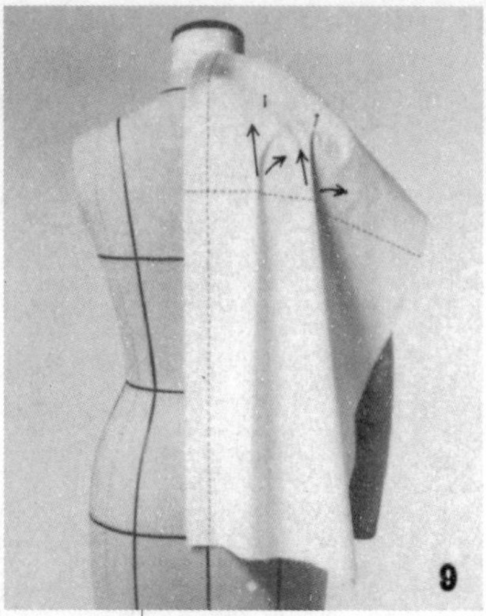

10 侧缝位置稍稍向后偏斜，调整缝合好衣身后，绱领、绱袖。

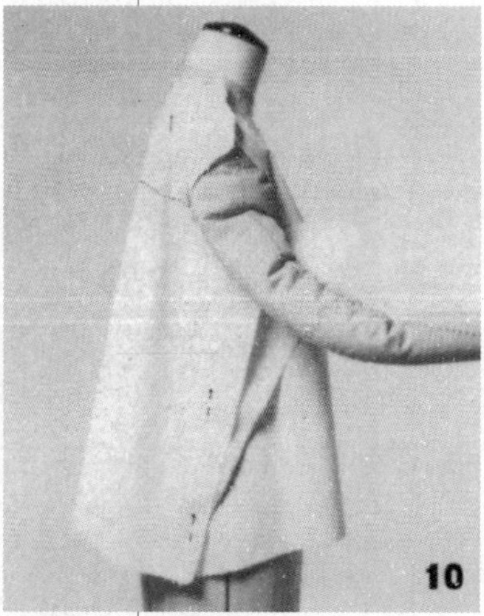

11 参照205页操作方法绱袖，为了操作容易，将原型肩端点重叠2～3cm，铺在布料上，如图所示，粗略裁剪平领。

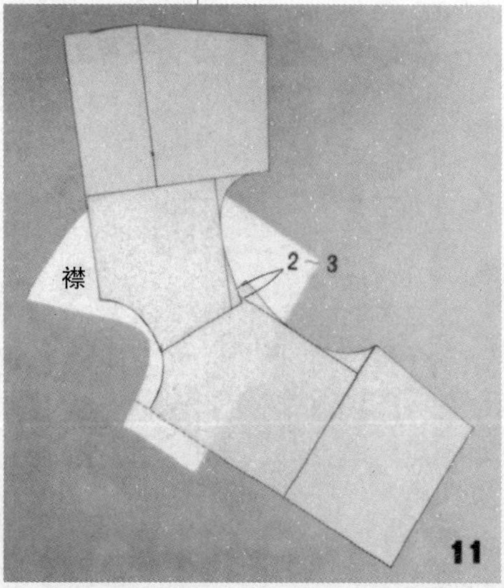

12 将领与后中心（身片的后中心）对齐后，轻轻地用大头针固定。

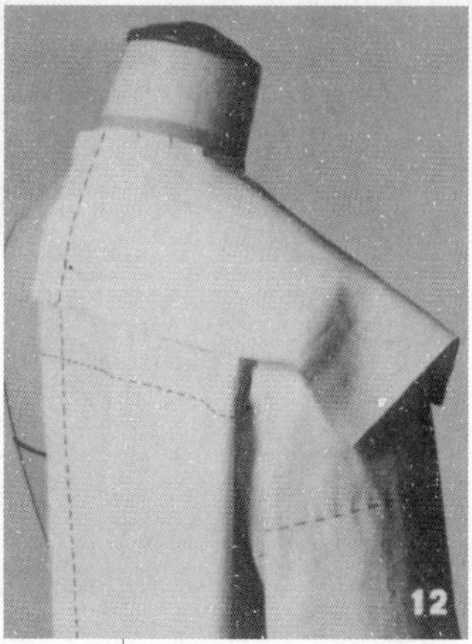

13 确定领座的位置折叠缝份，折叠困难时，在领窝内侧打剪口。

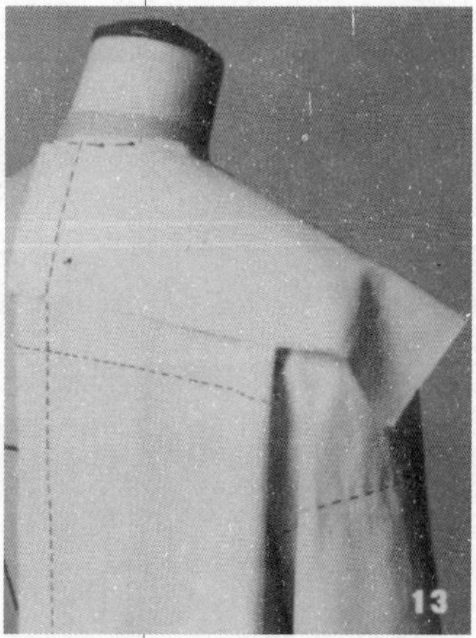

14 观察领子是否服帖、合适，同时用大头针固定。

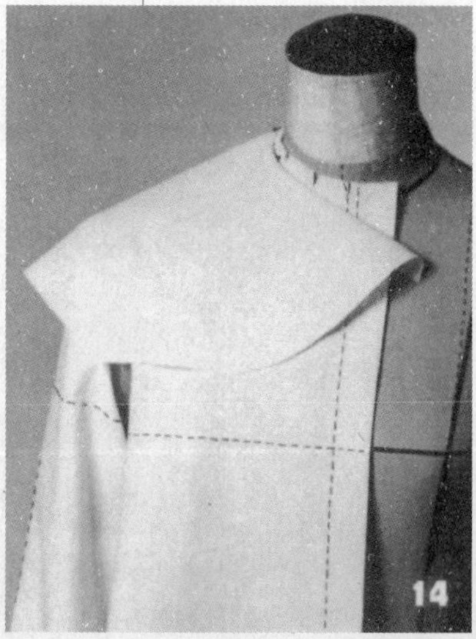

图3－4－4(3)

15. 16 结合整体效果确定领宽及轮廓造型，图所示有两种领型。

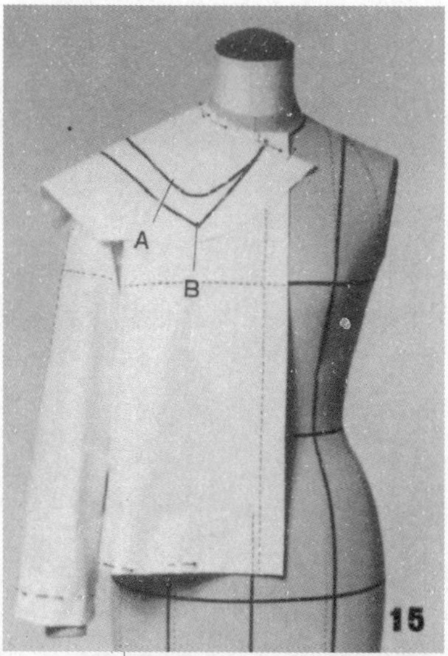

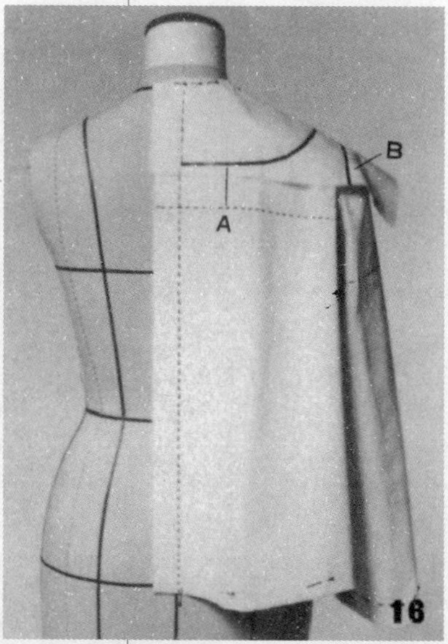

17 裁片展开图

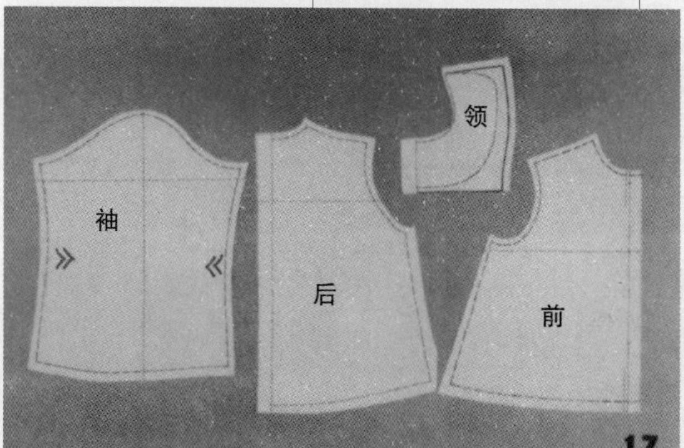

18. 19 完成效果

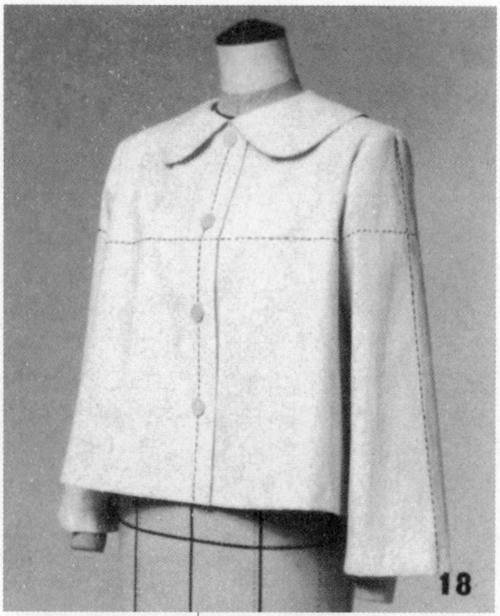

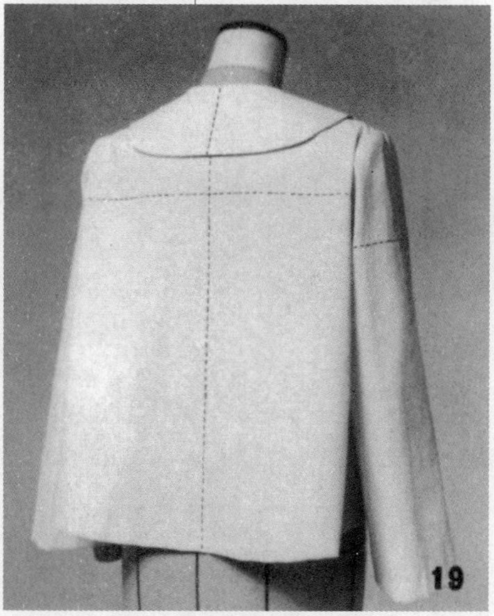

图 3-4-4(4)

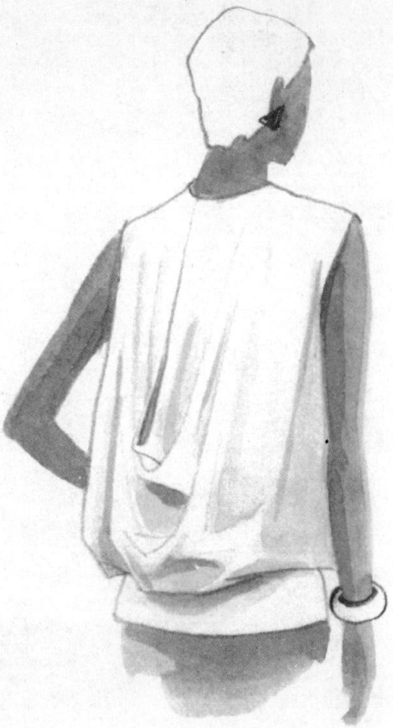

后身堆褶上衣

垂坠褶纹应该利用布料自然的垂坠特性，才能设计出优美、雅致的褶纹。本例介绍利用经纱布料在背后制作出一个既赋变化，又具美感的垂坠褶纹。首先将靠近颈侧点的布料稍微折叠一部分。

2 调整垂坠褶纹，并用大头针固定。

1 沿布料经纱方向捏取皱褶。将其中一端从后中心开始向右肩部方向固定，另一端固定在左边肩部的部位，按箭头方向整理出适当的垂坠褶纹，后背中心纱向为经纱。

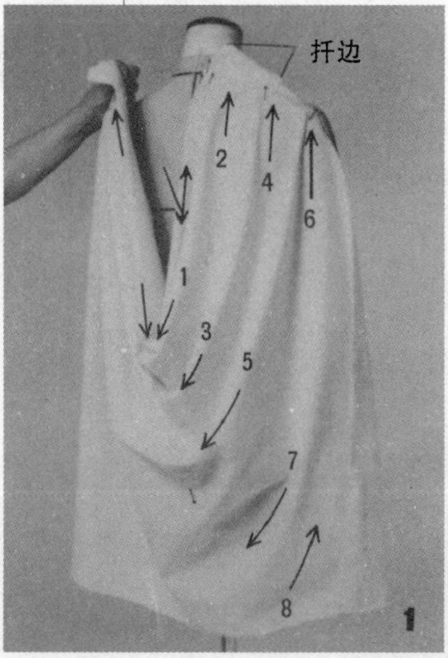

3 将下摆贴合于腰部，整理侧缝。

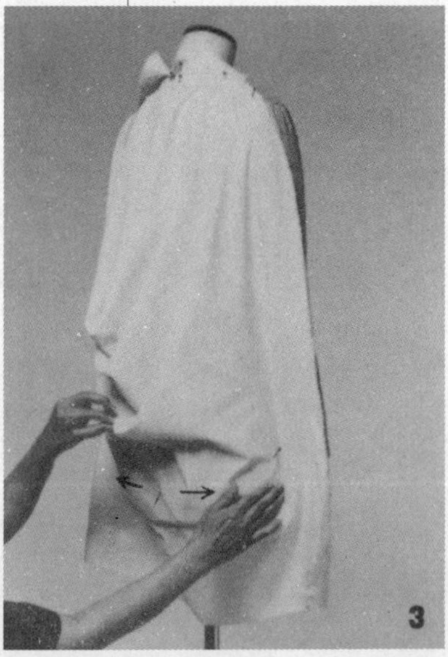

图 3－4－5(1)

4 观察袖窿位置，剪掉多余布料。

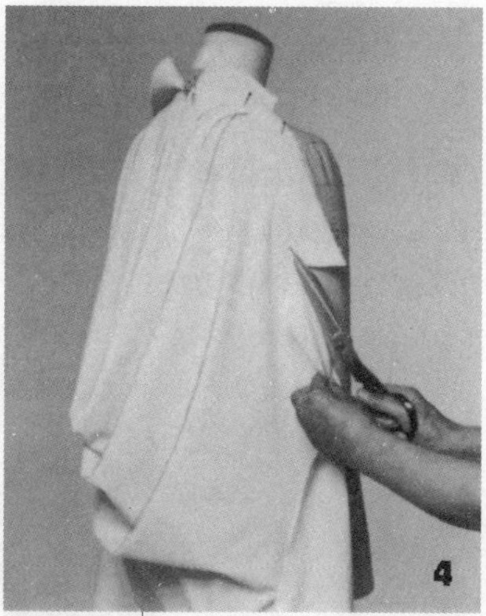

5 将侧缝多余布料剪掉。

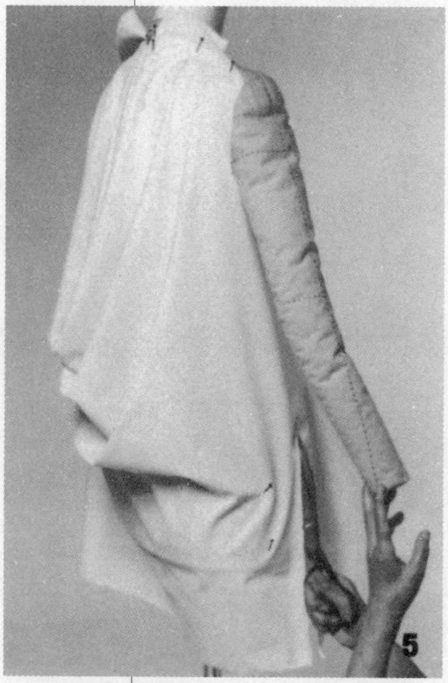

6 前片采取简单直筒造型。

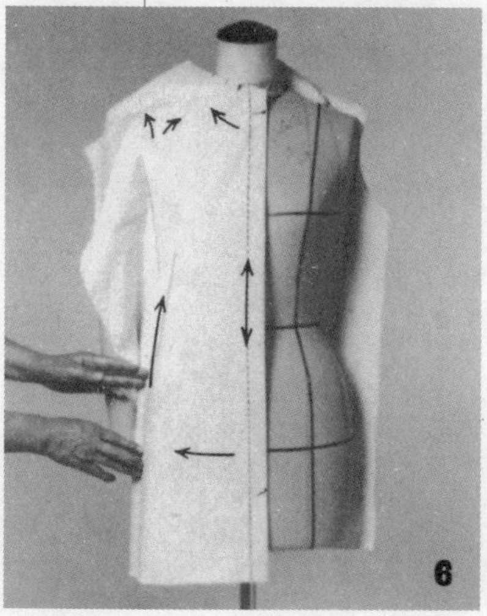

7 胸部省量转移到肩省处理。

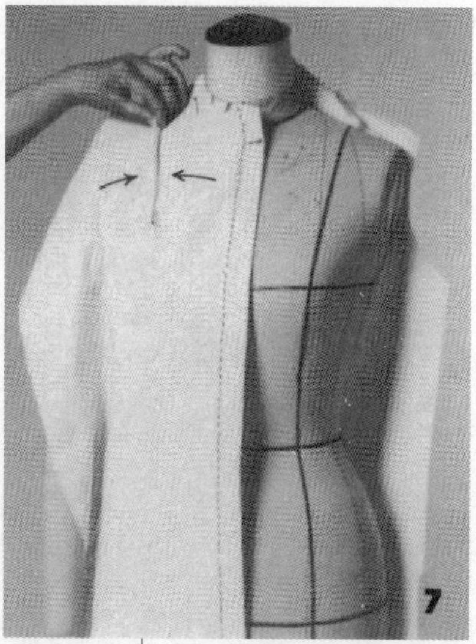

8 调整整体造型

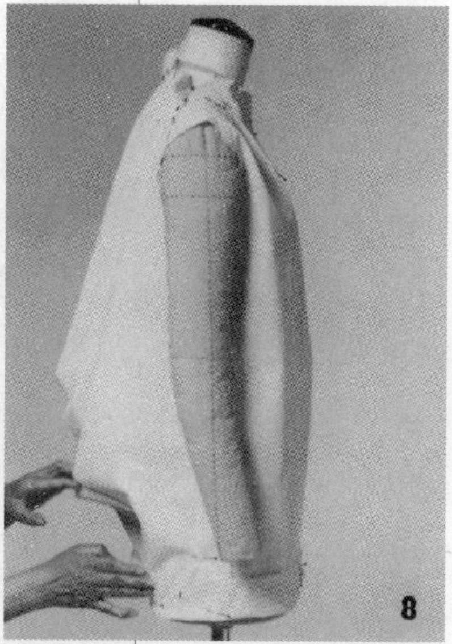

9 裁片展开图

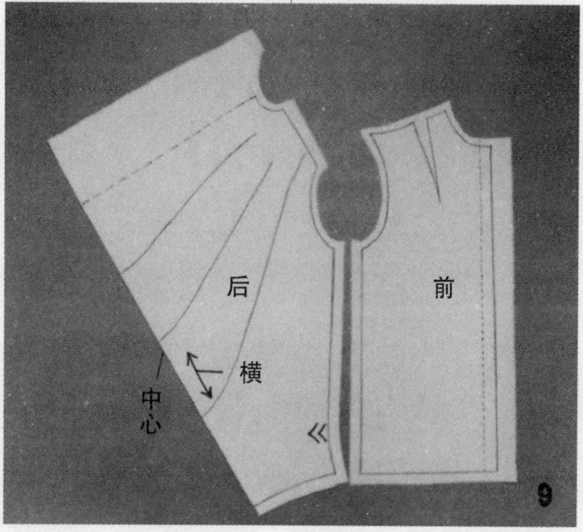

图 3－4－5(2)

10～13 完成效果

依穿着方式不同可产生多样变化。图中12、13是搭配宽腰带的例子。

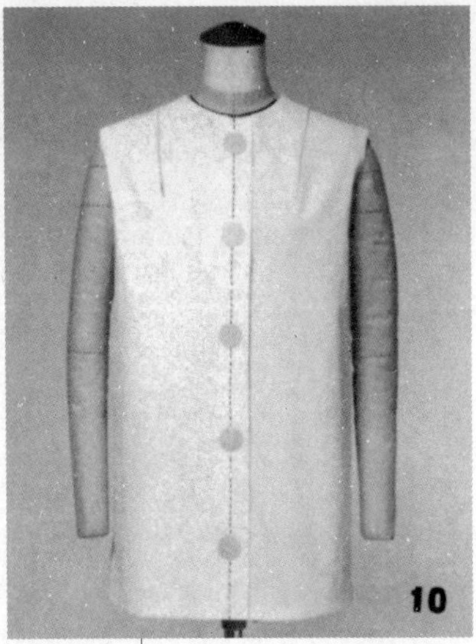

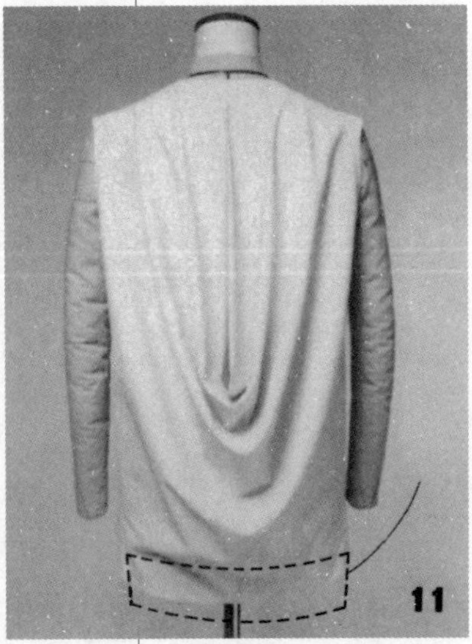

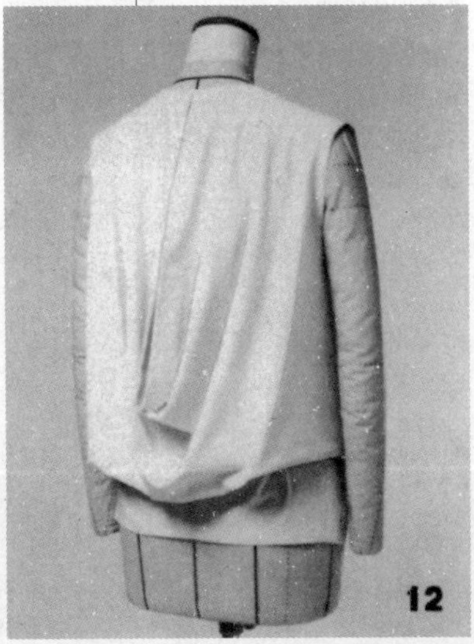

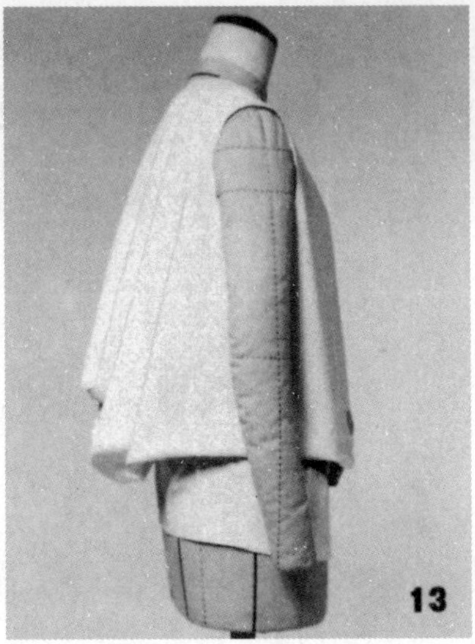

图 3－4－5(3)

泡 袖 上 衣

采用软缎面料，制作本款上衣比较理想。前片布的宽度要求能够绕到后片腋下部位，后片可稍窄一些。

1 对齐前中心线，将前片固定在人台上，确认驳口线位置及造型。

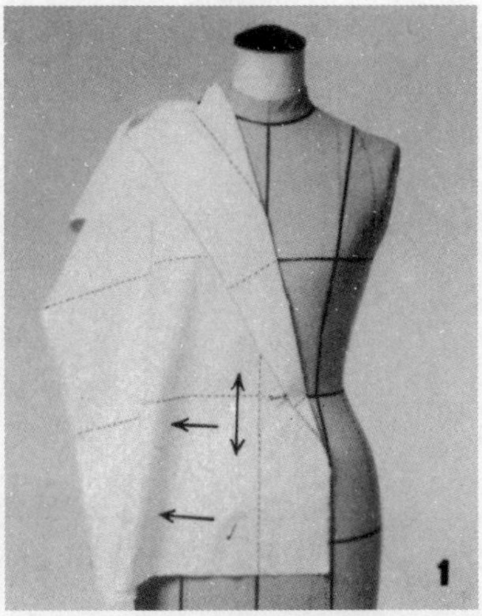

2 将胸的多余量全部用腰省处理。若腰省较小时，可在胸部多捏一些余量，增加腰省的份量。

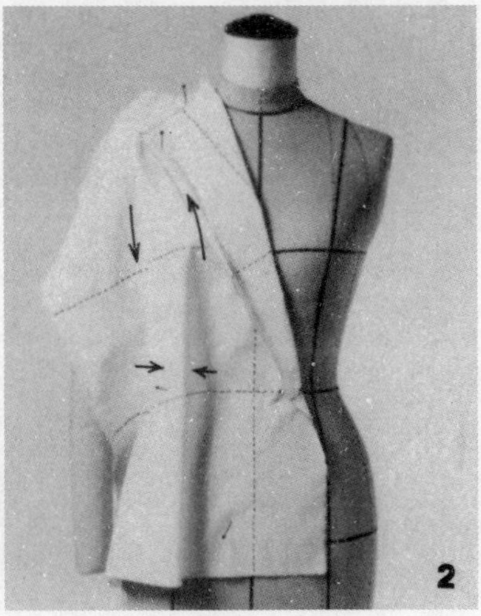

3 将腰省的省尖延伸到下摆，并用大头针固定，臂根留取充足松量，调整袖窿造型。

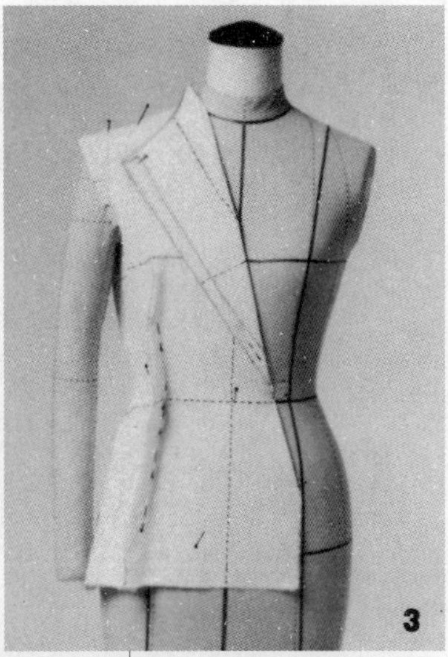

4 将后片固定在人台上，腰部要合体，后领中心到腰围处要保持垂直，余下部分向侧缝推移，后身造型合体美观，后背宽位置要留取充足的松量，在领口处捏省，使背部呈现立体感，扒合前后肩缝。

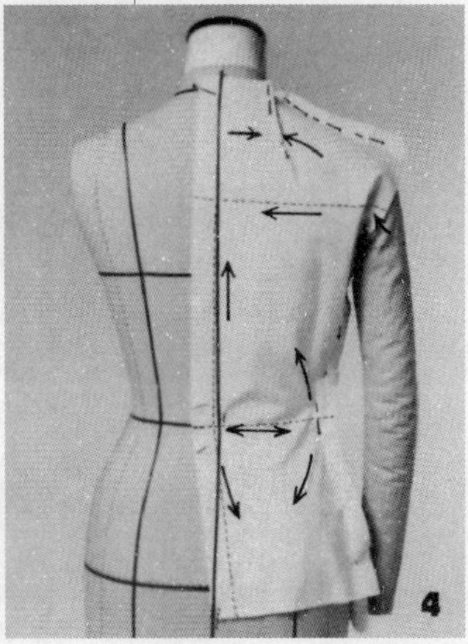

图 3－4－6(1)

5 从后中心开始绱领，将较宽的立领裁片向前绕转。

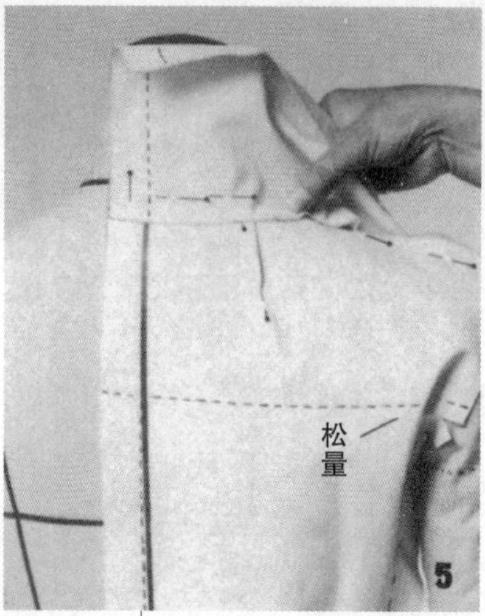

6 把领子贴合于颈部，观察造型效果。

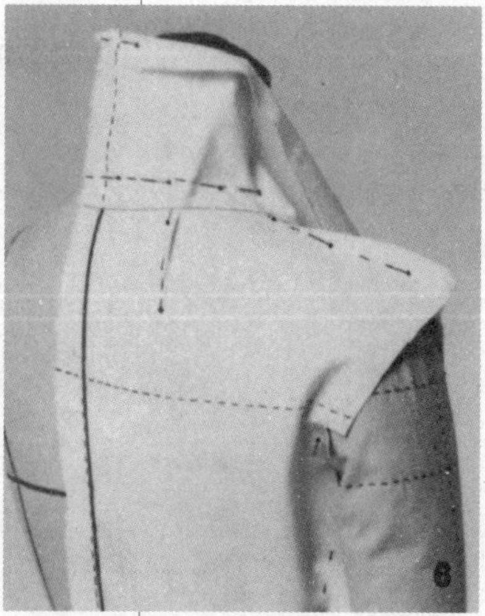

7 将从后背绕转过来的领片与前片驳头接合。

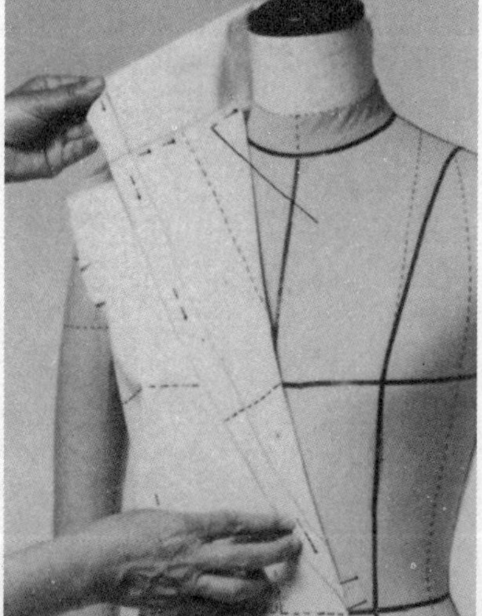

8 确定下摆线、袖窿及纽扣的位置。

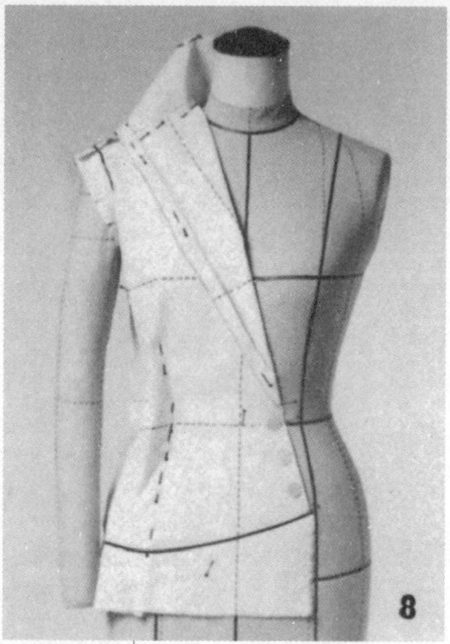

9 袖片、袖山部位要留取充足的蓬松量。如图所示，大体调整好袖山的宽度及袖口的尺寸后，缝合袖底缝。

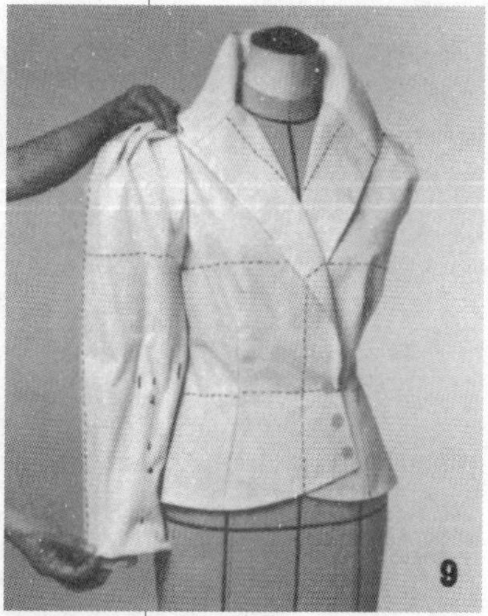

10 结合手臂形状，将袖子向上提起，并接合在衣身上。

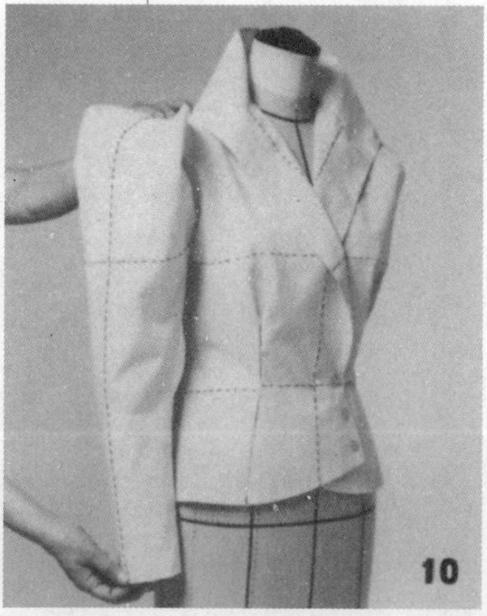

图 3－4－6(2)

11 从袖子下方向上扒合袖子。

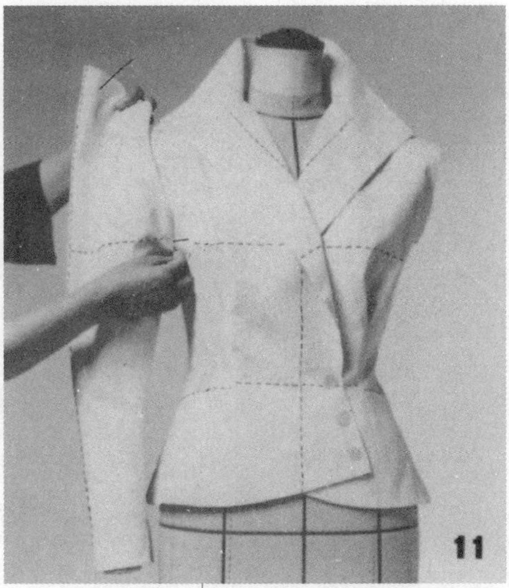

12. 13 在袖山处折叠出造型美观的活褶，并用大头针固定，袖子应稍向前偏斜。

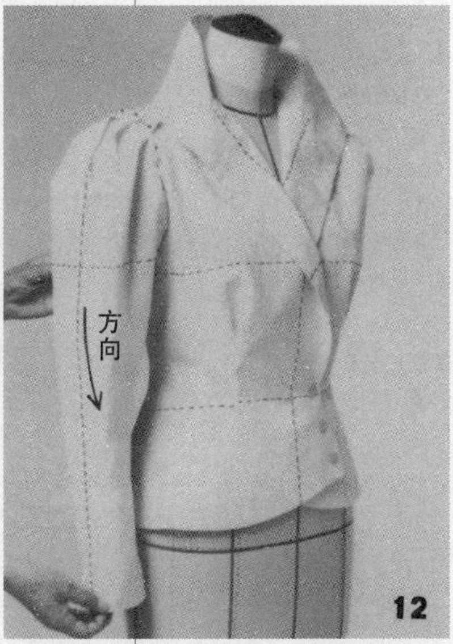

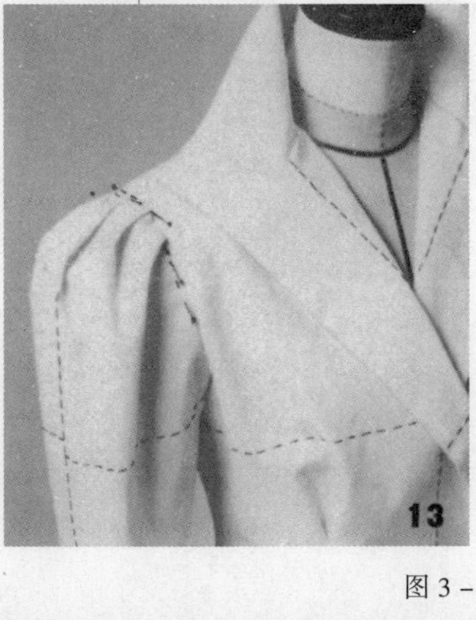

14 裁片展开图

采用立体裁剪操作方法，造型处理比较容易，而平面裁剪就困难了。

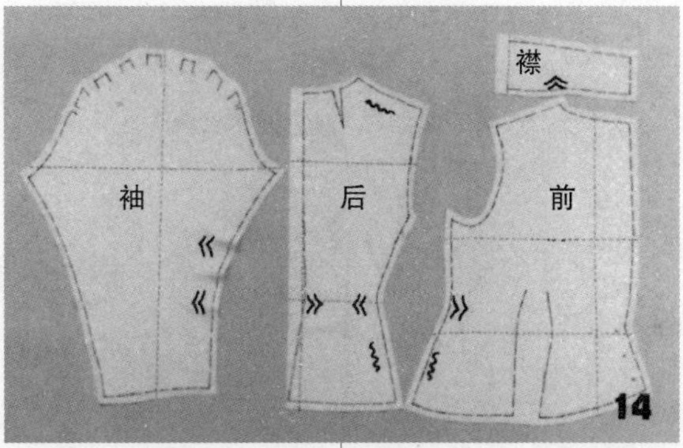

15. 16 完成效果

可选用自己所喜爱的面料。设计制作具有古典雅致的服装。

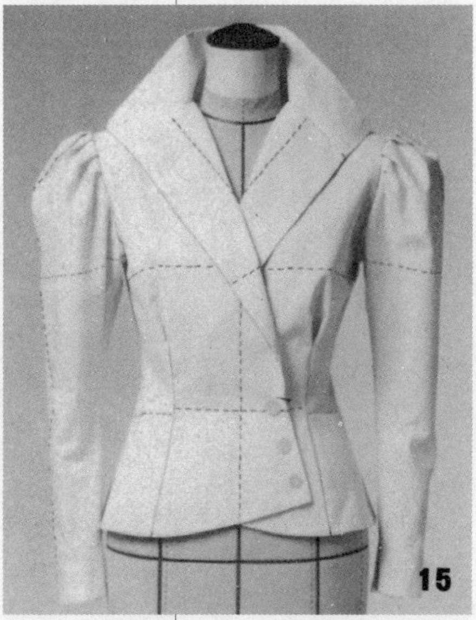

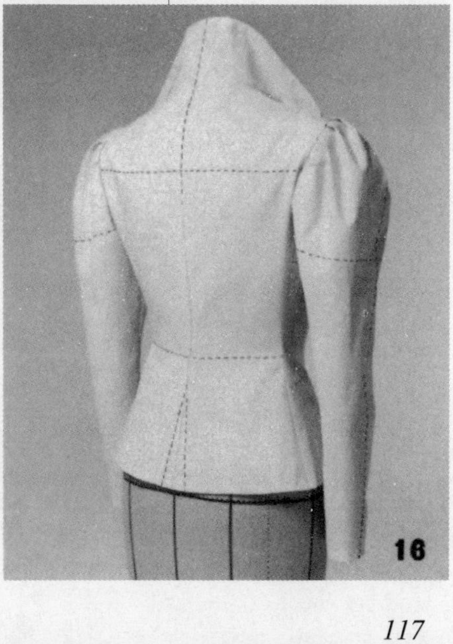

图 3－4－6(3)

和服袖上衣

和服袖用平面裁剪比较容易，只要确定好手臂的方向就能做出穿着方便的袖子。

本款采用袖子连到腰部附近的宽松式和服袖设计。

所使用的布料，长度，为较长的上衣长度，宽度，则使用布匹的幅宽。

2 保持下摆水平，同时将布料围绕到后中心，确认所需松量及分割线位置。

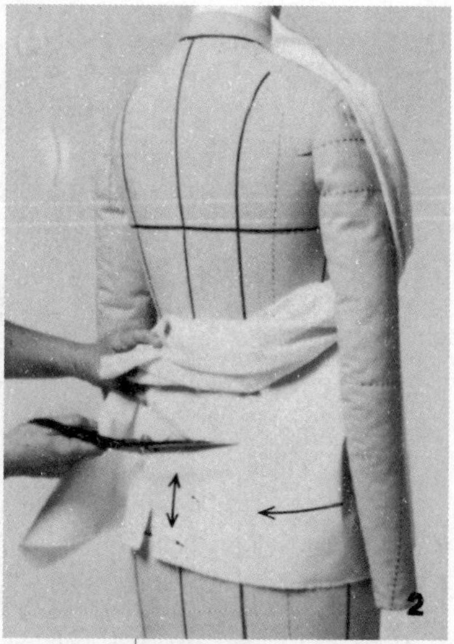

1 将前片固定在人台上，裁剪领窝。按箭头所指方向，将布料推抚平顺。

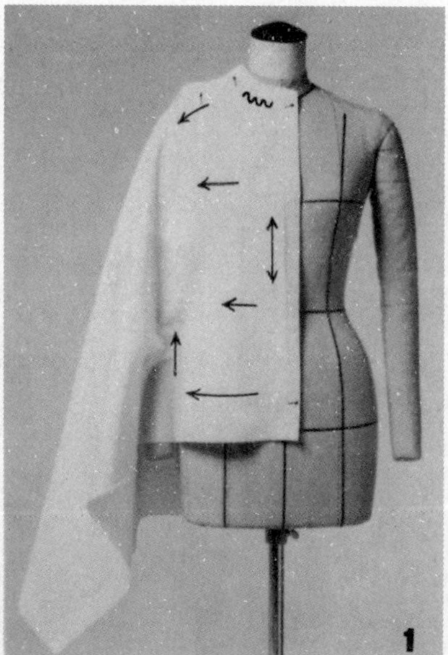

3 用剪刀剪出分割线的位置，要留取适当缝份。

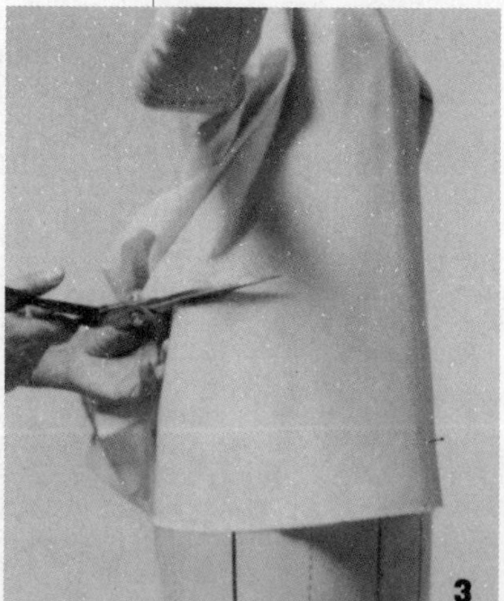

图 3-4-7(1)

4.5 前片从肩部到分割线位置剪出公主线。

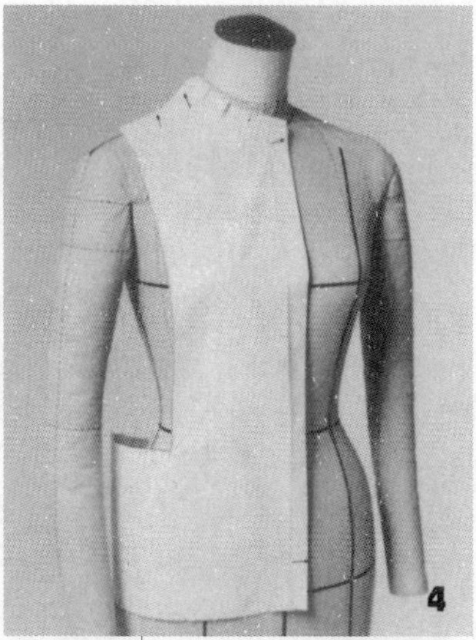

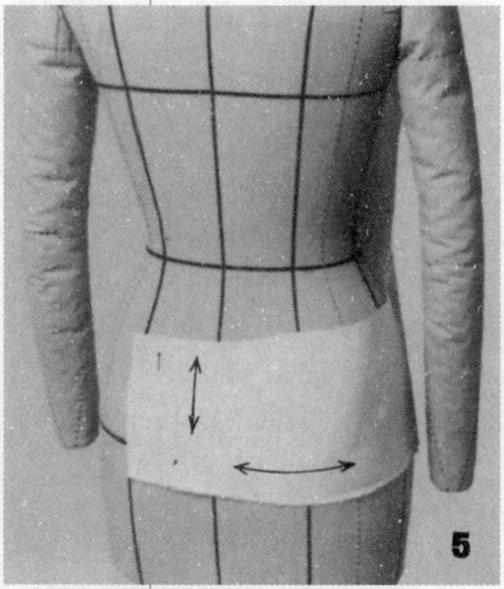

6 利用剪下的剩余布料制作袖子。先把前片分割部位的缝份折起，将剩余布料插入，用大头针轻轻固定。

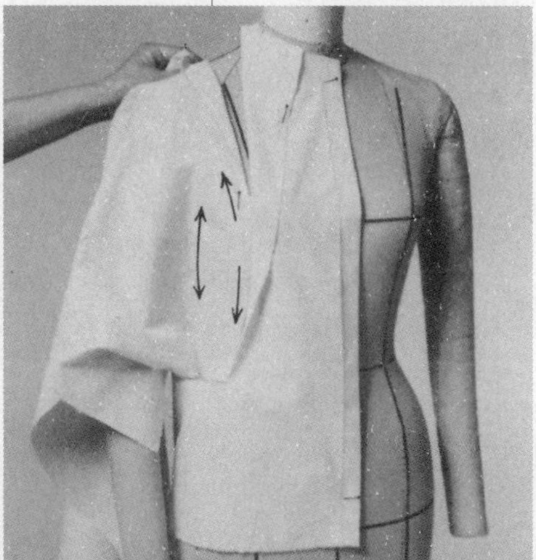

7 将手臂抬高到肩部延长线以上，理顺手臂上的布料。

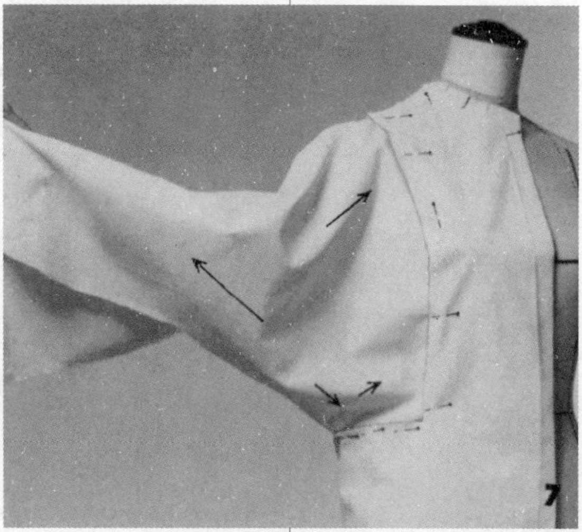

8 将图中6肩部的大头针取下，向外伸拉布料，调整肩部到手臂的造型。

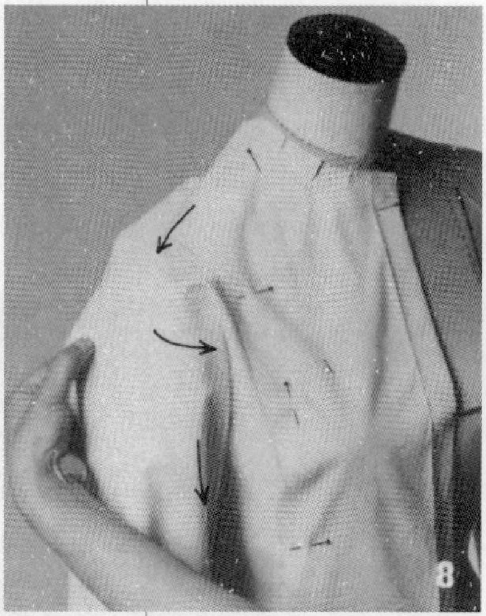

9 调整前袖松量，同时确定袖山线的位置，剪掉多余布料。

图3－4－7(2)

10 将后片固定在人台上，后背要留取充足的松量，下摆稍稍展开。

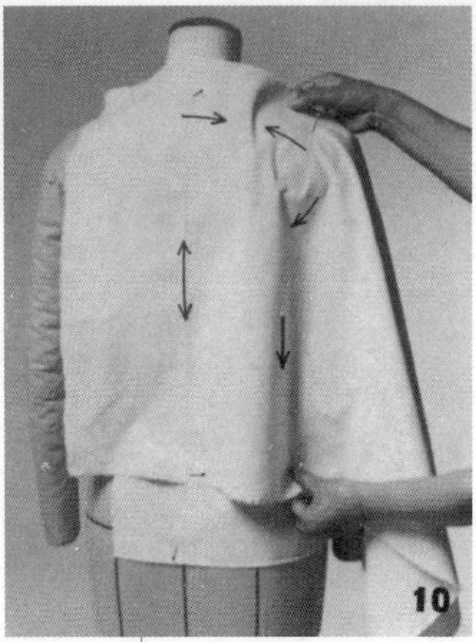

11 将图中10中下摆展开量，在下摆处理成宽松的造型。

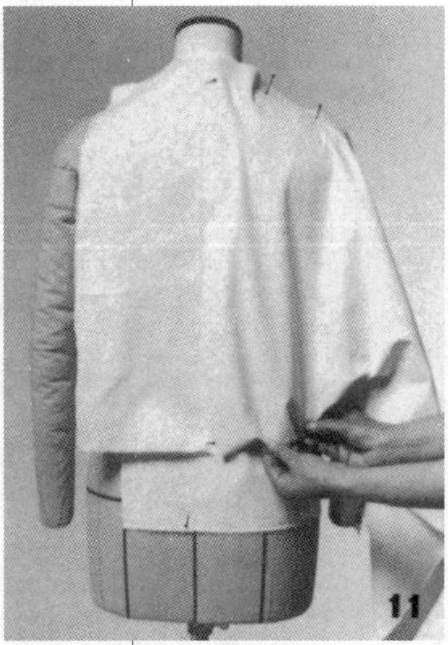

12 整理袖山及袖底缝。

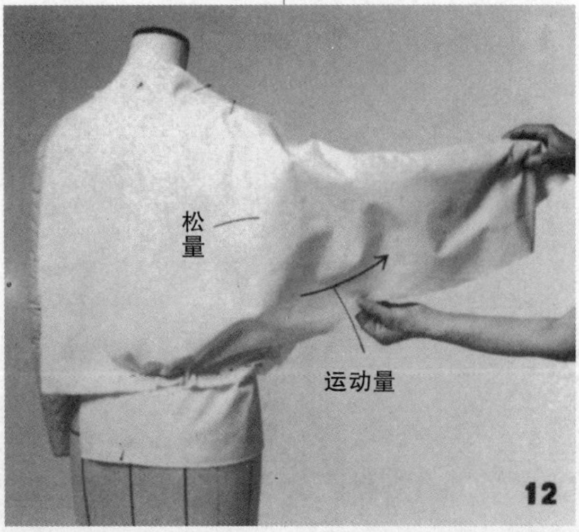

13.14 确认分割位置，并贴上黑色胶带。

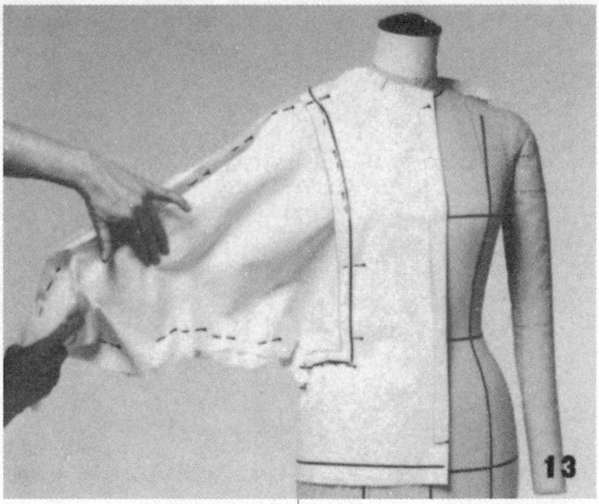

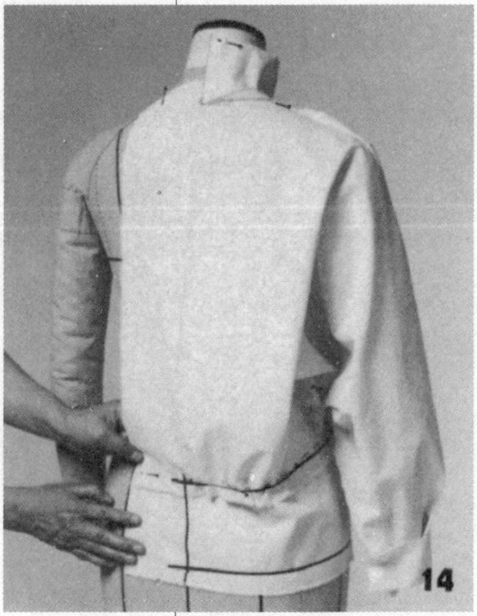

14.15 领子采用衬衫领造型。

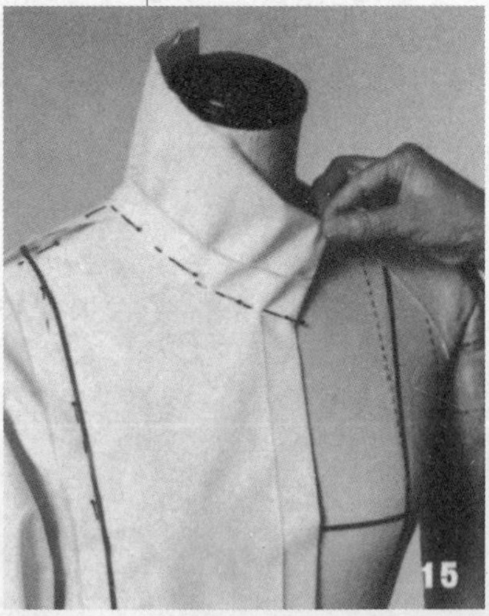

图3-4-7(3)

16 袖口处装上袖克夫。

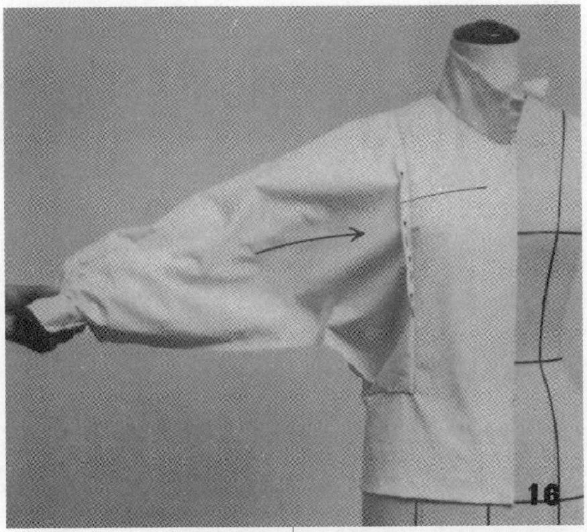

17 从侧面观察袖子前侧较窄，后侧较宽。保证了手臂活动的松量，也附合手臂向前倾斜的自然状态。

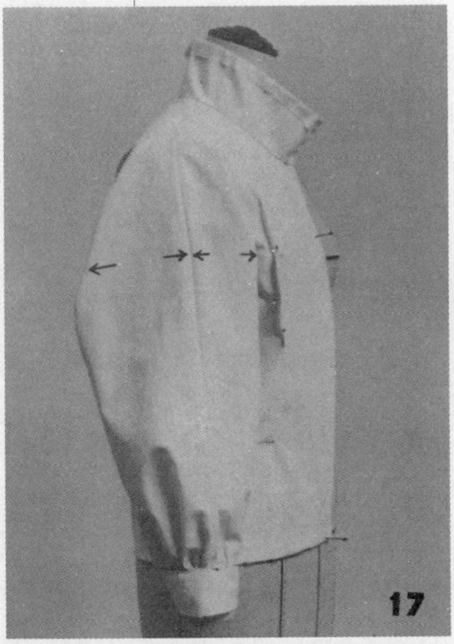

18 将标板放在原型上的制图。

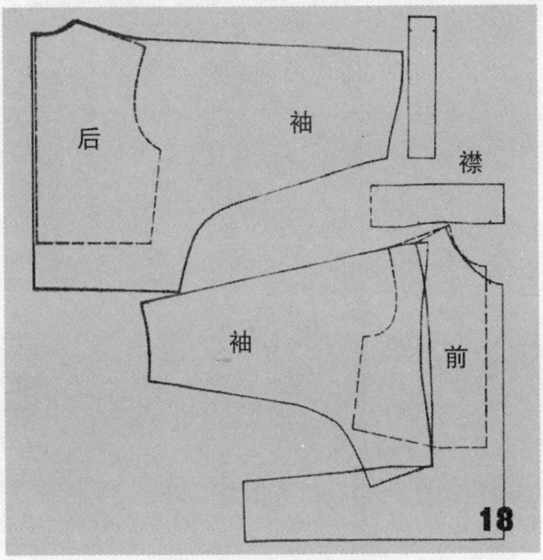

19.20 完成效果使用毛料制作。

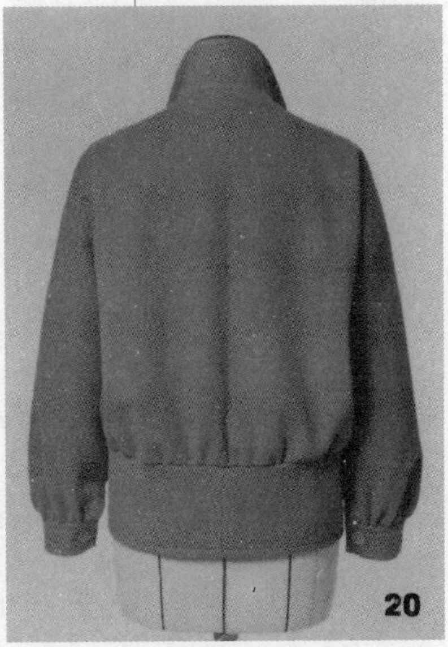

图 3-4-7(4)

连 衣 裙……

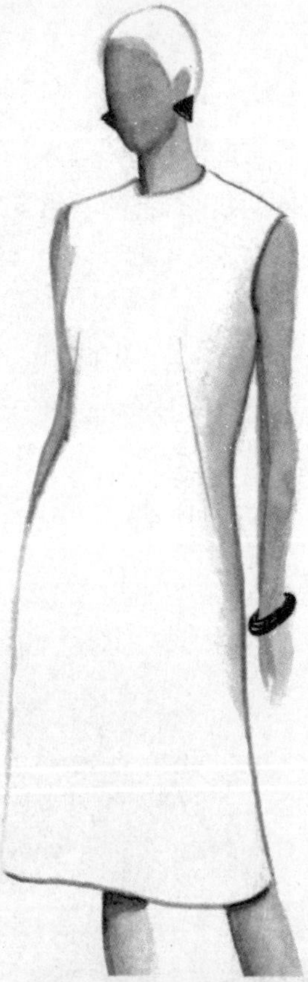

H造型连衣裙

H造型连衣裙的制作是基本裁剪方法之一。所使用的布料、长度，为裙子的长度；前片宽度约50cm；后片宽约为30cm；应准备布幅90cm，布料长度为裙长加上缝份。

1 前中心预留4～5cm余量，对准纱向将前片固定在人体模型上，利用BP点（乳尖点）及臀部的突起的影响支撑布料，形成自然下垂的造型。裙宽应沿突起的中腰线条至下摆，自然向外扩展，并能自由活动。

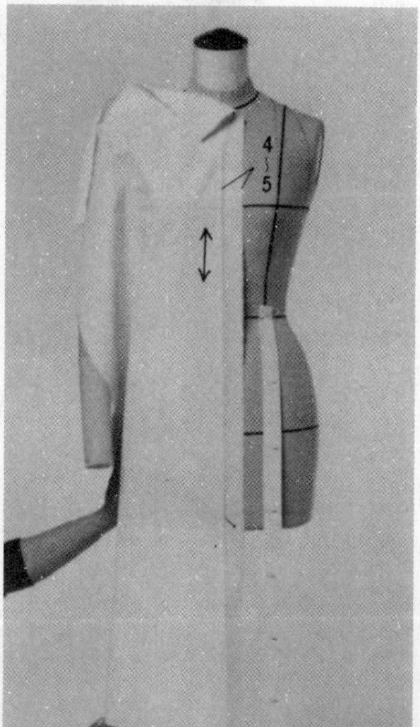

2 从BP点到腰围处形成自然的褶皱。

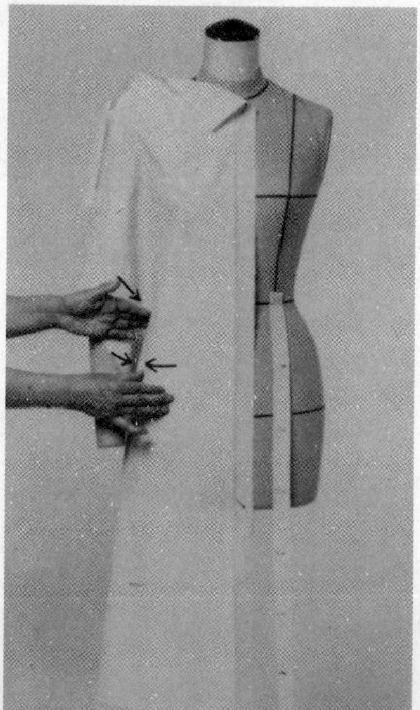

图3-5-1(1)

3 将褶皱捏取1.5cm腰省，并用大头针固定。

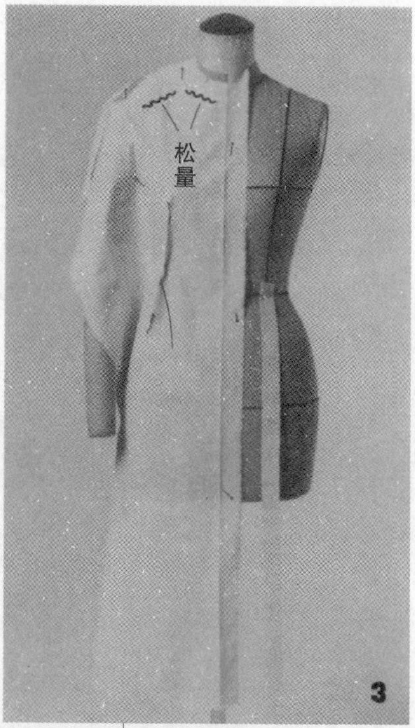

4 腰部虽然合体贴身，但是胸部上方会产生褶皱。为了消除褶皱，可在肩部及领窝处加入适当松量，这是将BP点斜方向的褶皱转换成纵方向的松量。

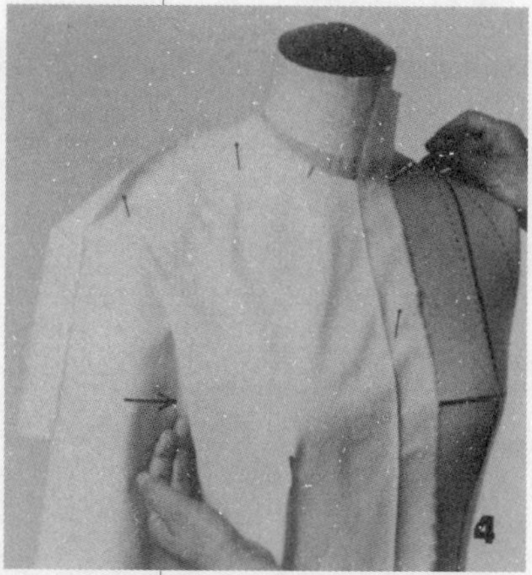

5 剪掉肩部及袖窿多余的布料。

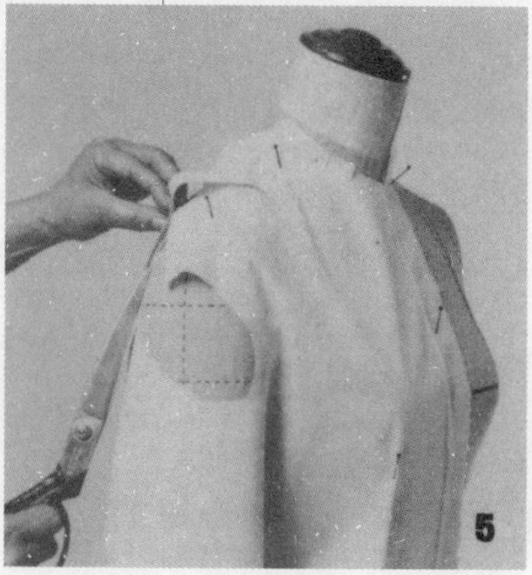

6 将手臂从已剪成空状袖窿中穿出来，胸部要有一定松量，同时调整侧缝。

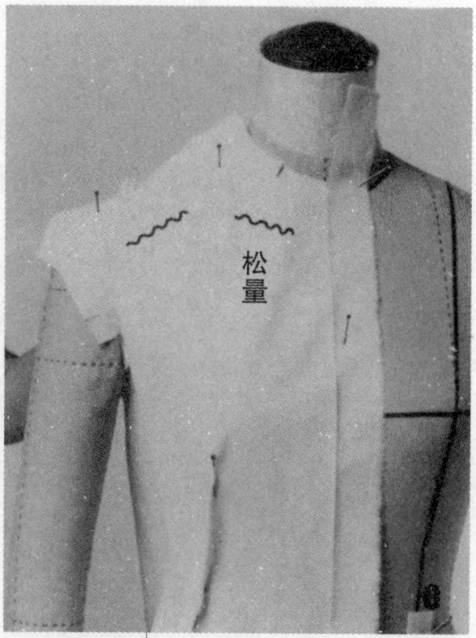

7 后背也用同样方法固定在人台上，背部腰部留取适当松量，腰围部分尽量向侧缝伸拉。

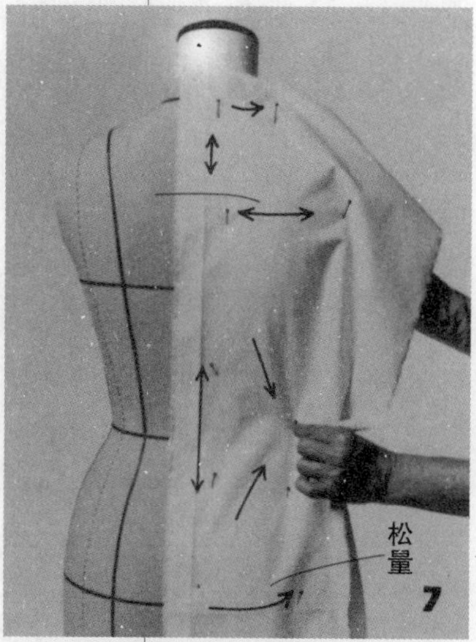

8 腰部合体后，对合前后侧缝。用大头针固定。

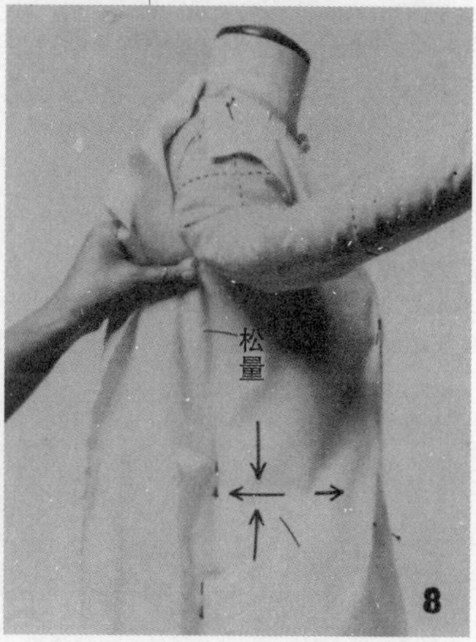

图3-5-1(2)

9 后片臂根部位必须留取足够的松量，此松量起到穿着方便、造型美观的作用。剪掉侧缝多余的布料。

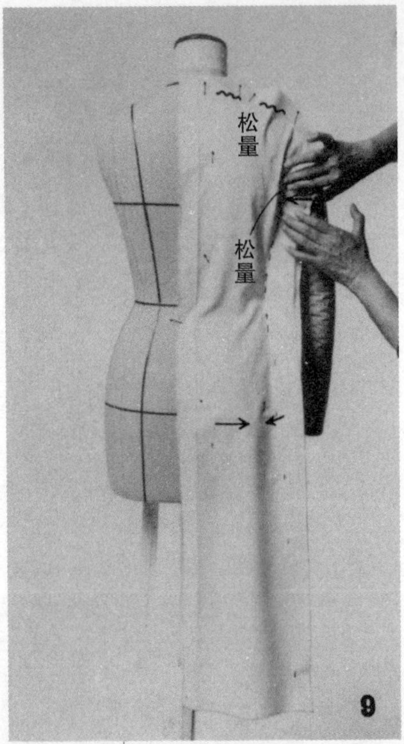

10 扒合肩缝，理顺侧缝，使腋下曲线自然美观，并用大头针固定。前身袖窿处要留有足够的松量，腰部也要有适当松量。

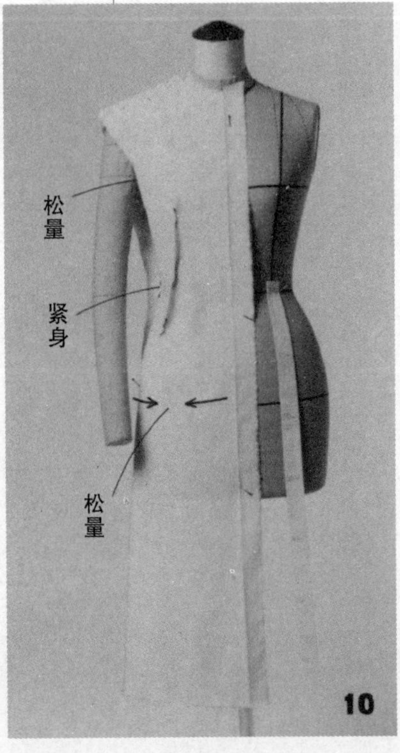

11 腰部以下直线侧缝部位叠合缝份，并使裙摆呈现波浪造型。重新调整固定位置。

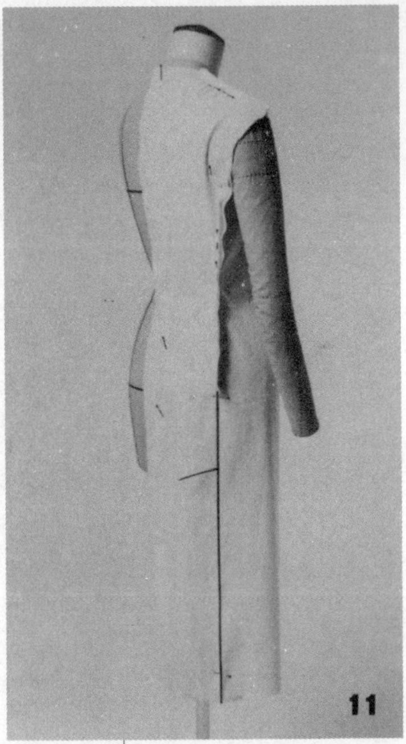

12 调整人体造型（调整出均衡的轮廓造型）

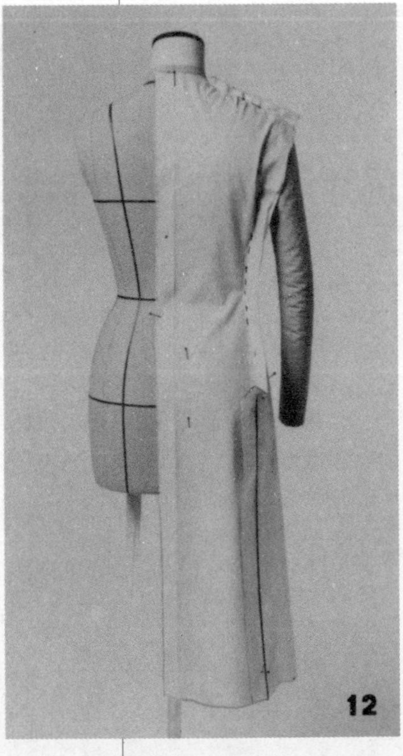

以上介绍的立体裁剪方法，是利用布料的自然伸缩性调整出适当的服装造型。前片腰围处只捏取 1.5cm 的腰省，便能表现出腰围、臀围的自然曲线，而且整体造型协调美观。

图 3－5－1(3)

13 裁片展开图　从裁片中可以看到，通过后片侧缝向后偏移，和捏取少量的腰省，便能形成非常美观的服装造型。本例介绍如何以最小限度的省份和缝合线，使布料舒适地贴合在复杂的人体上。由于图中的侧缝及腰省都有点倾斜，这是为了使服装更加容易贴合于人体。

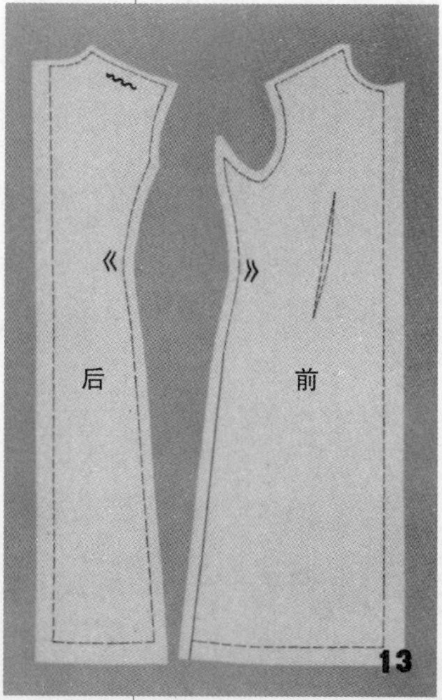

14. 15 完成效果　这种立体轮廓既是连衣裙的基本造型；也是西服上衣的基本造型。如果将衣身改为西服衣长，装上西服领，也能制作成合体的西服上衣。作为基本型，在此基础上尝试一下其它款式服装的制作。

另外，如果使用白平布制作，缝合部位容易出现褶皱，可用熨斗整烫使其平顺。

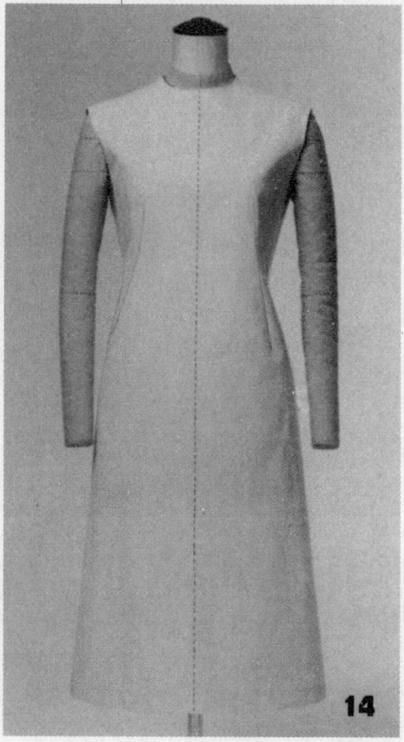

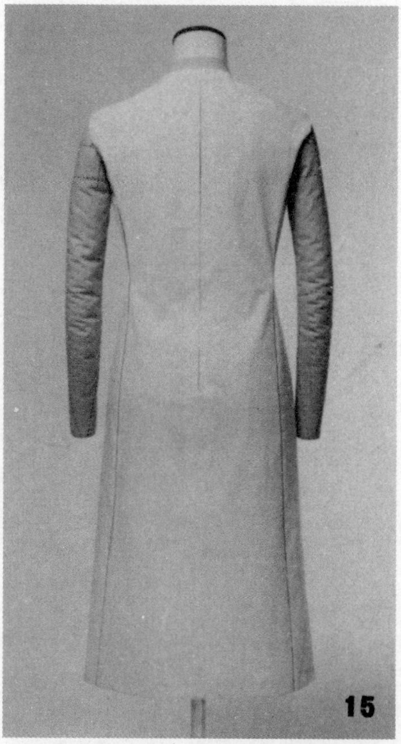

图 3－5－1(4)

横向分割连衣裙

横向分割设计的连衣裙，是连衣裙基本裁剪方法之一。在此基础上，可以采取纵向、纵横搭配组合或斜向分割等多种多样的设计。

应用型

1 在人台上，用黑色细胶带标出横向分割的位置，然后，将布料固定在胸围线到腰围线之间。在这里，把人台上最上一条切割线看作是胸线，胸部的分割线，由于分割位置的变化，其裁剪方法也改变，分割线位置若在胸围线以上或附近，胸部的松份可在分割线上处理；如果远离胸围线，要采取其它方法处理胸部的松量。

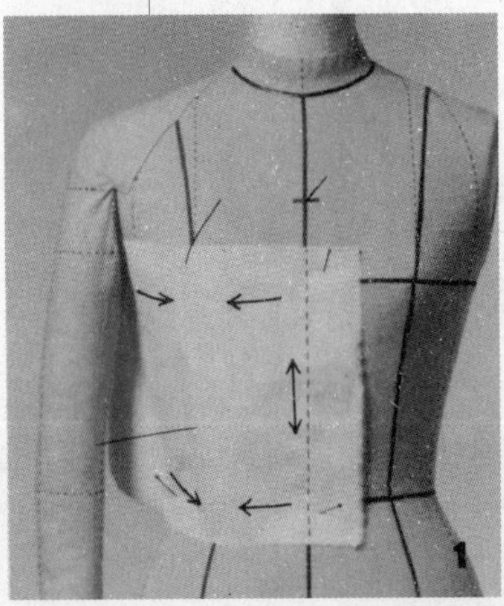

2 将图中 1 布料从腰围开始使其贴合于人体模型上。然后将第二块肩部布料对齐前中心，固定在人体模型上。

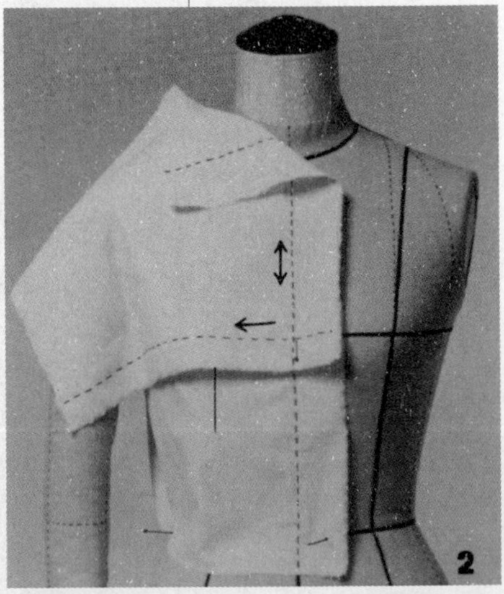

图 3－5－2(1)

3 按箭头方向推抚布料，使其贴合于人台，在下方布料接合时，也要留取适当的余量，再用大头针固定。由于胸部省量，是在拼接缝合线上处理，所以上部裁片的下方布纹会出现弯曲现象。

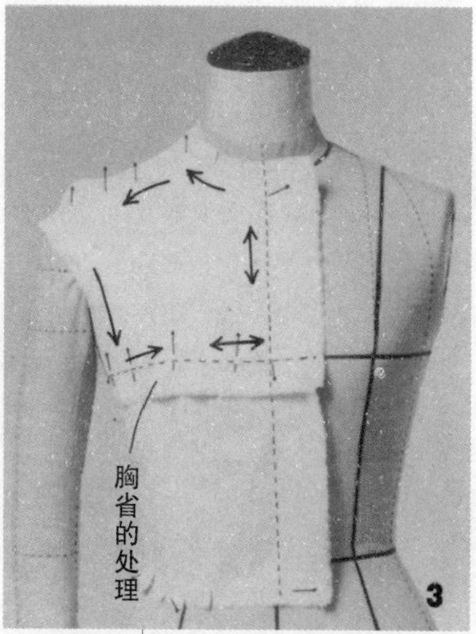

4 将后腰部布料固定在人台上，在布料与人台之间，应留出一定间隙放松量。

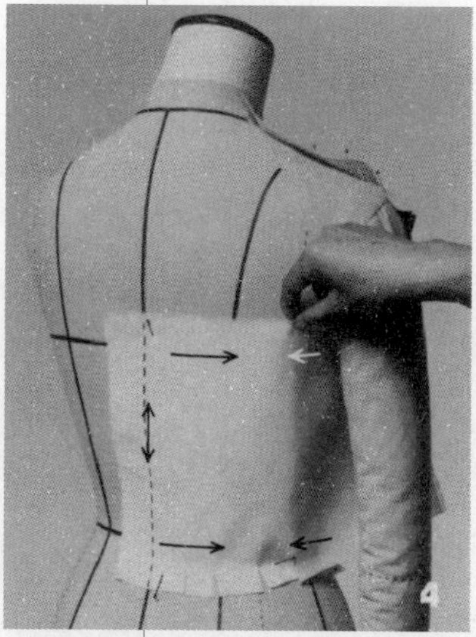

5 将后上片的布料对齐后中心，固定在人台上，肩胛骨突出的部位，领围、肩部、臂根等部位，都应留取适当的余量，上片与下片结合时，不要将布料紧贴在人体模型上，而是保持一定间隙，并用大头针固定。

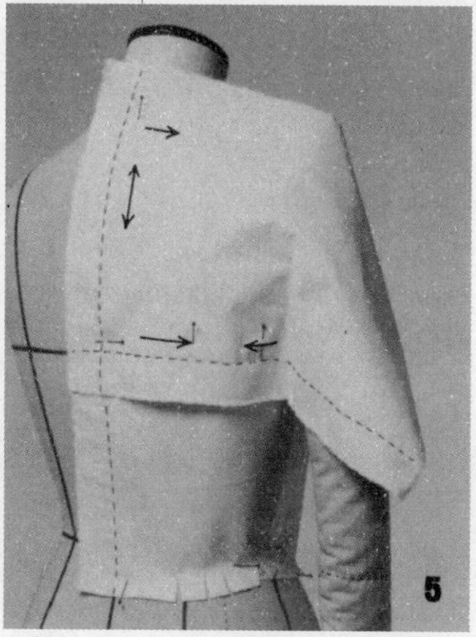

6 保持肩部、背部的松量，扒合前后肩缝。

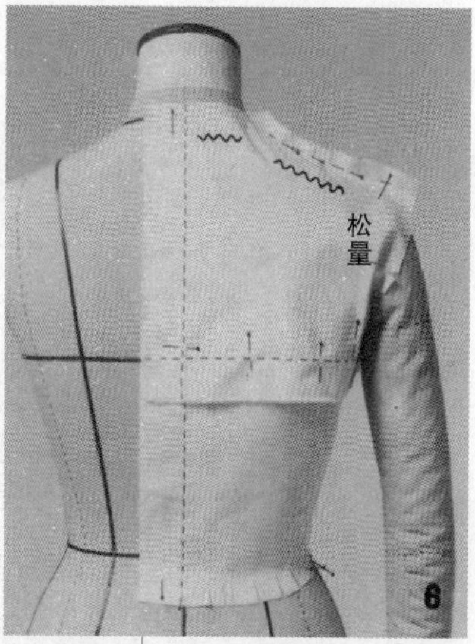

7 对合前后侧缝，为使手臂能够自由活动，前后片均留出1.5~2cm的余量，然后用大头针固定。前后片分割线的对合，与腋下部位的基础线有些偏差，确定侧缝位置必须考虑前后片是否协调均衡。

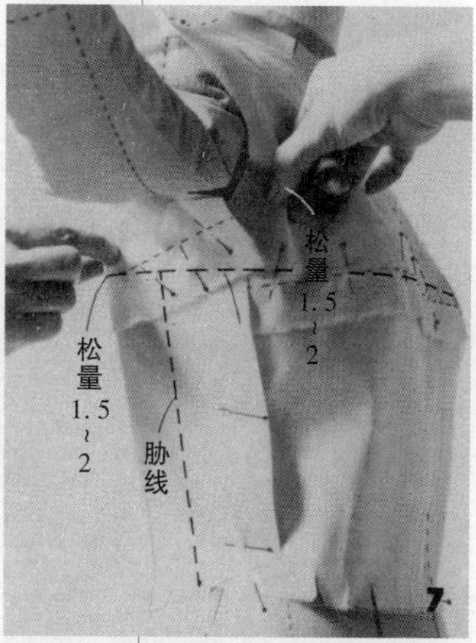

8. 9 将前后腰部的布料固定在人体模型上，中腰附近既要合体还要留取适当的松量。

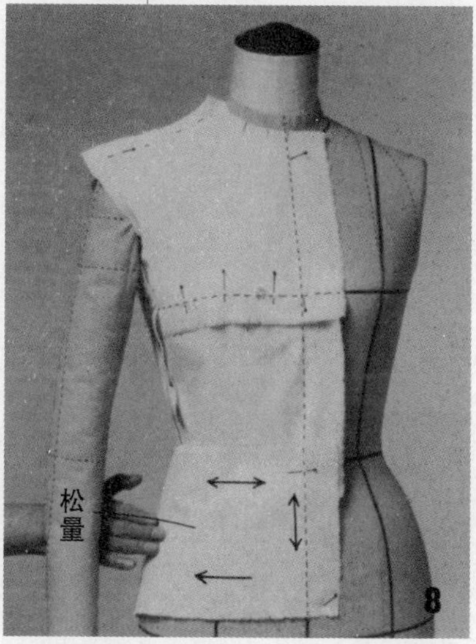

图 3-5-2(2)

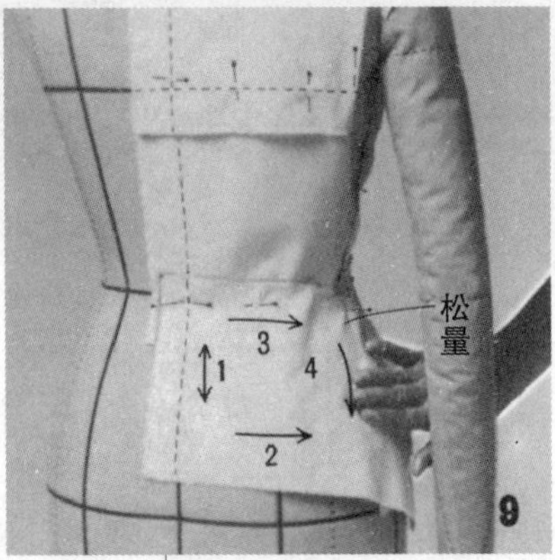

10 拼接固定裙子的前片。裙摆宽度根据需要喜好决定，本例是按步行所需松量决定。

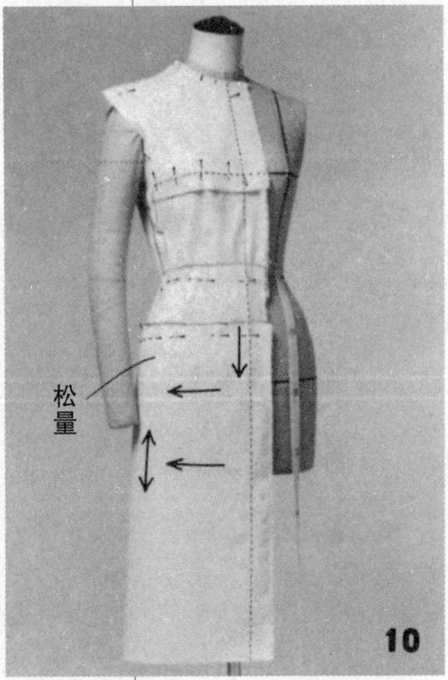

11 裙下摆宽度较大的裁剪方法。

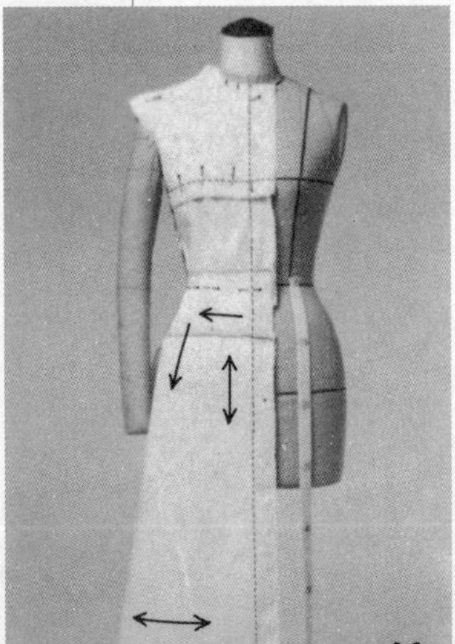

12 固定裙子的后片，调整前后片的均衡比例。同时制作出漂亮的塔裙造型效果。

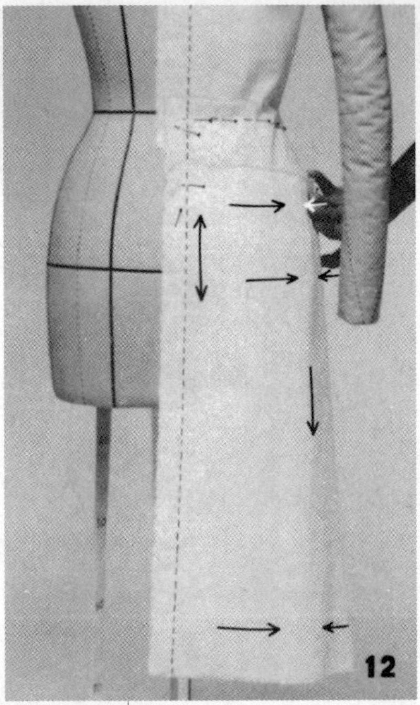

13 观察各部位分割线的比例关系，彼此保持水平，目测所观察的水平感觉与实际有些差异。但是，以目测的为准确定侧缝位置，侧缝应平直，其前方下摆处形成展开造型效果。领围、袖窿的造型可自由设计，本例采用小巧可爱的法式袖设计。

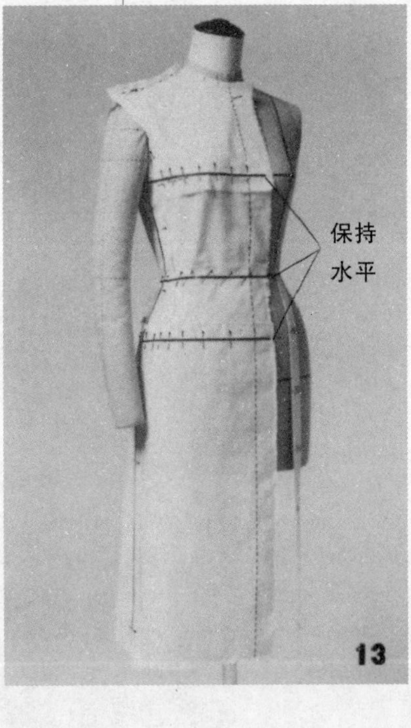

图 3－5－2(3)

14 裁片展开图

人台的凹凸立体造型，表现在裁片横向分割线的弯曲状态。胸部、腰部、背部的凹凸，是用在横向分割线上以收省的方式处理。

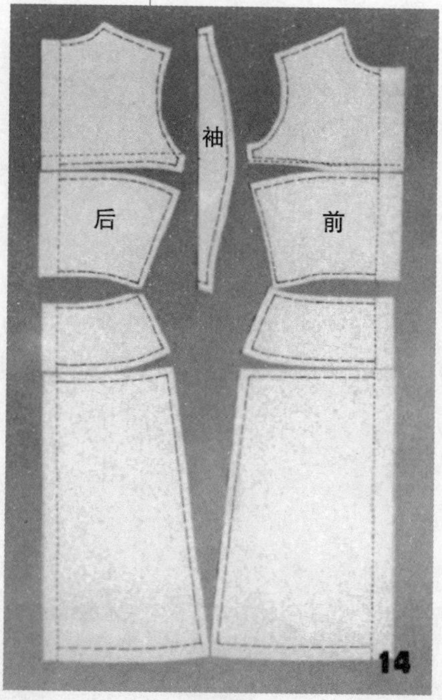

15. 16 完成效果

左半身为无袖设计；右半身为法式袖设计。

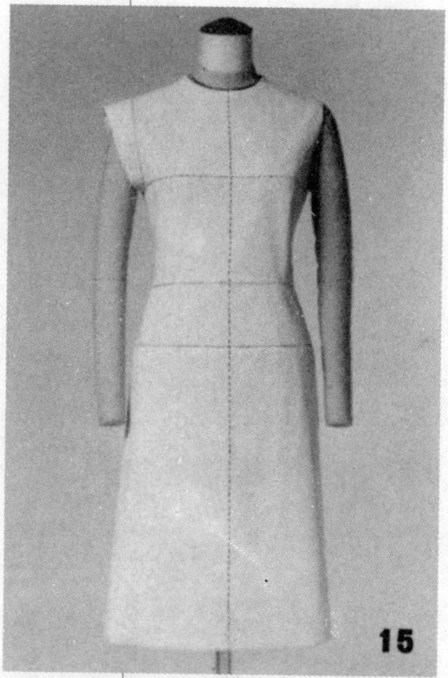

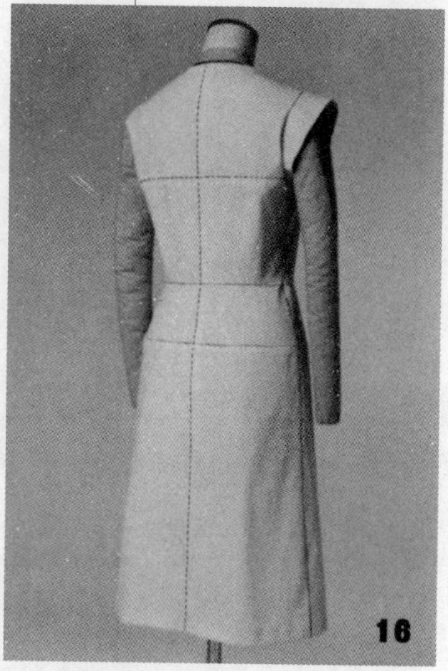

图 3－5－2(4)

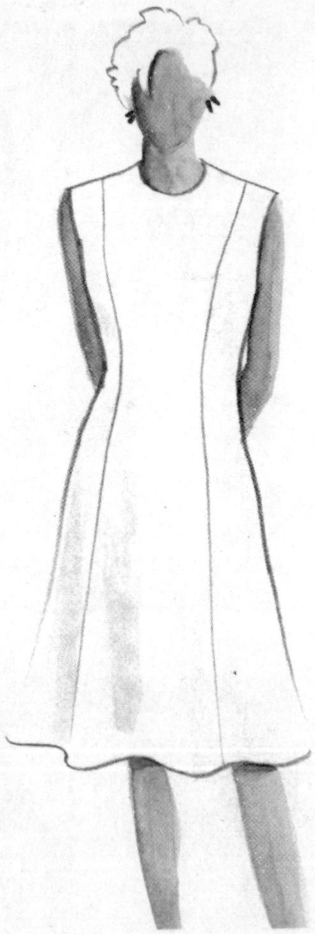

公主线连衣裙

本例介绍前后片纵向分割的公主线连衣裙。通过操作练习，可掌握纵向分割的基本技法。

根据裙摆所需的展开松量，粗略裁剪出所使用的布料，并在布料上标出前中心线、腰围线。在前后腋下布料上标出腰围线、纵向中心线。另外,也可以按公主线轮廓准备布料。

2 用线标出公主线的位置，同时从腰围处开始捏取下摆，展开松量。

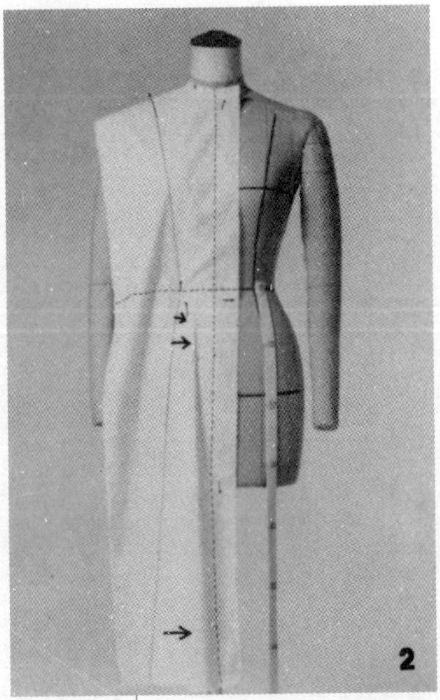

1 将前片铺在人台上，对齐前中心线，腰围线保持水平。按箭头方向推抚布料，使其贴合于人台。

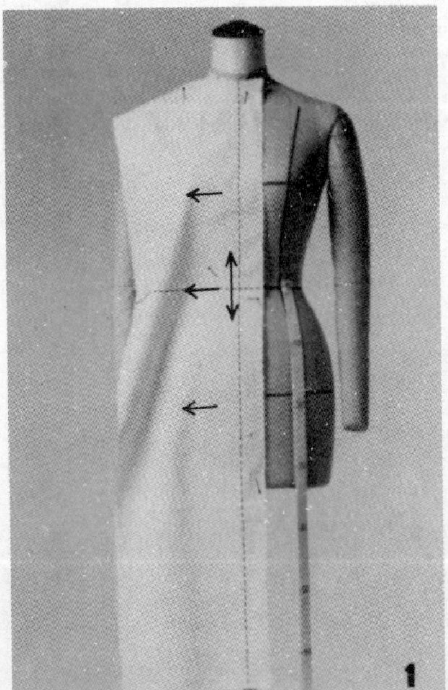

3 首先裁剪腰围以上的公主线（留出缝份），腰围线处打剪口，调整裙摆展开松量。

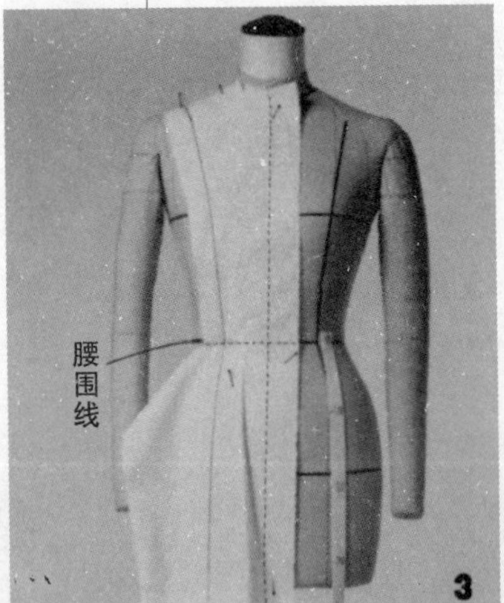

图 3-5-3(1)

4 确定腰围线以下裙摆的展开量后，留出缝份剪掉多余的布料。从领窝开始向肩部轻轻推抚布料，使其自然贴合于人台上。胸部省量在分割位置处理。

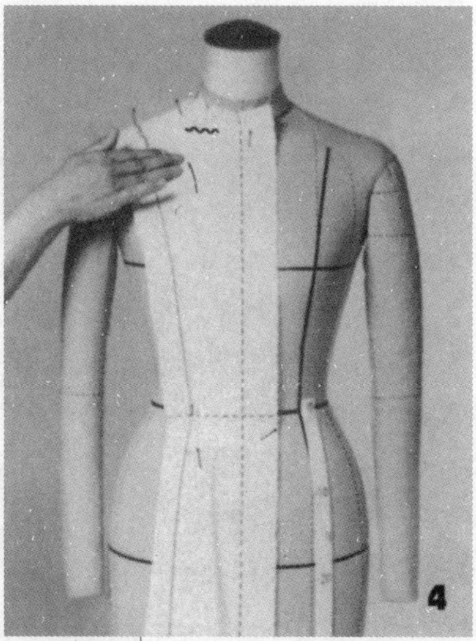

5 将前腋下片固定在人台上，腰围线保持水平。

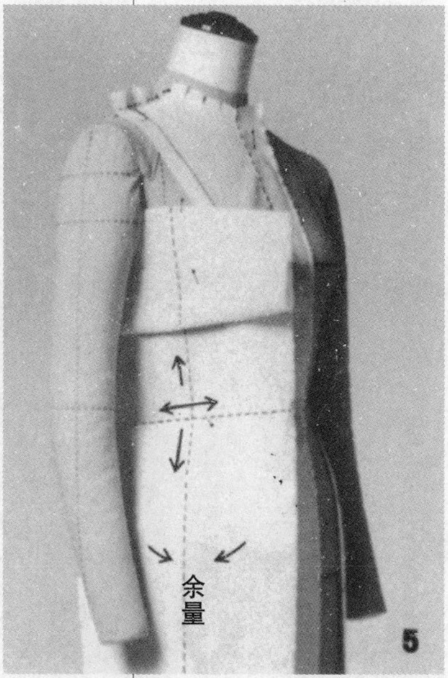

6 按箭头方向，从腰围线向上推抚腋下片，同时剪掉多余布料，在最高的部位留取适当余量。

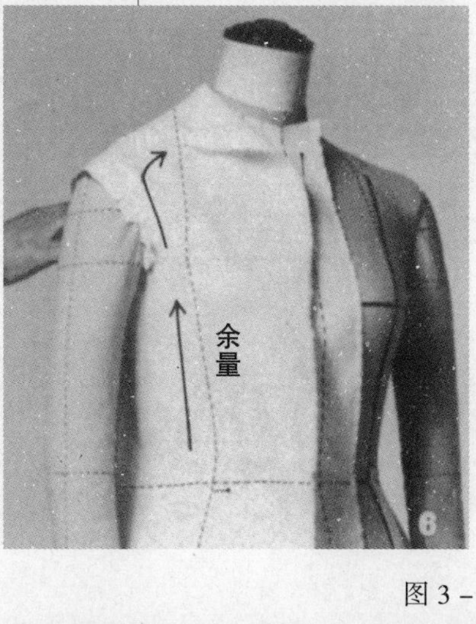

7 在 BP 点附近形成突出的立体造型。将前肩凹陷的地方处理平顺后，将前片与腋下片重叠，用大头针固定。

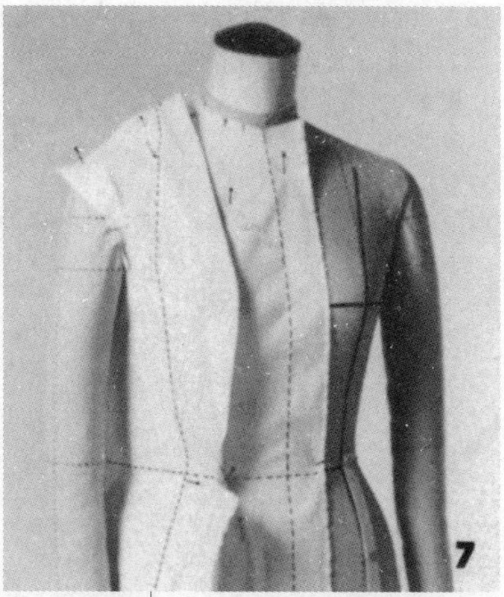

8 将后片固定在人台上，对齐后中心线。公主线由前肩位置开始向后片延伸，腰围线保持水平，伸拉腰部使裙摆形成波浪褶纹的造型。然后，沿公主线把多余布料剪掉。

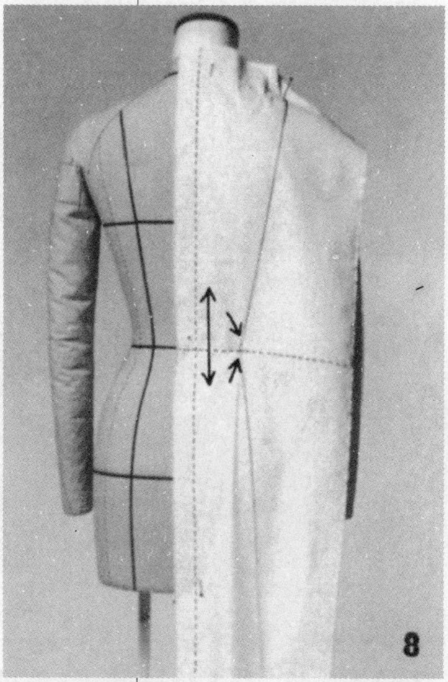

9 将后腋下片固定在人台上，首先对齐腰围线，并使腰围线保持水平，纵向标记自然垂直。

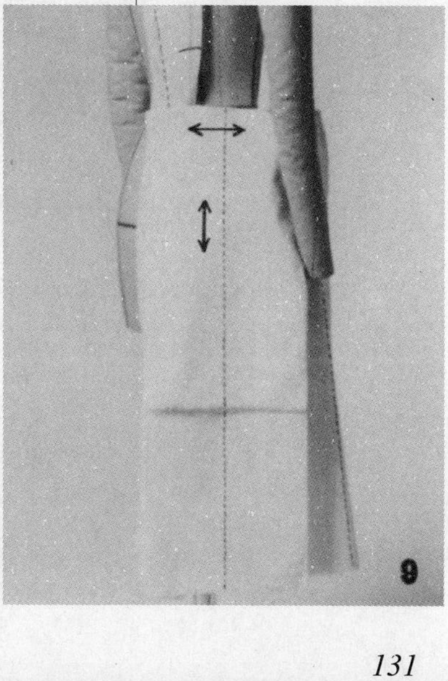

图 3－5－3(2)

10 后背宽处应留取充足余量，推抚理顺后片及后腋下片，重叠搭合后用大头针固定。

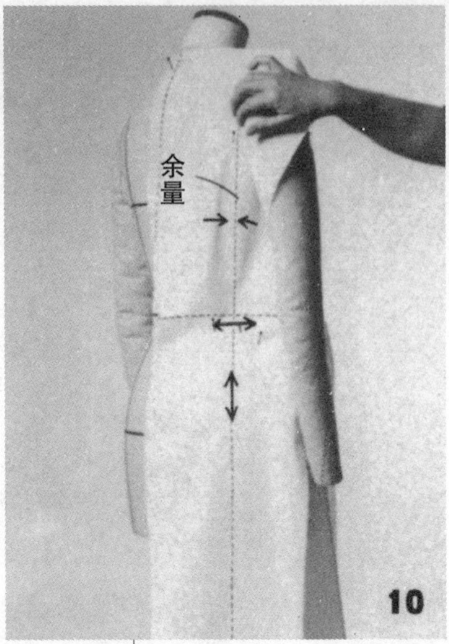

11 确认裙摆的展开造型效果后，扒合前后肩缝、侧缝在重叠两层布料的位置上，使用带有色彩的线标注公主线位置。

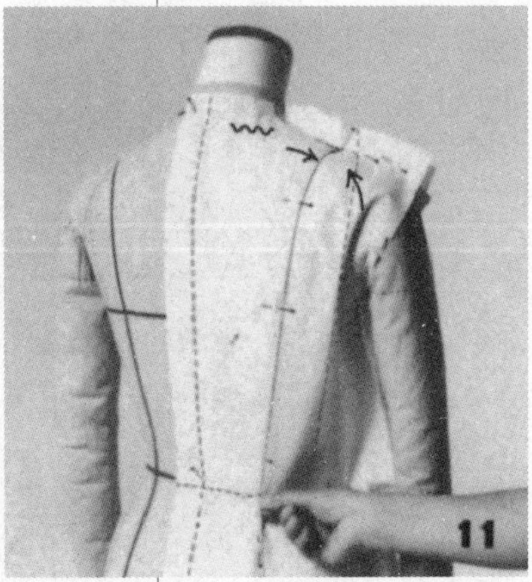

12. 13 剪掉多余的缝份，重新检查整体的比例关系及造型效果，修正不足之处。

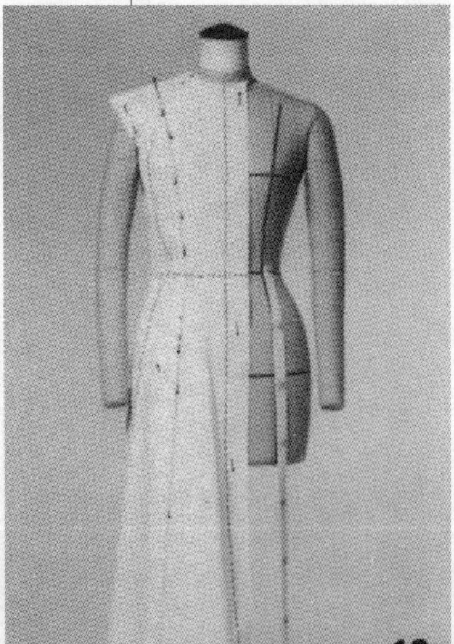

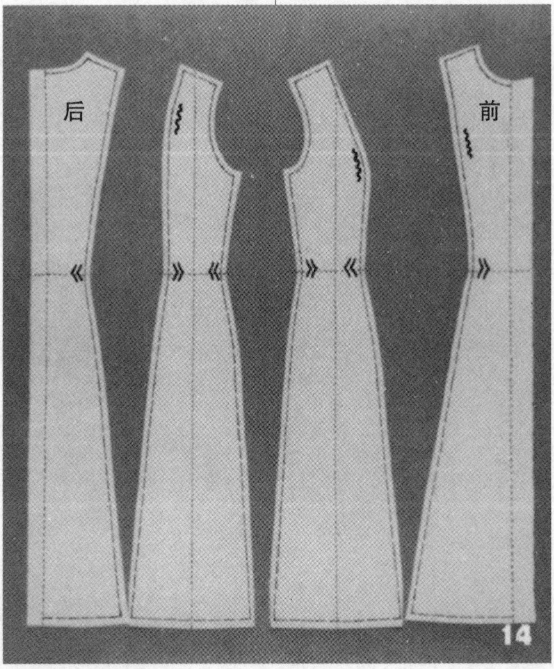

14 裁片展开图

采用公主线分割的立体裁剪方法，可巧妙地解决胸部、肩部、背部的立体造型。

图 3-5-3(3)

15. 16 完成效果

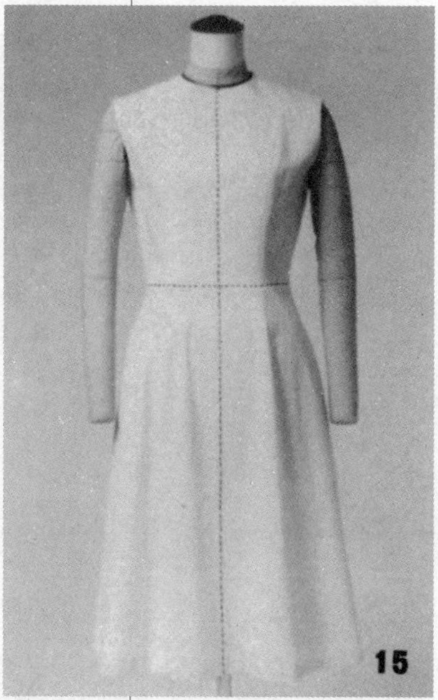

15

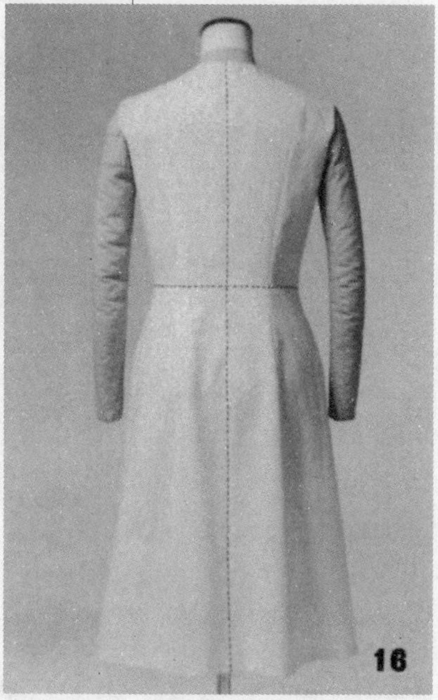

16

应用设计范例

图 3－5－3(4)

不对称分割线连衣裙

本款采用不对称分割造型而成的女装礼服设计。结构上由前片、腋下片、后片三片结构组成，依照不同材料可制作出应用广泛的、各种不同风格的服装款式。

1 将前片的中心线与人台的中心线对齐，理顺左右前片。

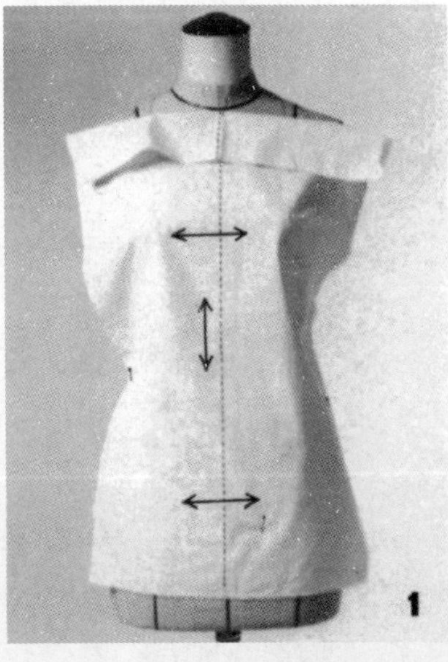

2 臀围线、腰围线保持水平状态，同时将胸部余量轻轻推向领窝。

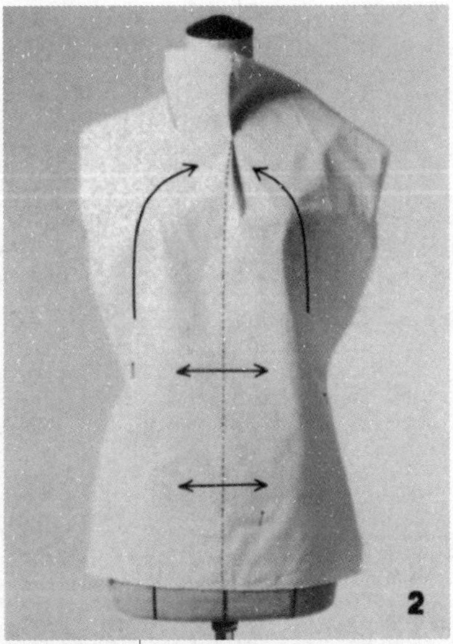

3 将集中在前中心的余量向一侧推移，然后采取装饰性开门领口设计，确定领口线。

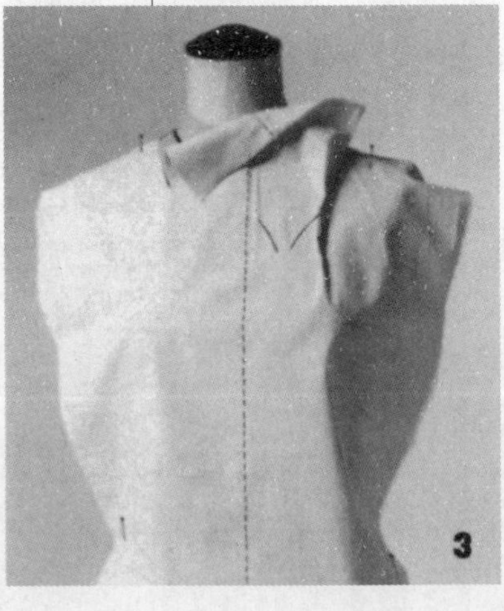

图 3－5－4(1)

4 将腋下片贴合于腰部，调整造型效果，用大头针固定。理顺前片侧缝，使其贴合于人台模型上，同时在分割线位置用大头针固定。

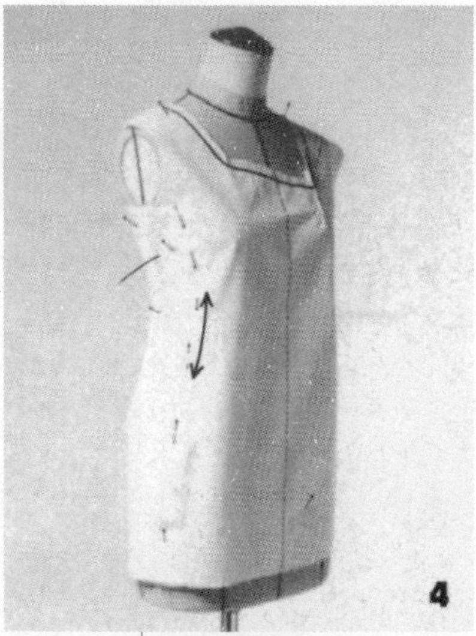

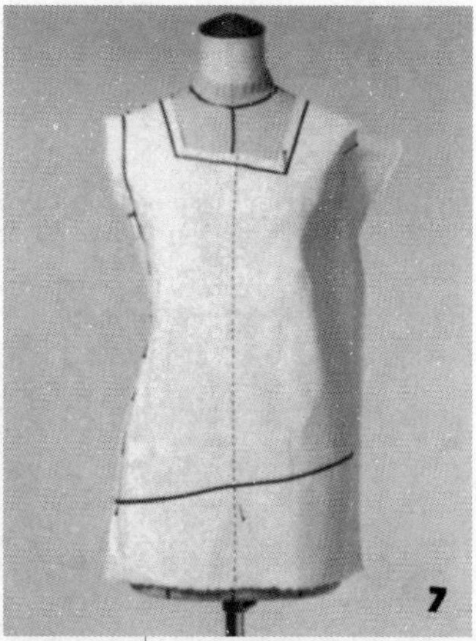

5 对齐后中心，将后片固定在人台上，按箭头方向推抚布料。

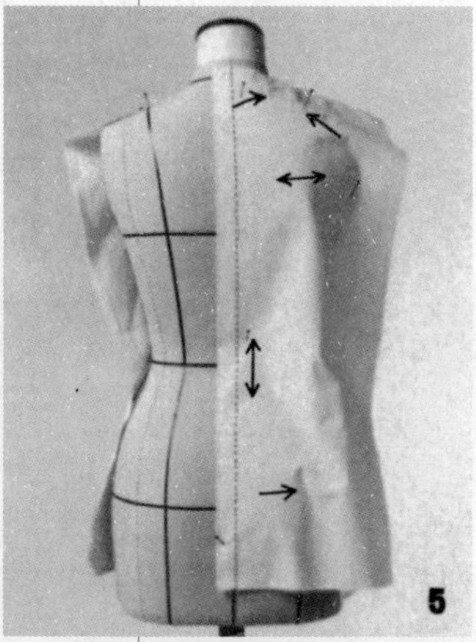

8. 9 缝合前片、腋下片、后片，重新标注低腰围线。

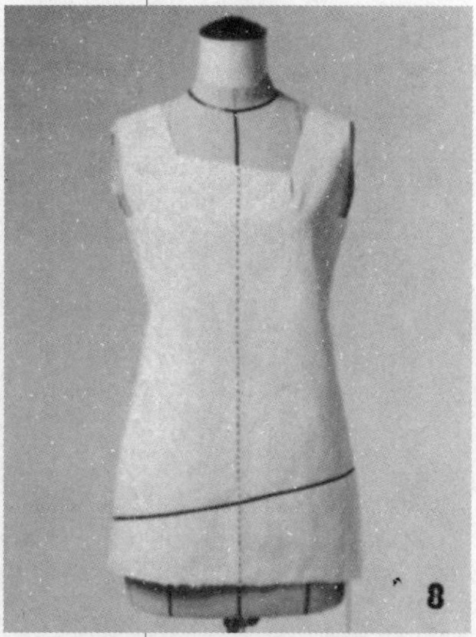

6. 7 对合后片及腋下片，后背应留取充分的余量。在领窝处捏省，消除肩胛骨产生的余量。一面调整整体的比例关系及造型效果；一面用黑色胶带标注分割线、领围线、袖窿线及低腰围线的位置。

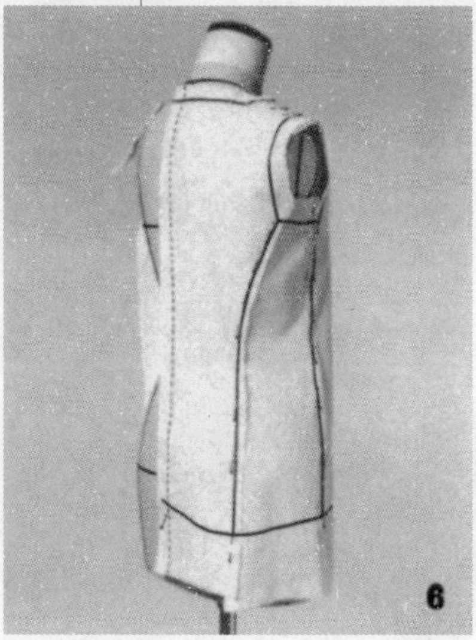

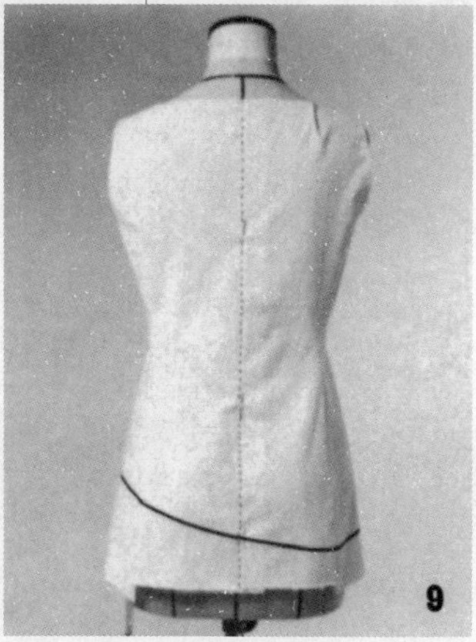

图 3－5－4(2)

10 按抽取碎褶的用量准备裙子的布料。结合上身造型，抽取具有韵律美感的碎褶。

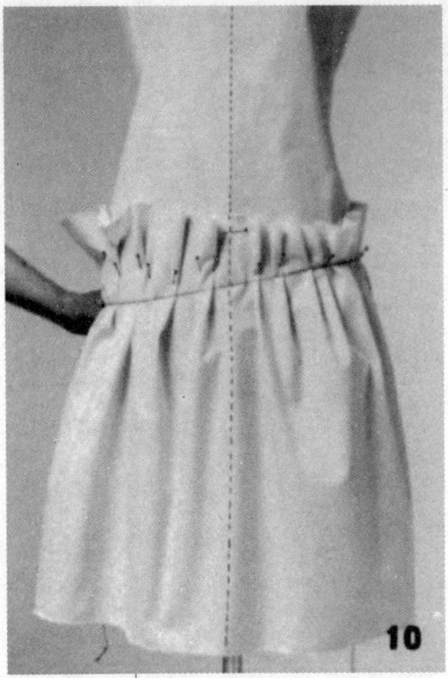

11 平面制图较难处理的设计，采用立体裁剪的方法，很容易裁剪出造型美观的样板，裙子部分的展开图省略。

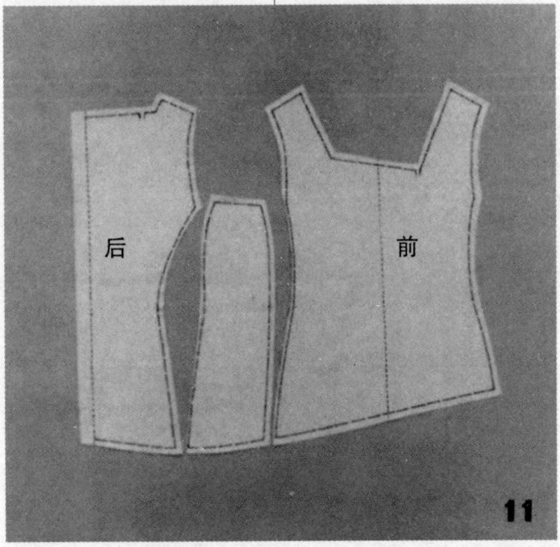

12. 13 完成效果

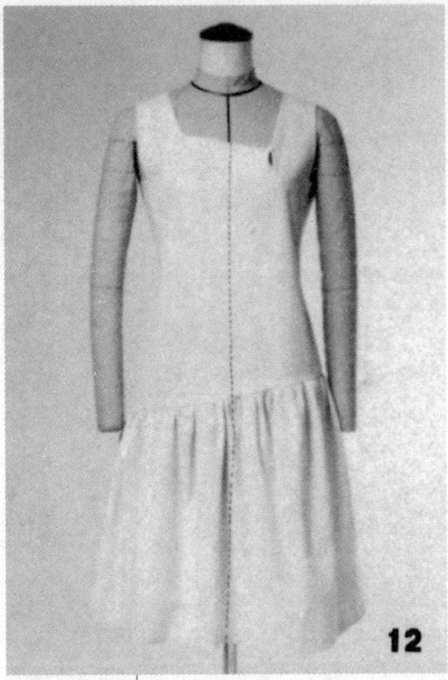

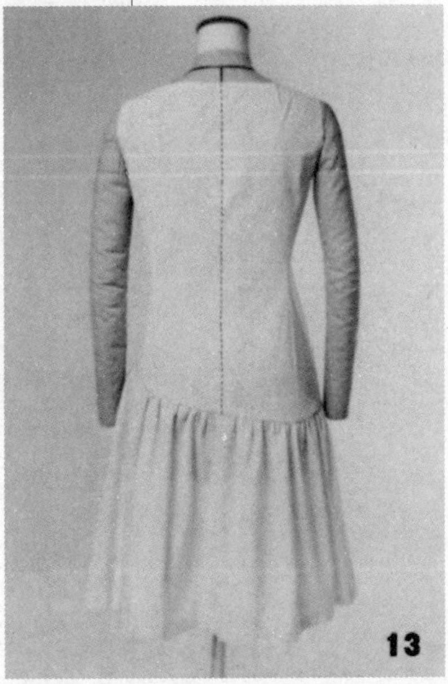

图 3－5－4(3)

垂坠褶纹连衣裙

本款连衣裙设计，是把上下身（身片、裙子）制作成褶皱造型。并且将折叠的褶皱集中到腰部。裁剪方法是，上身、裙子两个部分分开制作。读者可自由发挥这种技法，设计出独具风格、迷人的款式。

上衣部分

1 观察布幅与衣长的变化规律，准备充足的布料。对齐前中心线、胸围线，将前片固定在人体模型上，按箭头推抚胸围线以上的布料，腰围自然产生宽松的余量。

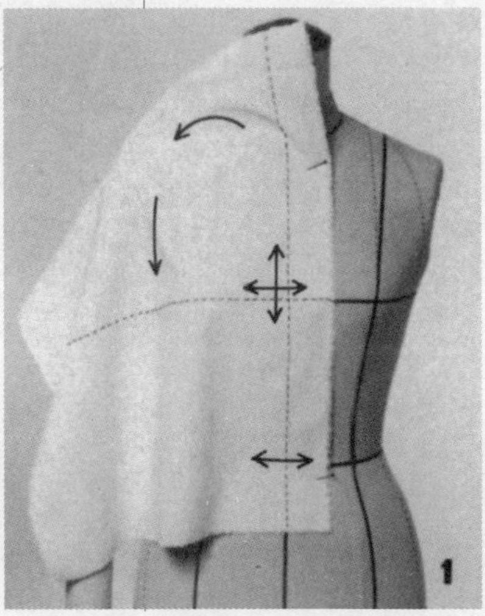

2 把图中 **1** 的腰围的余量作为褶皱余量显然不够，所以，采用平面制图中分割展开的方法操作，在胸部 BP 点捏取需要的褶量，这样腰处就增加了更多的余量。

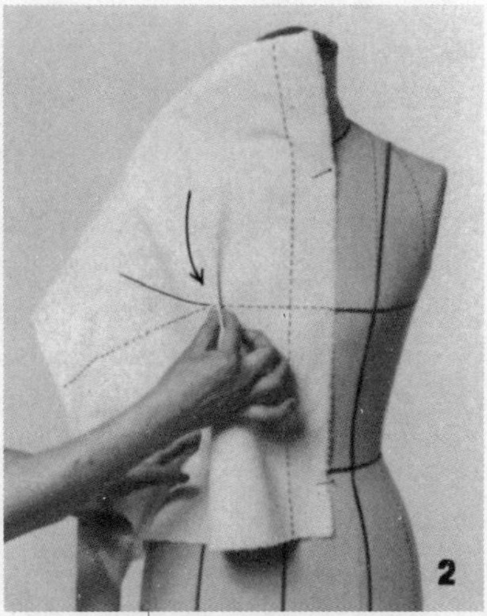

3. 4 将所形成的余量，设计制作成具有强弱韵律变化的三条褶皱造型。

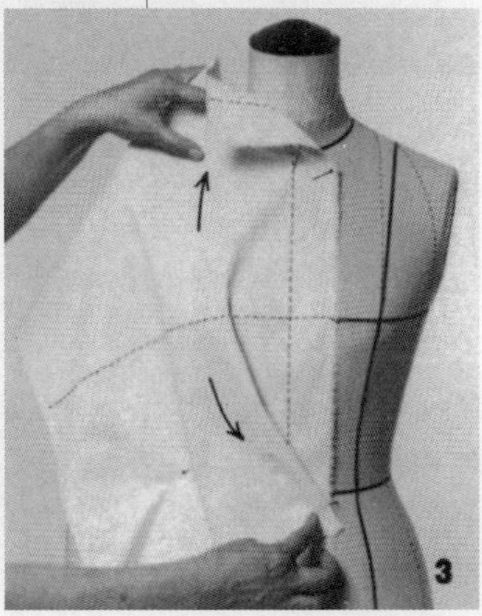

图 3－5－5(1)

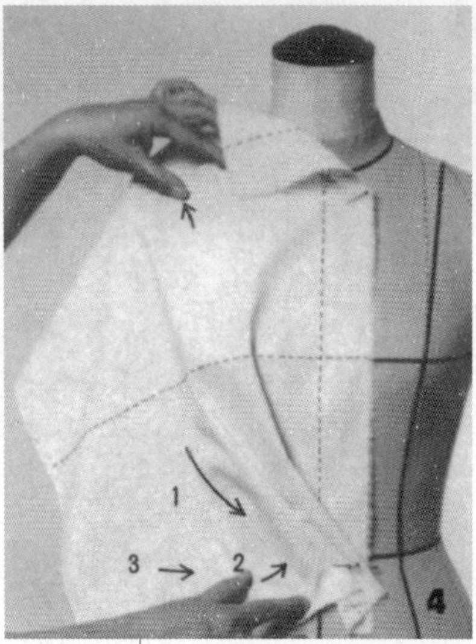

5 领口设计成尖的V字形领，调整腰部、褶皱。

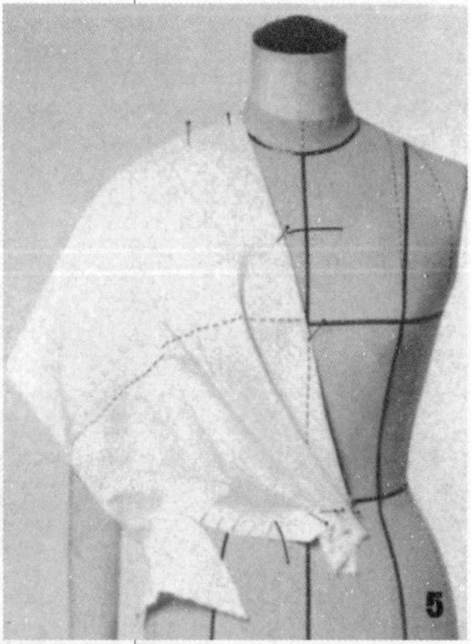

6 袖窿采取普通的无袖设计。用黑色细胶带标注袖窿、腰围的轮廓位置。

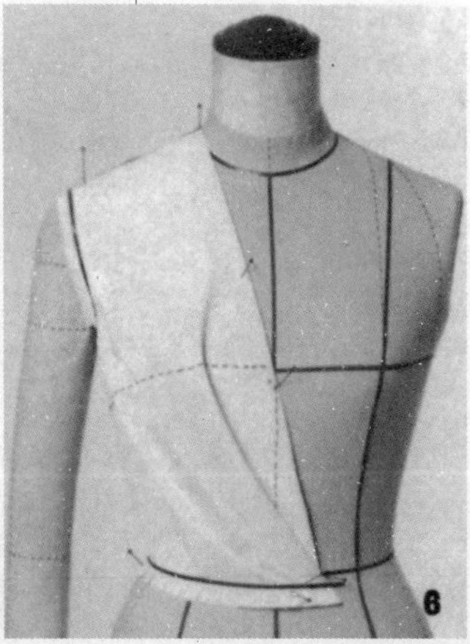

7 裁剪展开图

对着肩部、袖窿的褶量较大。

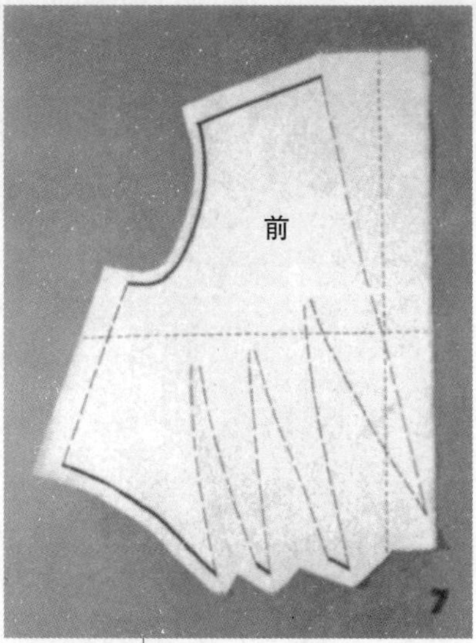

8 完成效果

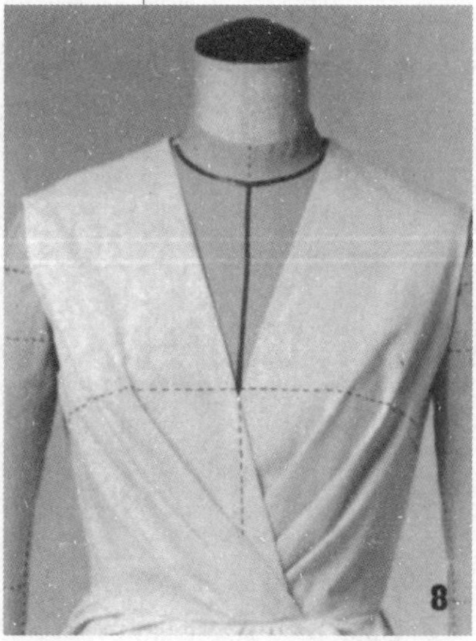

图 3－5－5(2)

裙子部分

1 由于裙子的布料在腰上部需要较多，应增加15～20cm的长度；布宽为90cm。将后片布轻轻固定在人体模型上，然后按箭头方向向前上方伸拉，并围绕布料到前方。

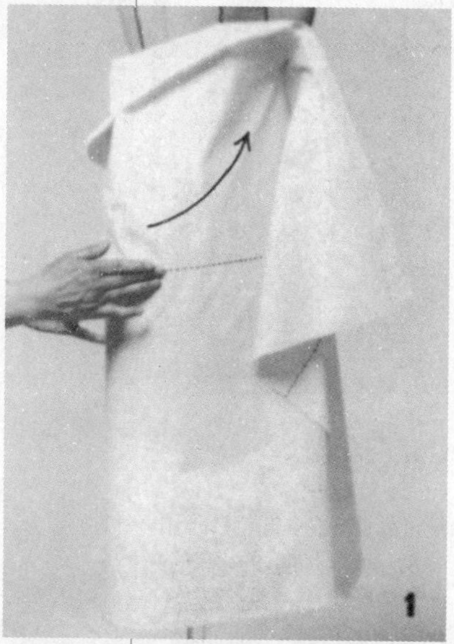

2 将后中心合体地固定在人台上，结合臀部的突起，向上方捏取褶皱，并按箭头方向向斜上方伸拉。

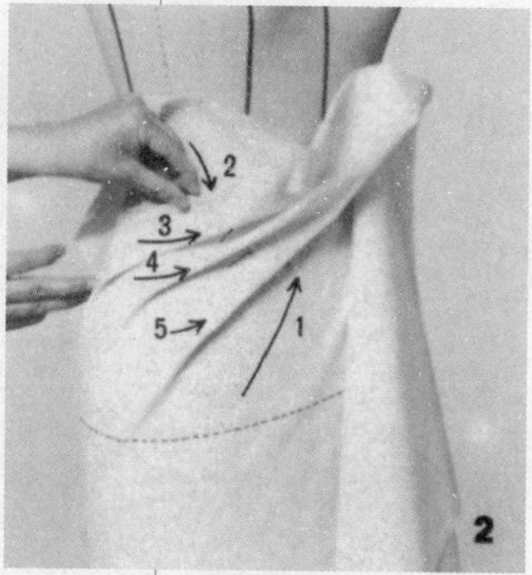

3 将所形成的褶皱整理成具有韵律感的斜褶。

制作方法：后片中心贴合于臀部，从后中心开始向前方一边推抚布料，一边调整褶皱造型。

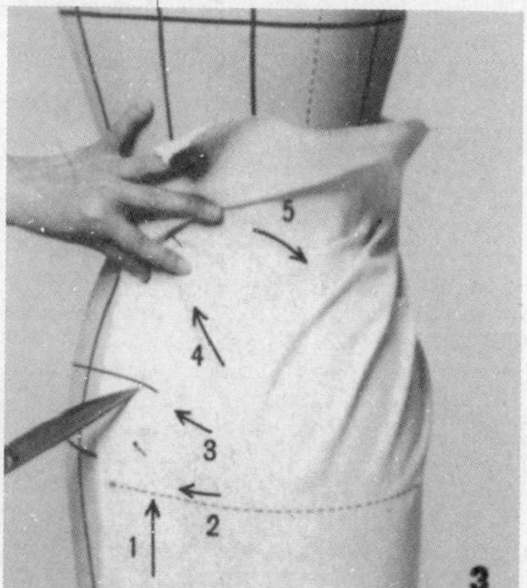

4 调整褶皱大小，依据整体造型效果确定褶皱量的基点位置。

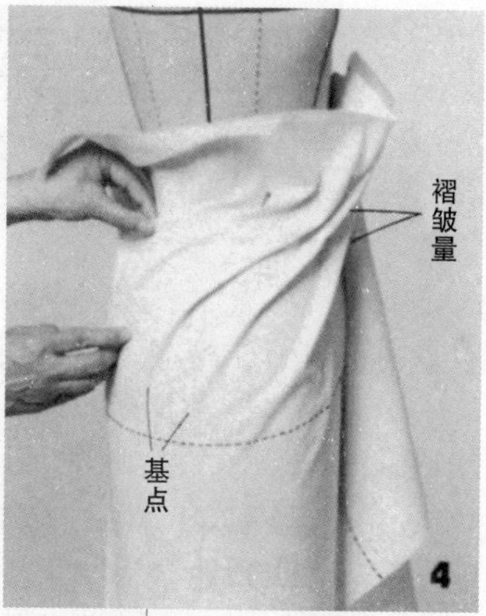

5 捏住腰部缝份，逐渐地打剪口。

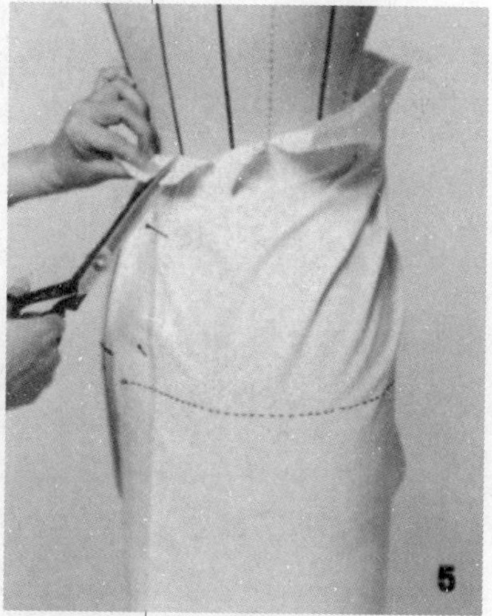

6 将靠近上方的褶皱向下伸拉，整理归拢到一起。

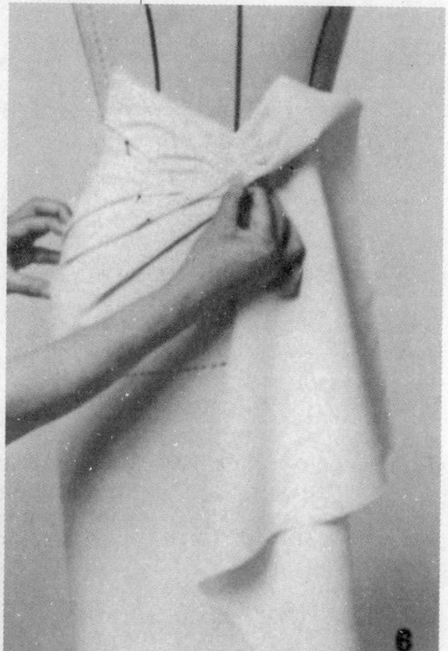

图3-5-5(3)

7 将下方的褶皱向上方伸拉，整理归拢到一起。

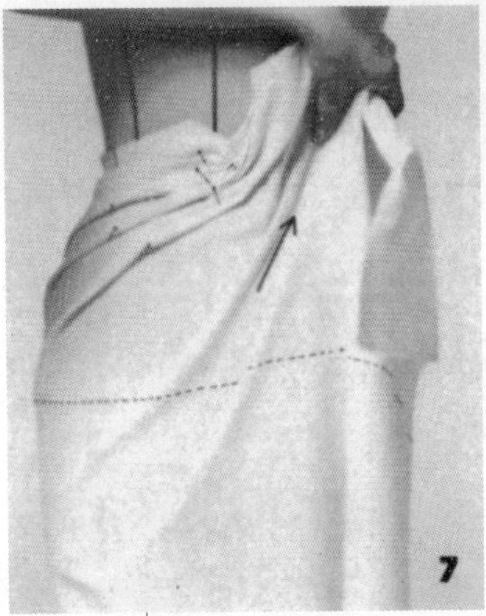

8 向上伸拉扭卷布料，调整褶皱造型。

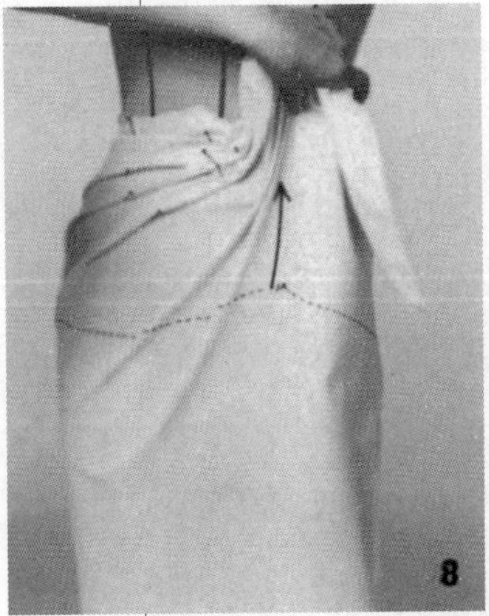

9 将向上伸拉的布料，再向下伸拉，制作成类似瀑布造型的褶皱。

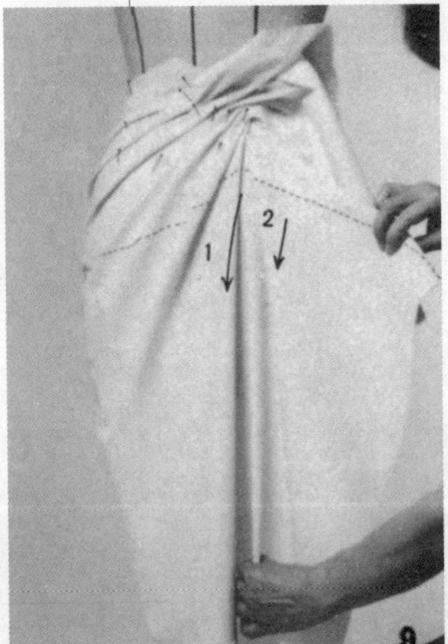

10 确定褶纹的上限，在此位置用剪刀剪到褶纹的根部。

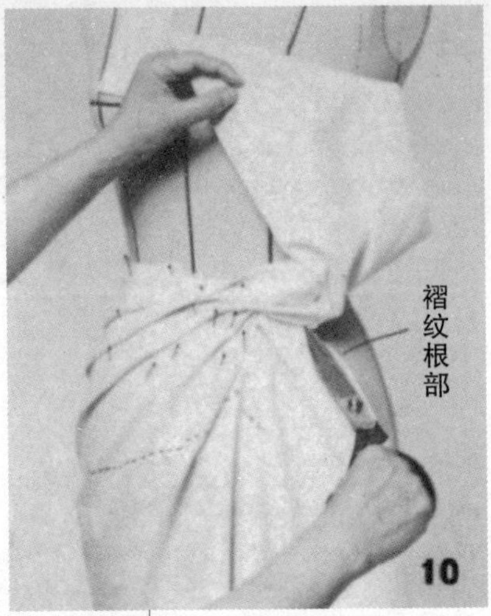

11. 12 将腰部所剩布料做成玫瑰花加以装饰，另外，也可以制作成飘带等。

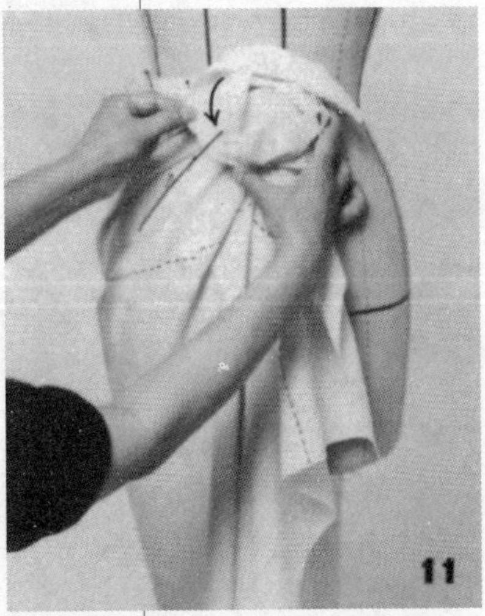

图 3－5－5(4)

13 确定褶纹及裙摆的轮廓线，观察整体造型，用色线围绕标注轮廓位置。

13

14 裁剪展开图

本例应多加练习，掌握立体裁剪的技巧。

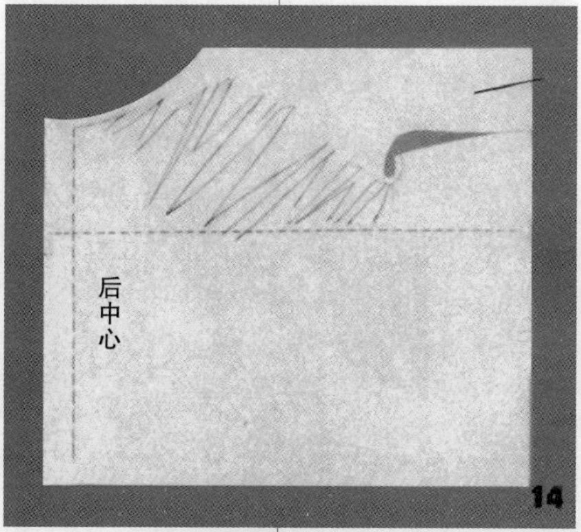

14

15～17 完成效果

上衣与裙子的缝合效果。褶皱的走向由图中17所示，由后片侧缝起，向前方绕转。

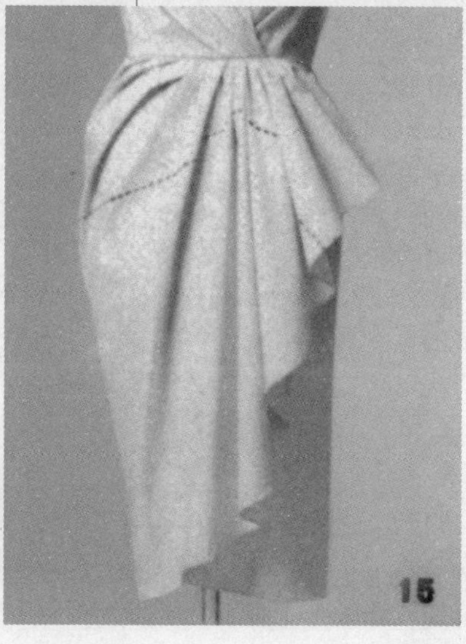

15

16

17

图 3－5－5(5)

后背堆褶皱的连衣裙

本款设计的特点是：前身造型简洁；后背带有褶皱，造型美观、漂亮。若用柔软的丝绸面料制作，可制作成款式大方的晚礼服。即使使用针织及中厚面料，也会制作出风格独特的连衣裙。

1 前片由肩部到臀部捏省，形成合体长裙造型，裙摆宽度以能够自由行走的程度为宜。

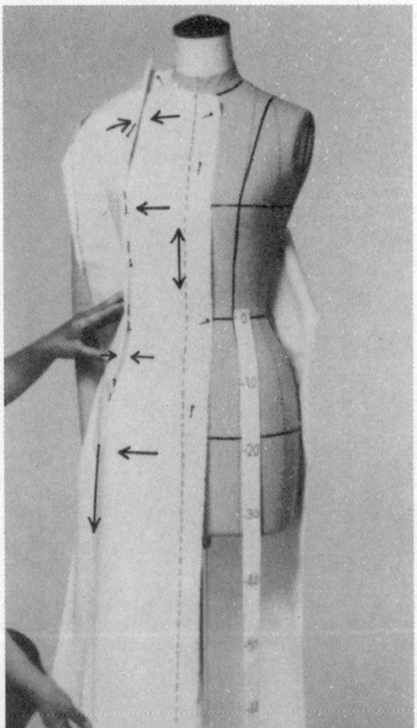

2 确定侧缝线，并轻轻折叠缝份。

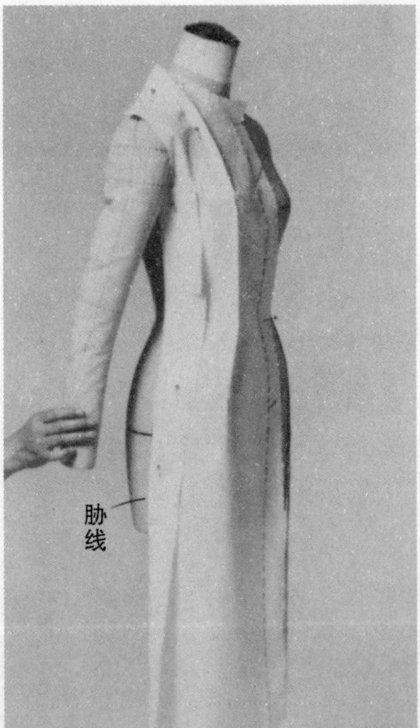

图 3－5－6(1)

3 将整块后片固定在人台腋窗以下的位置。按照轮廓线留出缝份。

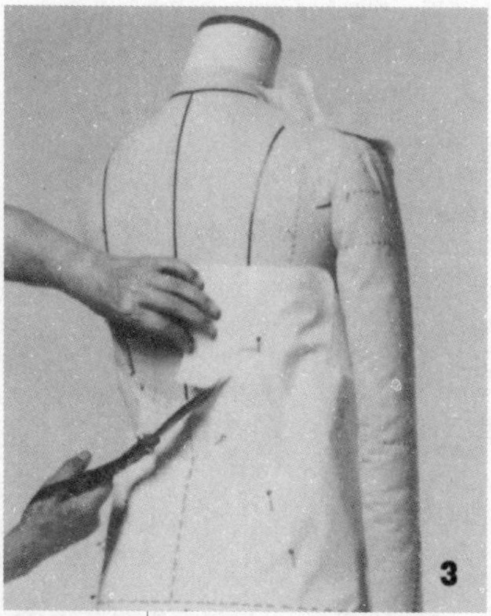

4 调整理顺腰围到臀围的布料，使其合体贴身。轻轻理顺布料对合前后侧缝，用大头针固定。

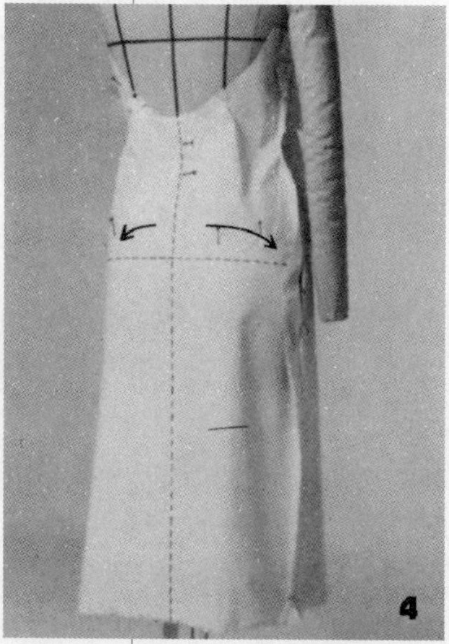

5 后背 皱所需布料：宽度为90cm，长度为肩部到臀围长度的2倍。将纬纱的一端折叠10cm，将折叠的一侧分别固定在人台左右肩部，会产生自然褶纹的效果。另外，按设计要求需追加两个褶皱。

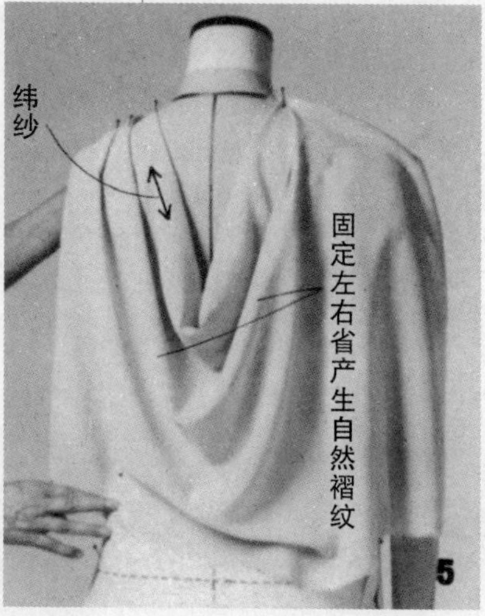

6 将褶皱下摆在腰围线附近，与开始裁剪的后身结合，拼接缝应隐藏在褶皱的里面。

7 整理后片袖窿部分的布料。

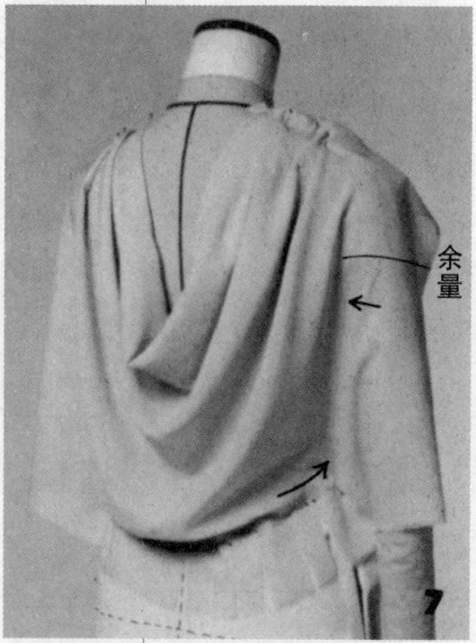

8 将后背褶皱腋下部分，固定在侧缝线上。剪掉多余的布料。

图 3-5-6(2)

9 整理衣身和褶皱布的侧缝。

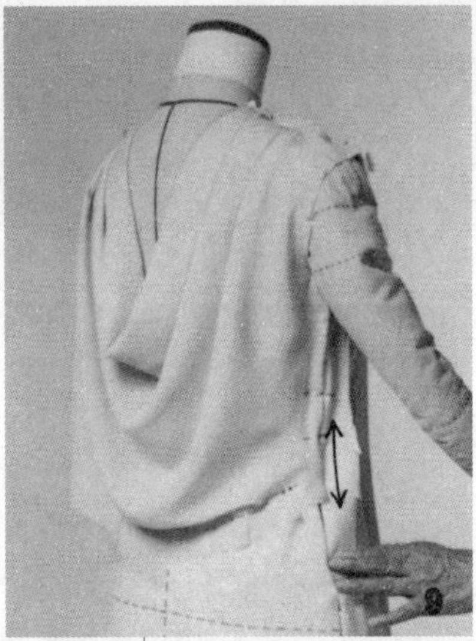

10 裁片展开图。

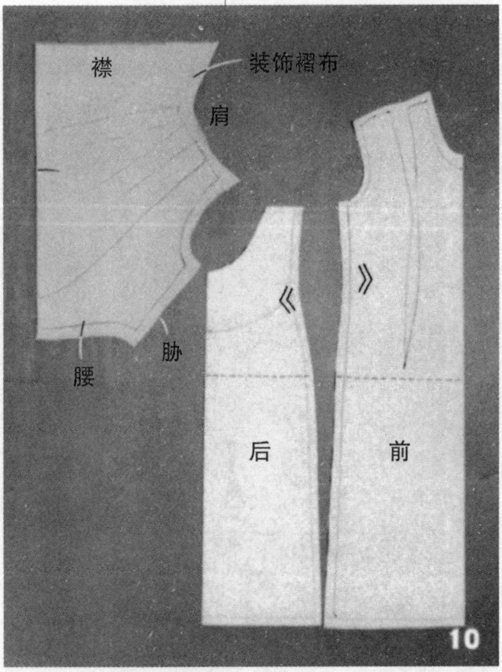

11 完成效果

制作褶皱所使用的布料为乔其纱。前身片的省，也可以改为在肩部抽碎褶。本例为左侧开襟（拉链上在左侧）。

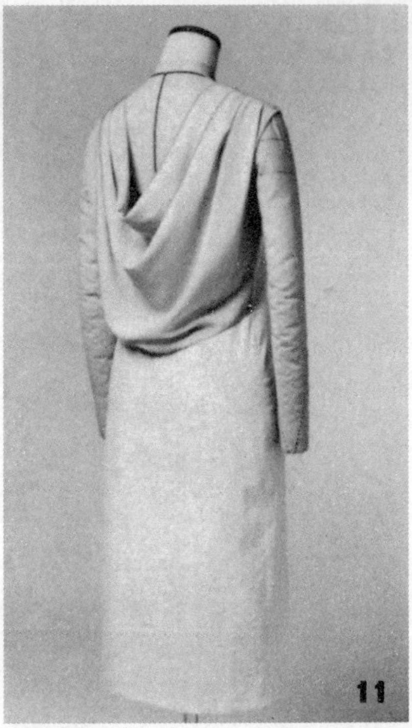

图 3－5－6(3)

两块正方形布制作的连衣裙

如果灵活地采用正斜纱褶皱，可设计各种款式服装。本例介绍使用两块近似正方形的柔软布料，把正方形对角线作为前中心设计。造型独特美观。

1 沿正方形布料的对角线，剪开30cm的剪口。

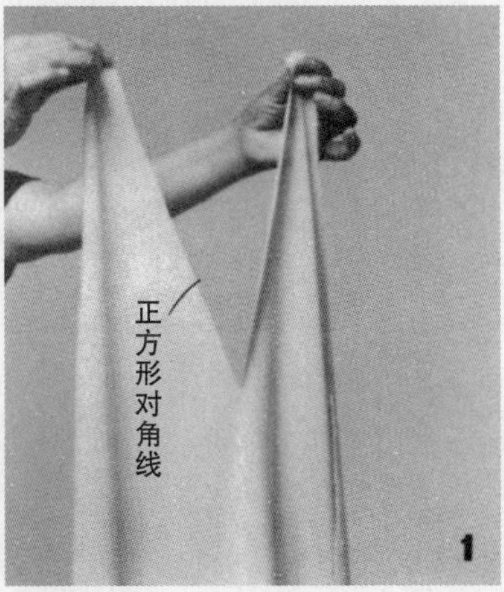

2 在剪开布料的顶端打个结，两个角围绕人台的颈部固定，将打结以下的布料展开，观察产生褶皱的造型，左右两侧布料纱向各不相同，将由经纱、纬纱组成的两侧，由腋下向后背伸拉，调整褶皱的造型。

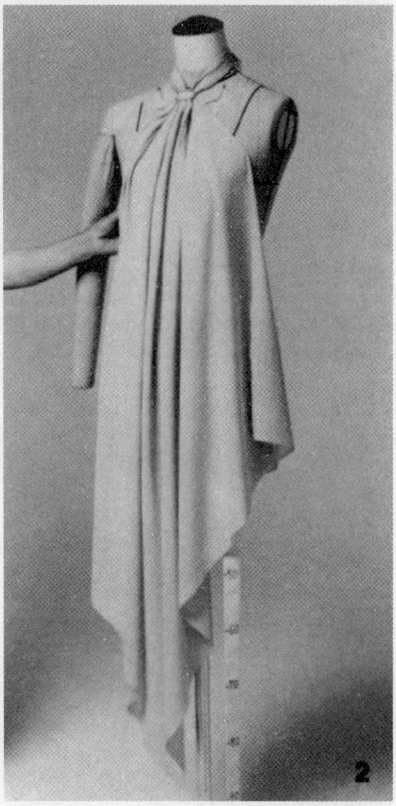

图 3-5-7(1)

3 整理前身，将多余部分向后背推移，后片的裁剪方法与前片相同。前后片对合于点线侧缝位置。本列使用幅宽 90cm 的布料，衣长较短，最好与裤子搭配穿着。

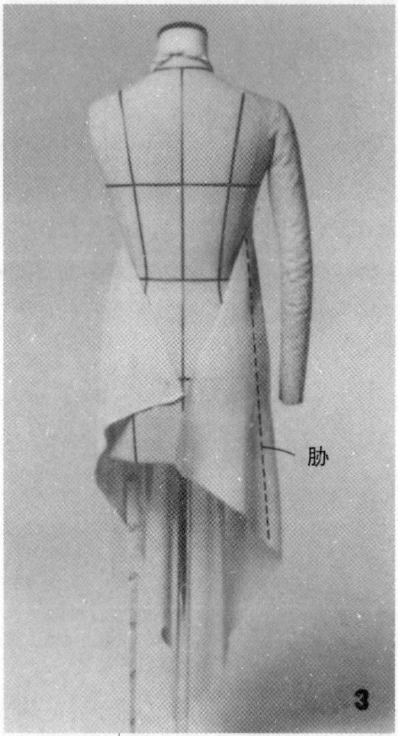

4 这是褶皱走向的裁片展开图，褶皱因材质的变化，而呈现不同的造型效果，本图只供参考介绍给大家。

5.6 完成效果

整体褶皱造型设计，是由布幅较宽的布料制作而成，后领窝固定在从前片围绕过来的布料上。

图 3－5－7(2)

胸部点缀褶皱的连衣裙

本例利用针织面料柔软、悬垂的特点，在胸部做出优美的褶皱造型，前后身由一块面料裁剪。使用的布料、长度为衣长加上褶皱的分量和缝份，宽度为人体模型的周长加上宽松余量和缝份。本款是掌握布料悬垂分量的最好范例。

2 将褶纹固定在肩部，从肩部向腰围轻轻推抚布料，使腰部合体美观。

1 将布料的中央对齐人台的中心线。肩部两侧的布料向上伸拉，使胸前形成弧度自然弯曲的垂坠褶纹。

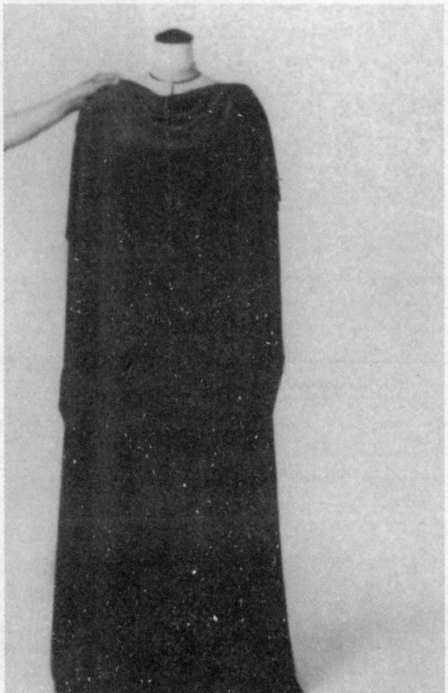

3. 4 沿着臂根剪出适当的袖窿，将手臂从中抽出来。

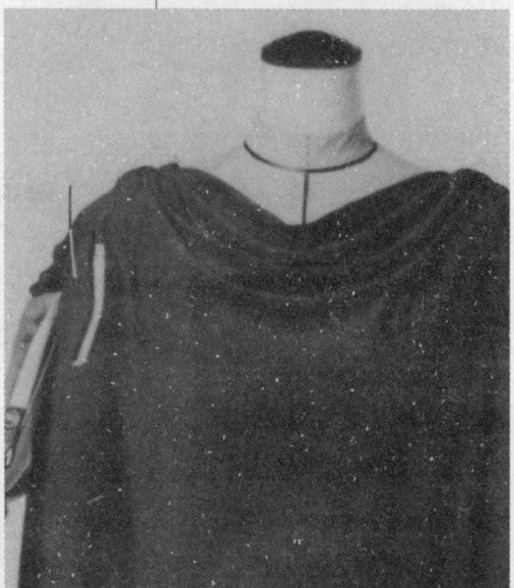

图 3－5－8(1)

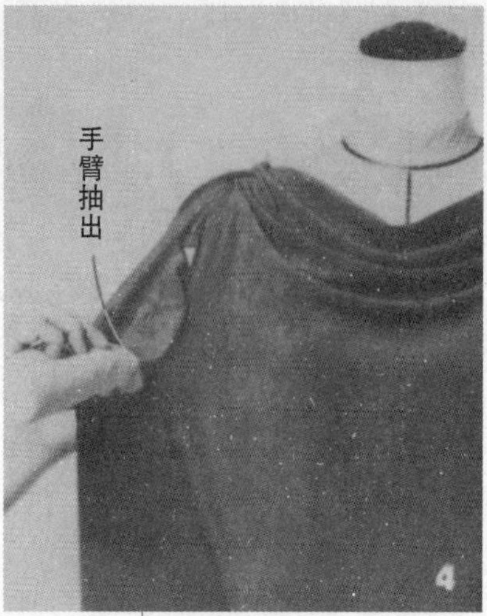

5 将手臂抽出后，把前片布料向后推抚，并保持水平。

6 剪掉前肩多余的布料，调整造型。将后片布料伸拉到肩部。

7 调整后片布料，使其保持水平状态。

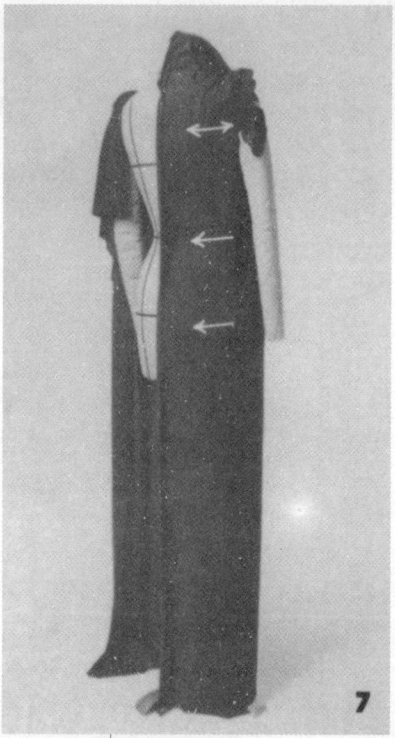

8.9 将后片领窝的垂坠褶皱，调整为接近水平方向，剪掉袖窿多余的布料。

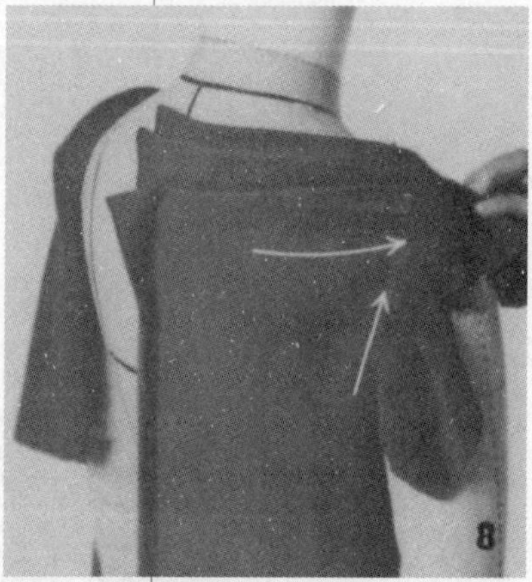

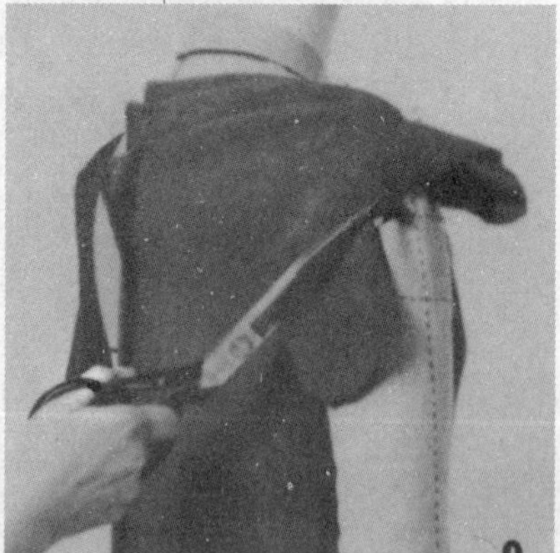

图 3－5－8(2)

10 扒合前后肩缝，调整整体的宽松量和造型效果，将后中心对合，并用大头针固定。肩部对合重叠的位置，然后依照布料的厚度做适当的调整。

11 裁片展开图虽然结构线条简单，但是如果用平面裁剪却相当困难。

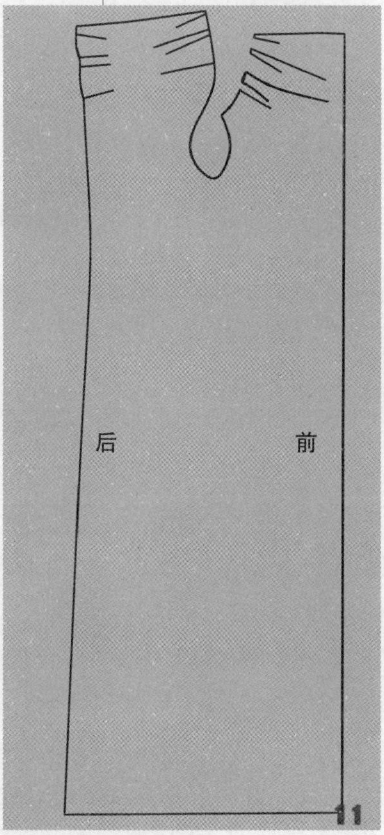

12. 13 完成效果

肩头用同样布料制成悬垂绳带装饰增加变化。本例使用的材料为绒毛针织材料，利用此材料具有一剪就自然卷曲的特点，制作绳带装饰肩部，使搭配合体的袖子造型也颇有特点。

图 3－5－8(3)

大 衣

西服领直筒式造型大衣

本例为宽松直筒式立体轮廓造型大衣，结构设计上侧缝线靠前，利用缝合线开袋。通过穿着的变化，如果把扣子解开、搭配腰带，可增加大衣风格的魅力。

使用布料：长度为衣长加上缝份，宽度满足由后身围绕到前身再加上缝份。人台肩部装上垫肩。

1 从后片开始制作，将后片铺在人台上，对齐后中心线，领窝、肩部、背部、臂根周围留取充足的余量。从后背正面观察，整体轮廓造型略呈 V 字型立体轮廓，在人台上呈 V 字造型。实际穿着时会自然形成直筒式的立体轮廓。

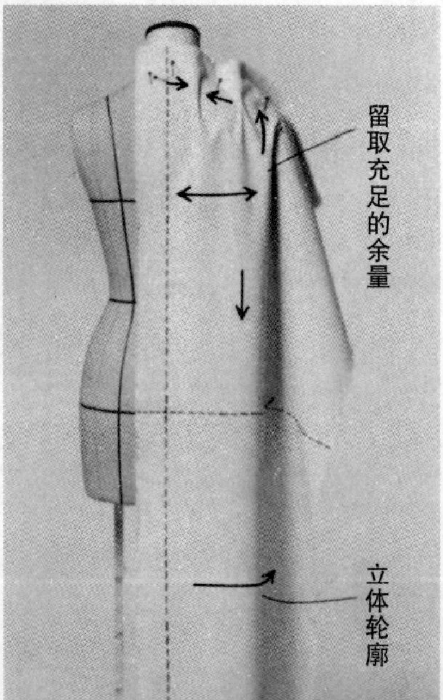

2 将布料由腋下绕向前身，留取 3～4cm 胁下宽松量。剪掉袖窿、肩部、领窝多余的布料。

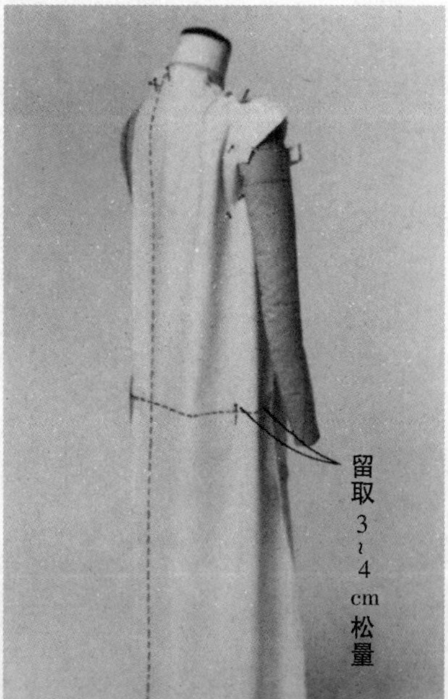

图 3－6－1(1)

3 在留取肋下余量的基础上，留出缝份后，将多余的布料剪掉，侧缝位置要偏前些。

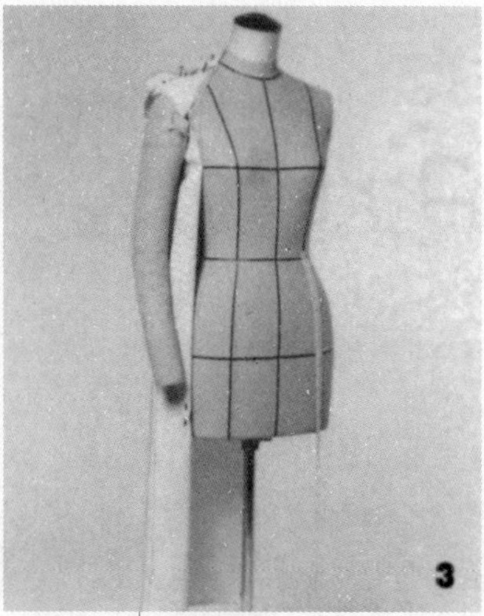

4 将后片固定在人台上，臂围线保持水平，同时调整立体造型。

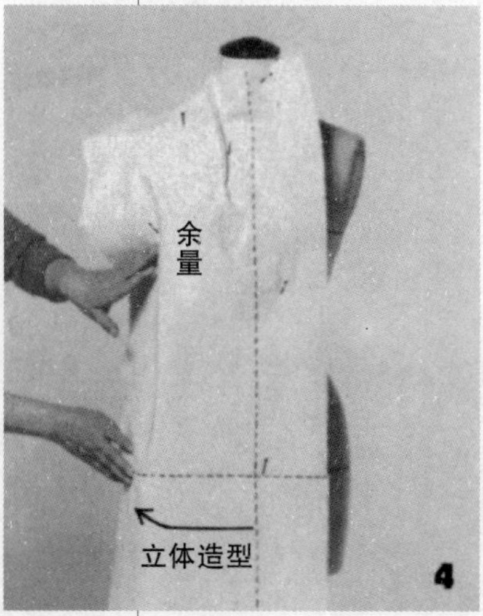

5 翻折驳头下方隐蔽处，从领窝开始捏取较长一点的省。

6 观察驳头的轮廓造型。

7 剪掉领窝、袖窿肩部多余的布料，然后折叠出侧缝线的位置，调整整体的造型，确定纽扣的位置。

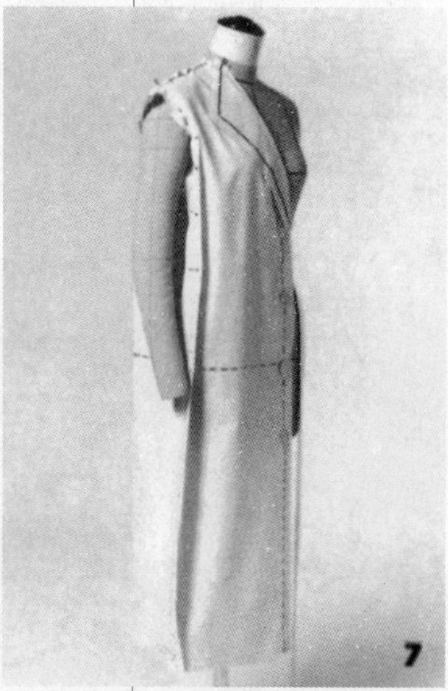

8 侧缝位置决定之后，把前片侧缝缝份折起，与后片叠后，并用大头针固定。确定袖窿位置，同时剪掉多余的布料。

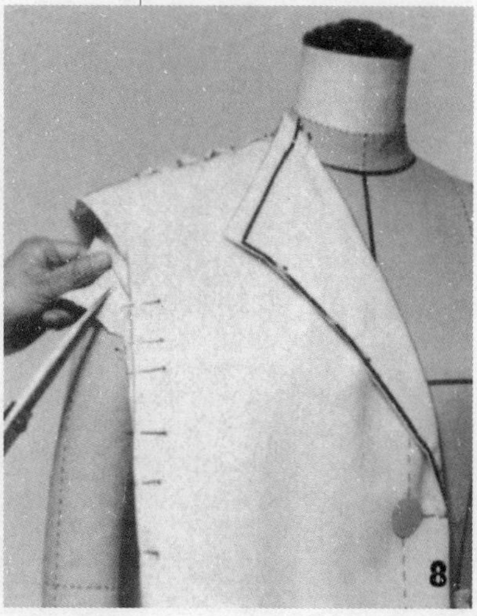

图 3－6－1(2)

9 准备一块斜纹领子布料，如果布料不够，可用其它布料代替。

10 首先将领布绱领一侧，折出 0.7cm 缝份，再把领子用大头针固定在后中心线上，然后在距离后中心 2cm 处再用另一粒大头针固定。由于两粒大头针水平固定，所以领子会形成自然弯曲的弧度。

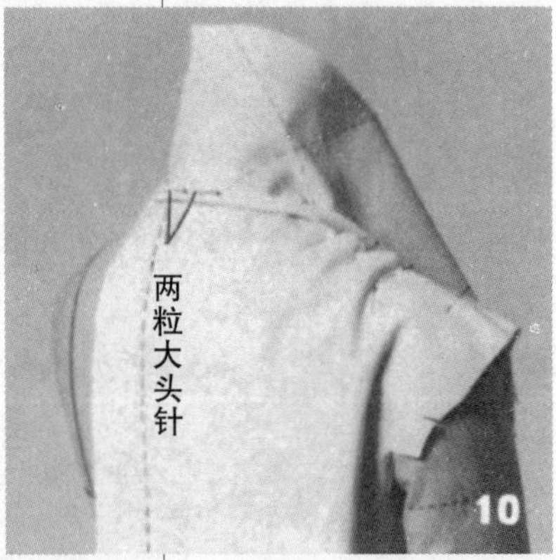

11 调整座领翻领宽度，同时将领子固定在衣身上，进一步理顺肩部领布，并将领子绕向前身驳头处。

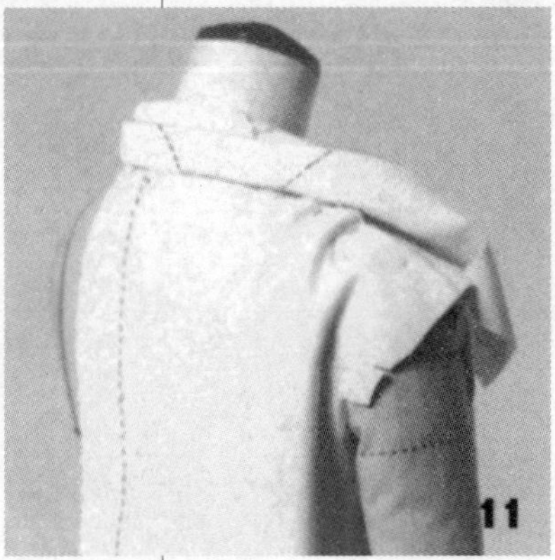

12 轻轻压住驳头一端，一面调整座领、翻领的宽度；一面将领子固定在驳头上。

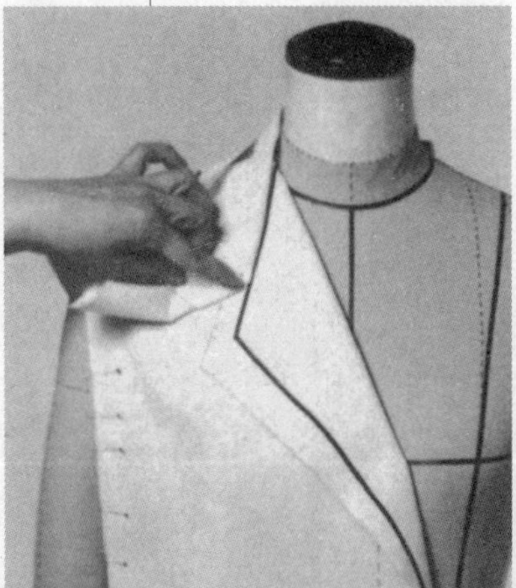

13 确定前领宽及造型。

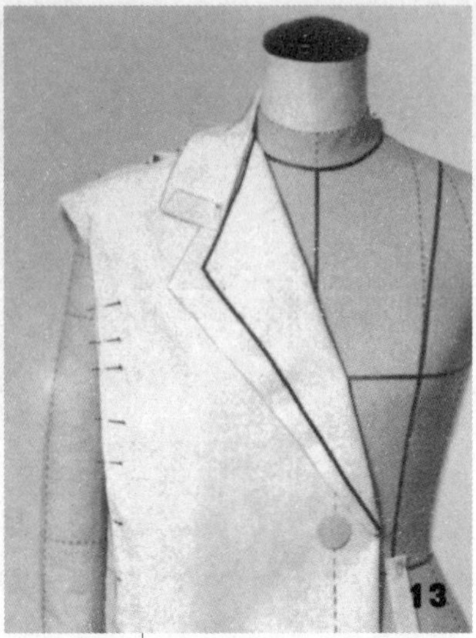

14 将领子、驳头翻起，从后向前重新固定领子，确定领窝线位置。

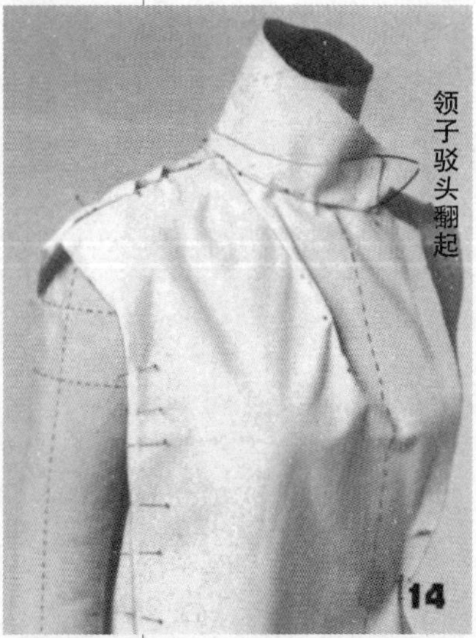

15 剪掉底领一侧多余的缝份，再一次调整领子固定位置。

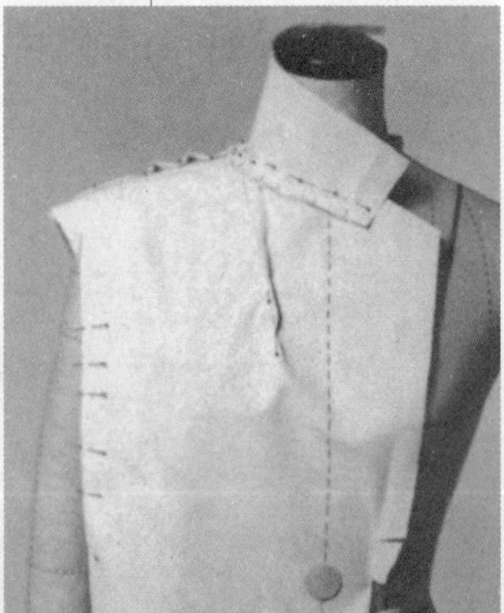

图 3-6-1(3)

16. 17 伸拉肩缝附近的外翻领口，使领子自然贴合，再一次确认领子的宽度并做出标记。伸拉位置也做好标记，以便缝合时做归拔处理。取下所固定的大头针，将图2留取的肷下余量分散到前后身上。后身胁下应多留一些余量。

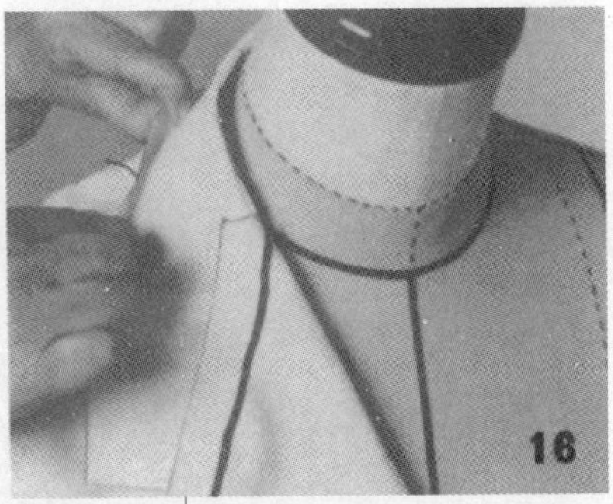

16

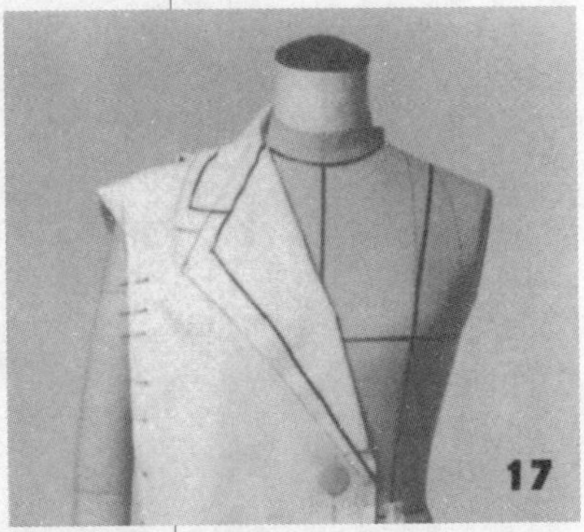

17

18 用皮尺测量袖窿的位置和深度，调整袖窿大小、深度、形状。本例袖窿尺寸50cm左右。

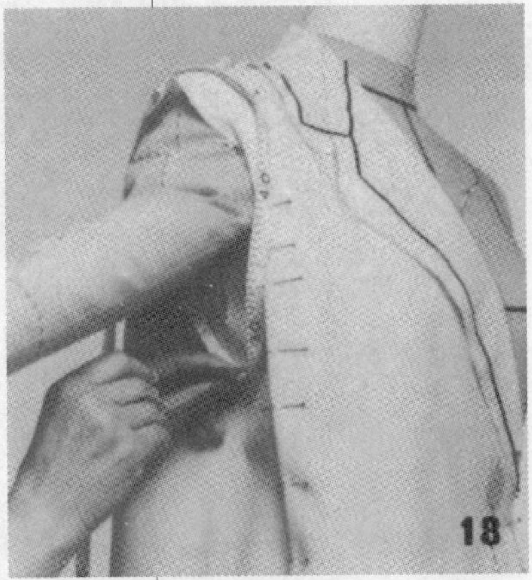

18

19 用铅笔沿皮尺画出袖窿的轮廓线。

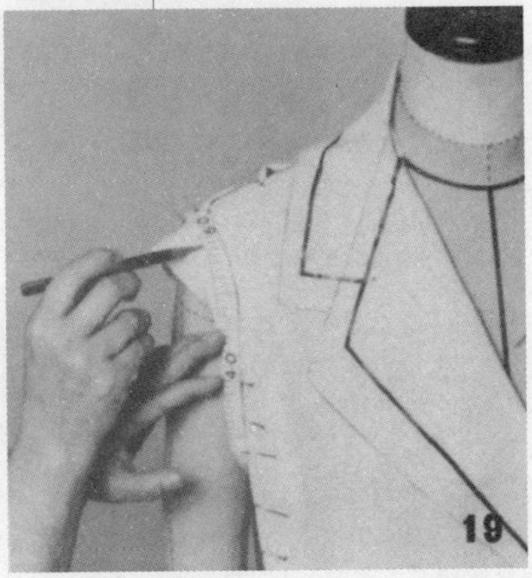

19

20 按预定的袖窿尺寸，大致粗裁出袖子的形状。确定袖长、袖口尺寸之后，缝合袖子。暂时采用较低的袖山，待固定缝合时再决定其高度。

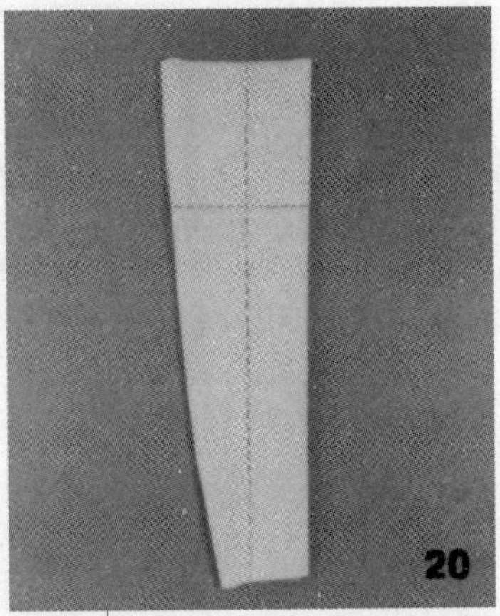

20

21 将大衣穿在人体上，先接合绱袖子。如果没有模特可在人体模型上进行。首先把袖子套在手臂上，调整袖子的方向，然后观察前后袖的余量，将袖山点与肩缝对合，调整袖山吃量。前袖山吃量稍小；后袖山吃量较大。

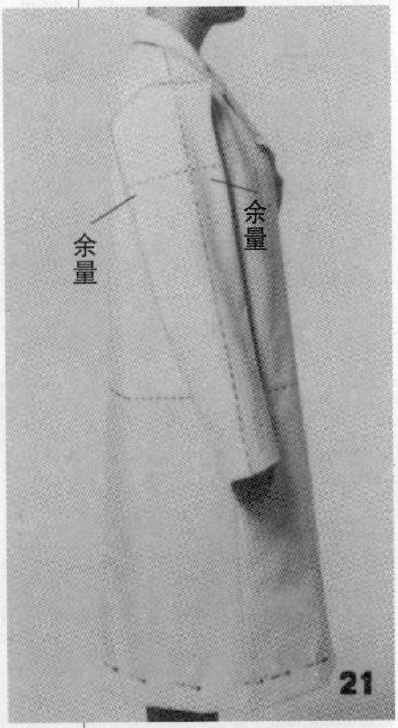

21

22 将袖窿底部用藏针法固定，接合部位要平顺。

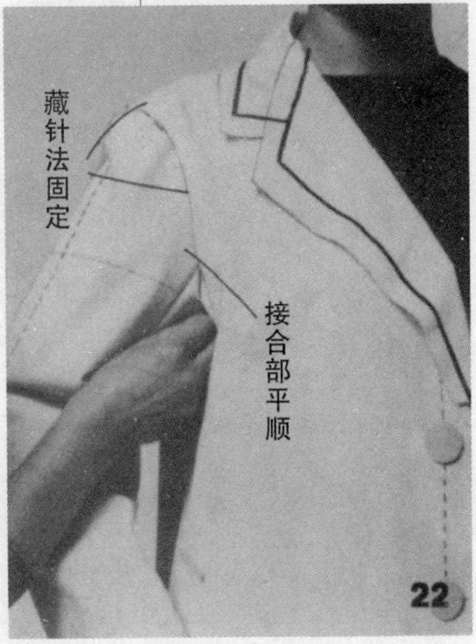

22

图3-6-1(4)

23 抬起手臂，检查袖子的活动量及造型效果。

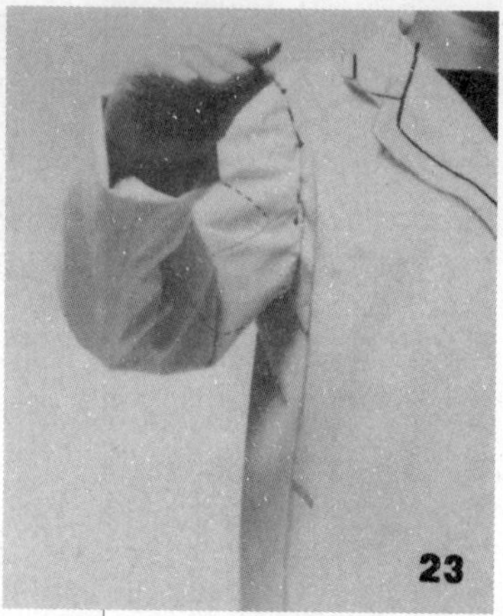

24 用大头针固定完成之后，可用针线固定试穿，虽然是半身的样板，也可以进行实际的裁剪制作。但是对于大批量生产、作为平面样板，还要考虑其生产性和用量，必须将半身样板修正为工业用样板。

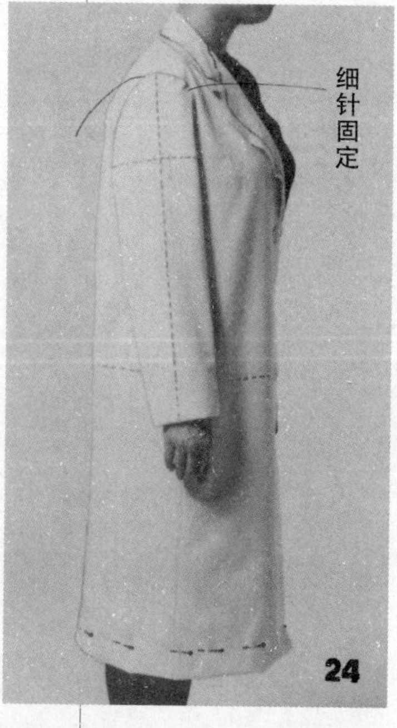

25 裁剪展开图

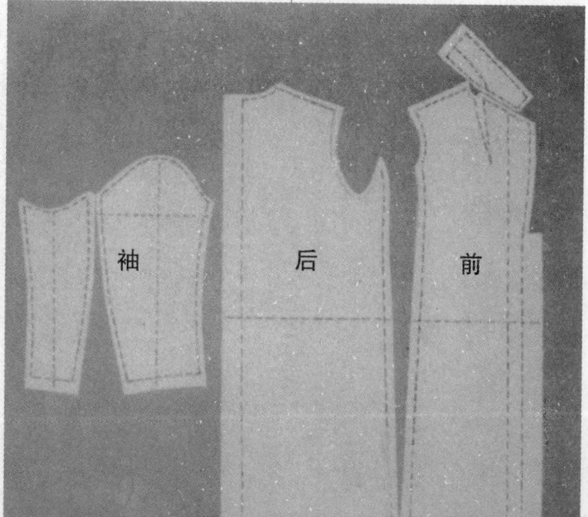

26. 27 完成效果

本列最好采用粗花呢之类的面料制做。

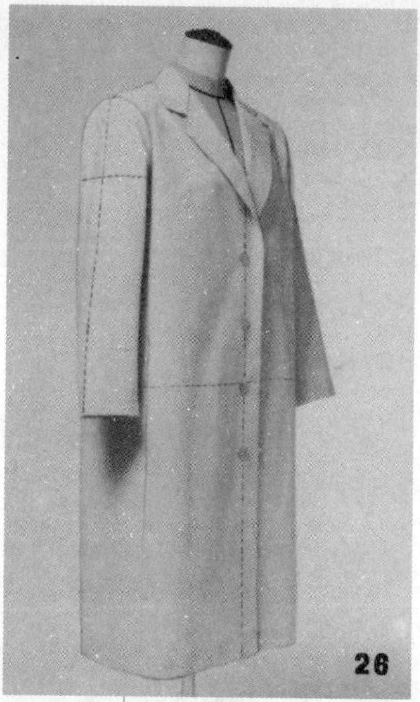

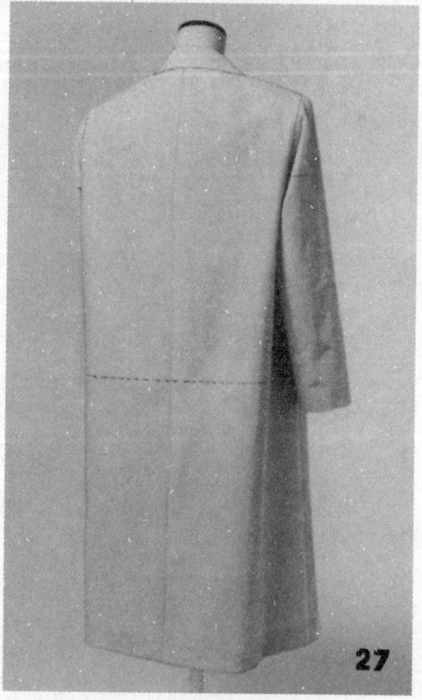

应用本范例的样板，也能制作出方袖窿和土耳其袖大衣款式。

图 3-6-1(5)

青果领直筒式造型大衣

本例服装款式的立体轮廓与西服大衣相同，只是把领子变化为青果领。随着穿着方法的变化，服装可呈现出不同的穿着效果，如翻折领子，可以提高防寒性，敞开门襟使下摆自然展开，会形成A字型轮廓造型。本例采用无手臂的立体裁剪。

1 设计从后面开始，为了做出立体轮廓造型，把垫肩固定在肩部。

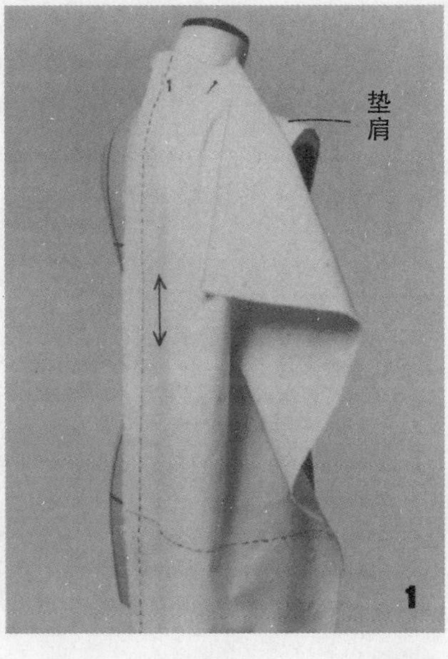

2 后片的臂围线保持水平，对齐后中心线，在臂根处取较大的松量，并用大头针固定。

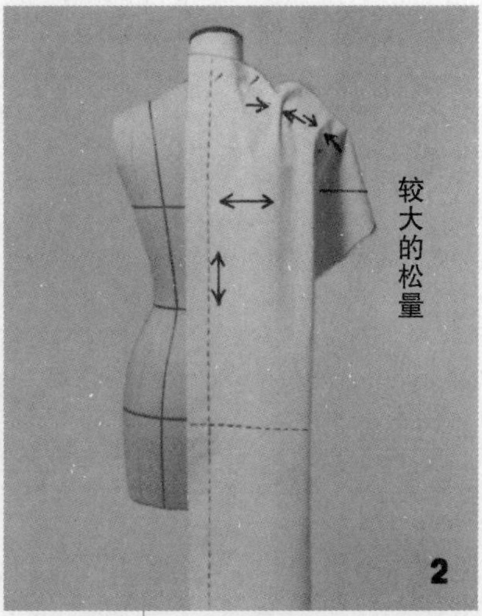

3 腋下部位捏取3~4cm的余量，将后片推抚到臂根前下方的侧缝位置。折叠出侧缝缝份，观察侧缝位置是否协调、美观。

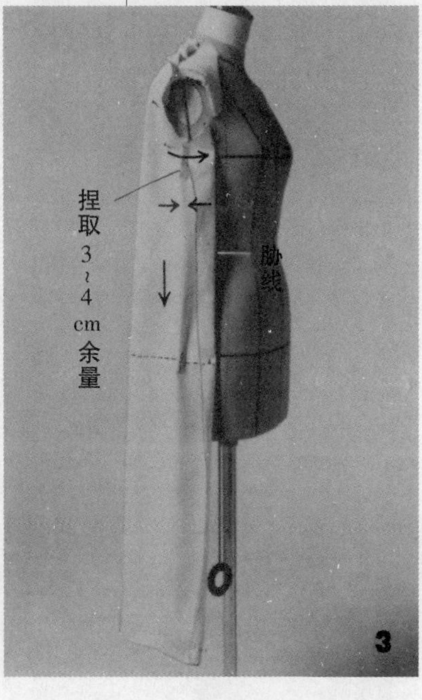

图3-6-2(1)

4 在前片的中心部位留取 1cm 松量，与人体模型的中心线对齐，并固定在人台上。保持臂围线水平，留出充足的余量。肋下的余量一直向上从袖窿向肩部、领窝推移，这样处理后，胸部会出现充足的余量。

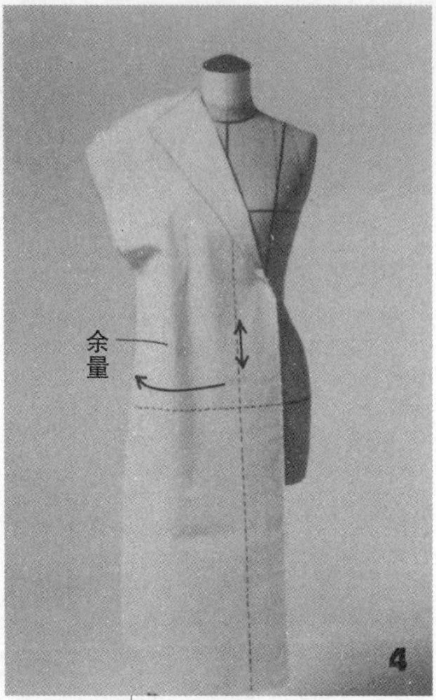

5 在翻驳领的下方捏取领省。

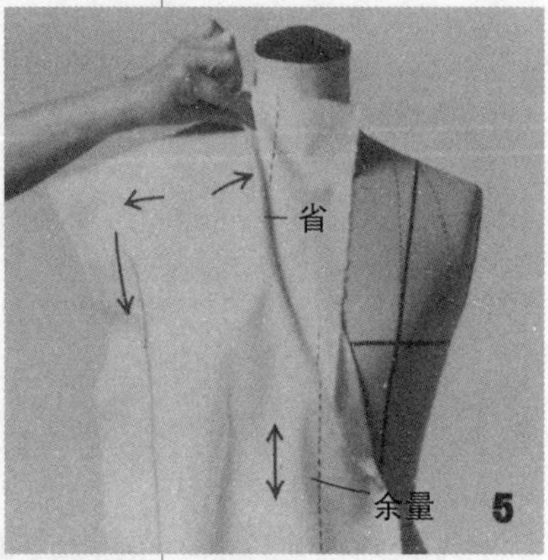

6 调整胸部造型之后，对合前后片侧缝，剪掉袖窿多余的布料。

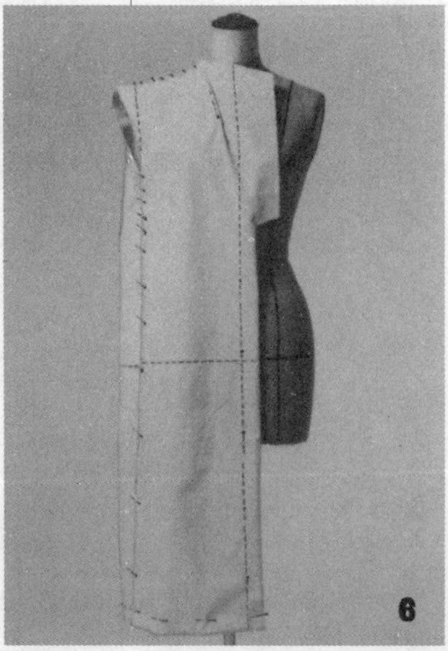

7 绱领子。用正斜纱布料粗裁领布，将领布的后中心与人台后中心对齐，并用大头针固定。另外，距后中心 2cm 这一段是水平，固定大头针。

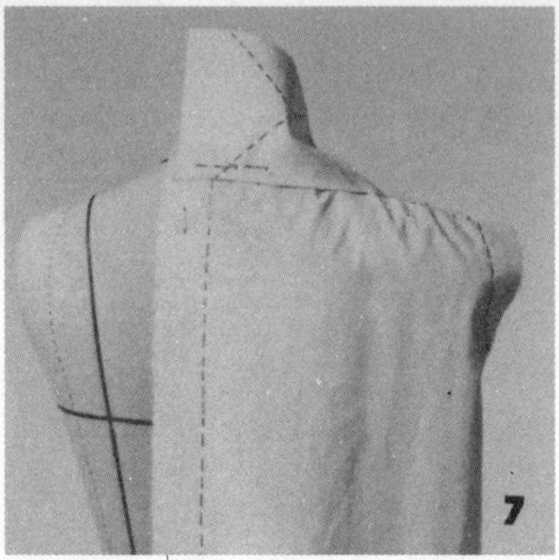

8 确定座领和翻领的宽度，折叠观察其造型效果。

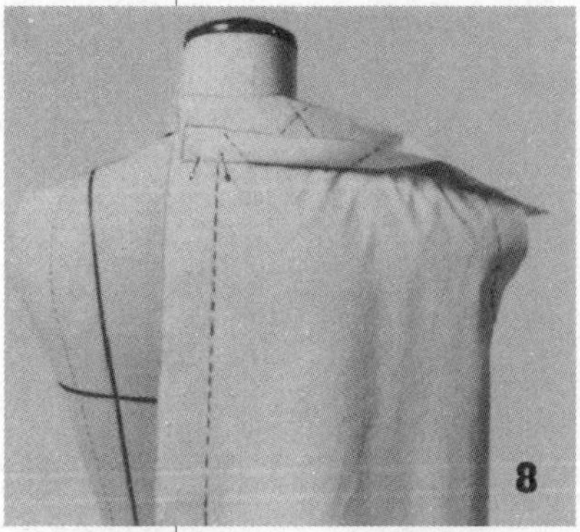

9 调整好座领、翻领、外领口的造型，然后将领布绕向前片。

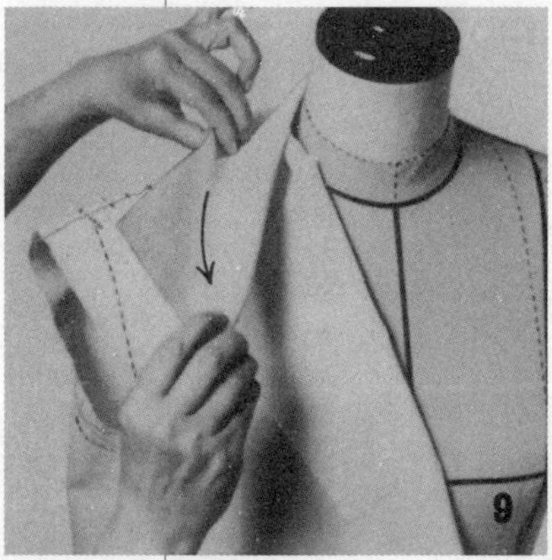

10 领子与驳头相连，连接处不要出现棱角，领外口要流畅自然。

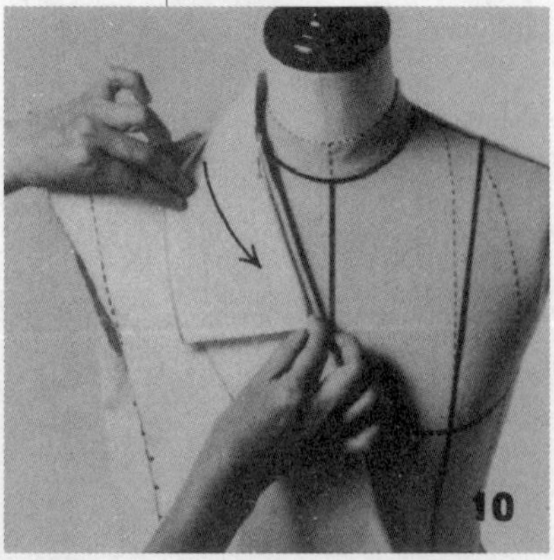

图 3－6－2(2)

11 看准连接位置，剪掉领子多余的布料。

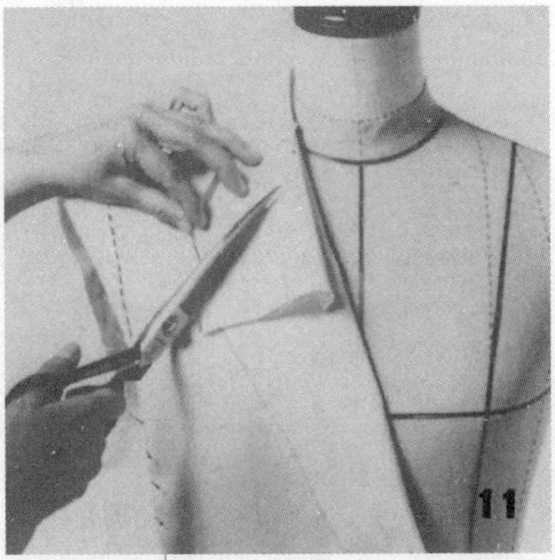

12 将领子自然、平整地重叠在驳头上，观察翻领宽度。

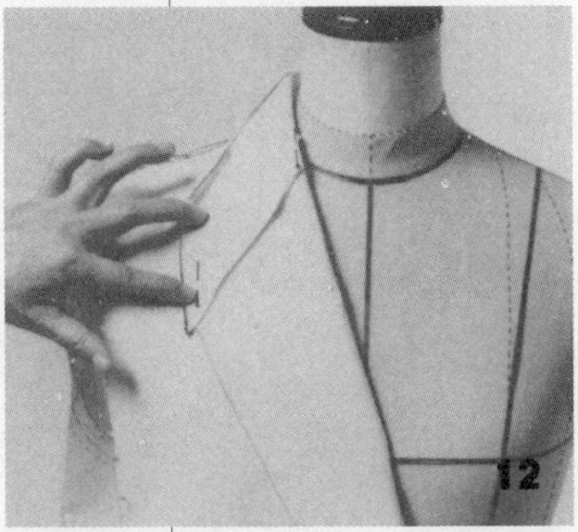

13 伸拉外领口、整理造型，使领面不出褶皱。

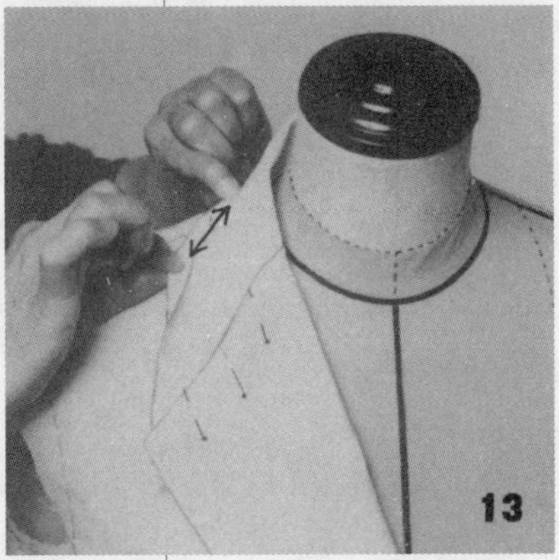

14 翻立领子，调整绱领线。

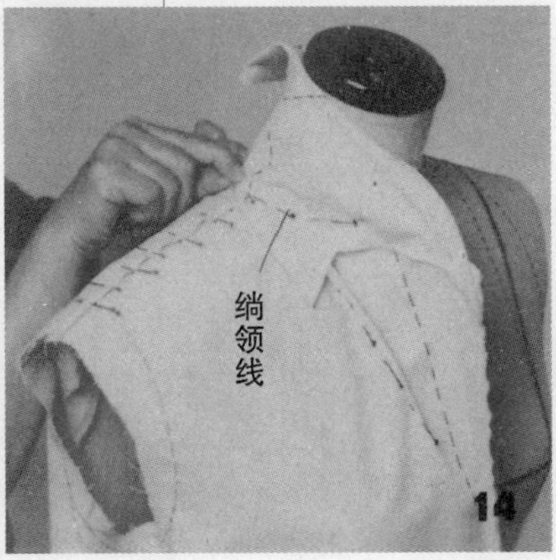

15 可结合流行与使用的面料，确定青果领的造型。

16 袖窿弧线可采用一般袖窿弧线如图上所示。也可采用 V 字形袖窿弧线。根据喜好自由决定。无论采用那种袖窿弧线、袖子造型，都采用宽松式衬衣造型。

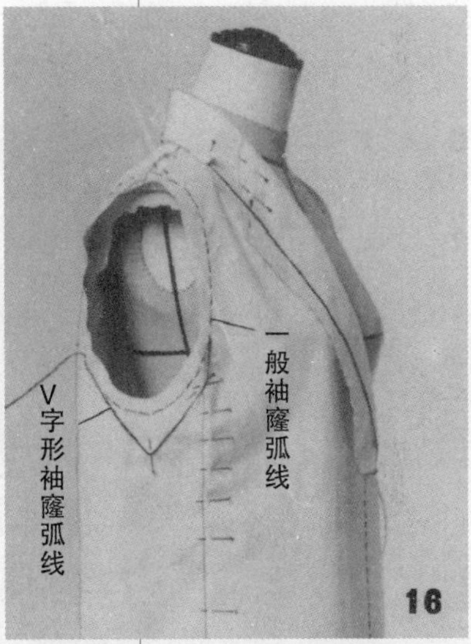

17 绱袖前，将胸部、背部余量推移到臂根部位，腋下要平展。

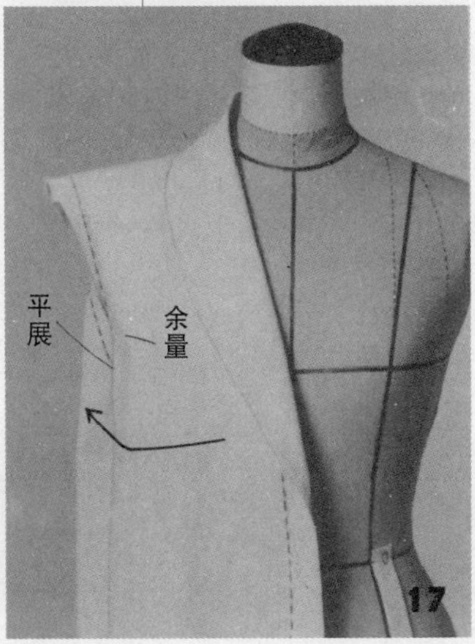

图 3-6-2(3)

18 依据袖长、袖宽粗裁袖子布料。首先在肩端位置用大头针固定袖山，然后将袖片向前方稍稍偏移，要从肘部开始改变方向。

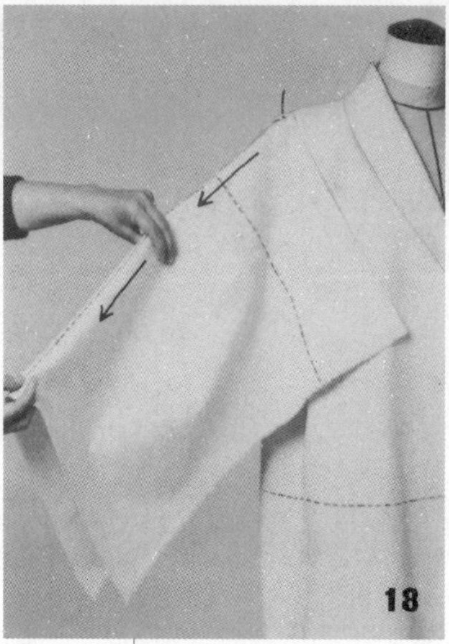

19 保持袖子的方向，用大头针固定。

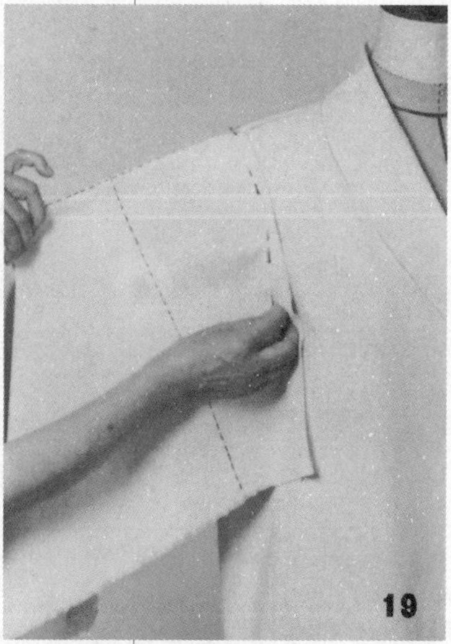

20 如果近似水平固定袖子，手臂抬起比较容易，但是，手臂下落时，袖窿容易产生多余褶皱。所以，应考虑袖子的机能性与美观性再固定袖子。

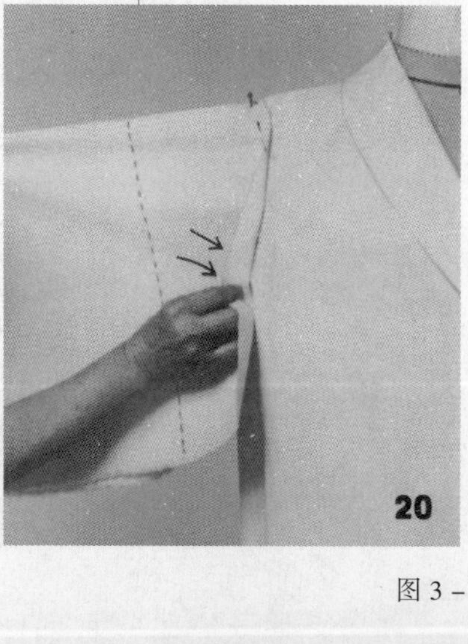

21 将袖子用大头针一直固定到腋下。

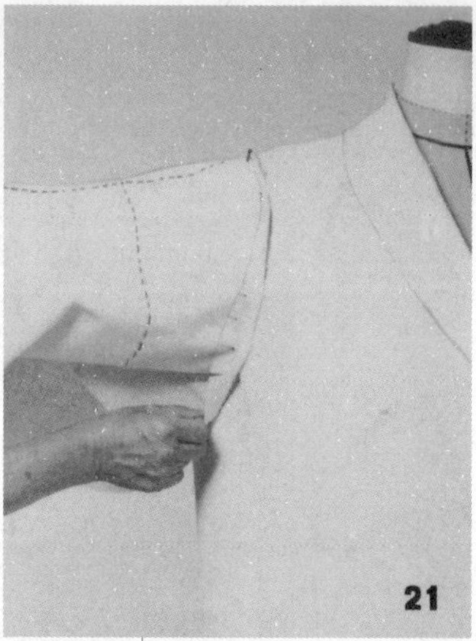

22. 23 后袖以同样的方法固定，后背应留取足够的余量，后片袖窿部位要稍稍有点吃量。

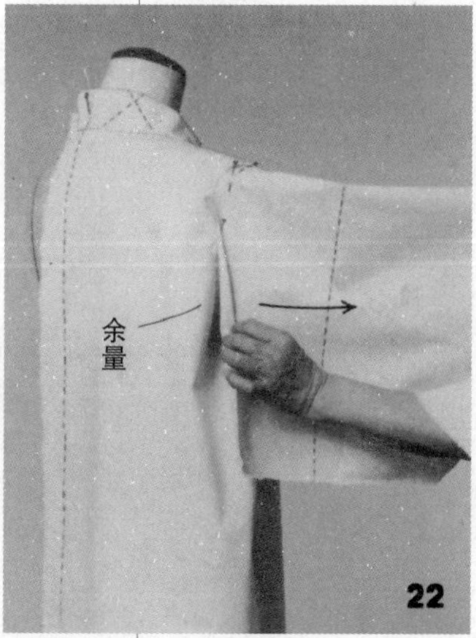

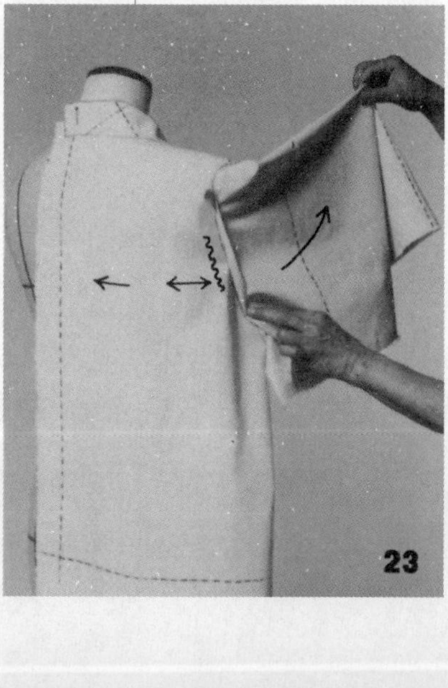

图 3－6－2(4)

24 确定袖上肥尺寸，对齐前后袖底缝。

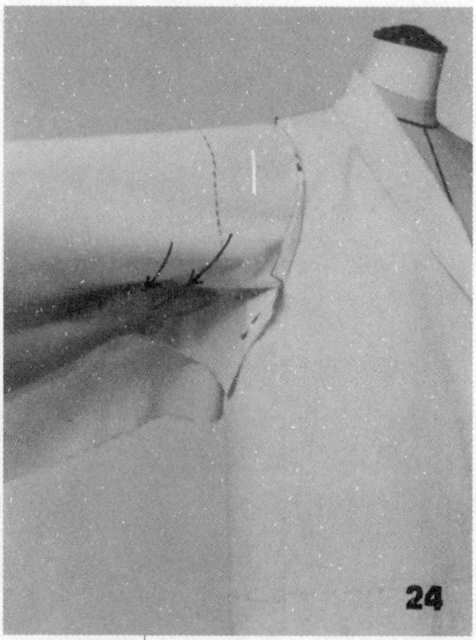

25. 26 确定袖肘的位置和宽度，保持袖子向前倾斜的方向，固定大头针。

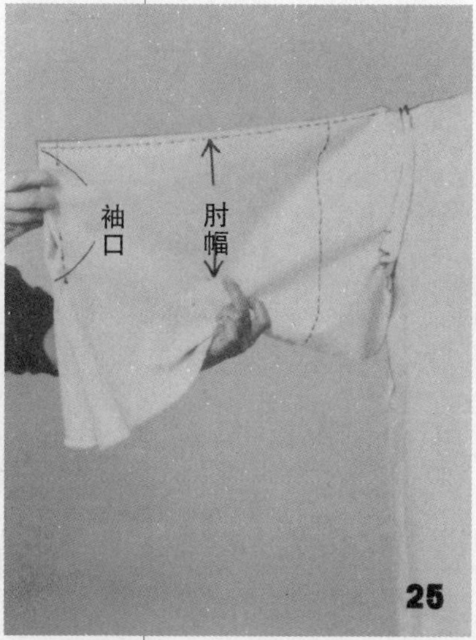

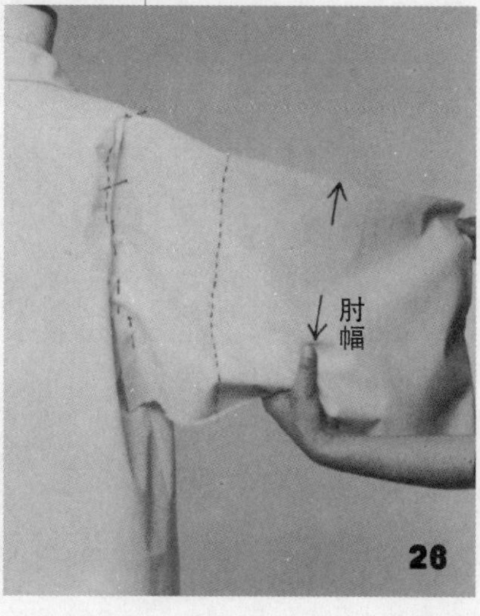

27 剪掉袖底缝多余的布料。

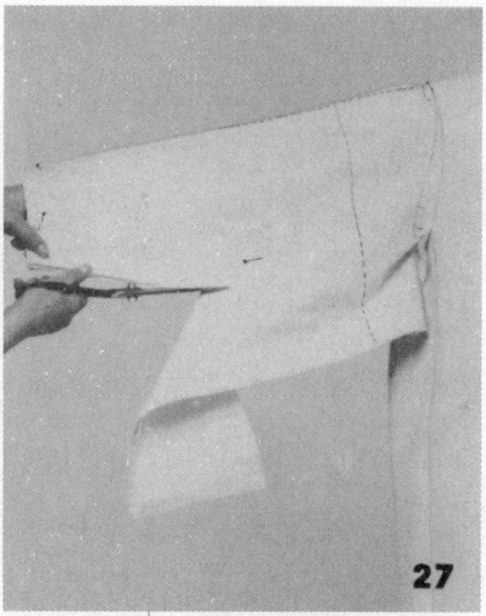

28 整理袖底缝。

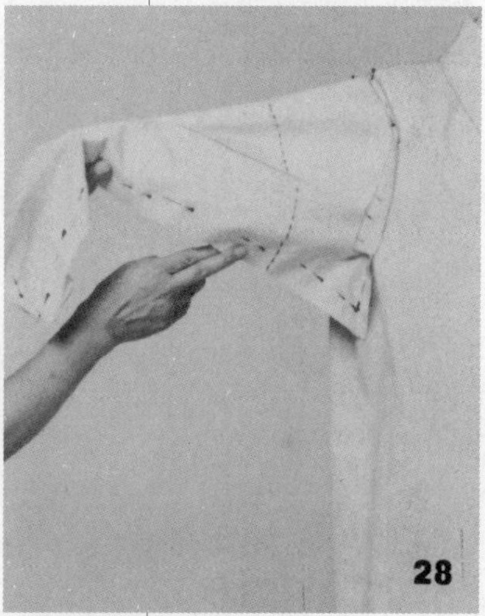

29 将袖子放下，检查袖上肥，袖子的方向是否合理。

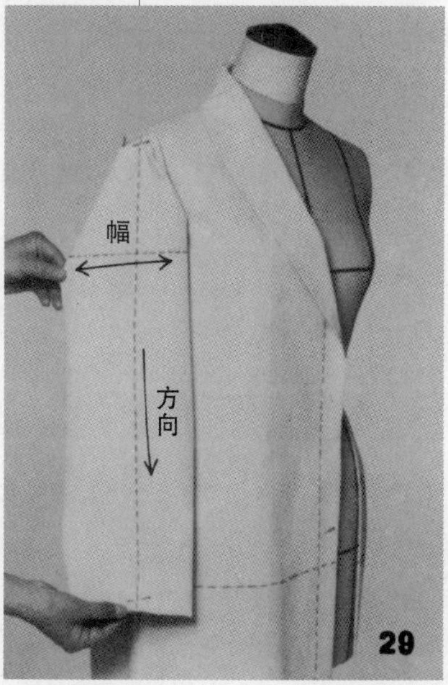

图 3-6-2(5)

30 裁片展开图

侧缝的倾斜角度前侧缝比后侧缝明显，这是因为行走时，前面需要较多的余量。

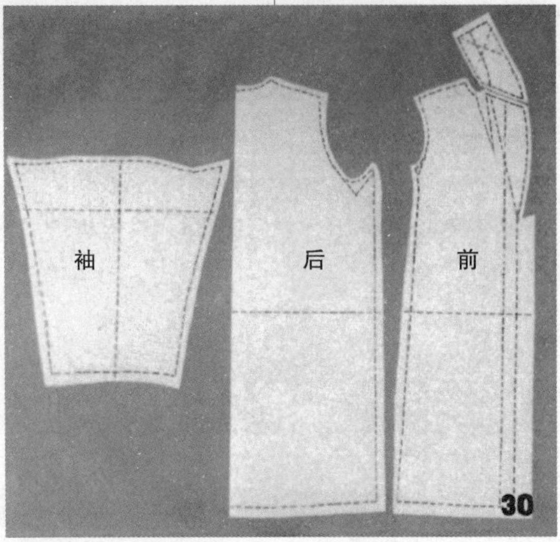

31.32 完成效果

采用较厚材料制作，起到防寒作用，如果采用软薄的材料制作，搭配腰带，可作为雨衣及防尘大衣穿着。

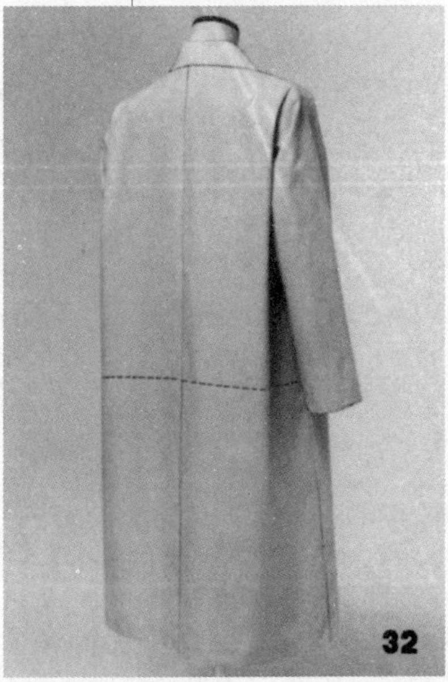

图 3-6-2(6)

风 衣

风衣是一种具有多种用途的服装，可防风、防寒，也能充当雨衣抵御濛濛细雨，它属于超越流行的服装。并深受消费者喜爱。本例介绍具有代表性的双排扣、插肩袖，肩头、袖口带有装饰带，胸背加有披肩风衣的立体裁剪方法。

1 将前片固定在人台上，对齐前中心线及胸围线，使前片从前面、侧面形成立体造型，留取足够的余量，按箭头方向将胸部省量转移到领窝处，或将胸省转到袖窿处理。袖窿的深度挖到距离领围，只留1/3肩宽的位置。

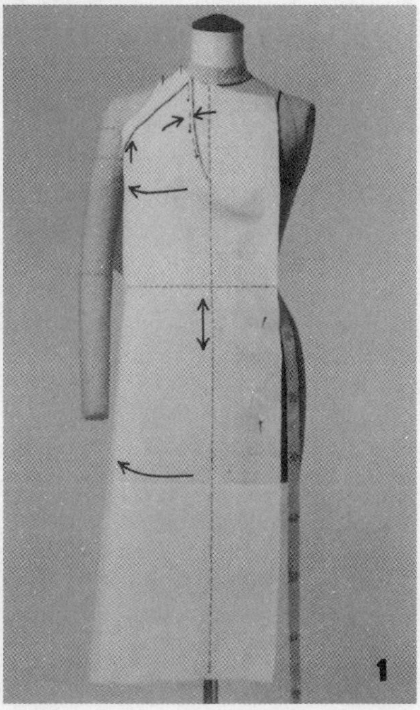

2 翻折驳头。

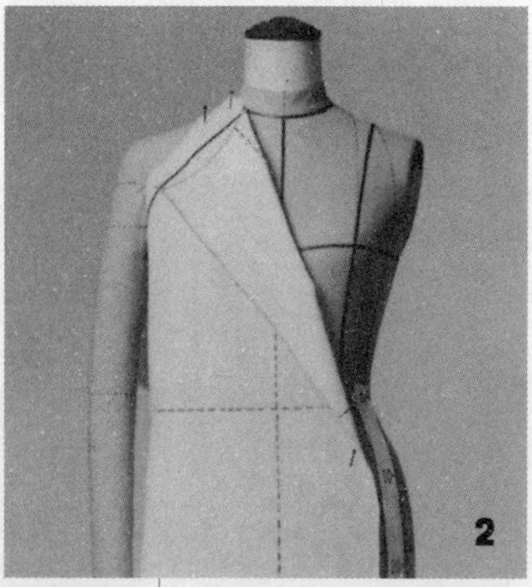

3 将后片固定在人台上，对齐后中心线及腰围线，布需保持水平，留取适当余量，使后面与侧面呈现立体造型。特别强调在背部肩胛骨附近留取足够的余量。

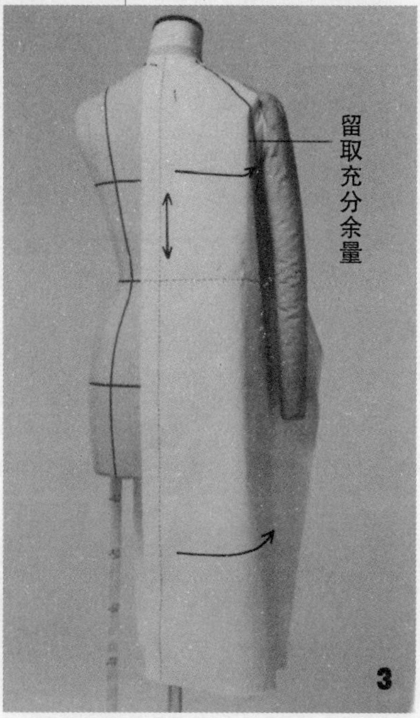

图3-6-3(1)

4 后袖窿的处理方法与前片相同，留下 1/3 肩宽，粗略裁剪出袖窿，对合前后肩缝，并用大头针固定。然后，用黑色胶带标注后肩袖窿线。腋下留取足够的余量，扒合前后侧缝。

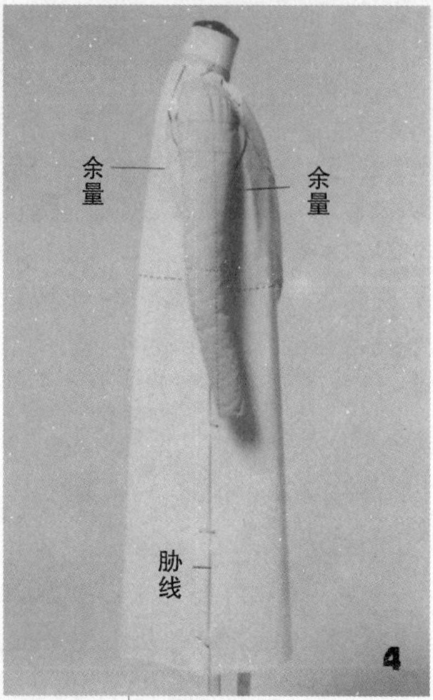

5 整理领窝及袖窿的缝份。

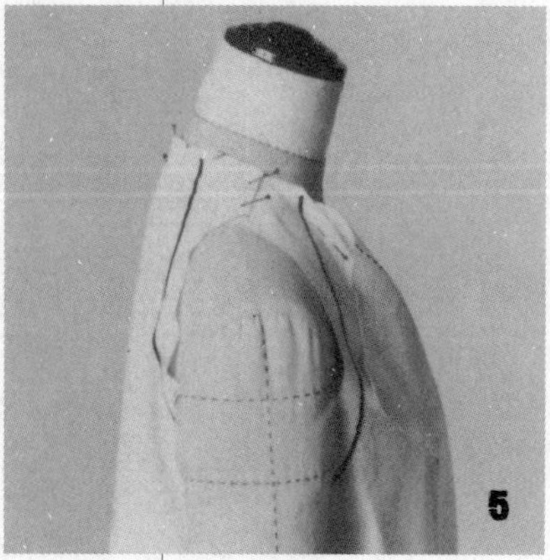

6 按图 6 所示尺寸准备袖片，裁片的中心线对齐肩缝及袖山的中央，使袖片自然裹住手臂，形成袖子的形态。

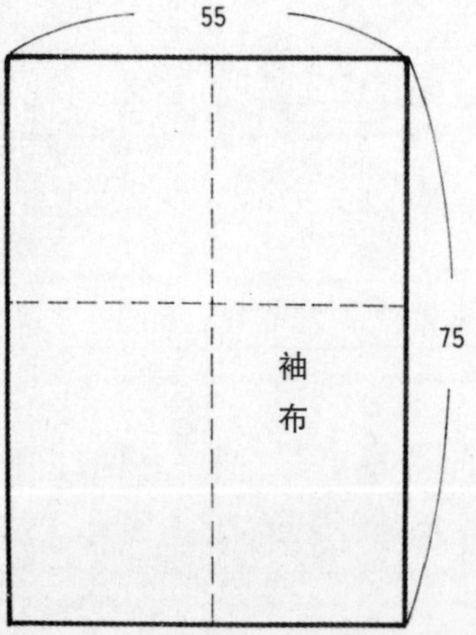

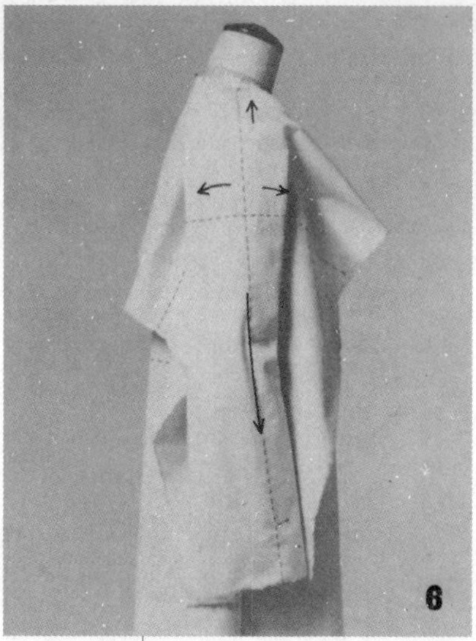

7 调整肩部，同时依箭头方向向上伸拉推抚布料，捏取肩省。

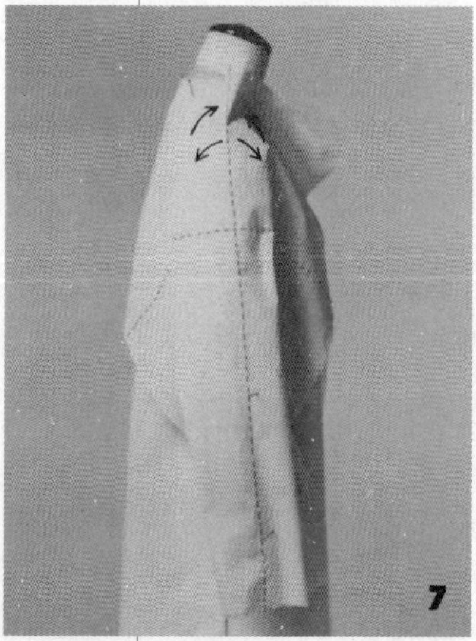

8 一面调整肩部与手臂的接合；一面确定适当的袖上肥。前袖稍呈直线状，后袖肘部突起呈弧线状。袖口尺寸为 14～15cm。结合衣身的袖窿线调整袖山造型，留出适当缝份并剪掉多余的布料。

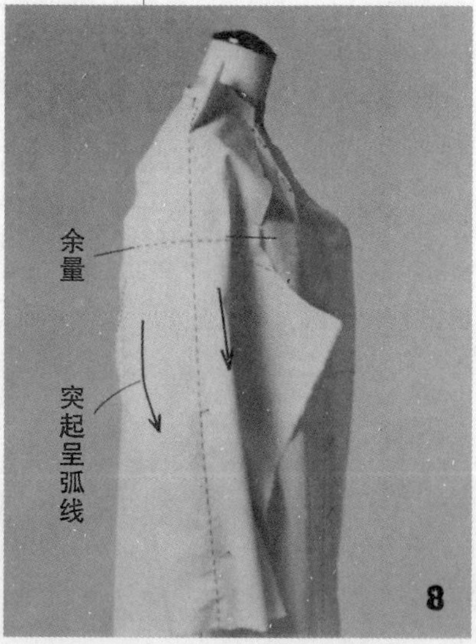

图 3-6-3(2)

9.10 将手臂固定在腰部，整理袖窿后，用藏针方法将袖底缝固定在衣身上。如果先把袖底缝以及肩省假缝起来，再用大头针固定袖子就比较容易处理。

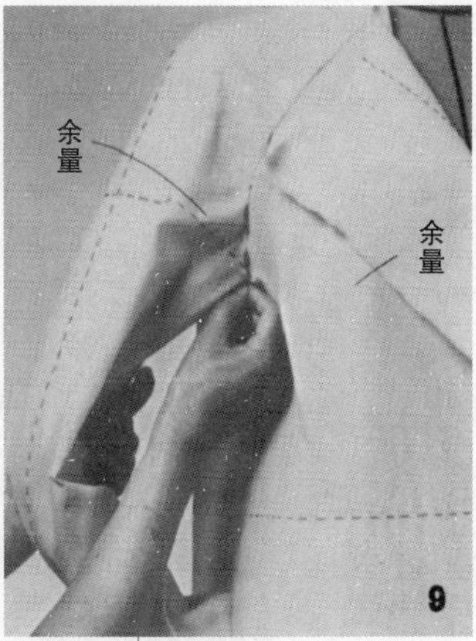

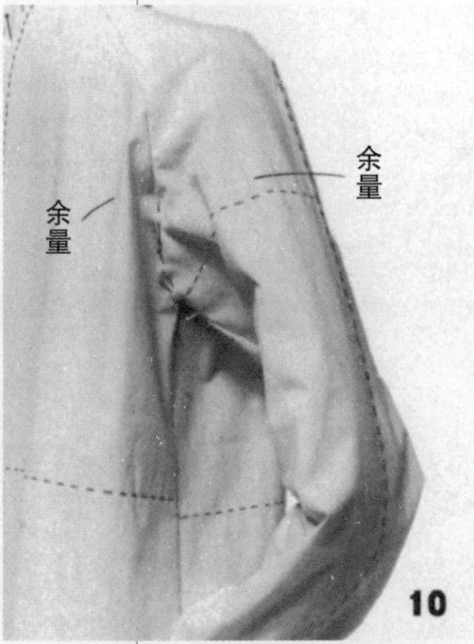

11 裁剪领子。首先将风衣的座领固定在领窝，座领宽度以及领窝形状可自由设定。

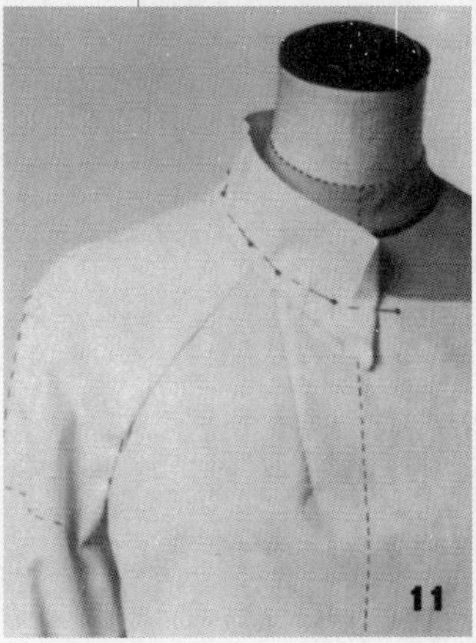

12.13 将翻领固定在座领上，整理翻领造型，剪掉多余布料。翻领的领宽可自由设定。

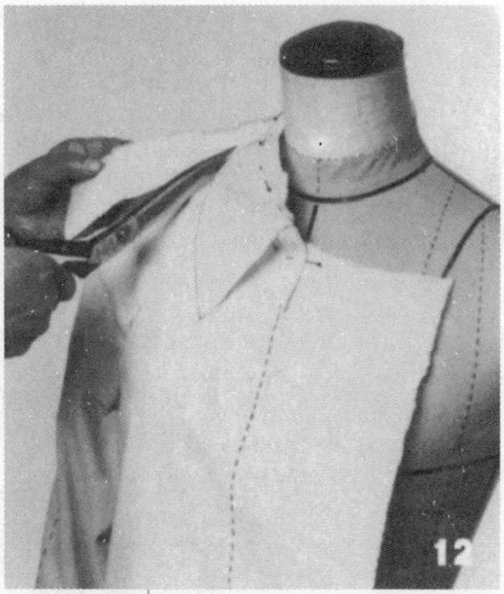

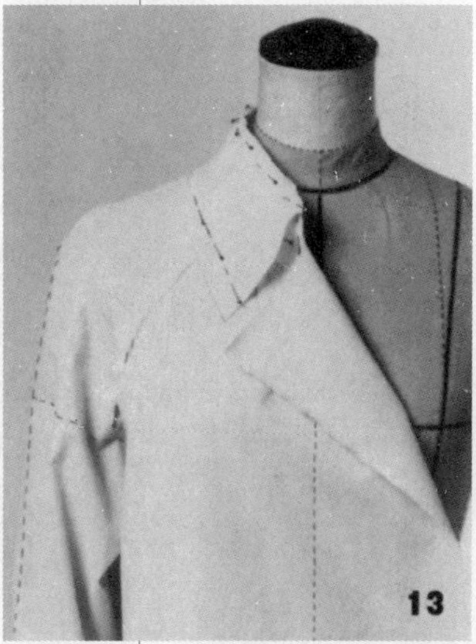

14.15 将前后披肩固定在衣身上，整体比例协调，形成赋有美感的造型。

图 3－6－3(3)

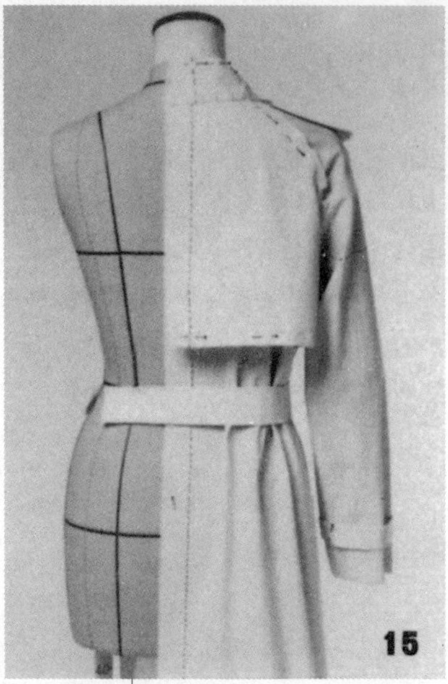

16 裁片展开图

从袖子的展开图可看到前肩省量较大，袖窿较深，这充分显示出袖子向前方倾斜的结构原理。

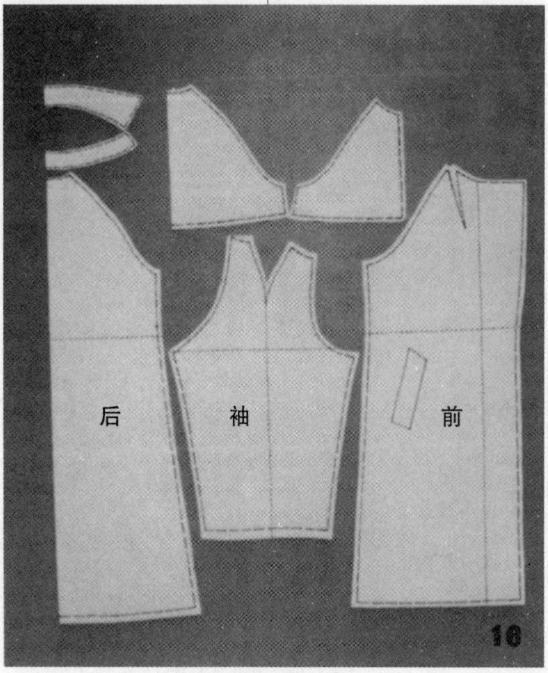

17. 18 完成效果

纽扣、口袋的位置，在试穿时考虑其机能性与实用性来决定。袖口装饰带、腰带可依个人喜好的位置固定。

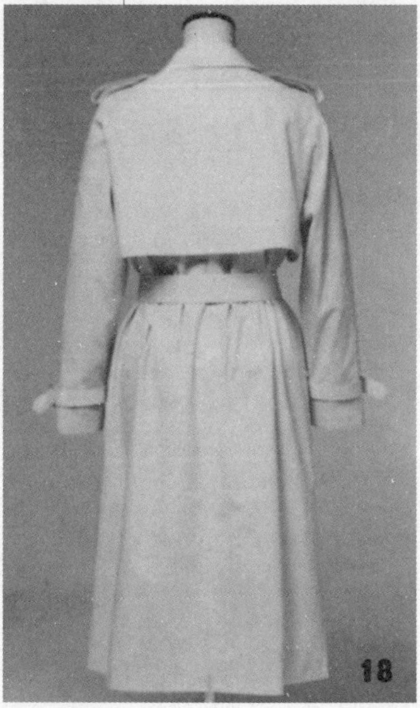

图 3-6-3(4)

插肩袖短大衣

本例介绍宽松式轻便短大衣。长度为身高的一半，下摆呈现展开的立体造型。可与西服、礼服、裤子等搭配穿着，在不太寒冷的地方可以越冬穿着。由于是半身衣长，下摆呈现展开的立体造型，所以，制作时应注意长度与宽度的比例均衡美感。

1 由于插肩袖肩部较宽，所以，在人台上装上垫肩。

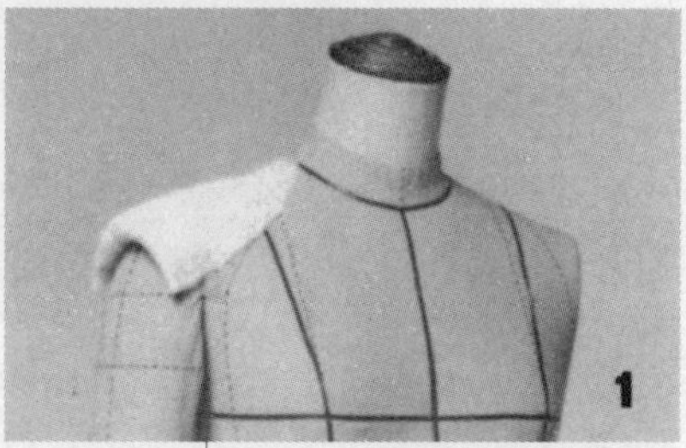

2 准备足够长度与宽度的布料，将前片中心线与人台的中心线对齐，并固定在人台上。按箭头方向推抚布料，使下摆靠近侧面的地方，能够呈现波浪造型的效果，袖窿一侧也出现较大的褶皱，理顺肩端布料，使其贴合在垫肩上。

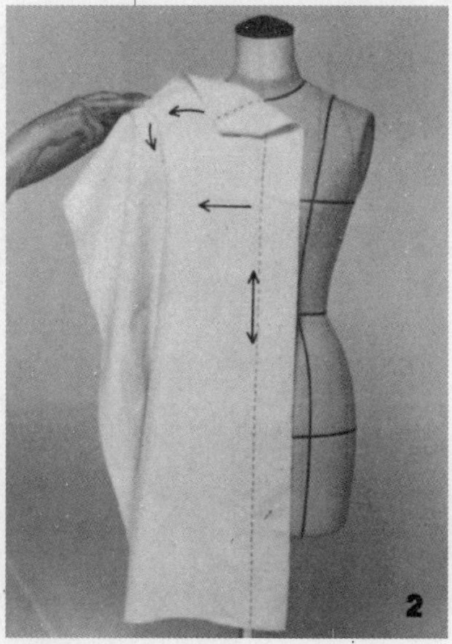

3 剪掉袖窿、肩部多余的布料，在领窝根部打剪口，使领子能够立起来。

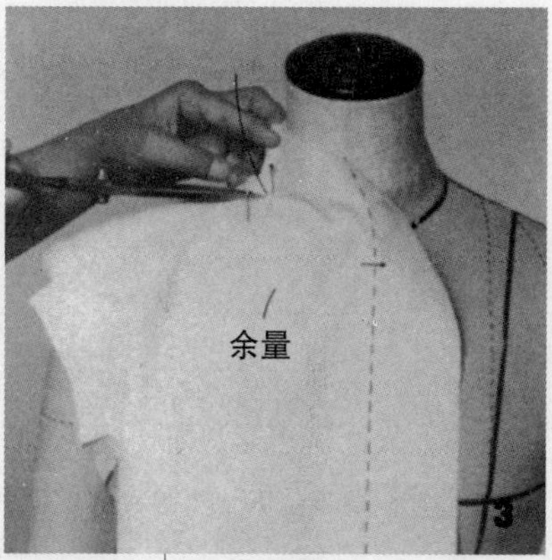

4 前片腋下留取足够的余量，轻轻折出侧缝位置。

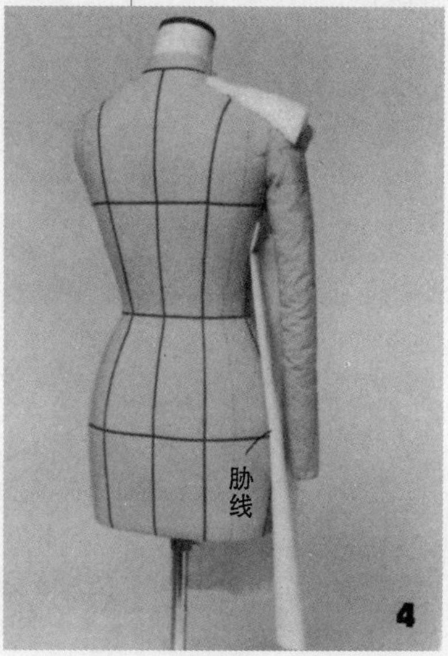

图 3-6-4(1)

5 将后衣片固定在人台上，使其后片的背部与下摆侧缝留取宽松的余量，使之形成宽松展开的效果。

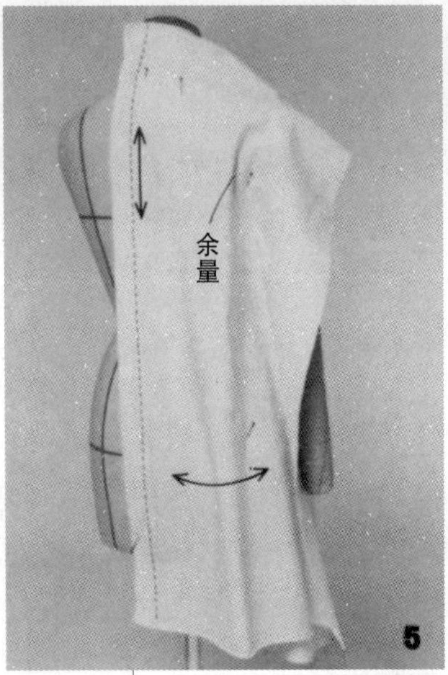

6 按插肩袖分割线的位置，剪出肩部插肩袖的份量，让后面的右侧边从领口向上直立起来。

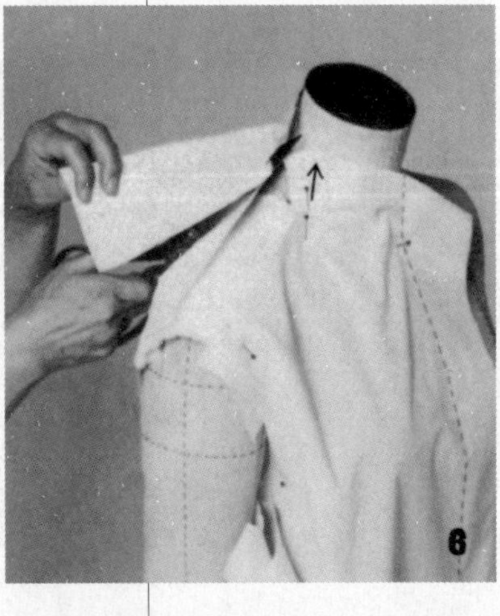

7 设定袖窿位置，使用铅笔作好标记。由此推断绱袖的位置及袖上肥的大小。

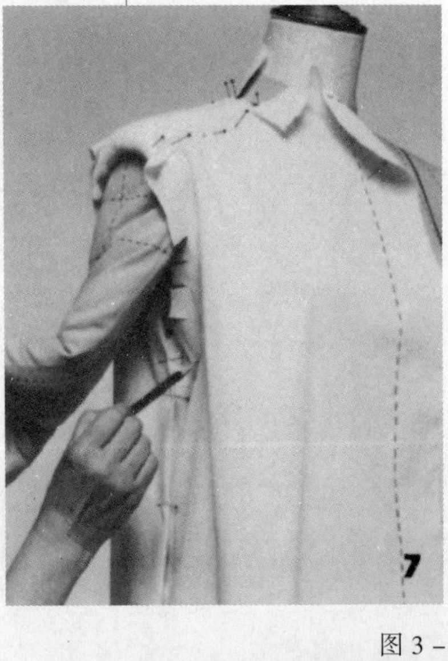

8 用大头针或铅笔把推测的袖上肥尺寸加以标注，粗略裁剪袖子。

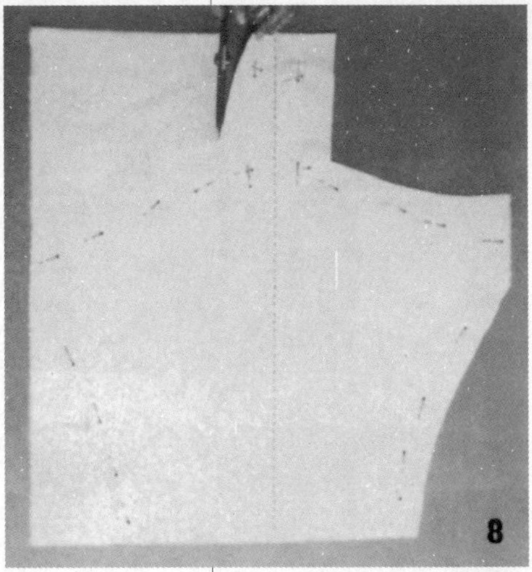

9. 10 绱袖子

将袖子从肩部到袖窿固定在衣身上，前袖的结合较为贴身；后袖则较为宽松，使袖子自然向前倾斜。

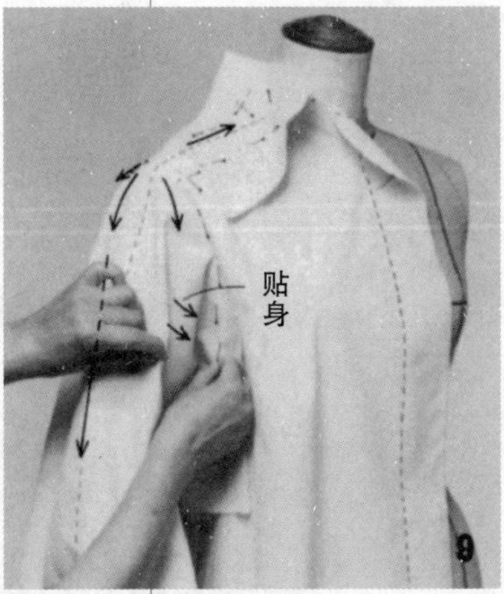

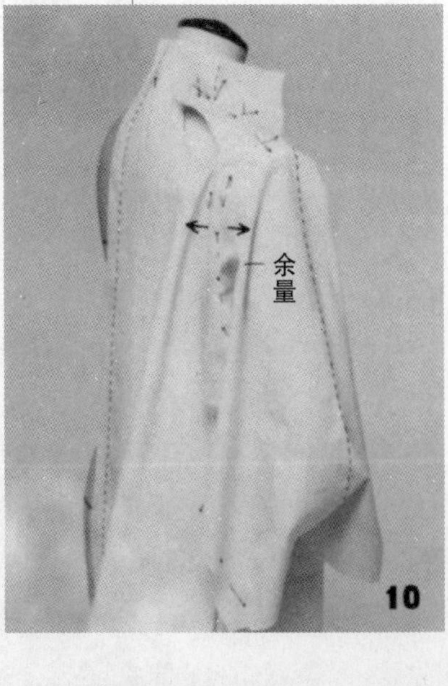

图 3－6－4(2)

11 确定袖山肥及袖口尺寸后，用大头针固定袖底缝。

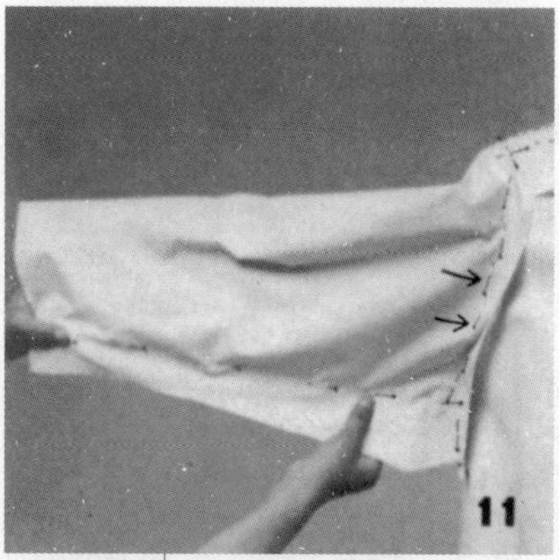

12. 13 整理领窝，使其接合部位自然贴合于颈部，然后用大头针固定，并决定领子的宽度。如果领子宽度较大时，领围也较大，但是如果领窝较大，立领部分就不太稳定，这时可用扦条加以固定。

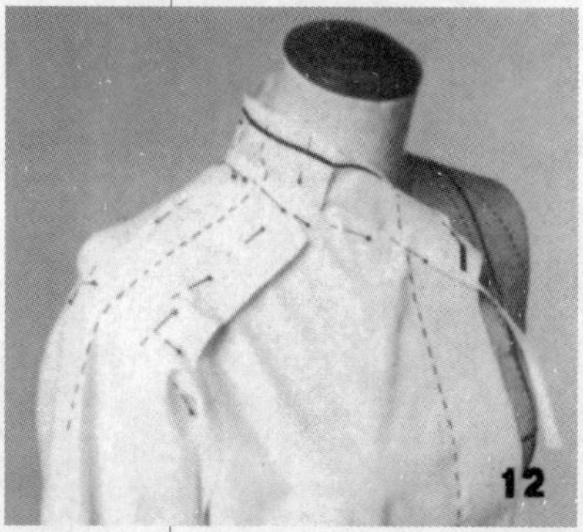

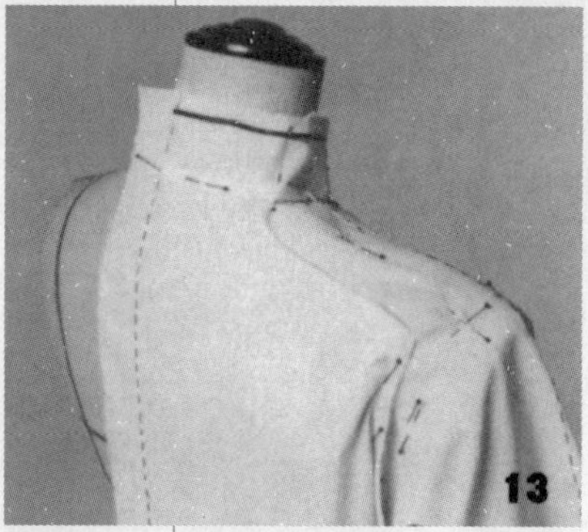

14 裁片展开图

下摆宽松量根据使用的材料进行调整，口袋及其它细部设计可据个人爱好决定。

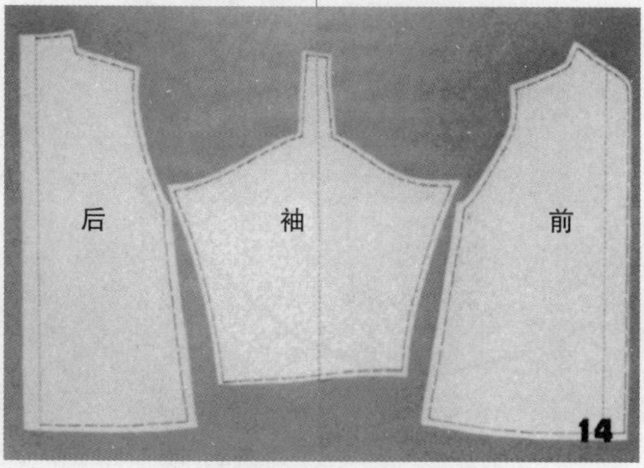

15 完成效果

图 3－6－4(3)

毛皮大衣的加工——立体裁剪的应用

做一件毛皮外套，常受所使用的毛皮张数所限。所以，衣服的样子要根据毛皮的张数来选。把它放在麻布一类布上缝合起来，在人台上，看看其立体形态。

用厚一点麻布一类布做，立体轮廓感更清楚。

单讲毛皮，毛质及手感等也是多种多样的。毛的长短从大山猫，狐狸等长毛类，水貂，麝鼠，鼬鼠等中毛型，到人造毛皮、羊羔皮接近布帛的短毛类，有很多种。原始的毛皮，本身也是有柔韧的、薄的、厚而硬的种种。同一种类动物的毛皮，也是有差异的。就是在一只动物身上的皮毛，头和尾因部位不同，毛皮质量也不一样。所以，要事先了解使用的毛皮的特征，才能更好地利用它。很重要的是要掌握成衣的样式后再剪裁。尤其是长毛型的动物，有的毛长达 5～10m 以上，要十分注意领、肩、身片等一致、要讲究，不要做成后而后悔。

A. 裁剪外套

1.2 把用大头针别好的半截外套穿在人台上。给人台穿的时候，要根据毛皮，留些适当的余份。前后中心均留 1cm 的余份，别上大头针。如果想多留点余份时，最好事先给人体模型穿上针织上衣之类。

穿上的麻织品或是毛皮，就原封不动，好好检查一下做的怎么样，余份够不够等等。不足点，就直接在立体模型上用手校正。毛皮与布帛间最大的不同点是有绒毛，所以很难看到接缝。为了做立体轮廓，随便地打点褶也没多大妨碍，很便利。也可以切开帮点小块块。

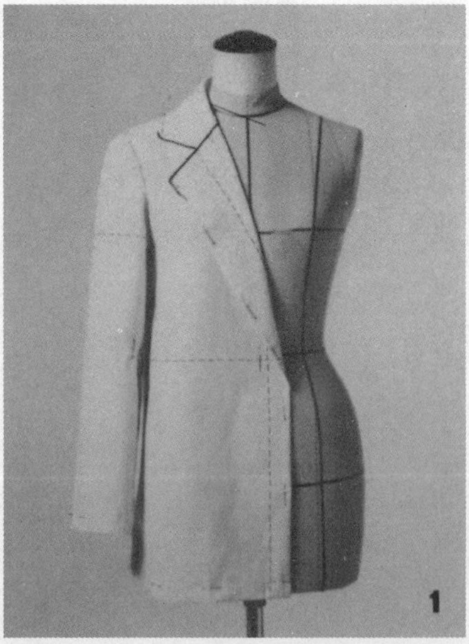

图 3－6－5(1)

从服装的贴边到领的部分，因为毛皮重叠，很厚。在麻布上，很难抓住绒毛或了解毛密度的实际状态，为了防止前端吊上去，或领窝变紧等，应好好检查毛皮的余份。如果要穿着考究的领子，一般按长毛型裁剪。但也和领宽一样，由使用的材料或设计来决定。

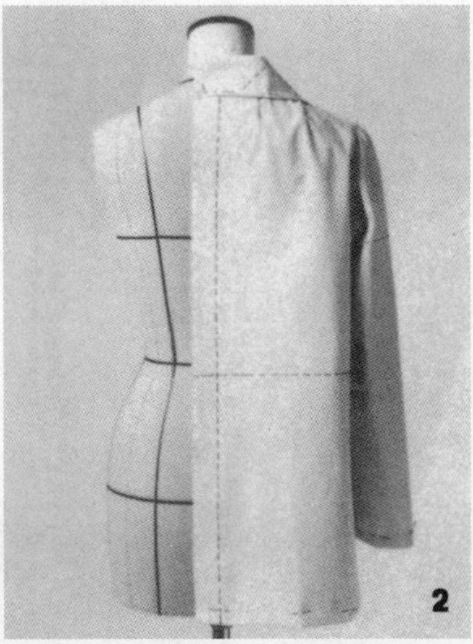

3 把麻布展开后。在这里，让肩，肘的省份分散。前肘交叉的部分实际上是作抻的部分操作，不过，也可以帮块布。

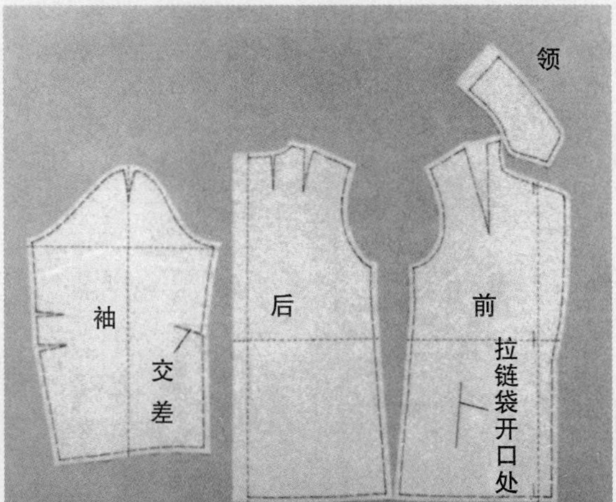

4 把原设计放在展开的设计图案上进行比较。因为袖山高，所以加个小省，这种类型，可以把不适当位置的毛皮取下，缝到合适的位置上去，或把毛皮先按一定的长、宽尺寸缝接好，这样使用起来方便。

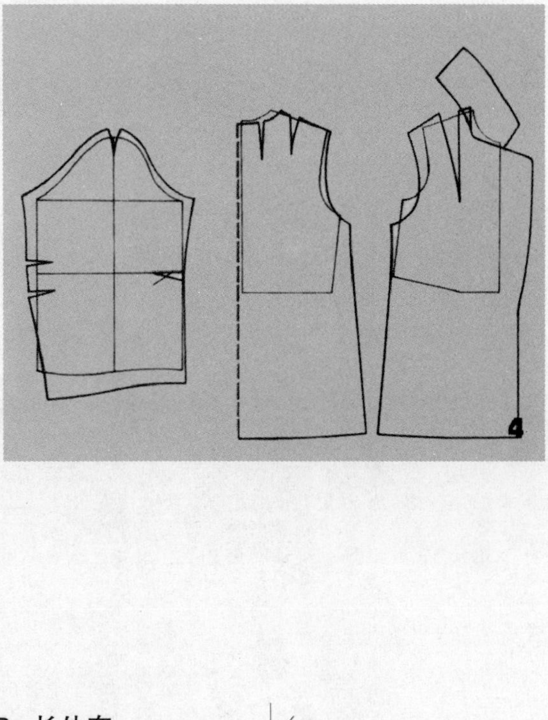

B. 长外套

使用拼接拉伸毛皮的长外套。

毛皮的尺寸是按鼻尖到尾根的长短计算。水貂小的不足40cm，大的80cm左右，雄的大些，雌的小些。不同的设计用毛皮量是不同的，不过，一般来说，作一身长外套大约需要40张雄的或45～60张雌的。另外，把长50～60cm左右的皮毛经过拉伸处理，使其长度伸长，用来做1米长的外套，就要根据所用毛皮的种类，改变分割尺寸的裁剪法。用拼缝拉抻法缝制的皮衣，缝儿多，故应该使用看不见接缝的、那种绒毛密的优质毛皮。再者，像狐狸皮这样长毛型动物，毛有一定的体积，为了使毛的走向平坦，就需要在拼缝儿或拼接线上，缝进皮革制品或棉布条。不过，这样处理后，毛皮的幅就要有改变，所以事先要考虑到这一点再决定。在进行这种分割的立体裁剪时，既要严格检查设计的立体轮廓；还要严密地按计划选材。重要的是选用不浪费材料的分割线。

图 3－6－5(2)

1.2 把事先已用大头针别好的外套穿在人台上，考虑从肩向下摆走向的纵型接缝和毛皮的余份，整理立体轮廓。

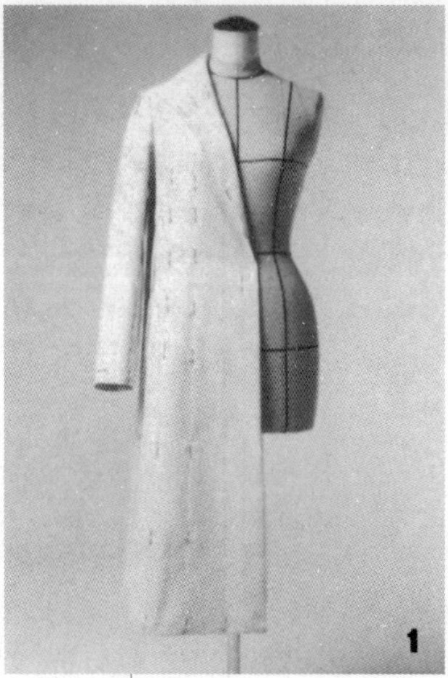
1

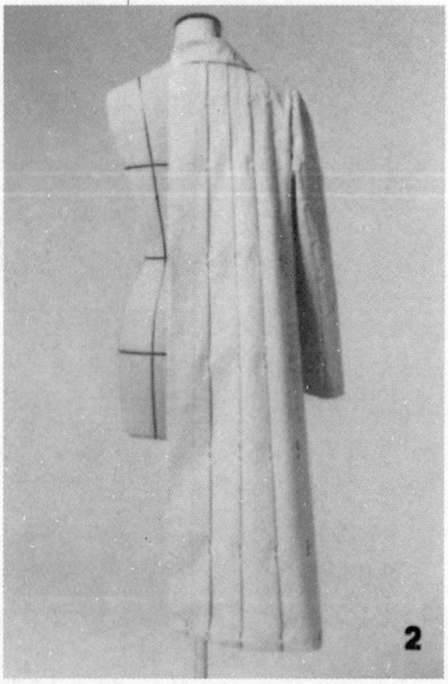
2

3 展开的形状

利用拼接线处理胸省量。

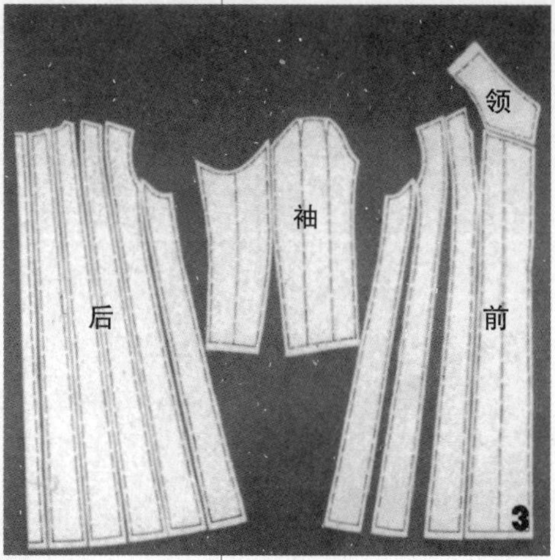

3

4 把分离的毛皮一条条的从下摆开始往上对合，而且只对合呈直线的部分。对合出的并合体是二次型。一般做毛皮外套时，都是以二次型为基础，用毛皮调整后再做。这在把浆洗的布贴在木板上使之平整的这种作业，也是必须的造型。由于材料，设计的不同，如果分割尺寸改变的话，当然褶的位置，口袋的位置等等也要利用变化了的交替线重新确定。

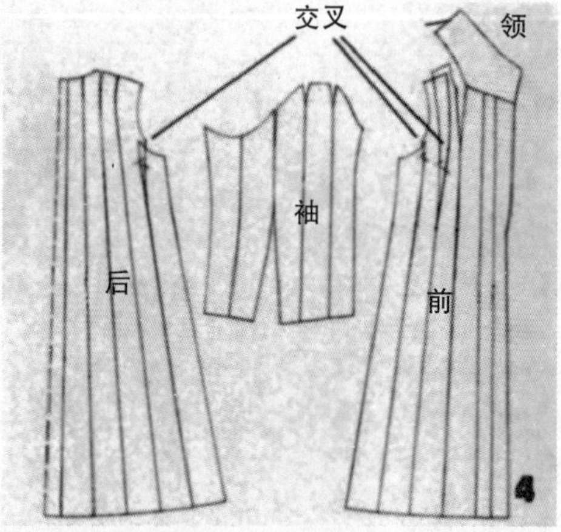

4

外回转和内回转

所谓拉拼，就是把一张毛皮，由背中心向腹侧斜着切成条条。利用把它们错开缝在一起这点，改变幅面的方法，增加了毛皮的长度。反之，如果使其变得又短又粗的方法叫抻拼。倾斜的角度，要由毛皮的大小、抻的尺寸相适宜来决定。

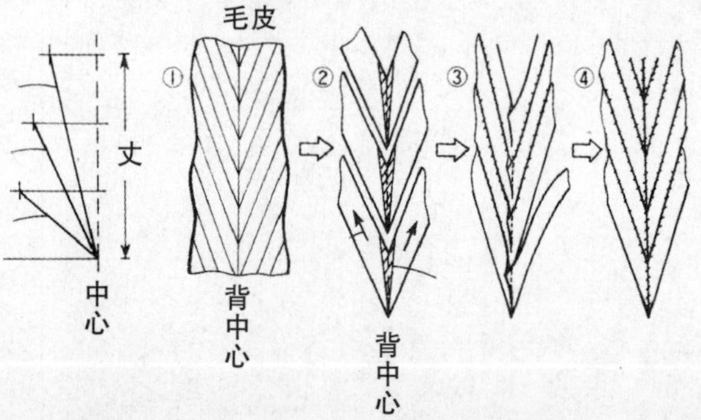

外回转方法

(1)从背中心决定角度，划上线。(2)把剪成布带状的毛皮需要的尺寸一个个地抻。(3)抻过的布带状的毛皮角度变了，中心处出现了多余份。当中心的多余份浮起来后，把各布条带拼接到一起。(4)剪掉中心处多余的部分，拼接中心线。

图 3－6－5(3)

裤　子

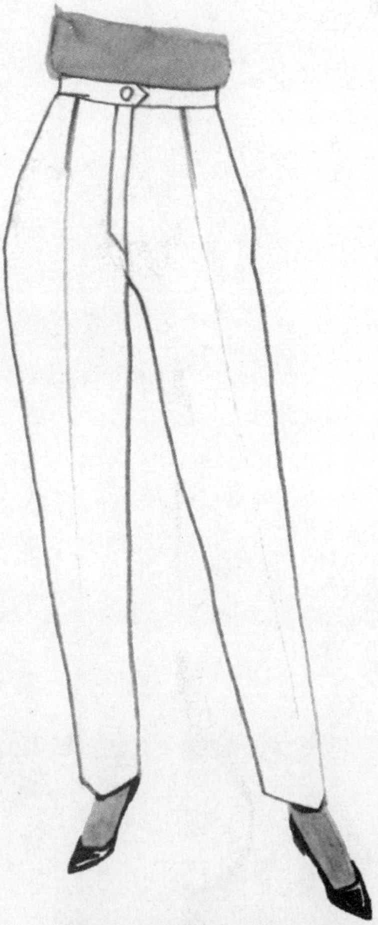

直 筒 裤

为了裁剪制作直筒造型的长裤，使用带有下半身的人台型，如果让人穿着紧身的健美裤，也可以直接在人体上进行立体裁剪。由于采用右腿进行立体裁剪，所以前后各准备一块布料。结合人台，粗略裁剪前后片，然后标注中心线及臀围线。

1 在人台上，用黑色胶带标出前后中心线，在一条腿上也同样标出前后中心线。为了便于测量裤长，可在另一侧，固定一条刻有10cm分割单位的布条。

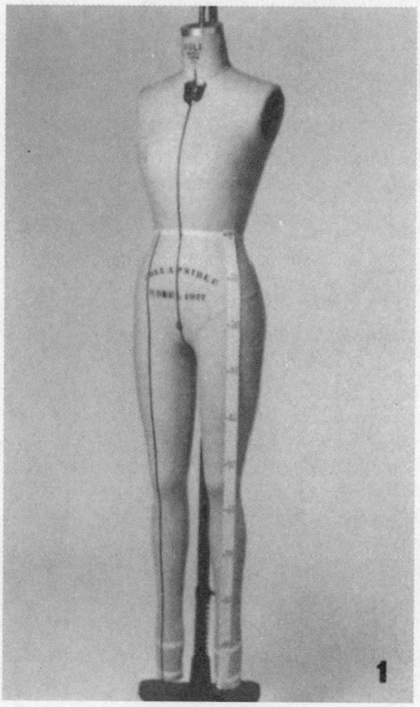

2 将粗略裁剪的右前片，对齐右腿中心线，并用大头针固定在人体模型上。

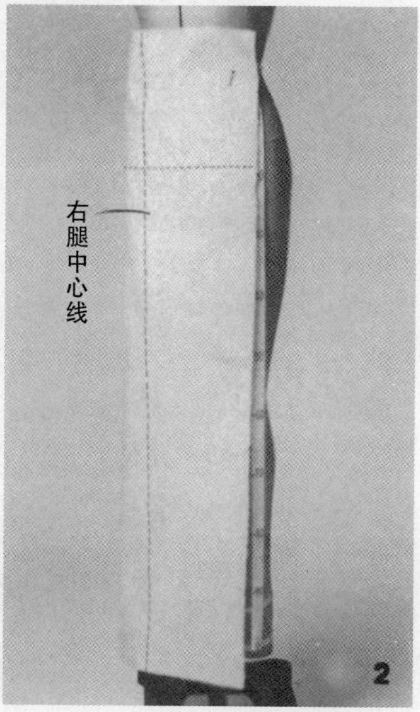

图 3－7－1(1)

3 捏起前片的中心线，观察其长度、宽度。

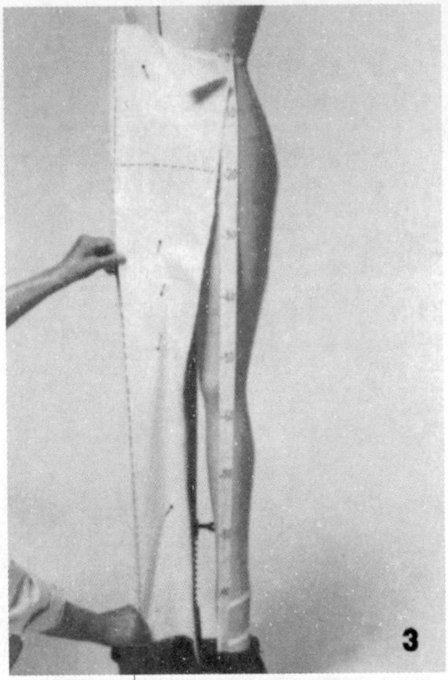

4 在前裆部位打剪口，对合下裆。

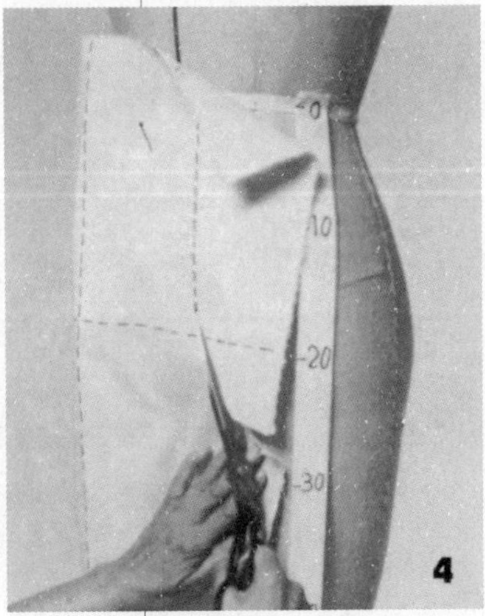

5. 6 前裆下部打剪口，使其贴合人台，同时，纵向应留取适当的余量，前裆的处理方法与袖窿的处理方法有许多相同之处，既从股上到股下部位，应留取适当的余量，另外注意剪口不要剪得过深。

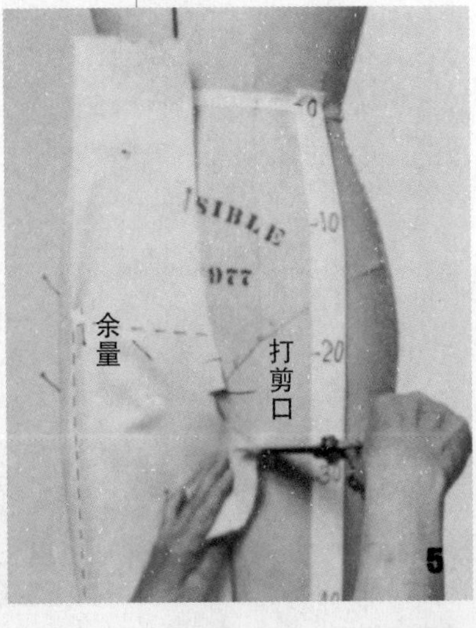

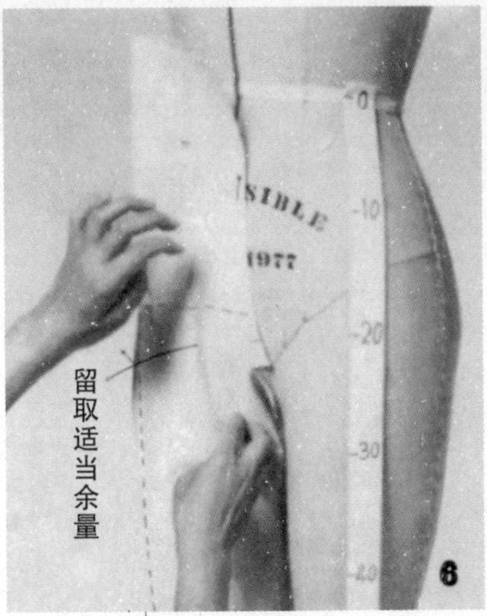

7 从前片中心开始整理下裆，照设计要求调整从膝盖位置到侧缝的宽度，腰部余量可采取收省或捏取活褶的方法处理。

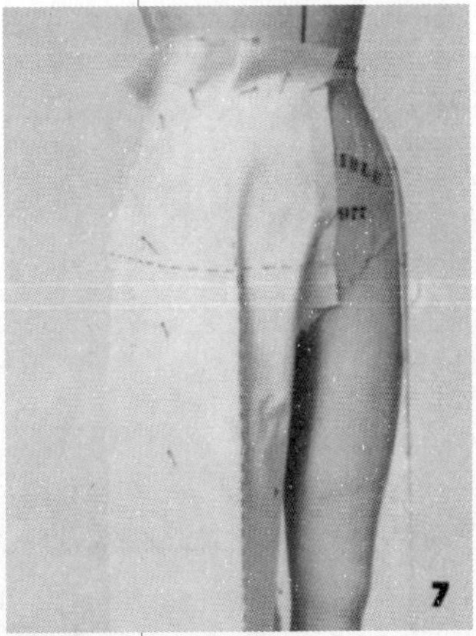

8 按成品结构折叠侧缝及下裆的缝份，剪去多余的布料。

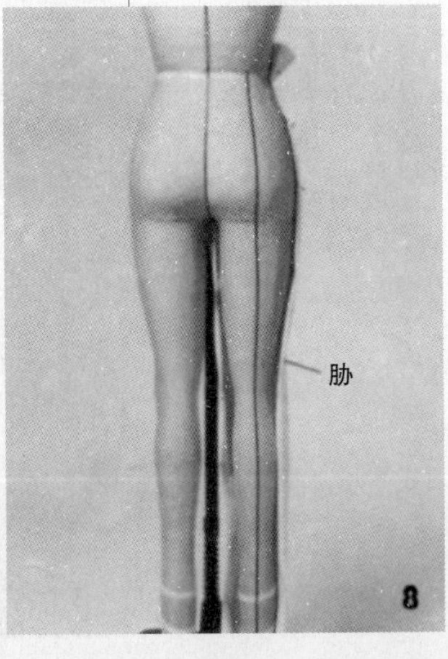

图 3－7－1(2)

9 将后片固定在人体模型上，在右腿的后中心线位置，折叠出后片的裤中心。

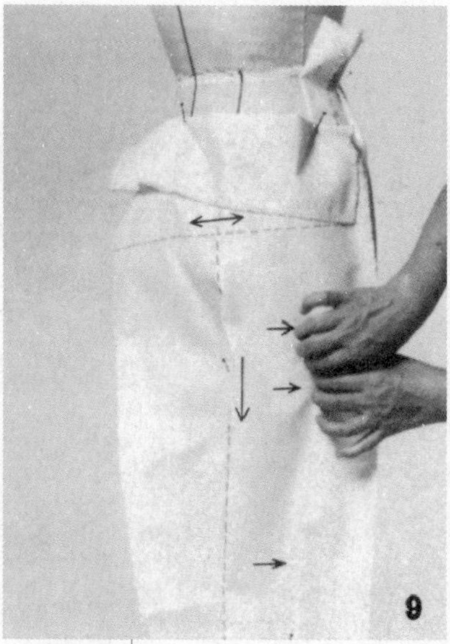

10 使下裆部位贴合在人台上。

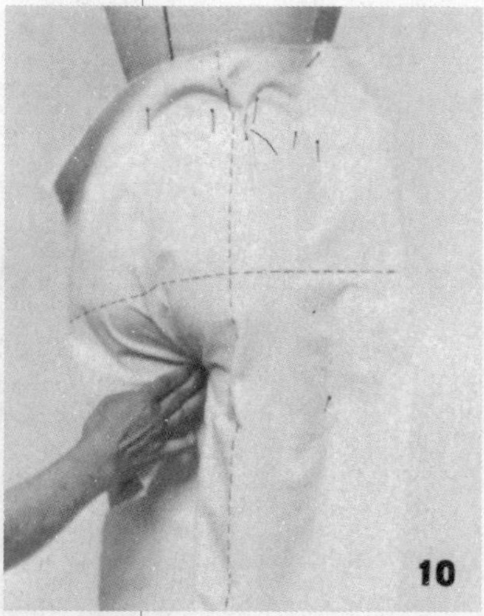

11. 12 将后裆及下裆伸拉部分打剪口，调整造型。

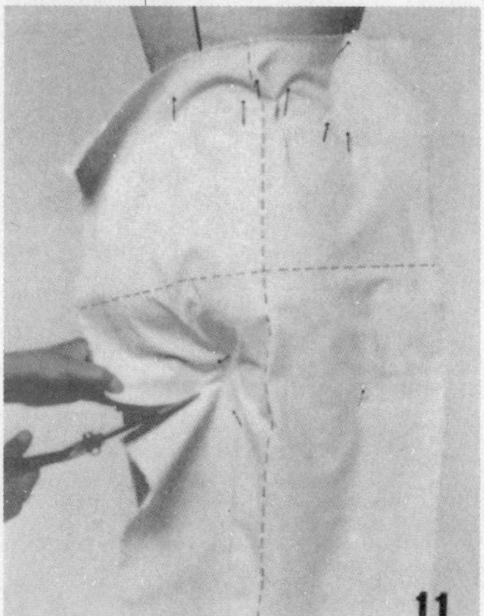

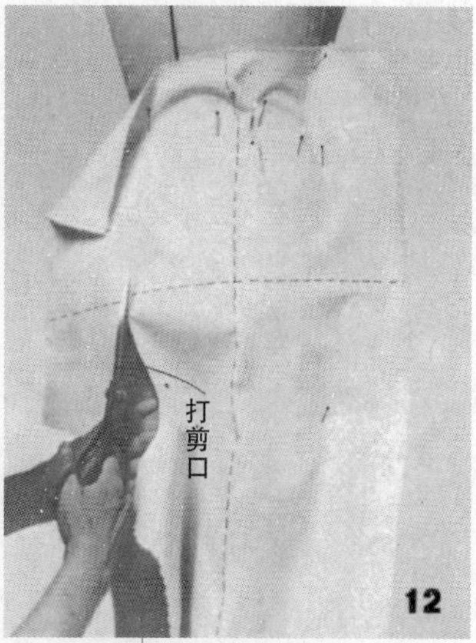

13 只对上裆以及下裆进行立体裁剪，很难达到合体的效果，所以将其裁剪为图片所示的造型，并在缝制时，采用归拔工艺处理，使其达到合体的效果。

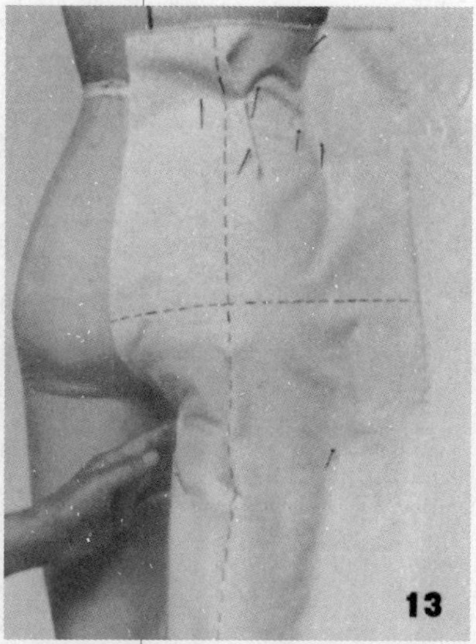

14 扒合前后片侧缝，固定腰头、确认整体比例关系及造型效果，剪掉多余布料。

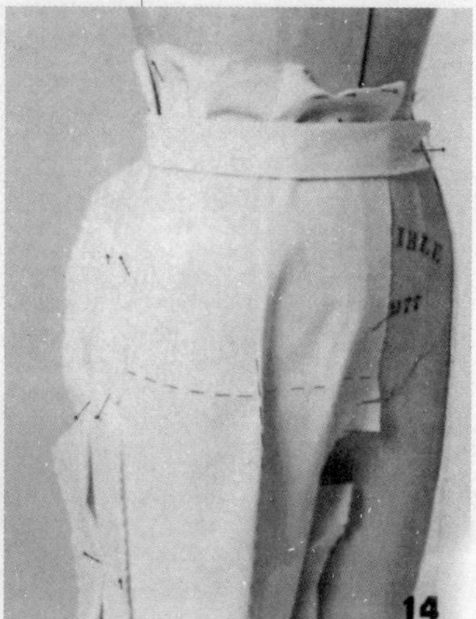

图 3－7－1(3)

15～17 整理前后裤片，然后用黑色胶带标出前中心线的位置。

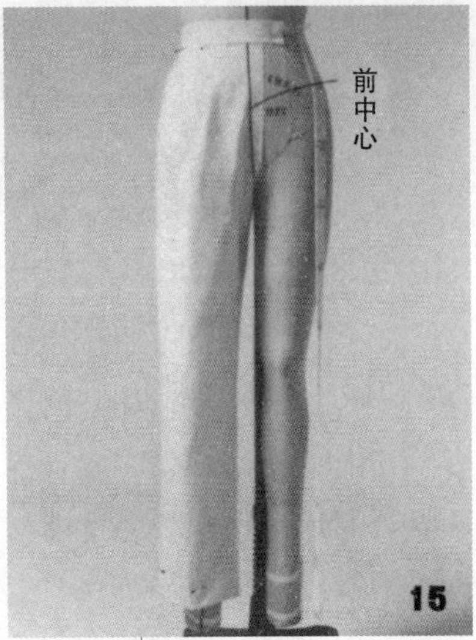

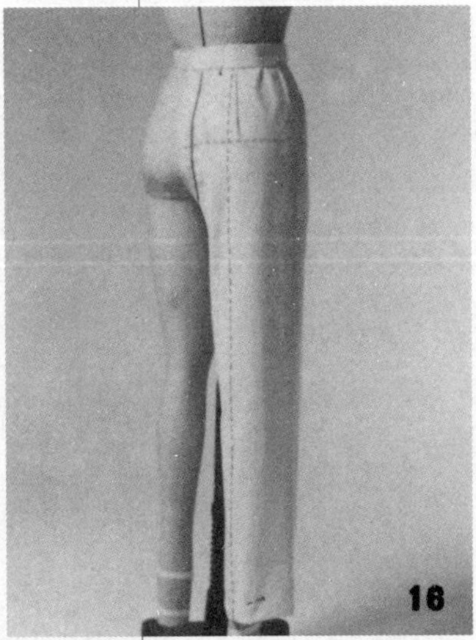

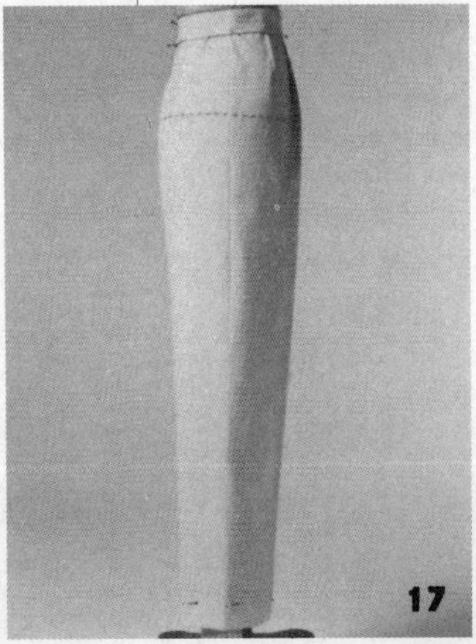

18 裁片展开图

本例为长裤的基本造型。采用同样的操作顺序，可以设计制作出各种不同造型的长裤。

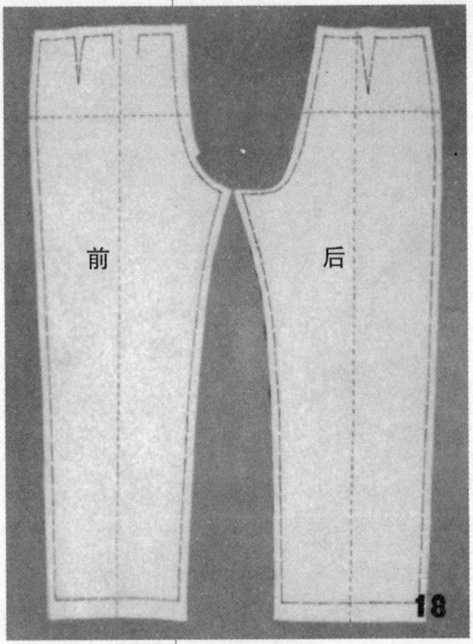

19 完成效果

本例采用毛料制作，口袋可随个人喜好决定其位置及形状。

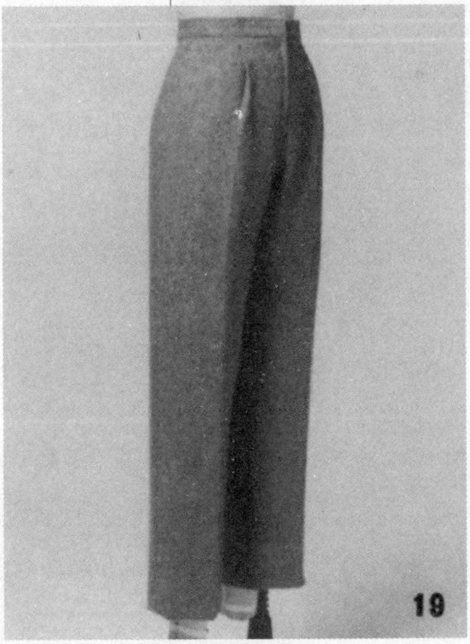

图 3－7－1(4)

泳　装

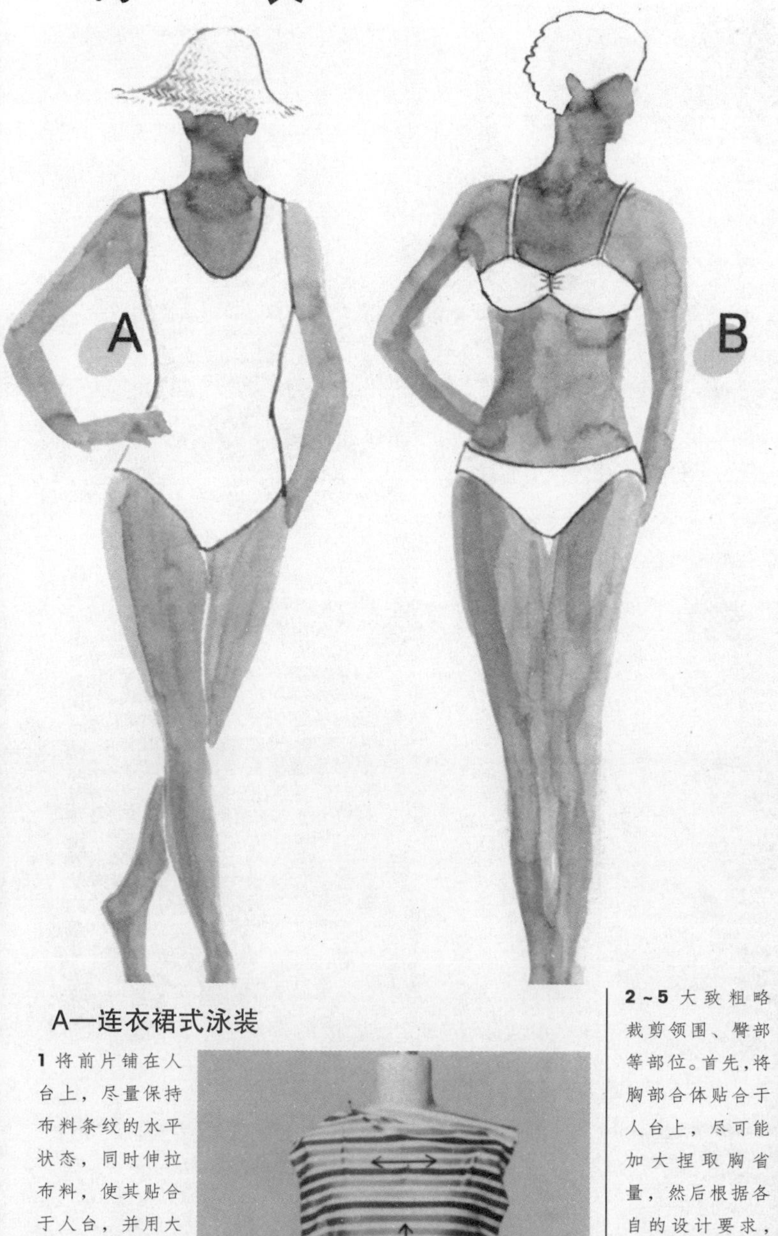

泳装两款

由于制作泳装的材料，很难在市场上买到，所以制作的机会相对少一些。但是，用针织面料或是一般面料利用抽皱及使用松紧带等方法，即使不是做泳装的专用材料，也可以制作泳装。如果人体模特不带下肢，也可以直接在模型上进行裁剪、制作。

本例介绍采用具有伸缩性泳装的专用材料。使用带有下肢的人体模型制作连衣裙式泳装，使用不带有下肢的人体模型制作上下衣分离的泳装。

A—连衣裙式泳装

1 将前片铺在人台上，尽量保持布料条纹的水平状态，同时伸拉布料，使其贴合于人台，并用大头针加以固定。

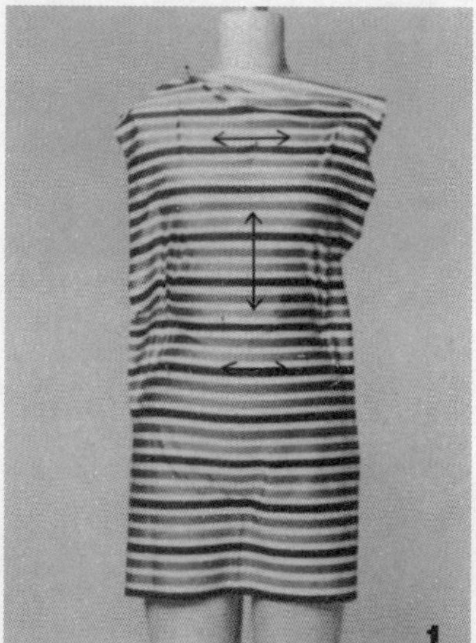

2～5 大致粗略裁剪领围、臀部等部位。首先，将胸部合体贴合于人台上，尽可能加大捏取胸省量，然后根据各自的设计要求，裁剪领围、臀部等，注意前裆下侧不可裁得过深。

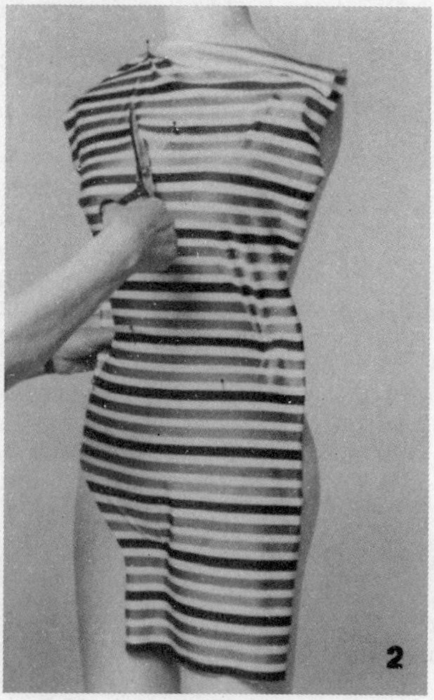

图 3－8－1(1)

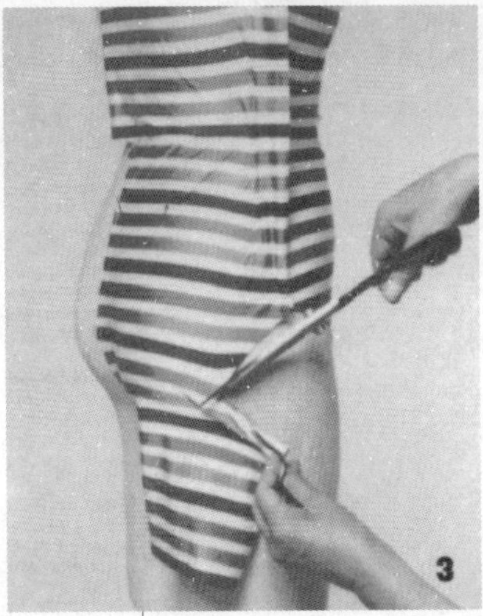

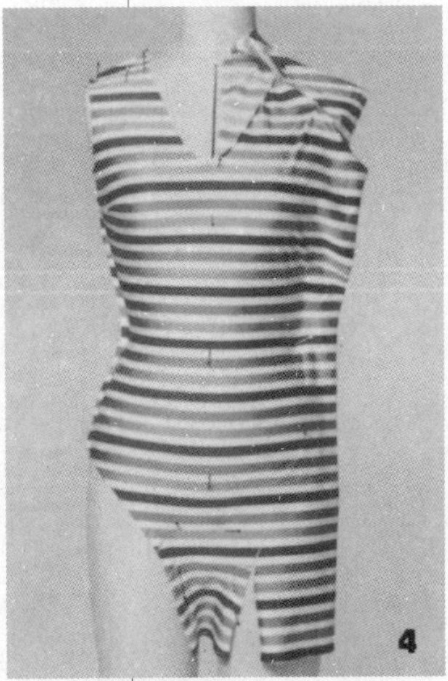

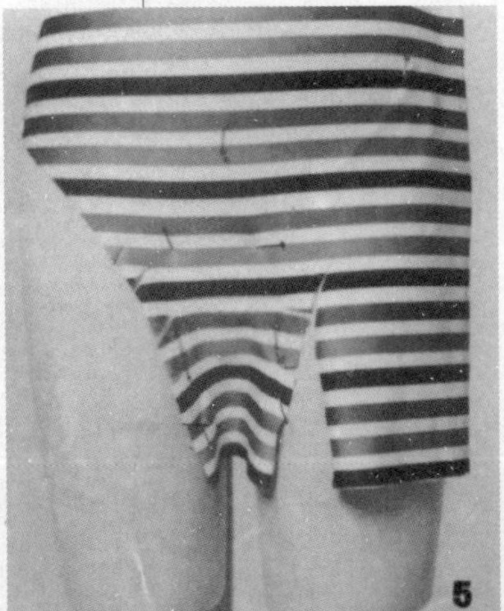

6～8 将后片铺在人台上，对齐后中心，用大头针固定。然后将前后片抓后，并用大头针固定，为了确定下裆的尺寸，以及腿围，领围，袖窿等尺寸和造型，必须先进行假缝，实际试穿，并做各种不同的动作，检查各部位尺寸，造型是否合体，再决定其规格尺寸。

后片臀部的处理，可采用整体包裹的方式，也可采用半裹的方式处理。

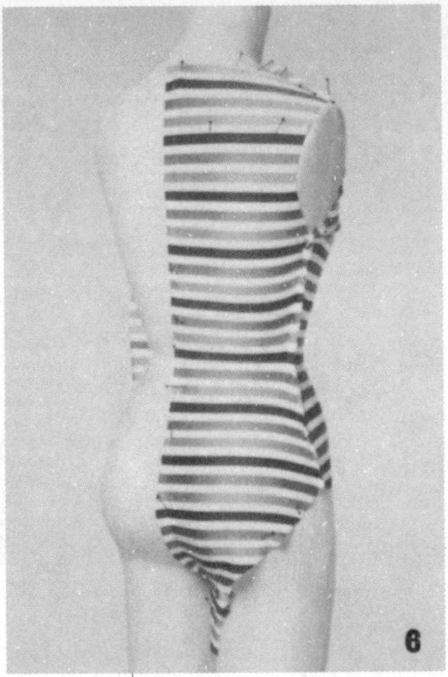

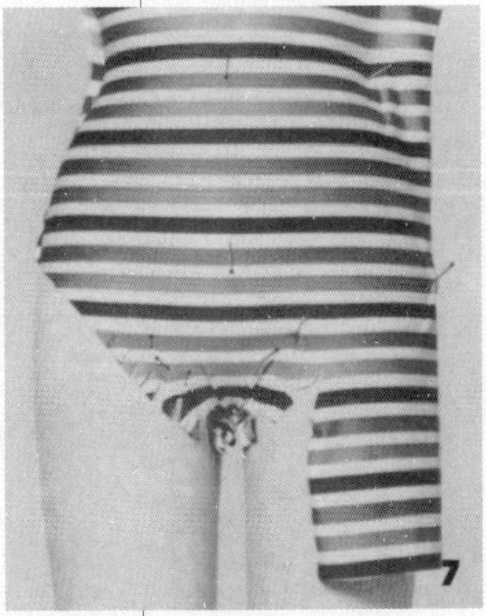

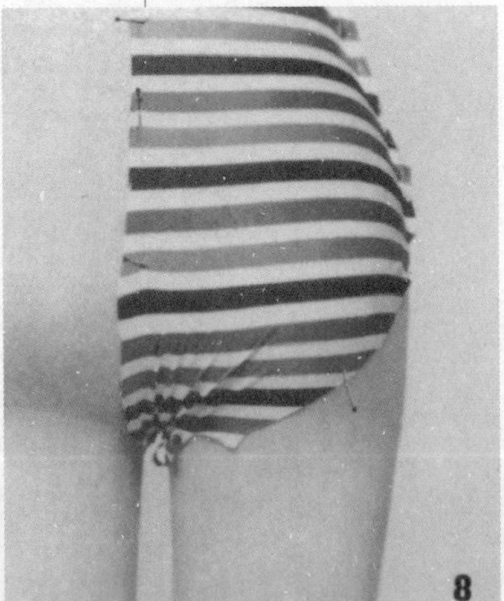

图 3－8－1(2)

9 作为泳装款式设计的变化，背部造型设计尤为突出。可采用挖大背部、也可采用×形交叉背带的设计。如果采用背带设计时，可选用布带在背部交叉做出标记，实际试穿时用松紧带替换布带，做出不同的动作，检查是否松紧适度，确认背带的伸缩量以及长度。

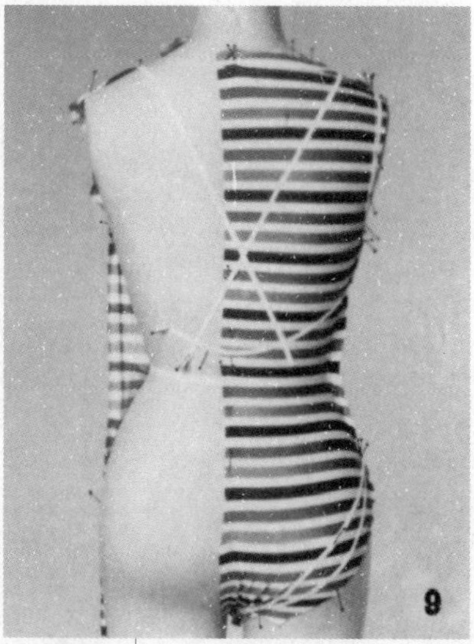

10. 11 裁片展开图

这是整理过的样板。由于使用材料不同，样板也会各有差异。

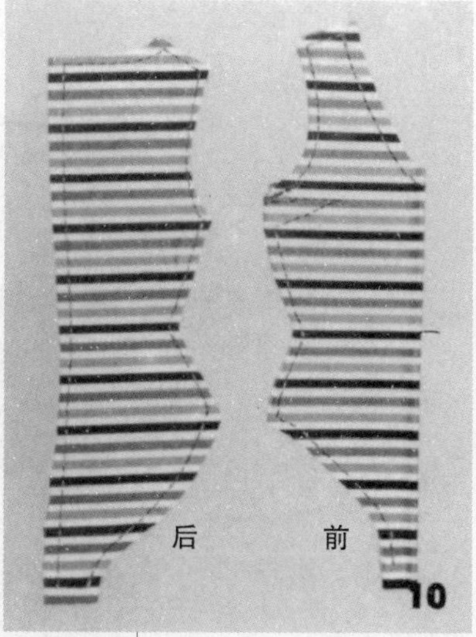

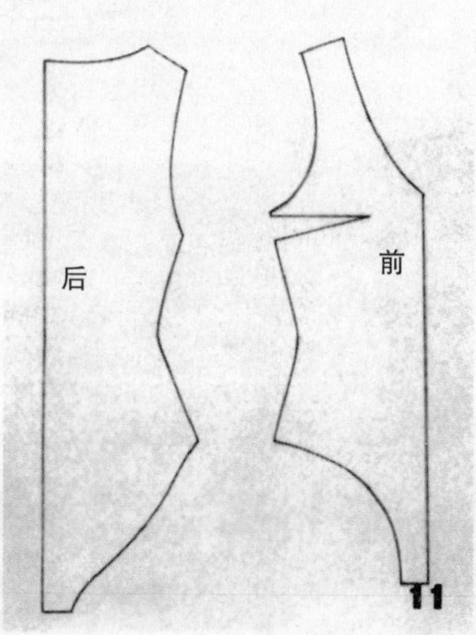

12～14 完成效果

读者可结合流行趋势，自由设计制作各种款式的泳装。

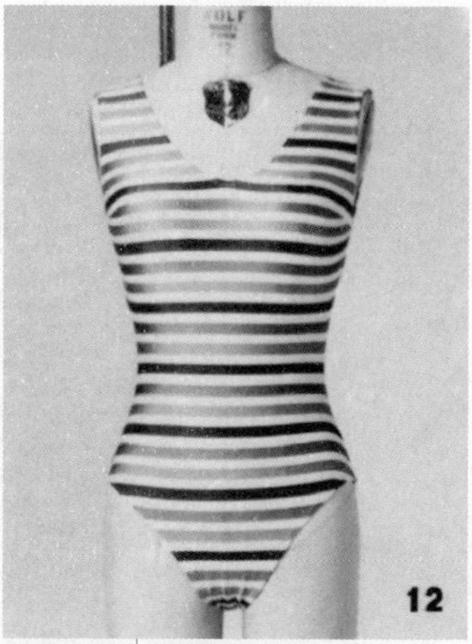

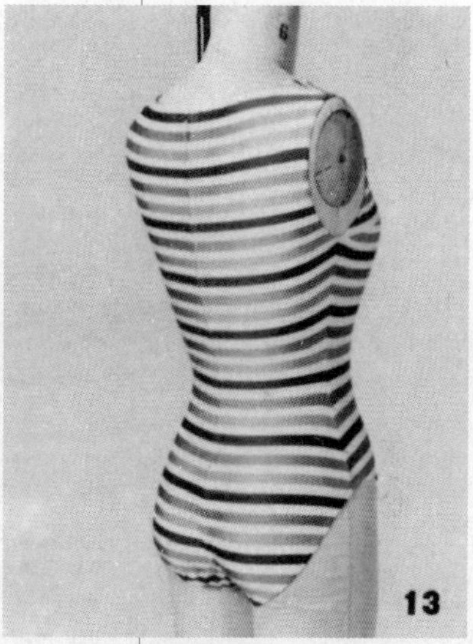

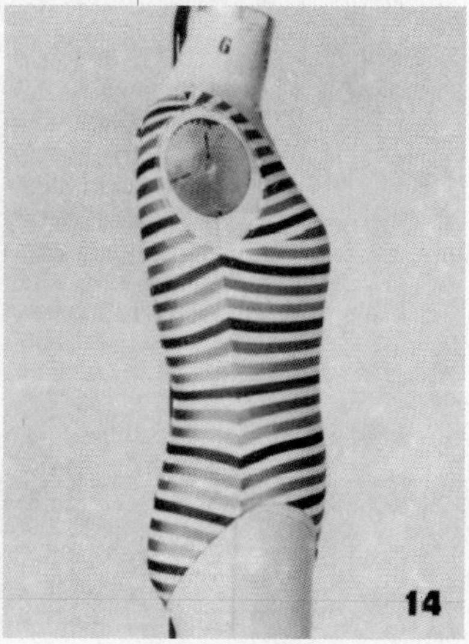

图 3－8－1(3)

B—比基尼式泳装

1 首先，从胸部开始制作，在人台的胸部附加胸垫，一般以穿着者胸罩为合适。将合适的胸罩，固定在人体模型上，在此基础上，所进行的立体裁剪是非常合理的。本例采用泳装用胸垫。

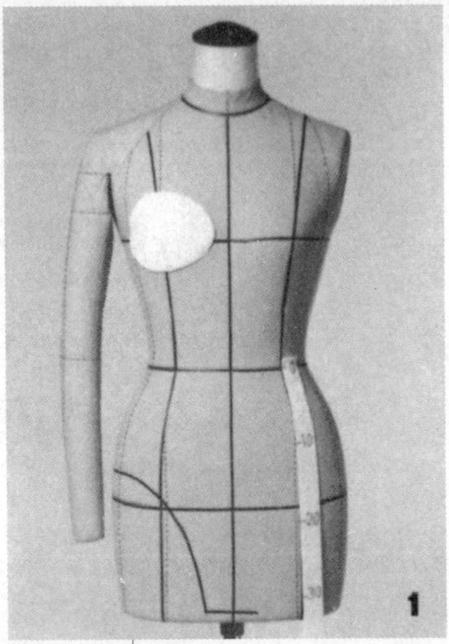

2 准备一块小布料，将布料经纬纱向形成角固定在前中心线上，然后使布料的上端，紧贴在人体模型上。本例采用涤亚麻布料。

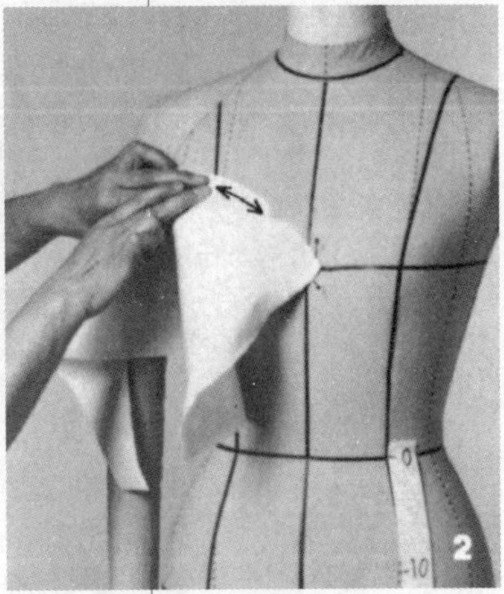

3 布料上端贴合于胸部，其反作用力使胸部形成较大的松量，所以，在布料的下端将胸部的松量处理成碎褶或收省。

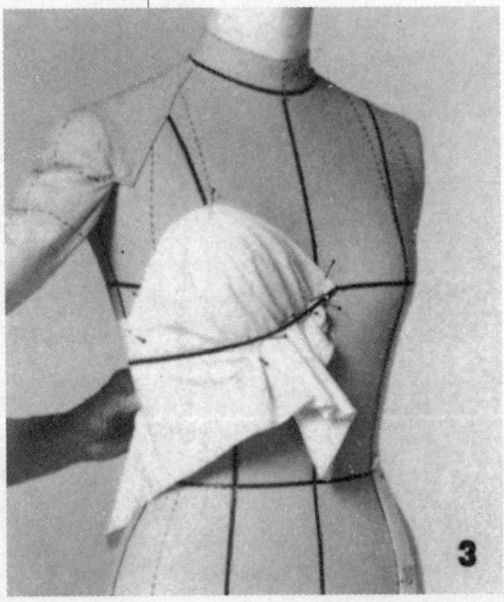

4 将前片的布料推抚到后背，调整所需宽度。

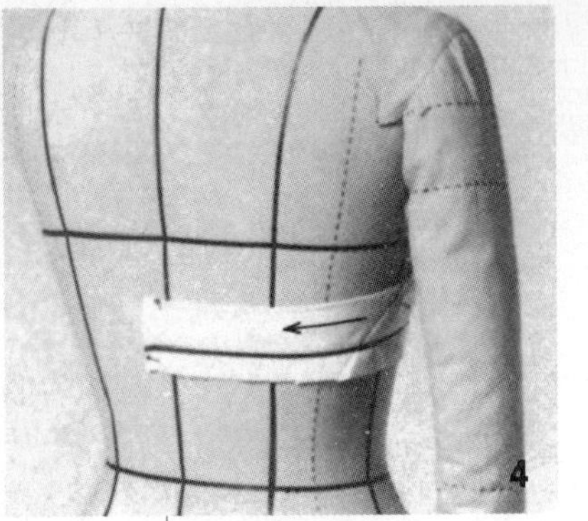

5. 6 使用黑色胶带，标注轮廓造型，背带从前面胸罩的中央绕过肩部中点，固定在背部适当位置上。

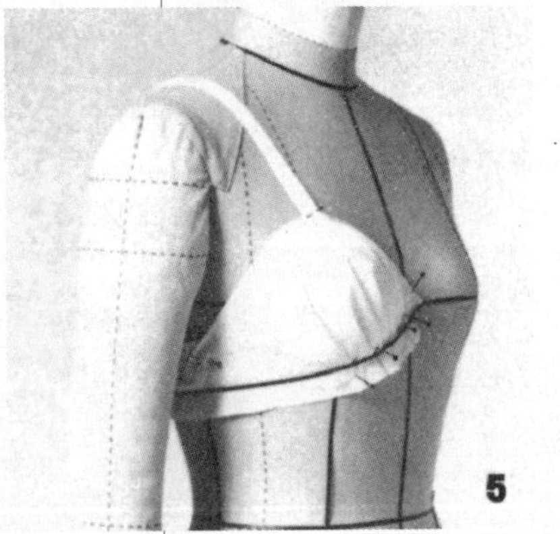

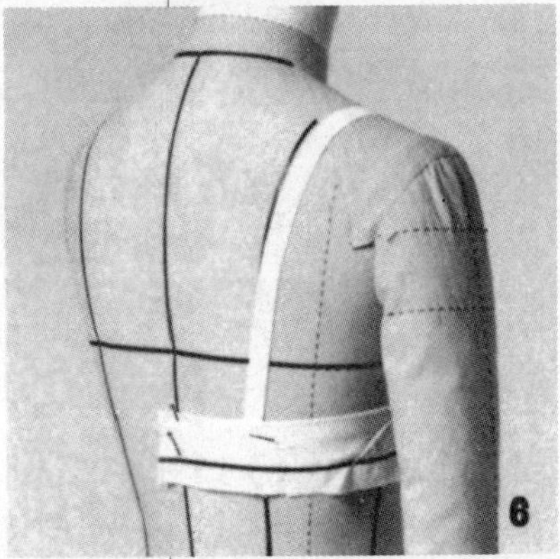

7 裁片展开图

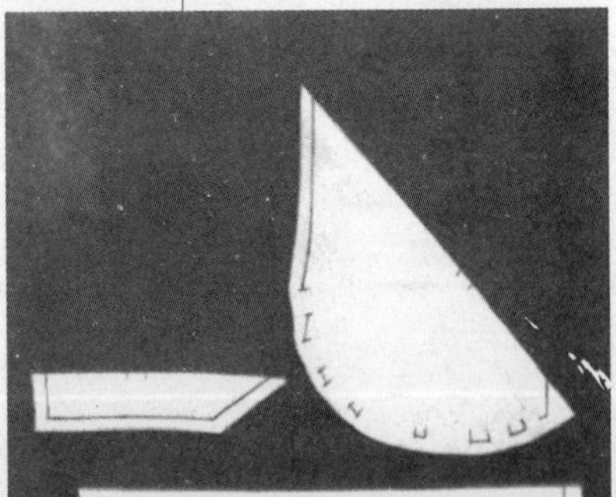

图 3 - 8 - 1(4)

8 使用黑色胶带在人台上，标出泳裤的轮廓线。将前片贴合于中臀围以下的位置，沿横向、纵向用力伸拉布料，并固定在人体模型上，大致剪出臀围的形状。

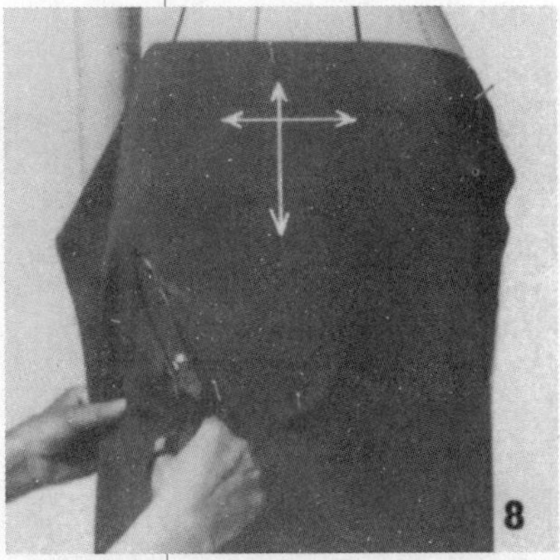

9. 10 使用松紧带，确定中臀围的轮廓线以及腿围的轮廓线，结合穿着者的要求，确定前后侧缝的长度。

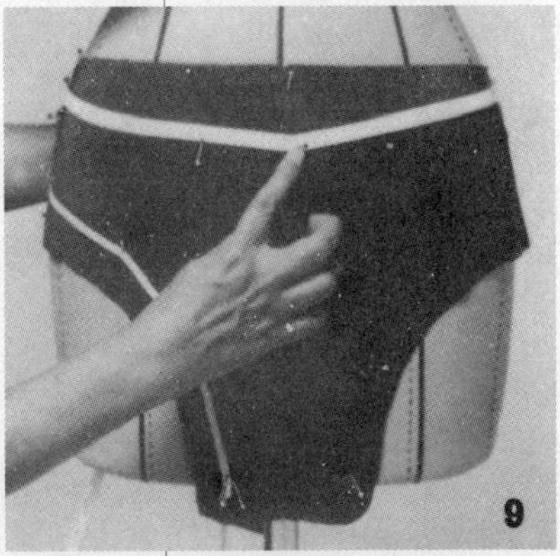

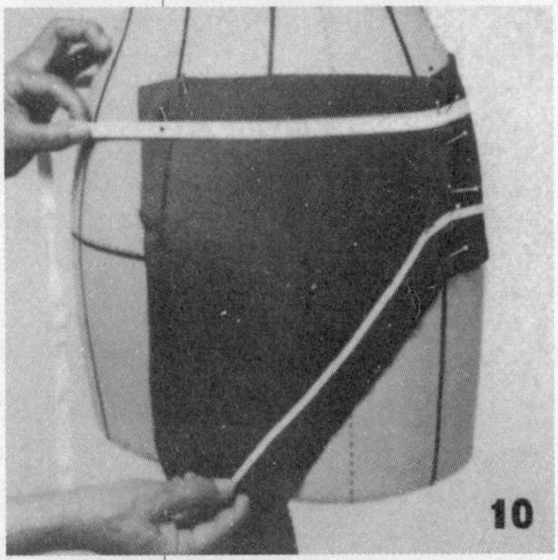

11 裁片展开图

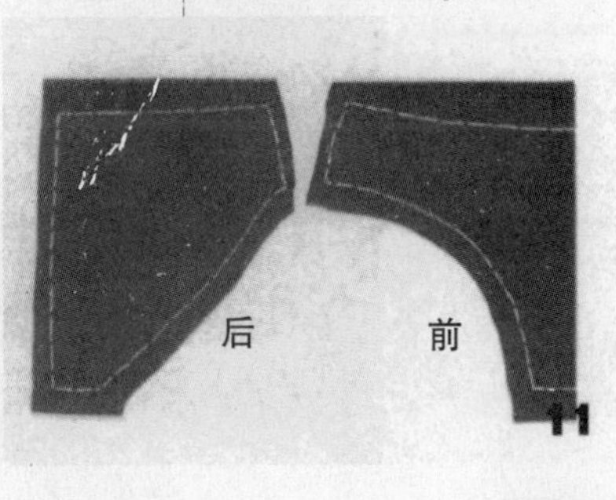

12 样板展开图

从图中可以看到，同一款式的制作，采用不同的材料样板的形状变化较大。实线部分表示一般材料经过立体裁剪后的样板，虚线部分所示，具有一定弹性材料经过立体裁剪后的样板。

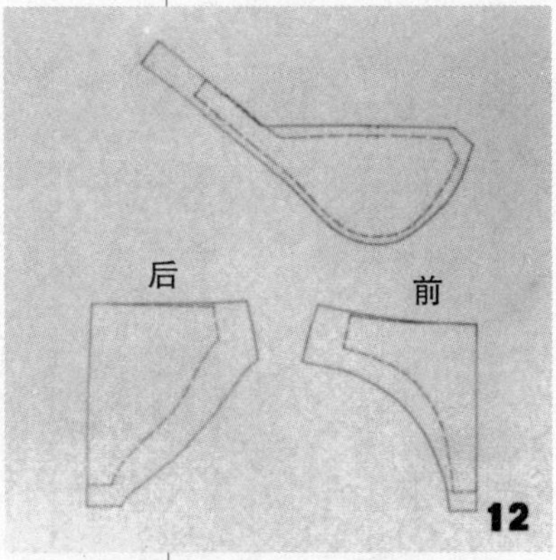

13. 14 使用高弹面料制作的泳装。

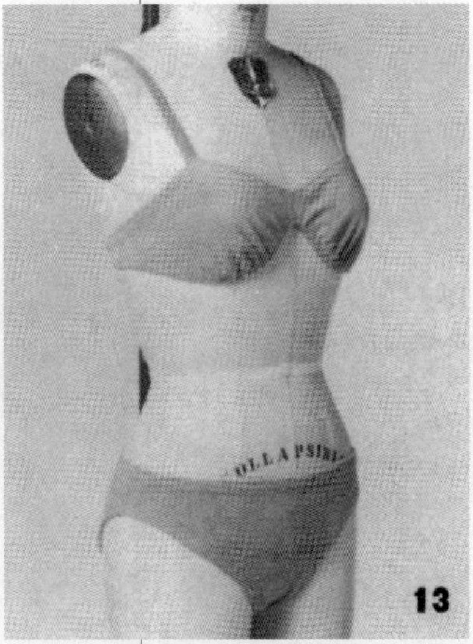

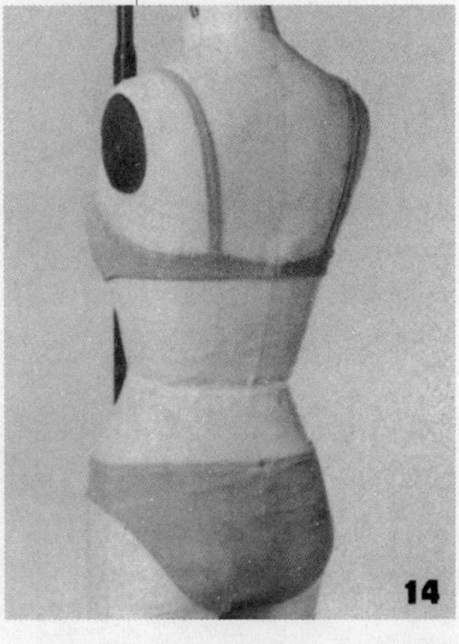

图 3-8-1(5)

男　装

茄克衫

制作男装，理应使用男子人台进行立体裁剪。不过也有使用女子人体模型裁剪的，本例介绍使用女子人台裁剪男装。

1.2 将女子人台进行补正。由于每侧肩宽增加3cm，所以垫肩从肩端点向外突出3cm，固定垫肩。为了垫平胸部的凹凸部分，可用厚白平布折15cm宽的布条，缠绕胸部，消除女性胸部凹凸的现象。补正完了后，将过肩从后肩铺向前肩，剪掉领围多余的布料。

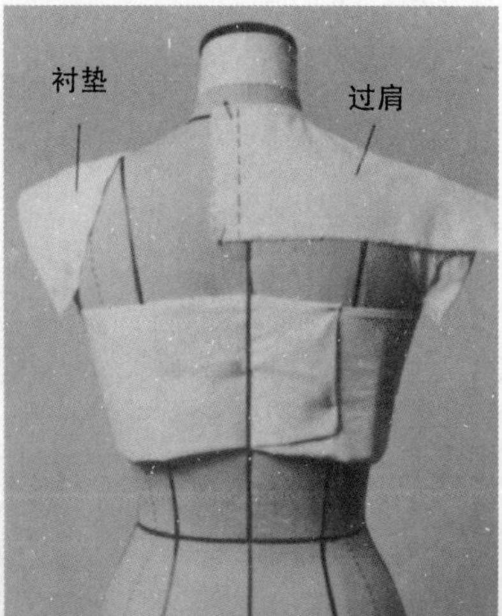

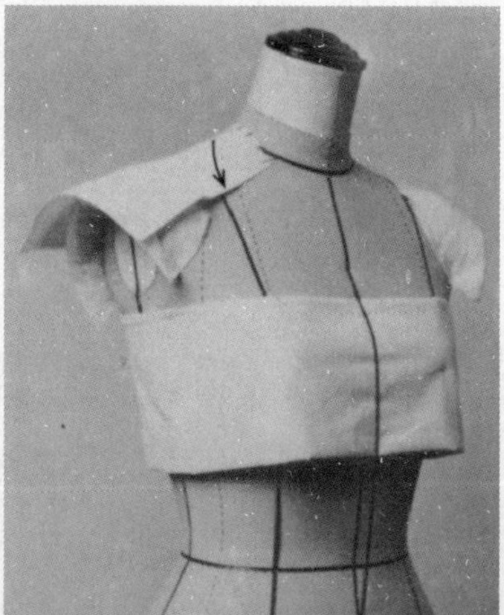

图 3－9－1(1)

3 将前片铺在人台上，前中心留取 1cm 余量，然后将前片胸部处理成扁平状态，搭合过肩，并用大头针固定。

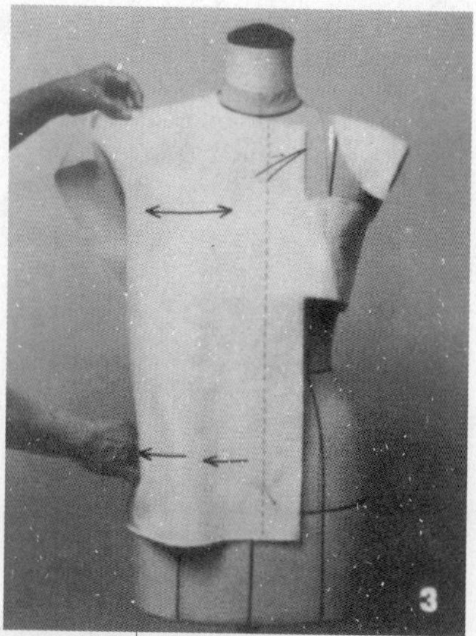

4 剪掉袖窿，过肩多余的布料。

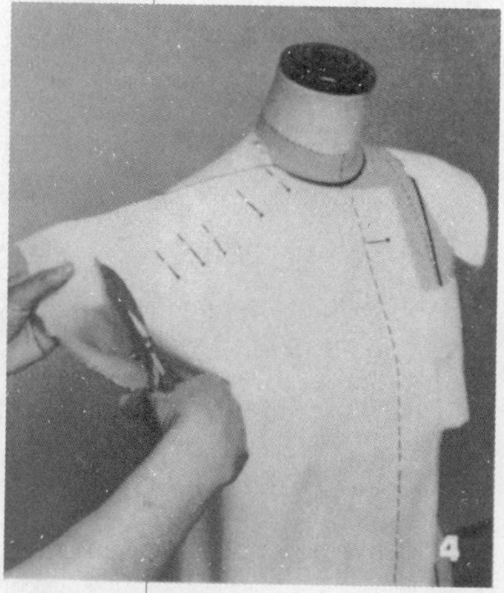

5 将后片固定在过肩的下方，并调整为箱形的轮廓造型。

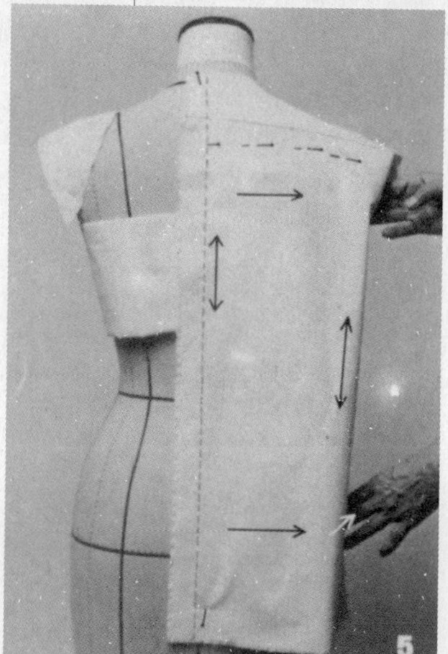

6 扒合前后侧缝，整理袖窿。

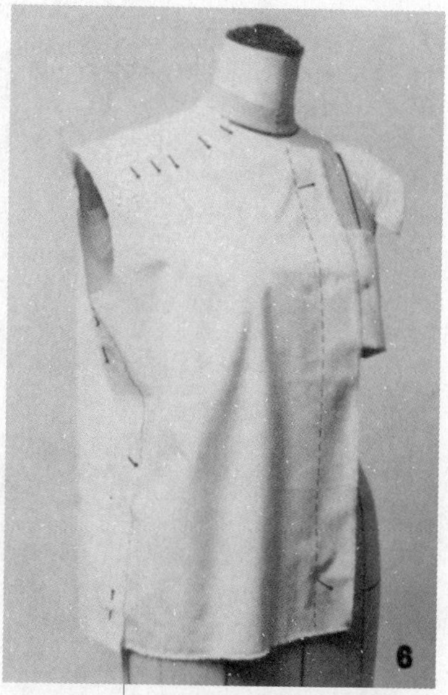

7 在袖窿位置，画出 53～54cm 的袖窿线。

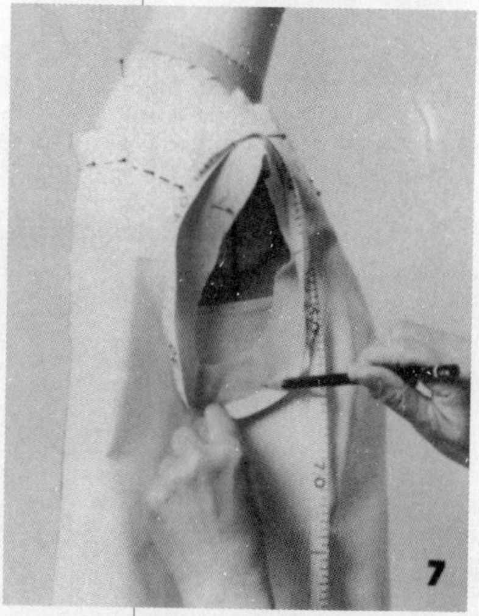

8～10 绱领子。整理领子造型。决定领宽的同时，调整座领的高度，领子的造型可自由设计，使用黑色胶带标注过肩位置。

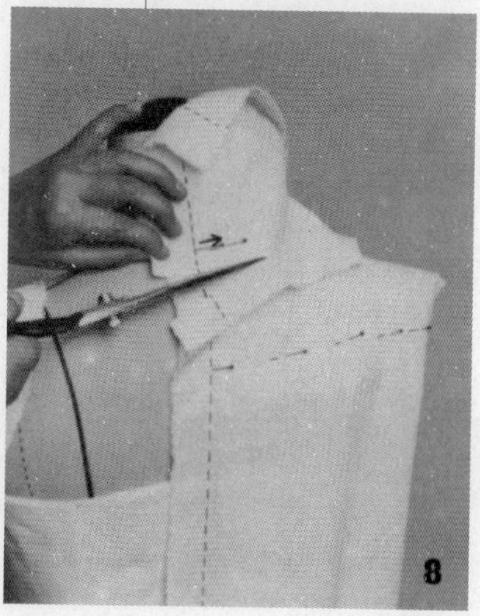

图 3－9－1(2)

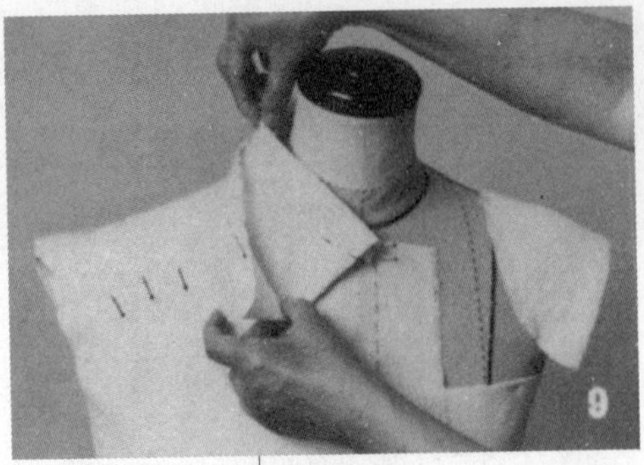

11.12 在前后下摆位置，装上腰带。

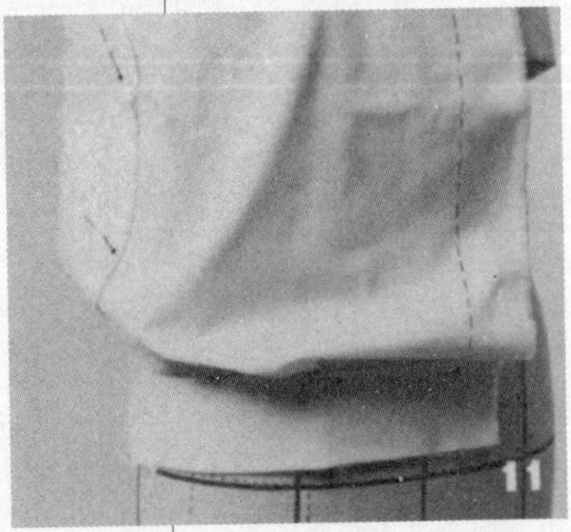

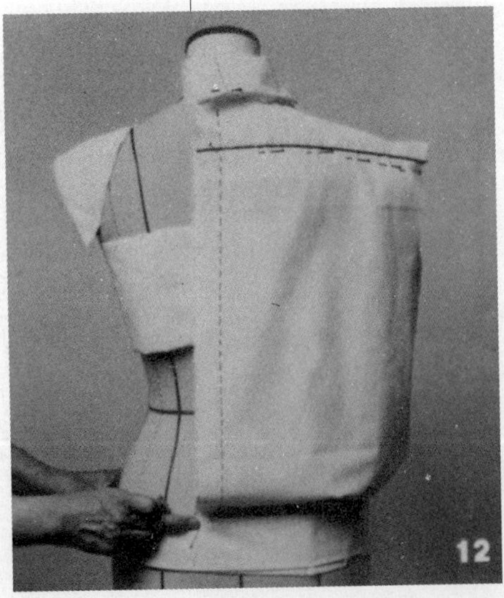

13.14 将大致裁剪好的袖子，扒合在衣身上。

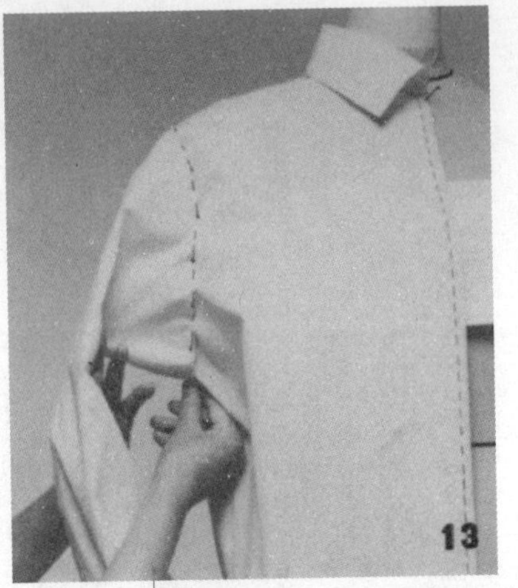

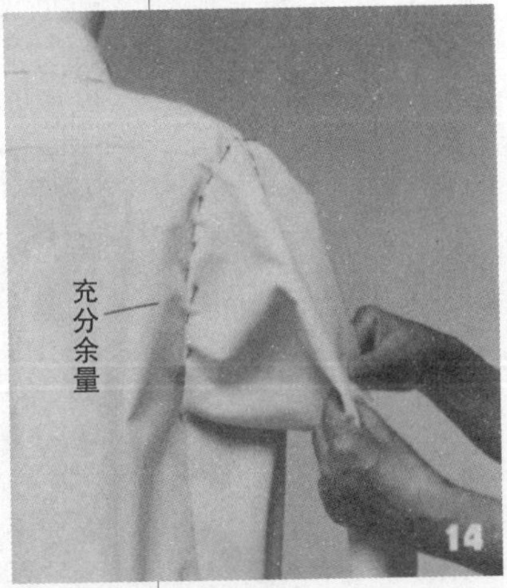

15 裁片展开图

所呈现的是直线型样板。

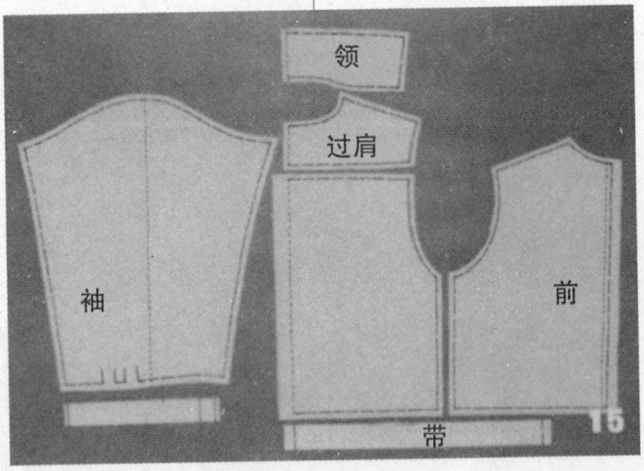

图 3-9-1(3)

16. 17 完成效果

口袋可根据个人喜好及流行自由设计。

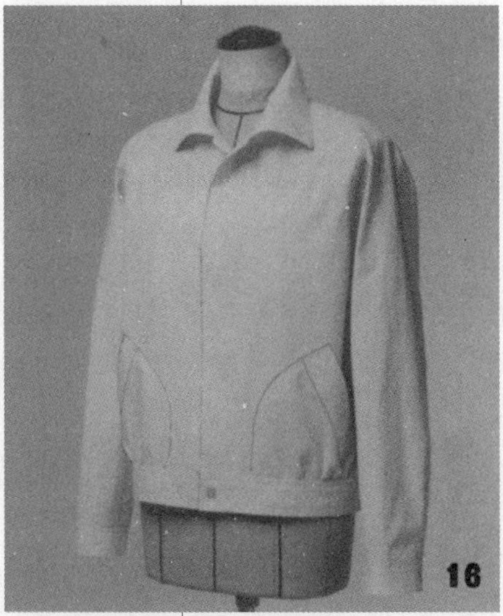

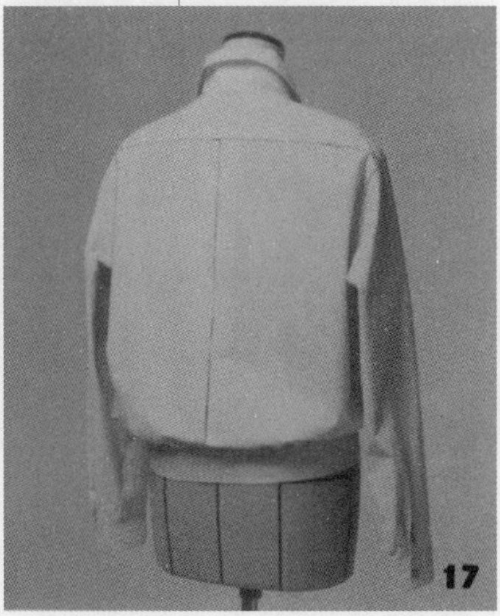

应用设计范例

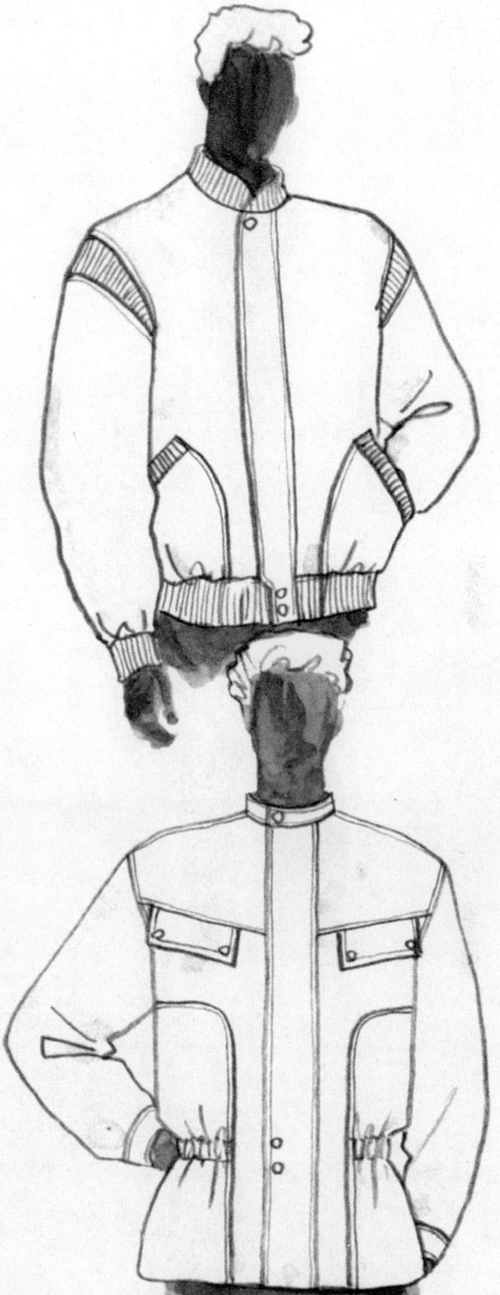

图 3－9－1(4)

童　装

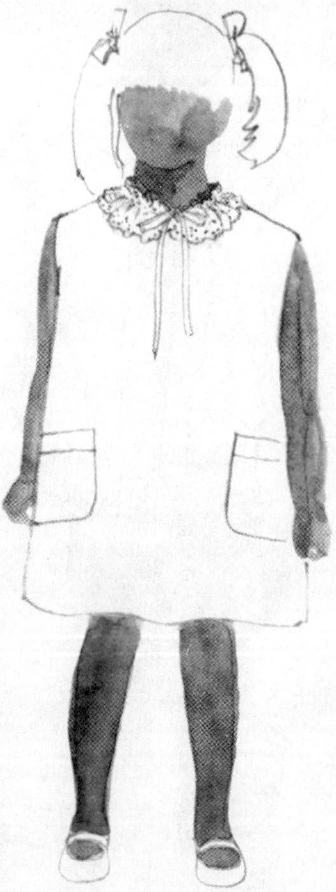

女童连衣裙

儿童服装的设计制作，必须考虑其体型的特征，腹部余量的处理是非常必要的，这也是成人服装最大的不同之处，在这里，为了认识儿童的体型特征，选择具有代表性的连衣裙进行立体裁剪。使用6岁儿童的人体模型。

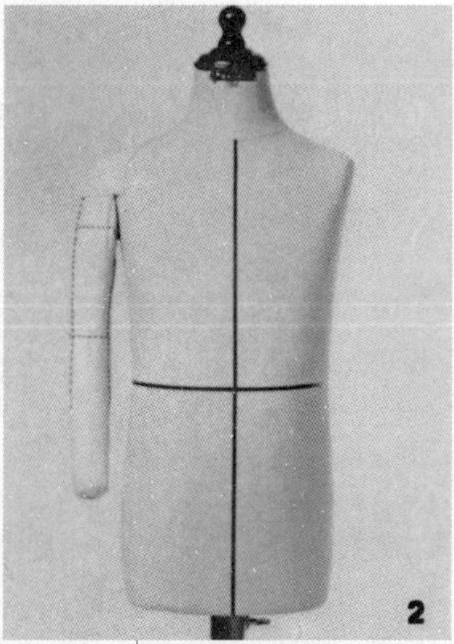

2

1.2 在人台上，用黑色胶带标注前后中心线及腰围线。由于儿童腰部不像成人腰部那样有明显的凹陷，所以，较难确定腰围线的位置。一般情况下，幼儿的腰围线稍高一些，学龄儿童的腰围线稍低一些。

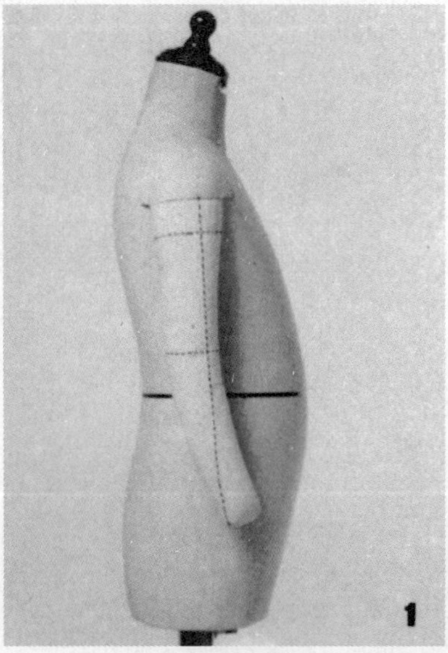

1

3 将布料铺在人台的前面，由于腹部的突起，布料下垂后造成儿童看不到自己的脚，这样容易造成危险，所以在设计制作时要考虑其实用性。

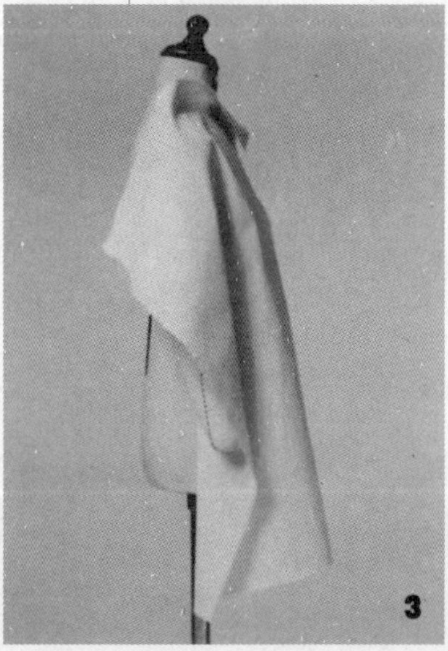

3

图3－10－1(1)

4.5 为了避免前片下摆翘起的现象，包裹住突起的腹部，可依照图示箭头所指的方向推抚前片，使其成为箱式轮廓造型，这样，翘起部分的余量就转移到上部。

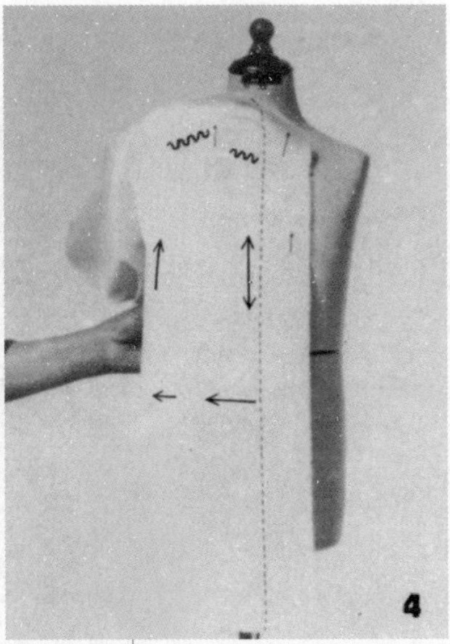

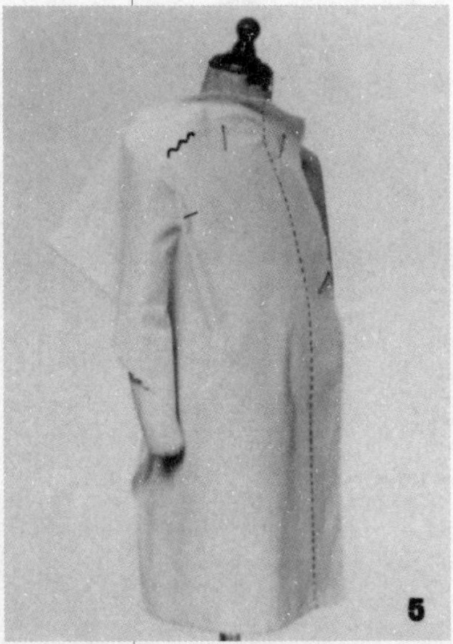

6 将从下方转移过来的余量，均匀地分散在领窝、袖窿、肩部、臂根等部位。

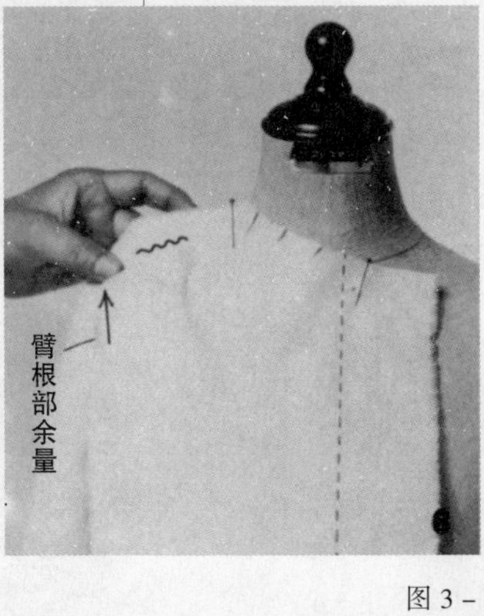

7 袖窿部位能够处理较多的余量。

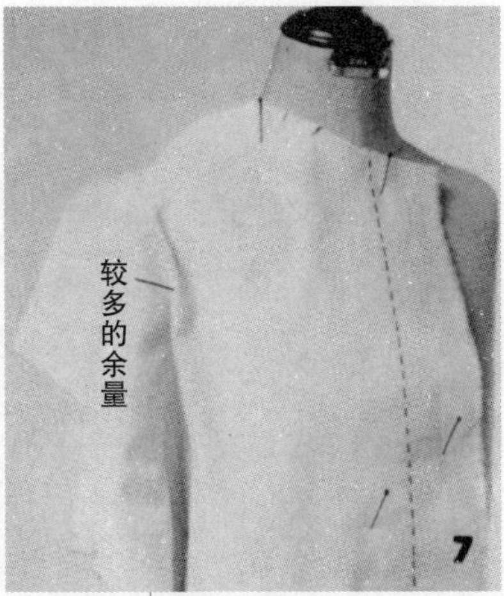

8.9 剪掉袖窿、肩部多余的布料、调整服装轮廓造型。

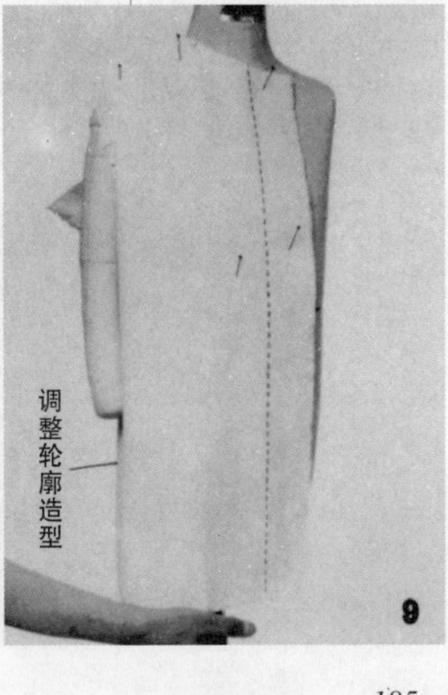

图 3－10－1(2)

10 确定肩线及侧缝线的位置，折叠出侧缝预定的缝合线。

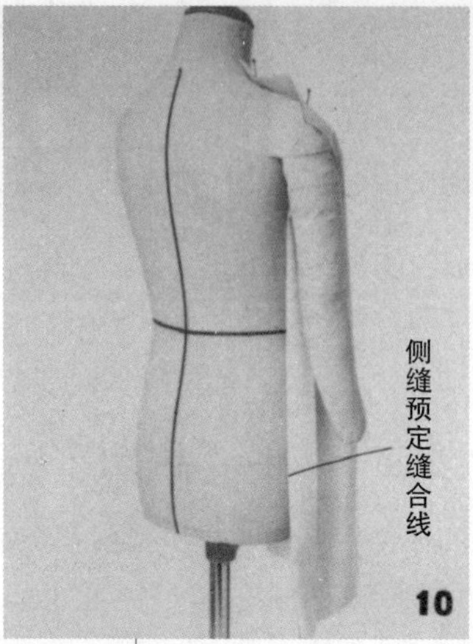

11 将后片固定在人台上，并对齐后中心线，领窝及背部留取适当余量，观察臂根处的余量是否充足。调整后片使其形成箱形的外轮廓造型。

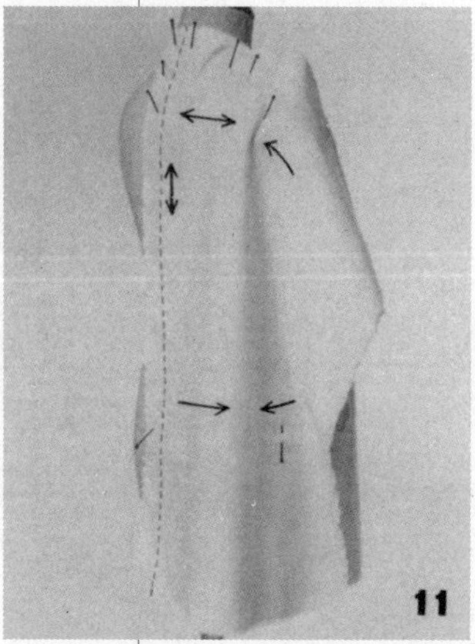

12.13 整理袖窿、肩、领围部位。

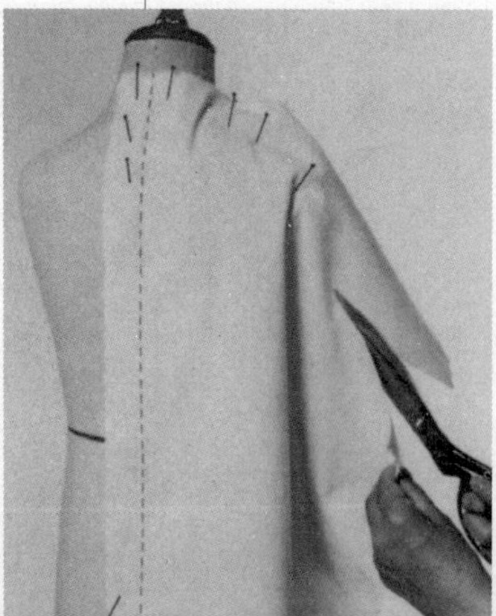

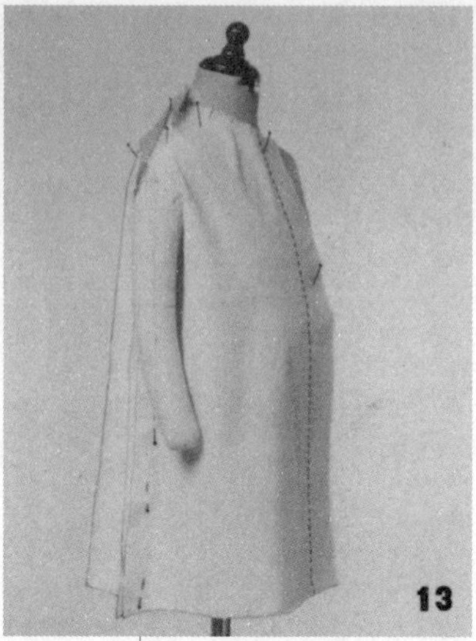

14～16 确定领围及袖窿的尺寸，设计无袖时，袖窿小一些，如果带有袖子时，袖窿就大一些。

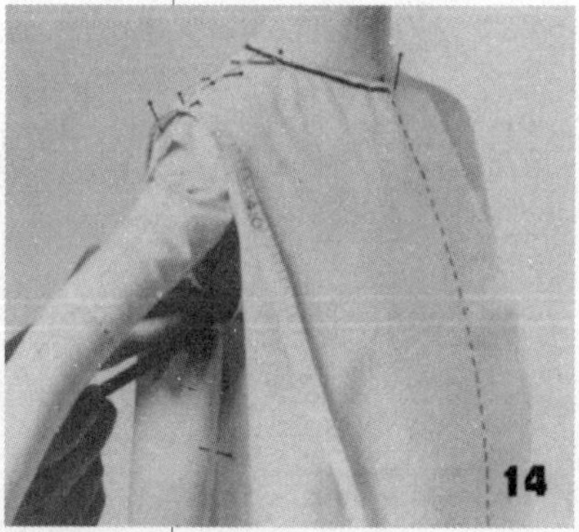

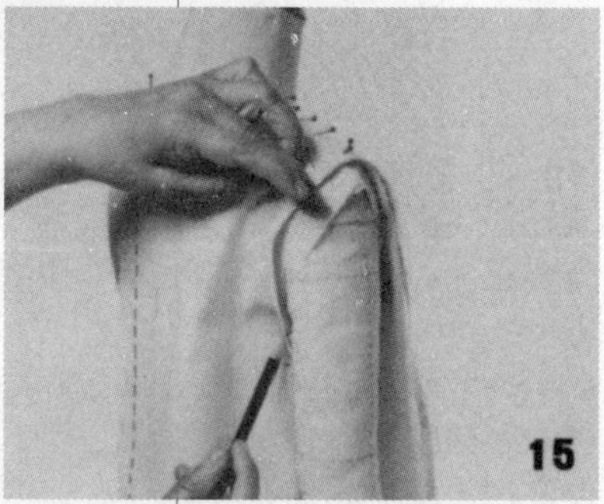

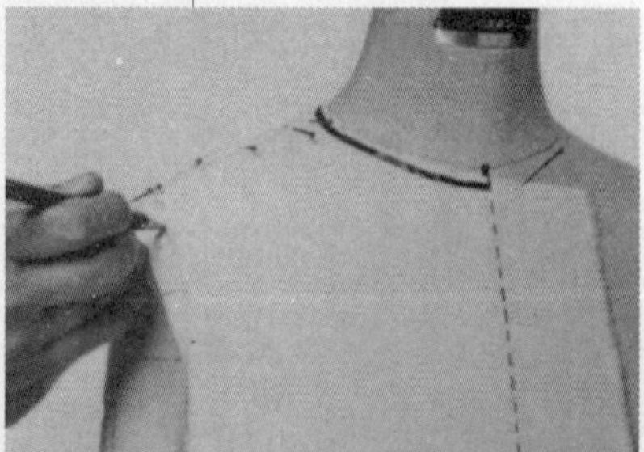

图 3－10－1(3)

17. 18 裁片展开图

图 18 为展开的儿童连衣裙样板，与原型对照，可作为平面制图及裁剪时参考。

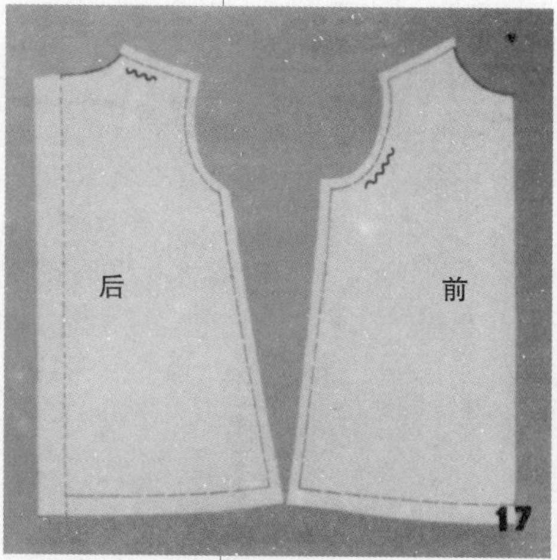

17

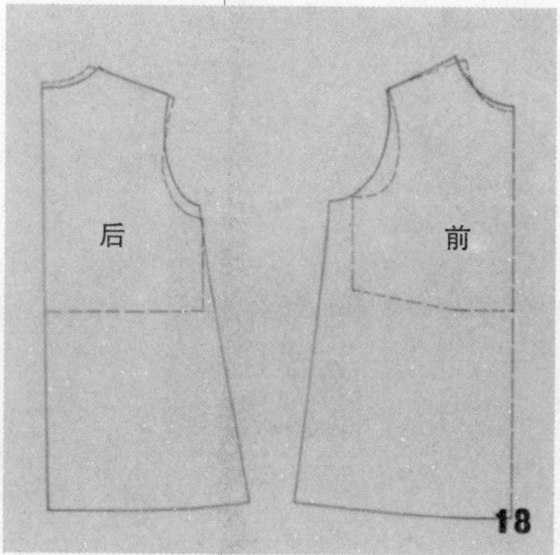

18

19～21 完成效果

图中 20、21 采用较薄的毛料制作的效果，领子、袖子、口袋可依个人喜爱自由设计。

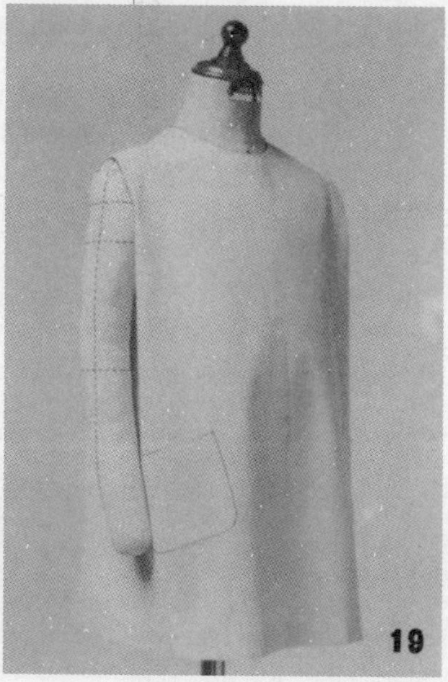

19

20

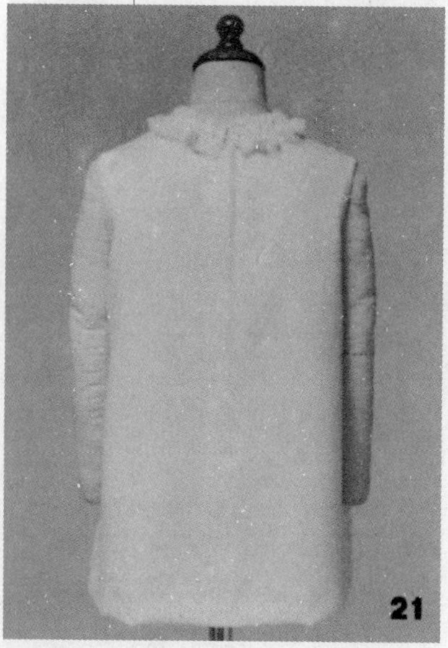

21

图 3－10－1(4)

腰际分割儿童连衣裙

对于立体裁剪来讲，只要有人台，就可以裁剪制作服装。儿童服装的立体裁剪，同样只有体现儿童体形特征的人台，才可以设计制作出活泼可爱的童装。在设计裁剪儿童服装时，不用特意掩饰其特征，反而应在设计上灵活地把他们的可爱形态表现出来，这才是设计的关键之处。

1 对齐前中心线，将前片固定在人台上，按照图中箭头所指方向推抚布料，使布料贴合于人台上，腰部余量控制在可放入4个手指宽的程度，整体呈现宽松的立体造型。

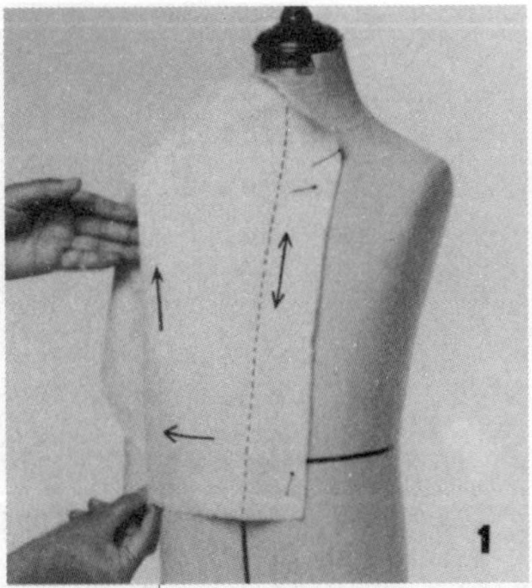

2 为了避免余量的消失，将腹部翘起的余量全部转移到领窝附近，如果余量较少，还要进一步给整体各部加入适当的余量。然后将集中在领窝附近的余量，捏省或作活褶处理。

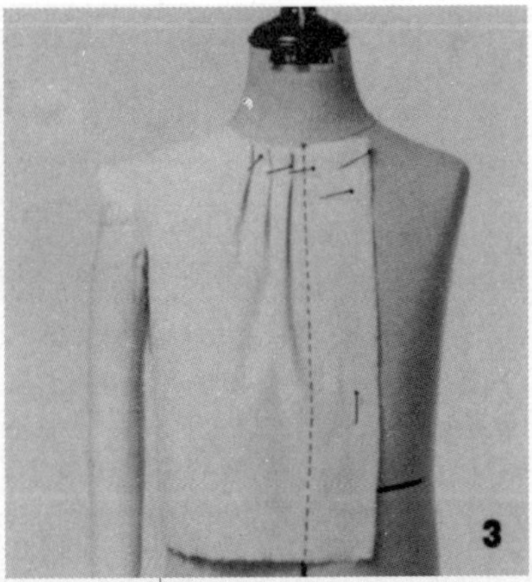

3 将领围、袖窿多余的布料剪掉，调整立体轮廓造型。

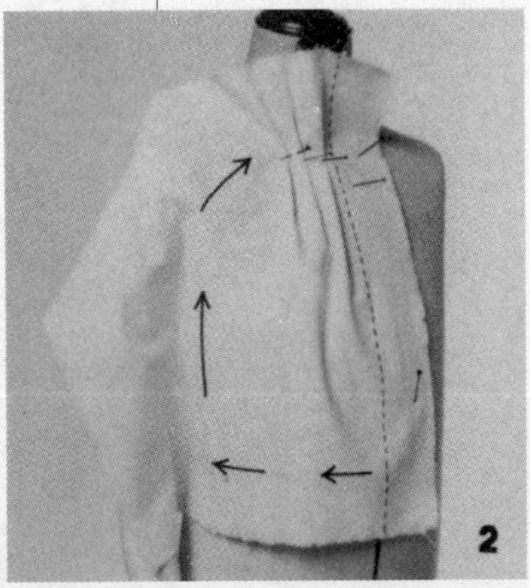

4 将后片上部固定在人台上，与前片处理方法相同，在腰部留取适当的余量，使背部立体造型充分表现出来。多余的余量可在肩部捏省，或转移到臂根部，形成充足的余量。

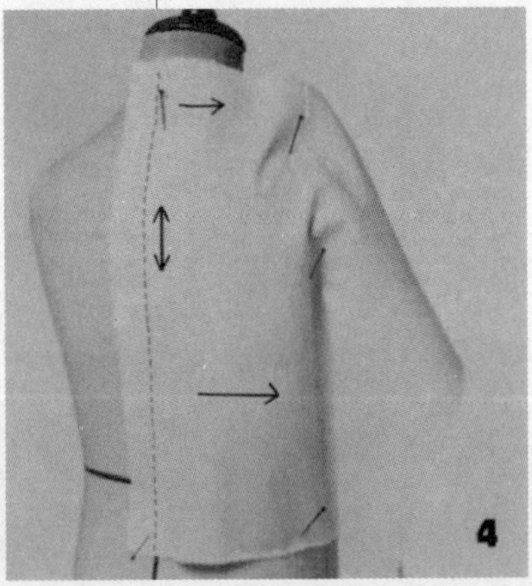

图 3－10－2(1)

5. 6 将裙子的前后片与上衣接合。裙腰可采取抽碎褶的方法处理，调整整体比例关系，使用黑色胶带确定领围线、腰围线的位置。

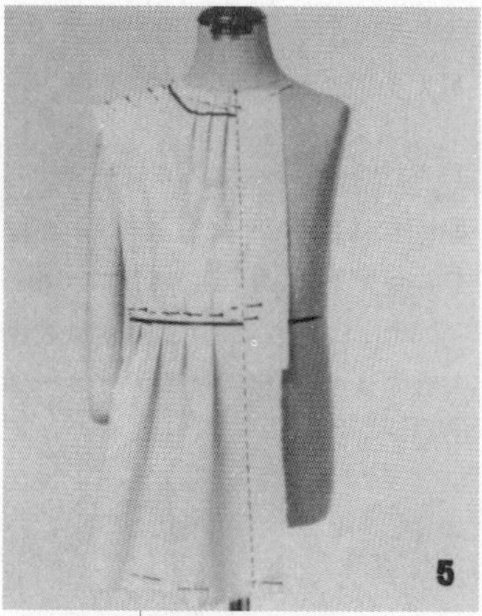
5

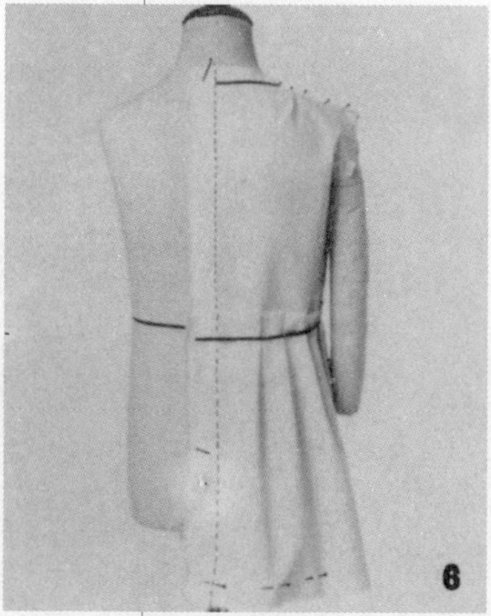
6

7. 8 裁片展开图

图 8 为平面样板与原型的比较图，虽然看起来儿童样板很简单，但是简结的设计更能体现儿童的纯真、可爱的天性。所以童装无须采用过于复杂的设计。

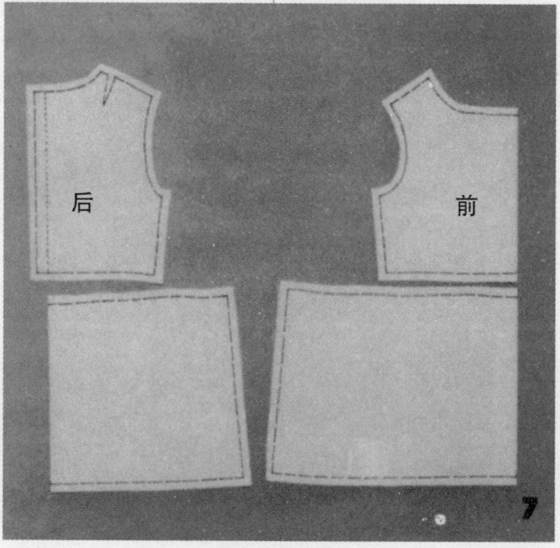

7

结合儿童发育的特点，采取相应的设计，各部位留取备放量，就能够穿着较长的时间。图 9、10 的设计，裙摆为较宽的活褶，随着儿童身高的增加，增加裙长非常方便。因此，为了使服装留有备放量，还是简洁设计效果最佳。另外，2～4 岁的儿童，服装留有充足的备放量，既使长得较快，也能够穿 2～3 年。

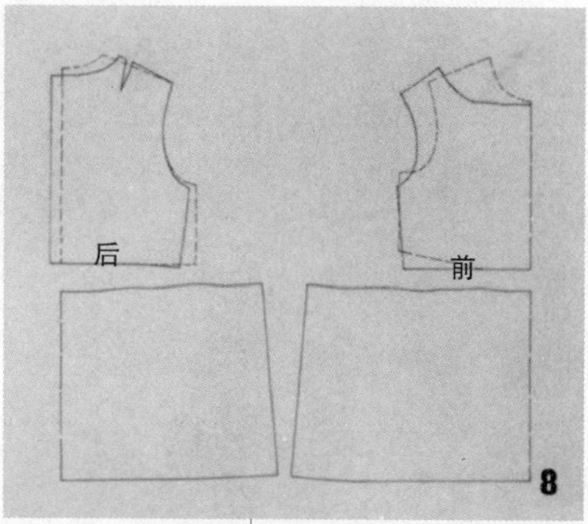

8

9. 10 完成效果

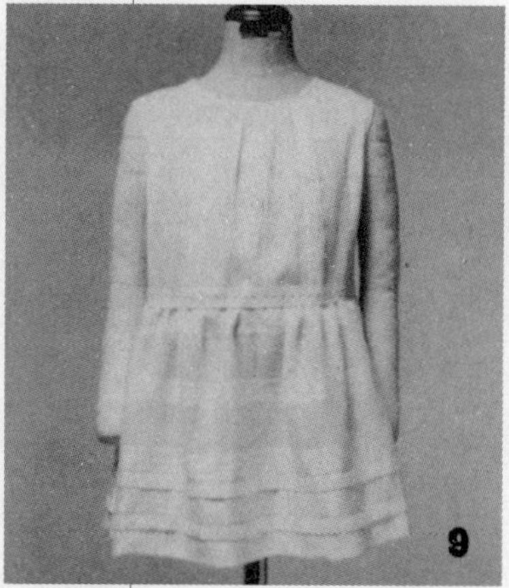
9

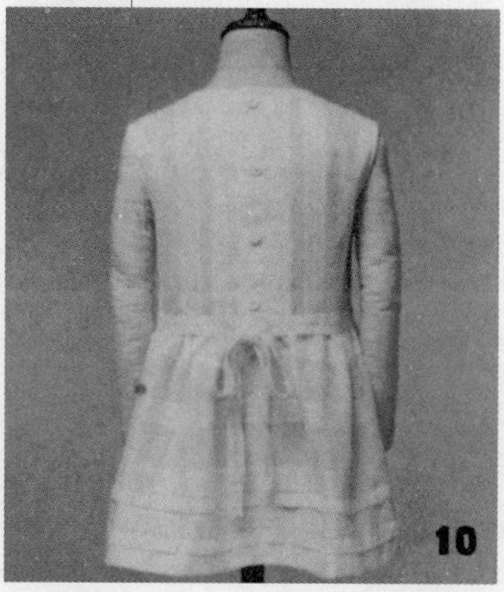
10

图 3－10－2(2)

领口、领形局部设计····

无领形领口

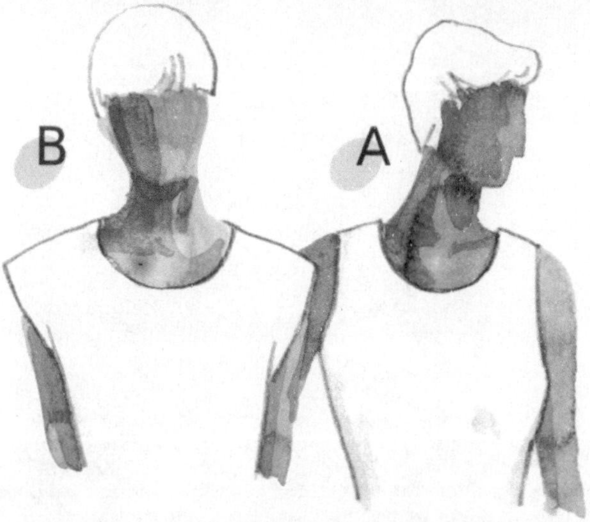

无领形领口的设计，分为低领口和高领两大类。低领口设计的问题，是随着胸部的运动，如扩胸、伸张等活动，领口容易松弛上浮，为了减少上浮的毛病，必须收紧领口，捏取充足的胸省量，这便是裁剪低领口的重点。

1 将前片固定在人台上，对齐前中心线，并使前片合体的贴合于人台。

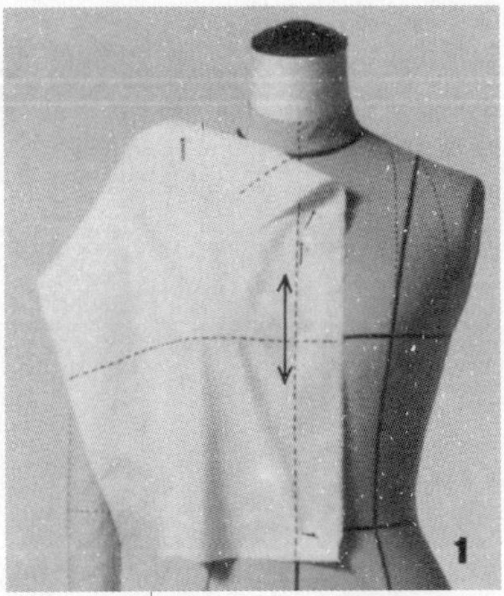

2 确定领口线，剪掉多余的布料。

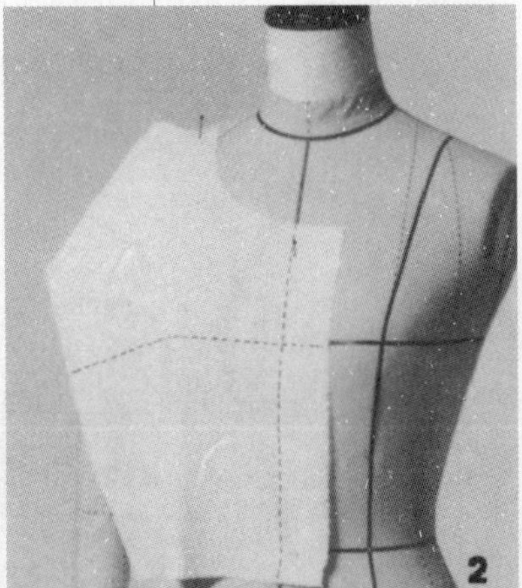

3.4 为了使领口合体贴合于人台，将多余的松量从肩部向袖窿轻移，再由侧缝向腰围转移。这样，腰部就形成了较大的省量，并具有了立体感强的轮廓造型。这时静态展示时，造型美观。但是随着胸部的活动，即使领口没有浮动，衣身也会产生伸拉的现象，这是个难点。

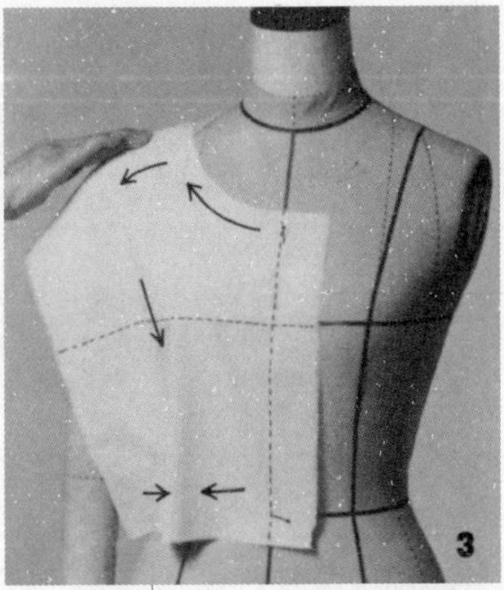

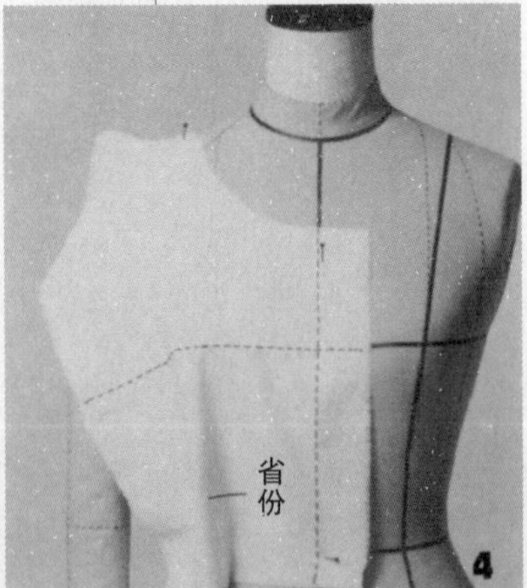

图 3－11－1(1)

5.6 将腰围产生的余量，捏成一条腰省，制作成无袖款式造型（A）

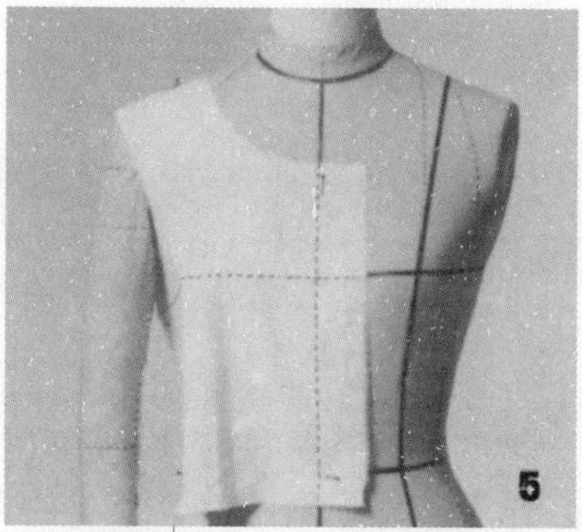
5

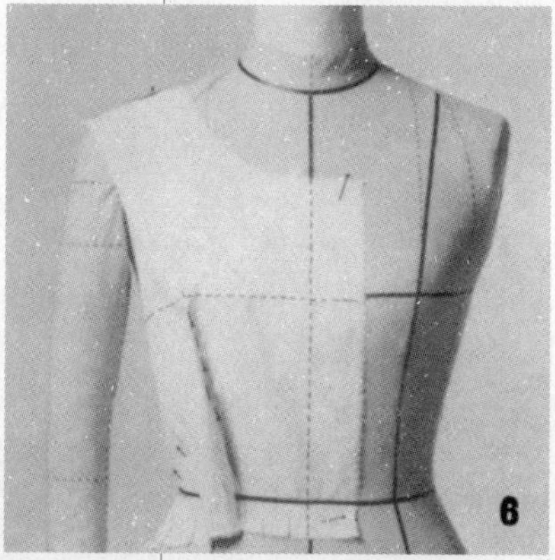
6

7.8 为了解决因身体运动时产生的衣身伸拉弊病，就必须留取足够的余量。本例袖窿设计为法式袖，袖窿部位留取足够的余量。将腰部省量处理成活褶。

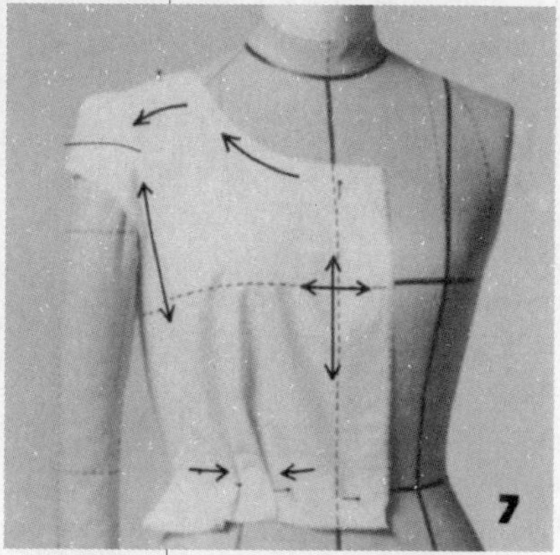
7

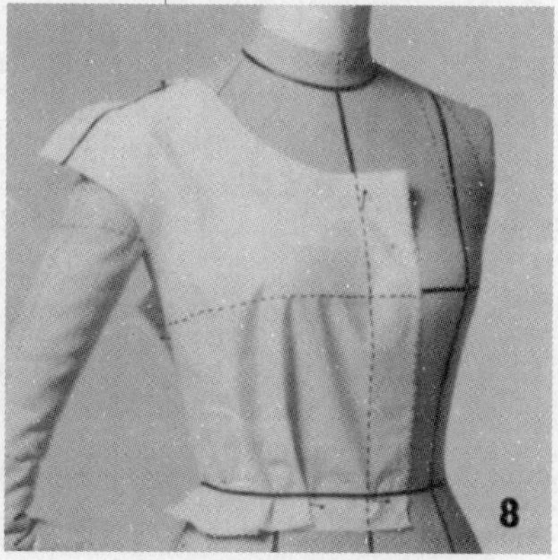
8

9 裁片展开图

从整体看：裁片A、B宽度几乎一样，但是因省道处理方法不同：如A是收省，B是捏活褶，它们二者的立体造型差异较大。这点在下面的完成图片中看得很清楚。

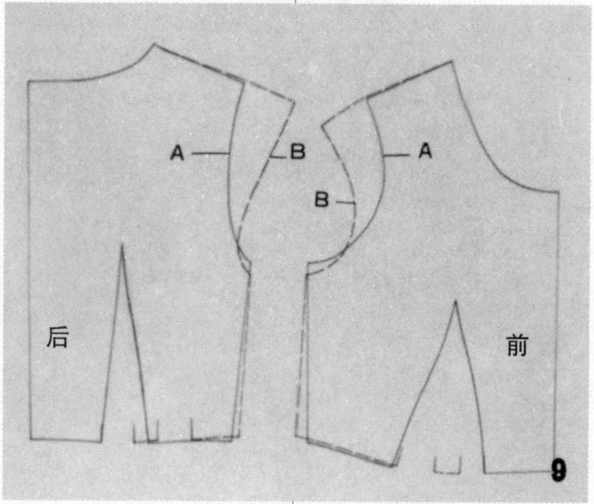

9

10.11 完成效果

右半身为A款，左半身为B款，A款由于收腰效果明显，可与大摆裙接合形成连衣裙。

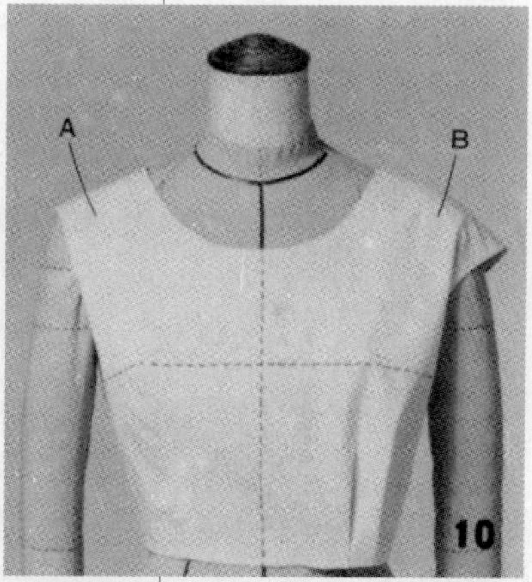

10

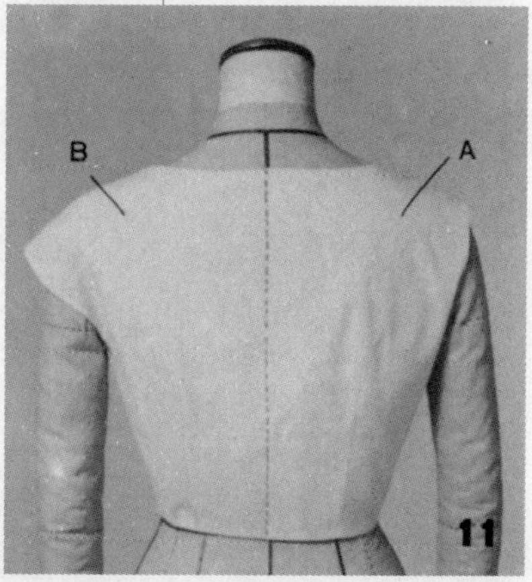

11

图3-11-1(2)

立驳领

立驳领的廓形特征是后为立领、前为驳领，具有两用领的功能，多用于套装设计。本列后片设计为高领口，前片领子设计为驳领。随着驳领的大小、造型的变化，会产生不同的风格效果，根据整体比例关系和设计要求，款式可自由设计，注意从后片高领口开始翻折的驳领线要自然协调。

1 领窝处留取足够的余量，将前片固定在人体模型上。

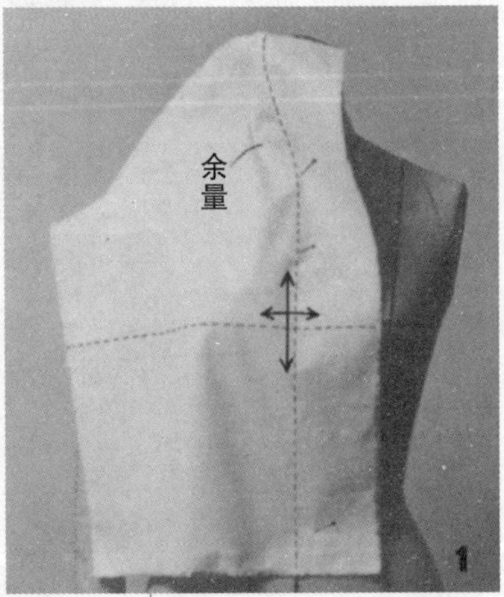

2 翻折驳领部分。

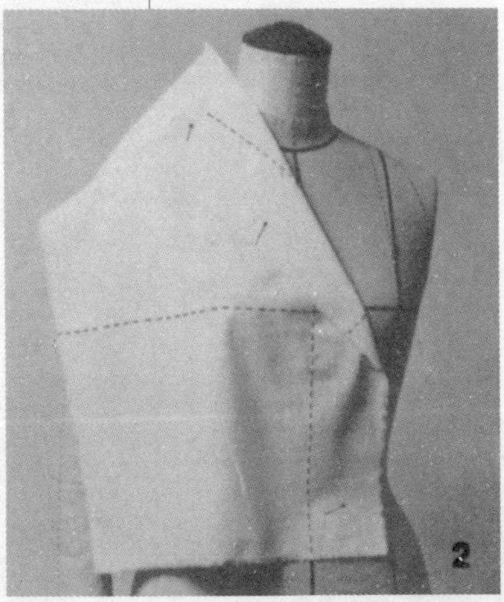

3 下摆保持水平，整理为箱形的立体轮廓，臂根留取适当的余量。

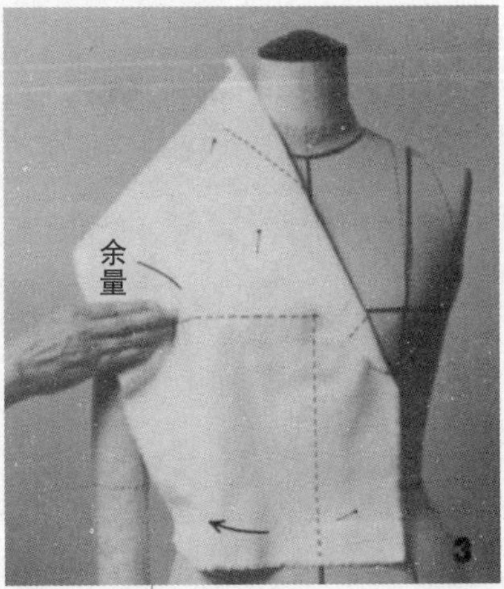

4 留出袖窿，肩部的缝份，剪掉多余的布料。

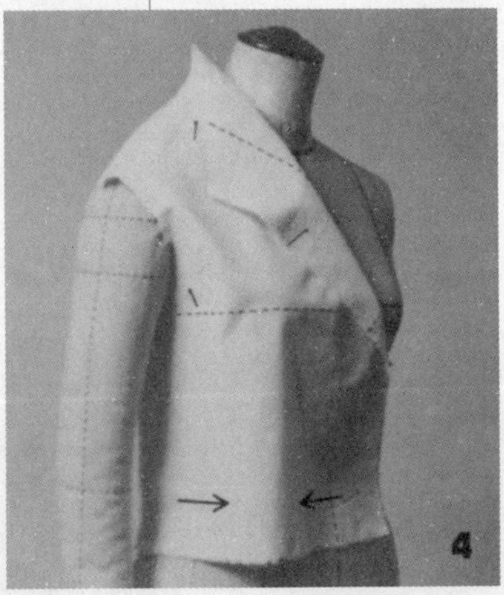

图 3－11－2(1)

5 领窝留取适当余量，将后片固定在人体模型上，整理后片，使之形成箱型的立体轮廓。臂根要留取充足的余量。

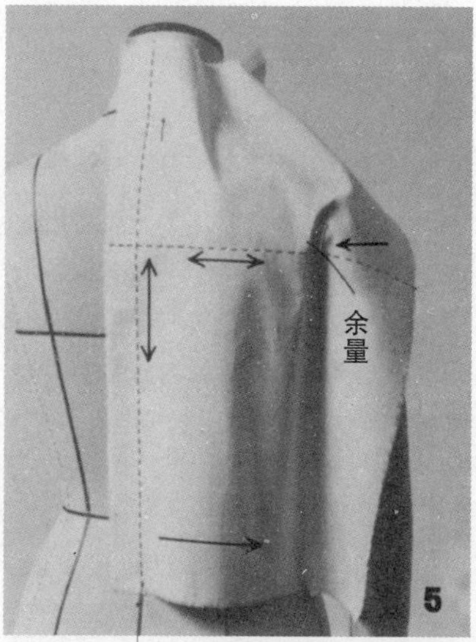

6 整理袖窿、肩线。为了使裁剪的领口合体贴合于颈部，还是把领侧的肩线靠后偏移。后领窝的余量，在领窝上端留取。这样造型美观。

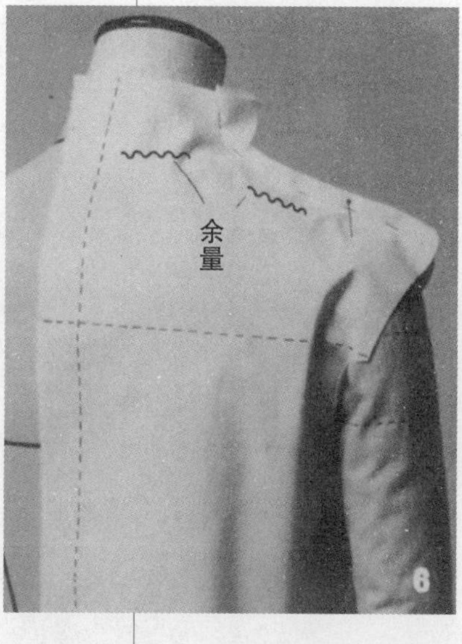

7 在领窝颈侧点位置即立领的根部开剪口，使领子自然服贴。

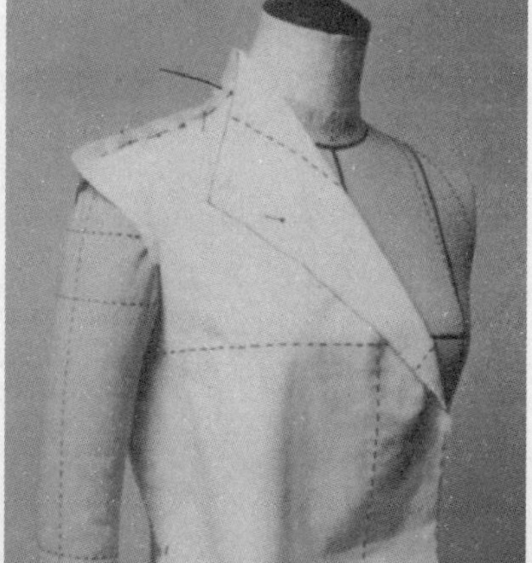

8 裁片展开图。

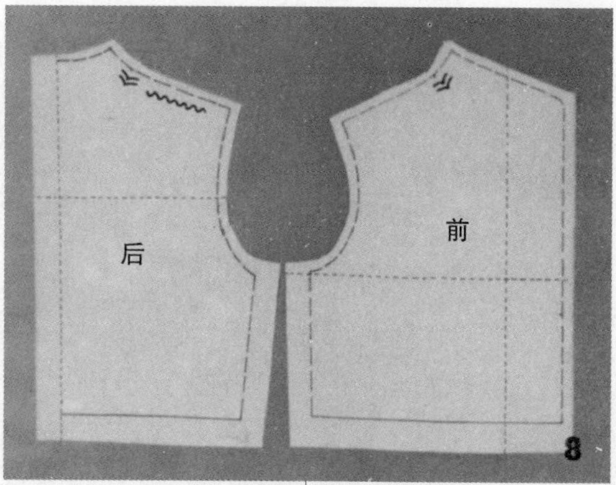

9. 10 完成效果

沿着身片裁剪的立驳领，自然服帖于颈部，这一点是关键。

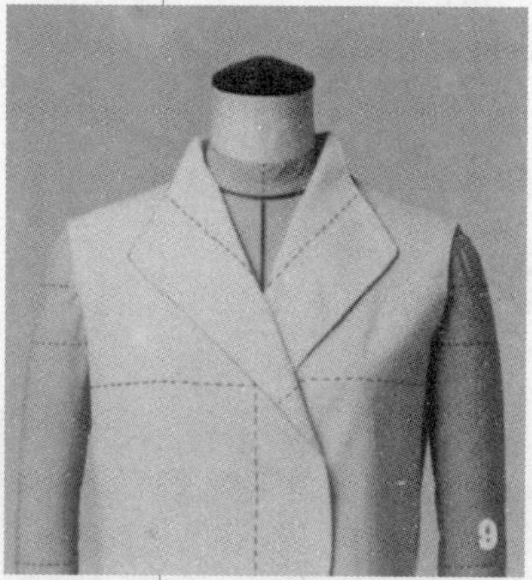

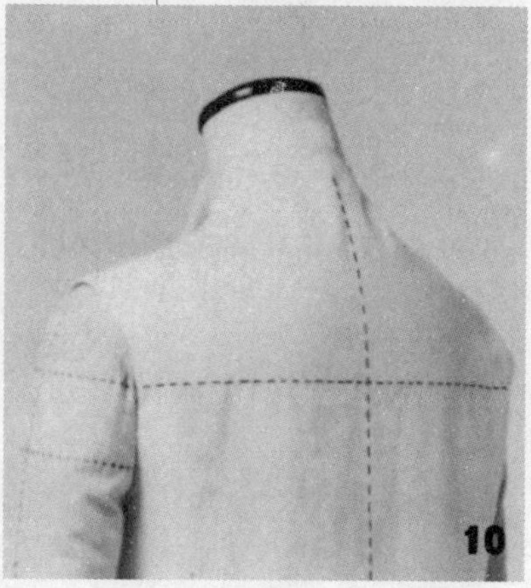

图 3－11－2(2)

高领口V形领

高领口领形的设计，分为前后领窝均不收省和因领口较高，领口收省两种，无论那种裁剪要点是：在相当于原型领窝的位置上，留取适当余量。这是因为原型领口上部，颈部前后左右屈伸、转颈等活动频繁，所以希望增加领窝部分的尺寸。

本例介绍，后领口收省的设计。

1 将后片固定在人台上，对齐后中心线，背部留取充足的余量，同时，把腰往细收，由于反作用，上部产生余量。这部分余量，可在肩部收省，但是，如果将其转移到后领窝处，就会使后领口自然立起，穿着方便。

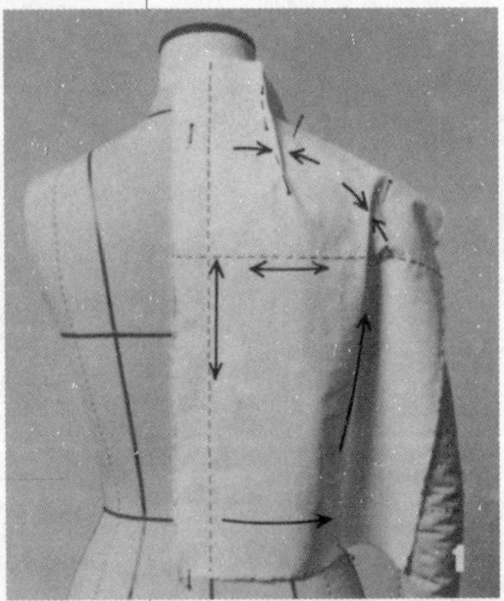

2 将领窝多余的松量捏省，为使领口贴合于颈，捏取的省道的上端省量要小点，省道下端指向肩胛骨，逐渐消失，袖窿处要留有余量。整理立体轮廓造型。

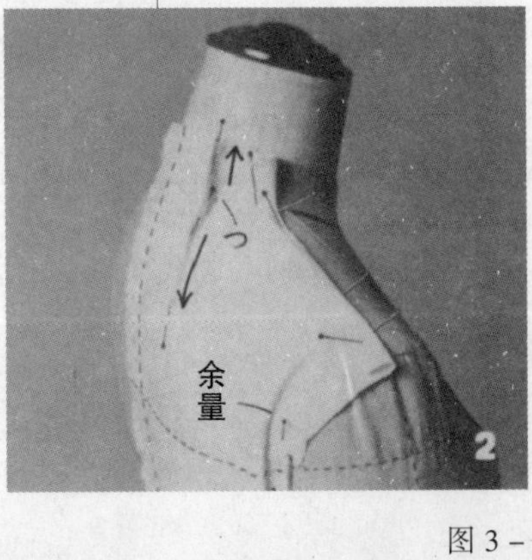

3 将前片固定在人体模型上，前领窝中心处留取0.7cm松量，如图所示。

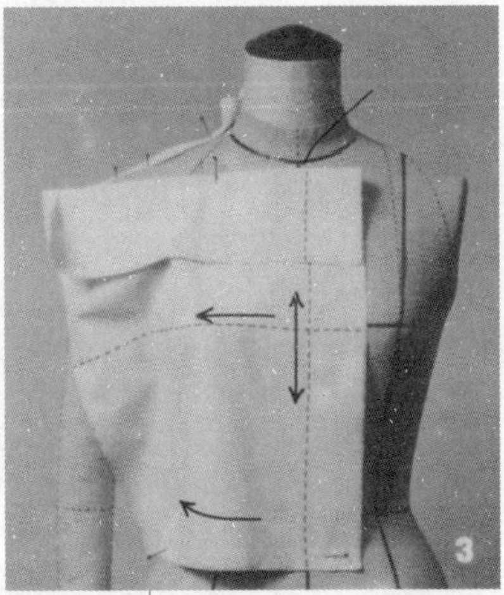

4 调整前后领窝造型，同时扒合肩缝，颈侧领口形成立体造型，整理V字形领口，使前领口呈弧线状并且自然服帖。

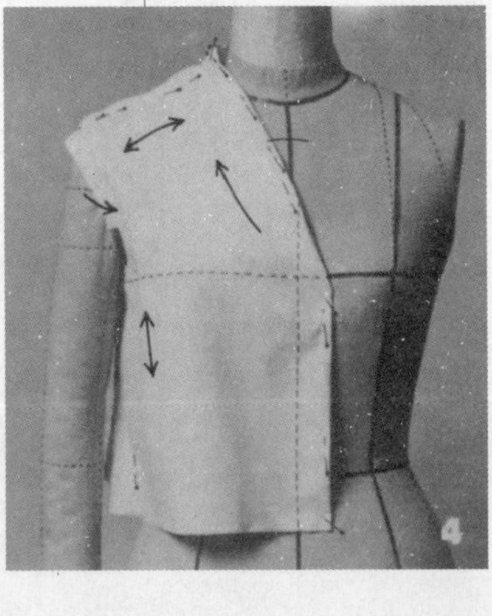

图3－11－3(1)

5 裁片展开图

缝制时，领口要进行归拔工艺的处理。

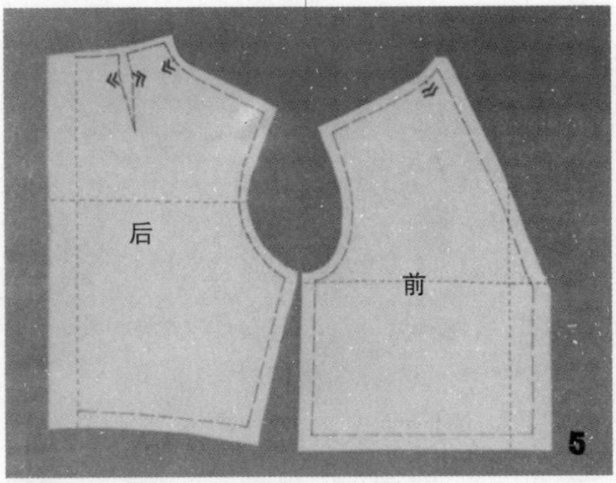

6. 7 完成效果

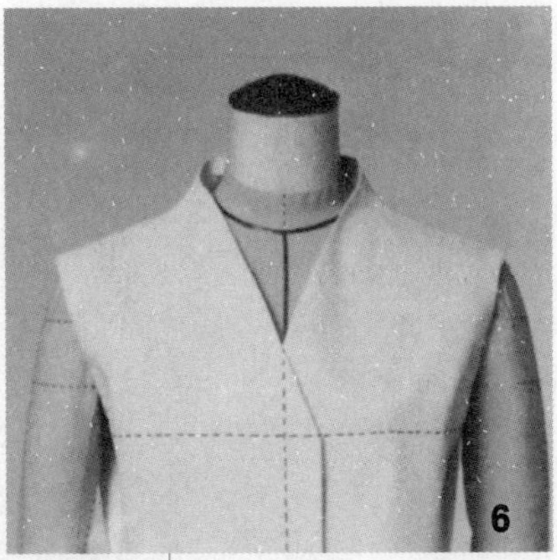

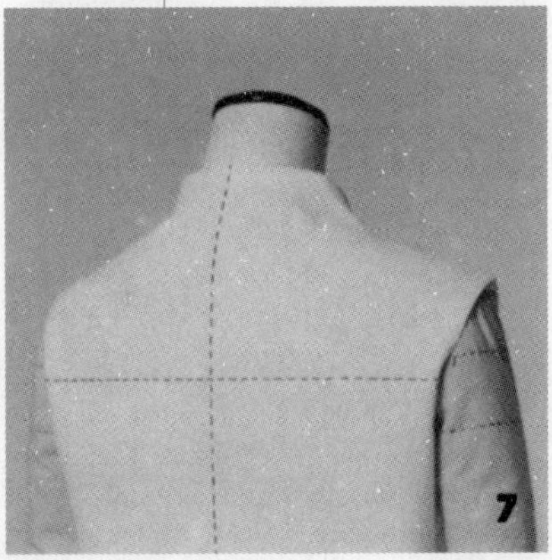

图 3-11-3(2)

衬 衣 领 A

本例介绍的衬衣领，采用座领与翻领的连体结构，由于领口裁剪方法不同，领子造型效果也各不相同，本例采用是具有代表性的原型领口。制作衬衣领使用宽度 12～13cm 的长方形布料。

图 3-11-4(1)

1 将领子的后中心线与后片中心线对齐，用大头针水平固定。距离后中心过来2cm这一段用大头针水平固定。这样后中心附近的领布自然水平地贴合于颈部。

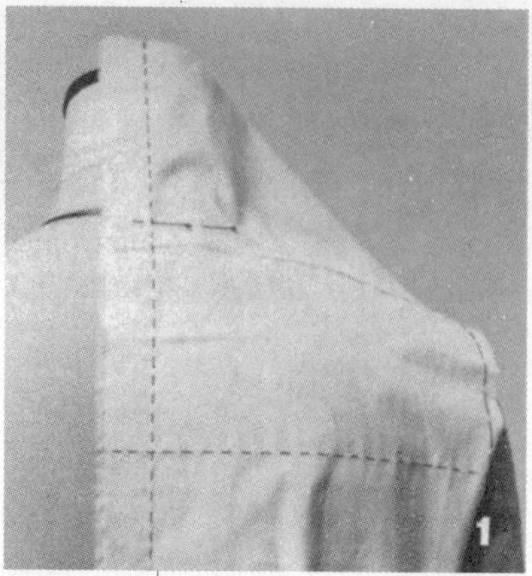

2 确定座领高度(2.5～3cm)，翻领宽度(4～5cm)，调整座领高、领口线、翻领宽的比例关系，同时，将领布绕向前方。

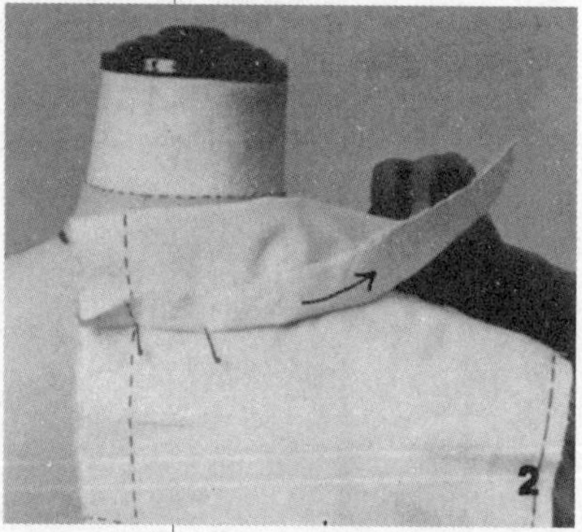

3 将领子固定在领窝上，领窝可自由设定，本例采用原型领窝。

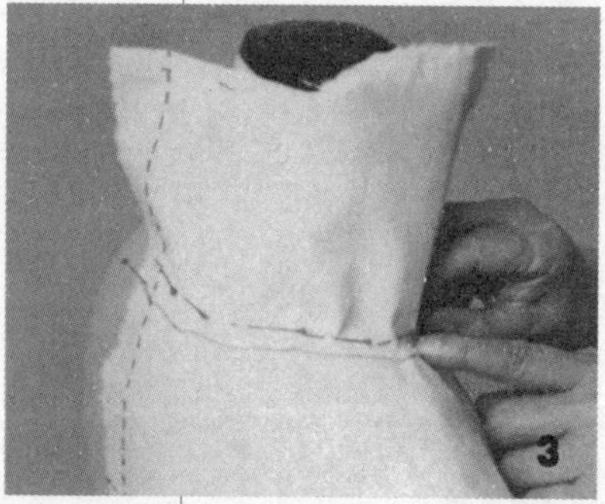

4 调整出适当的翻领宽度，上领口翻折线从后到前，要自然流畅平缓，如果有不顺当的伸拉现象，要重新调整领窝的位置，重用大头针固定。

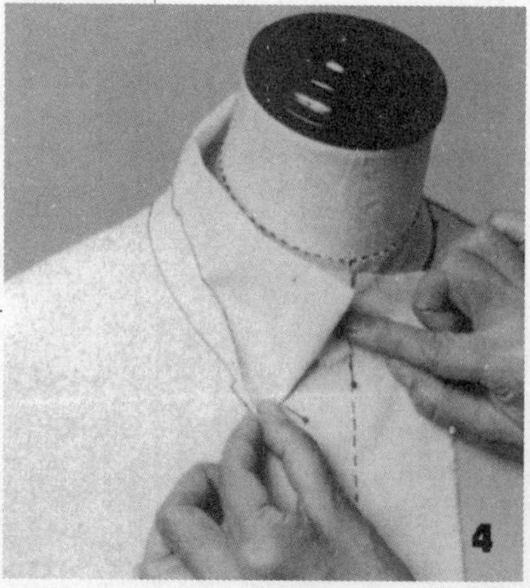

5 裁片展开图

座领、翻领肩的位置进行归拔处理。

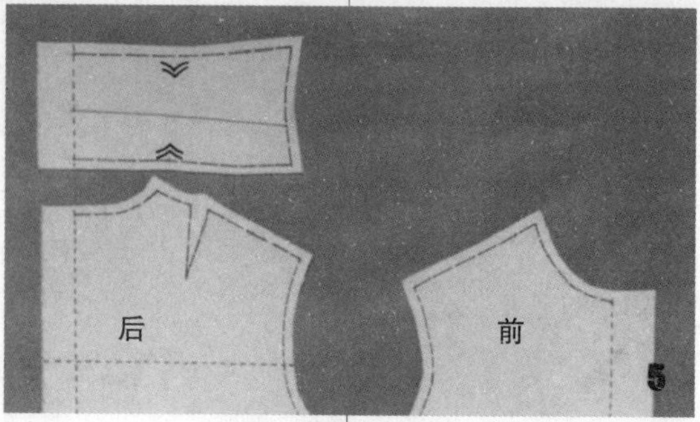

6 完成效果

图 3－11－4(2)

衬 衣 领 B

本例介绍比原型横开领宽的衬衣领设计。领子的领尖较圆，富有变化。使用布料要比 A 型领宽些。

1.2 将领子中心线与后片中心线对齐，从后中心用大头针水平固定 2cm，并剪掉领下方多余的布料。

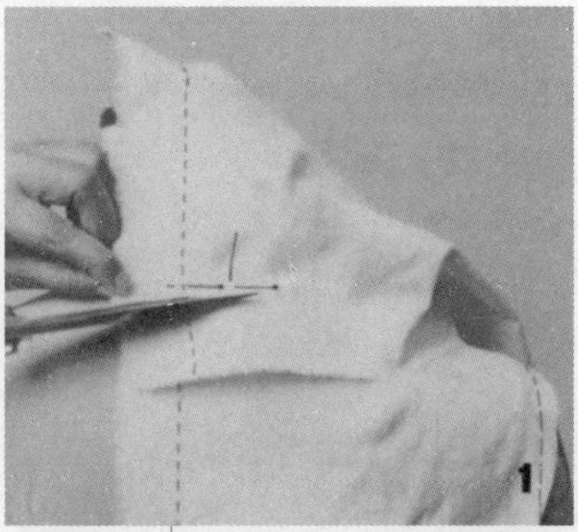

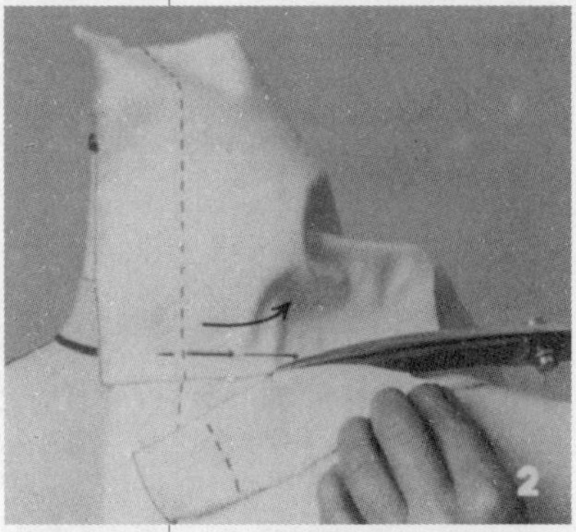

3 逐渐向前围绕，同时剪掉多余布料，还要将领子翻折过来，观察其造型效果。

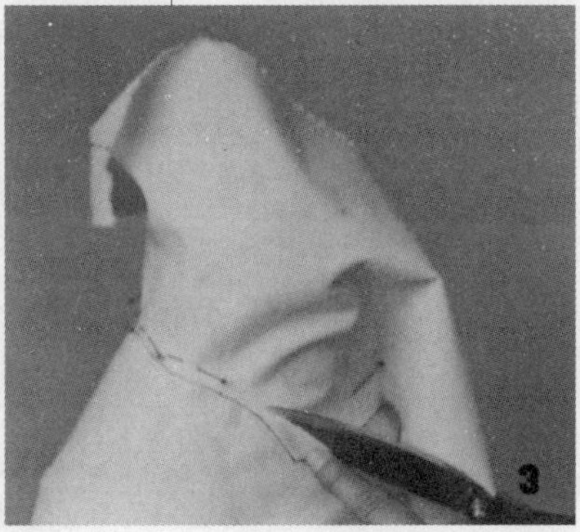

4 使用色线或黑色胶带，标注领子的外轮廓线。

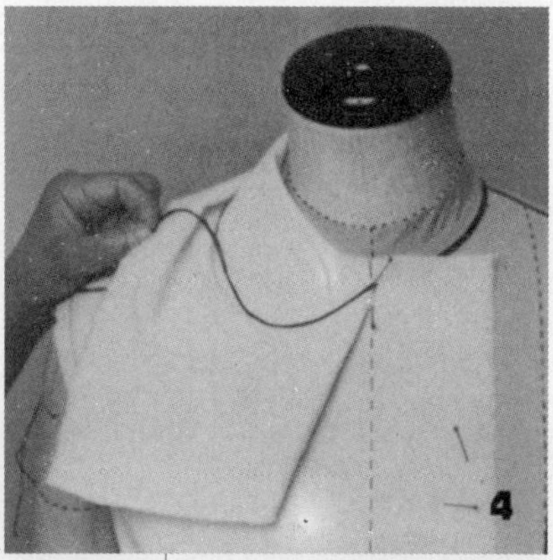

5 当领子的外轮廓线确定下来之后，使用铅笔，做出标记，并剪掉多余的布料。

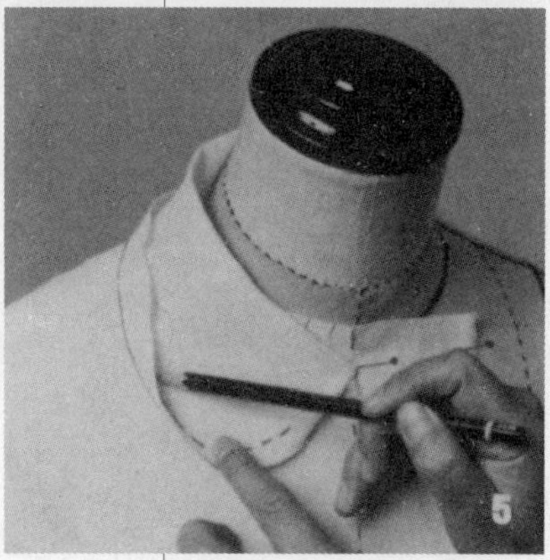

6 裁片展开图

从图中可以看到：后领下口线与后片领窝的曲线相吻合，肩部位置的座领高降低了一些，领子的翻折线为一条曲线，这样增加了外领口的余量，使翻领能够自然翻折。另外，还可以将这种座领较高的领子变成座领较低的平领。保持绱领线不变，增加领外口的展开量，在领外口多剪几个剪口，使可制作出平领造型的领子。

图 3－11－5(1)

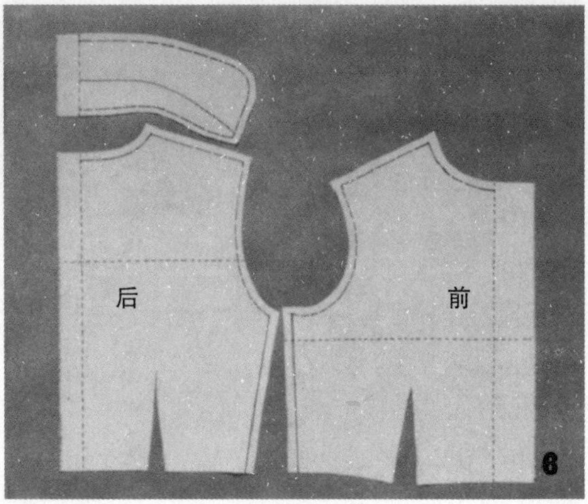

7.8 完成效果图

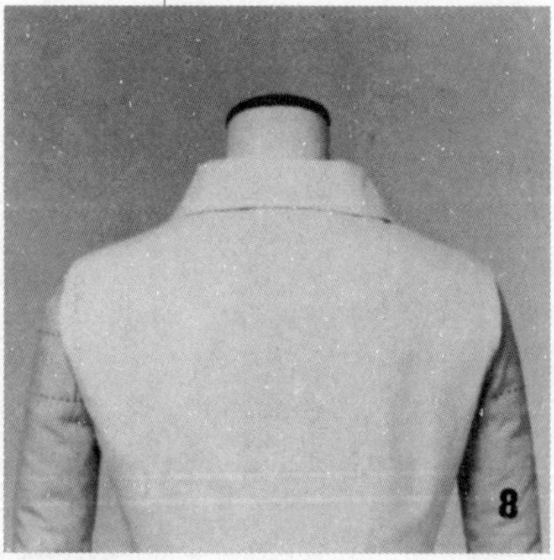

图 3－11－5(2)

燕 子 领

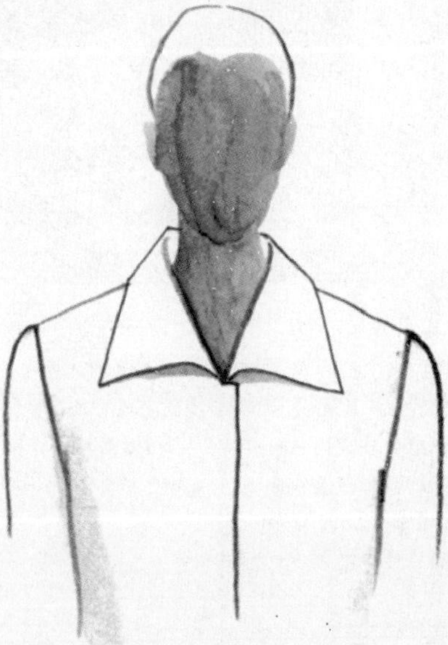

领子轮廓造型呈燕翅状。裁剪方法与衬衣领相同。

1 按照设计要求标出领窝线。

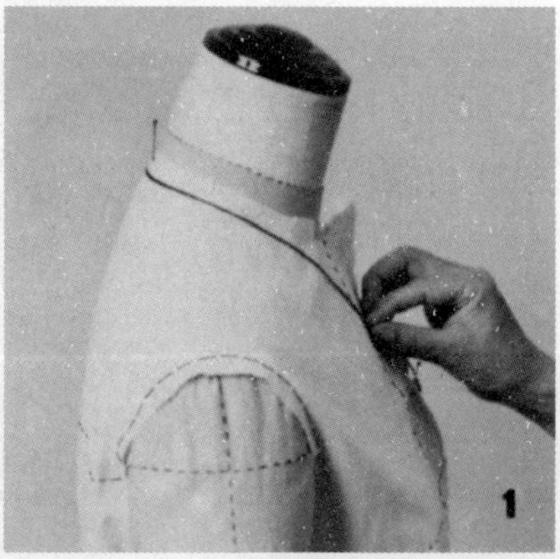

图 3－11－6(1)

2 从后中心开始敞领，距后中心2cm处保持水平，用大头针固定。

3. 4 肩部分的领布要折顺。按照片图4那样，把窝边立起来，向前顺过去，这样容易操作。

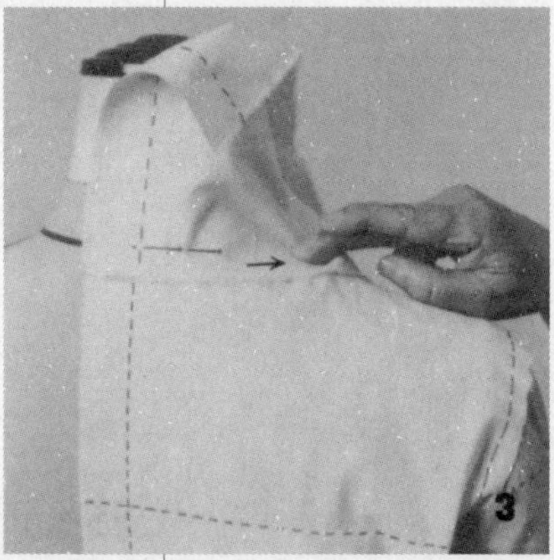

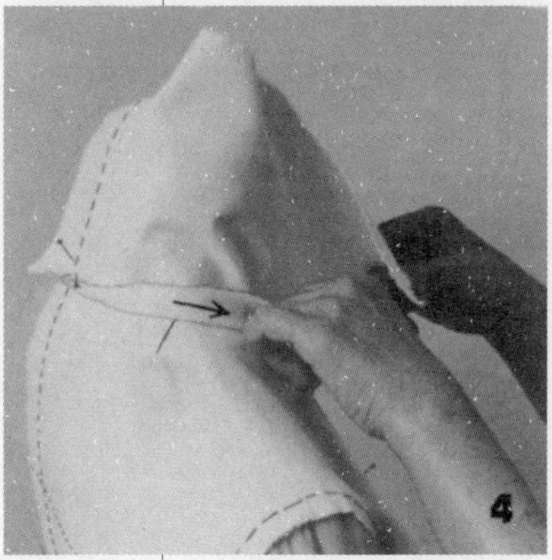

5 大体确定座领高。后翻领宽减掉多余布料。

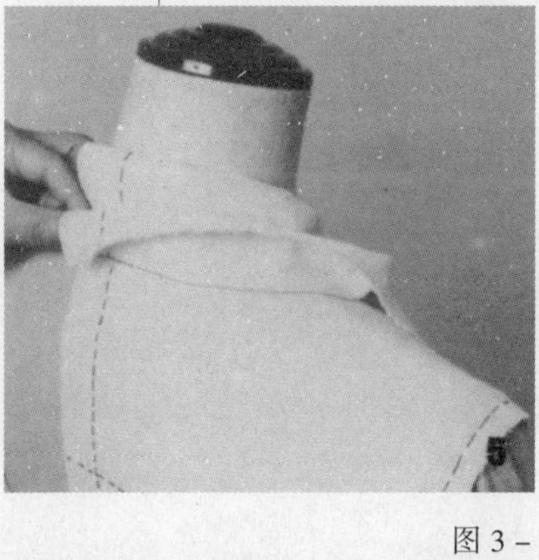

6 领口要与颈部相吻合。

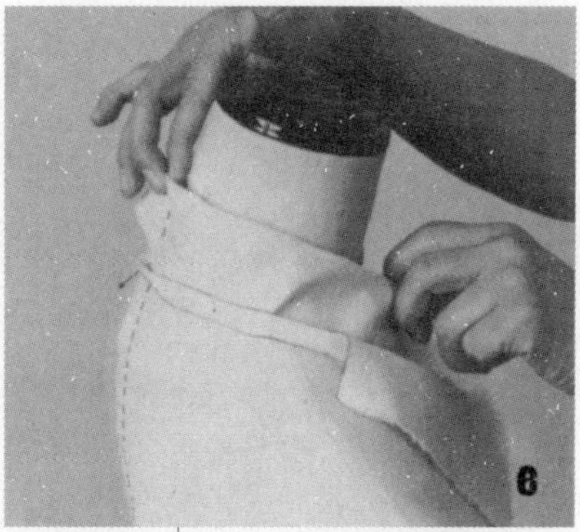

7 由肩部向领子前端，座领高度自然降低，使领面自然服贴。

8 当座领高度确定下来以后，考虑好领外围形状，然后，按理想的形状剪去多余布料。

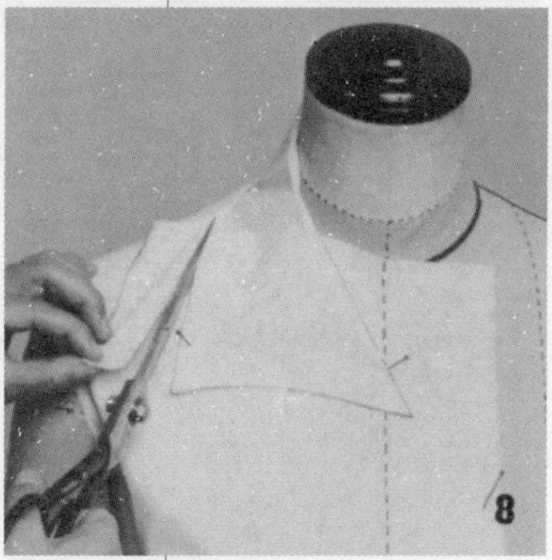

9 将领子翻立起来，确定绱领线。在前中心的位置，再一次确定领形，要把它作成漂亮的燕翅形。

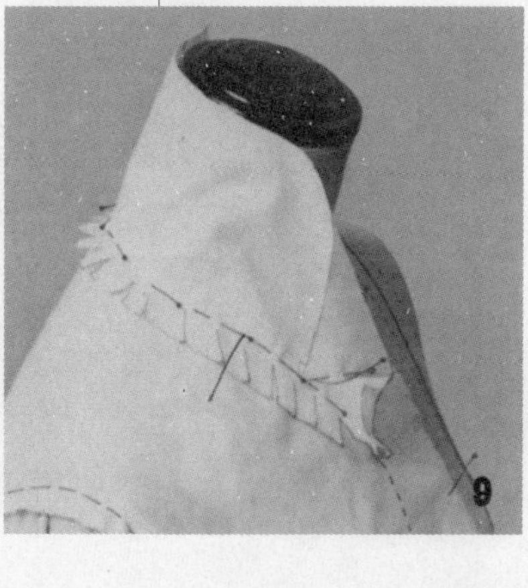

图3－11－6(2)

10 确定前领宽的造型。

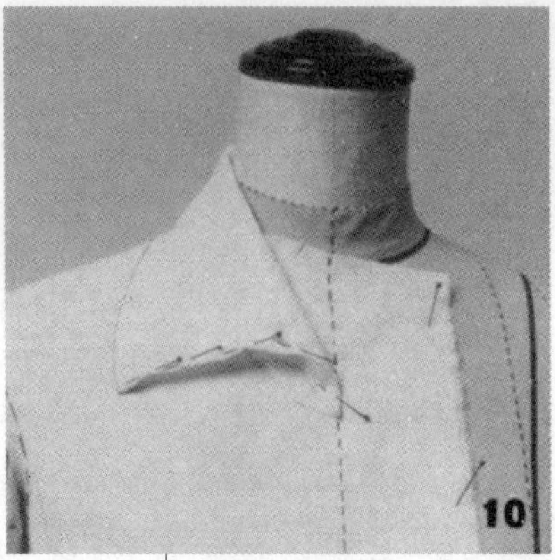

11 裁片展开图

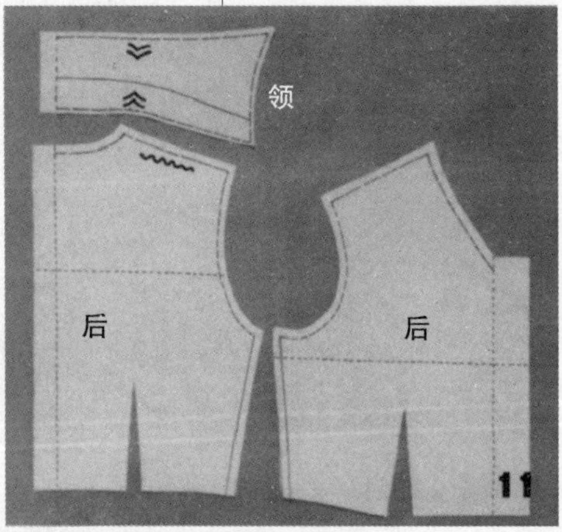

12 完成效果

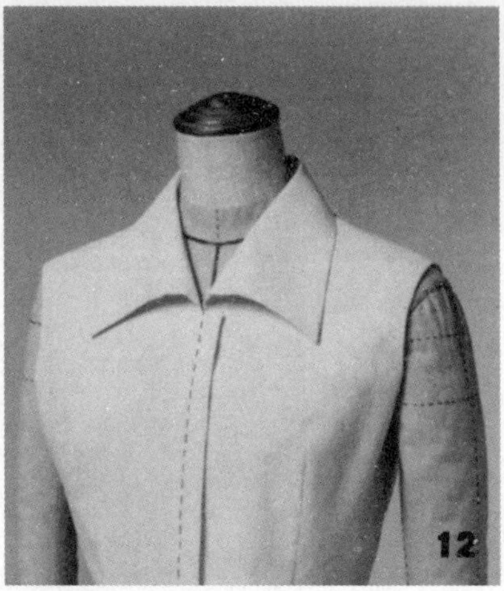

图 3－11－6(3)

海 军 领

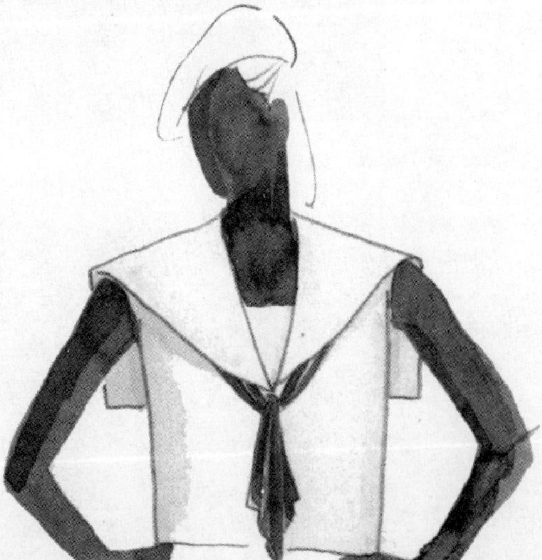

几乎没有领腰的领称为海军领。领腰的高低根据爱好或所做服装的样式决定。本列介绍完全遮盖住肩部的海军领。

图 3－11－7(1)

1.2 标出领窝位置，后领窝稍抬高一些，使领子更加服帖，前领窝根据设计要求自由设定。前领窝的终止点不要低于 BP 以下，如果领窝开得较深，就需要胸挡布。

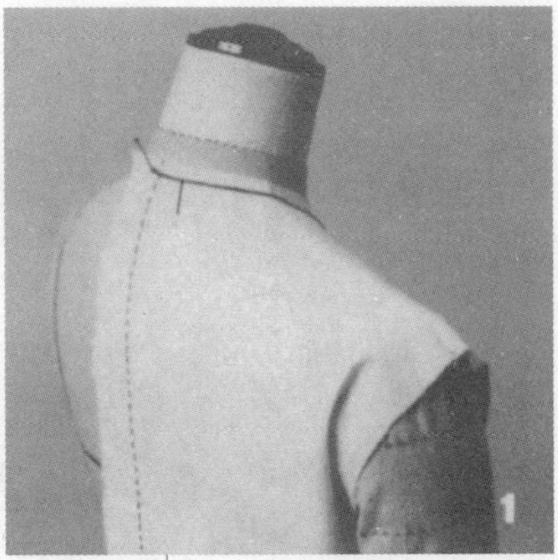

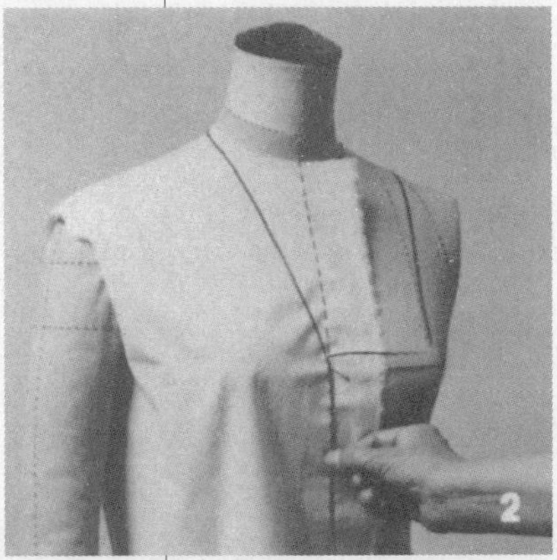

3 将准备好的领布从后中心开始，铺在人体模型上，由背部向肩部按箭头所指方向推抚领布，使之服帖，而且一直理顺到绱领的边缘。

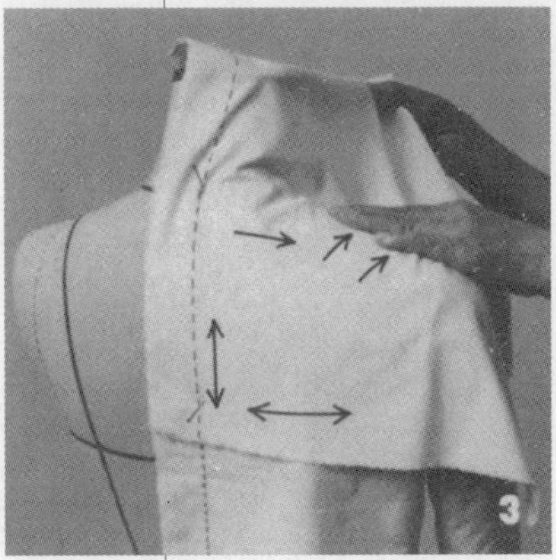

4.5 理顺好后领口，然后看着前领宽，剪去前后多余的部分。

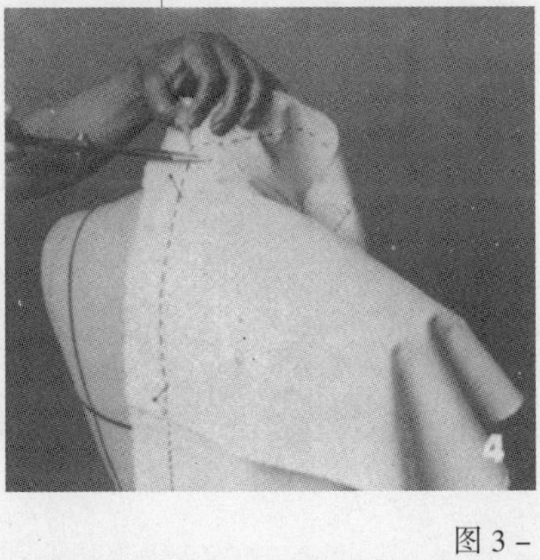

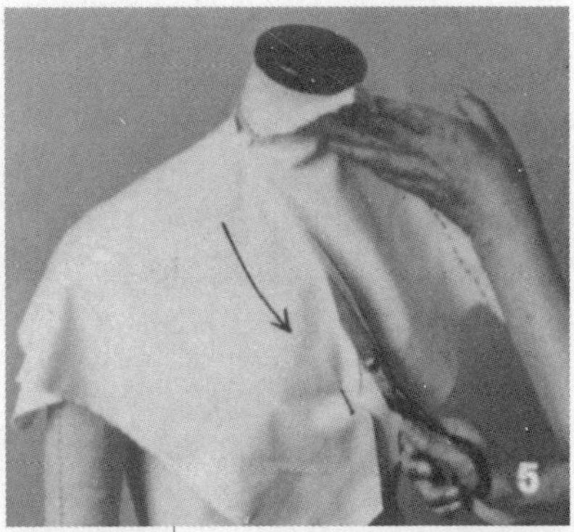

6.7 从后向前，根据领形，确定适度的座领高，并在那个位置上做标记。

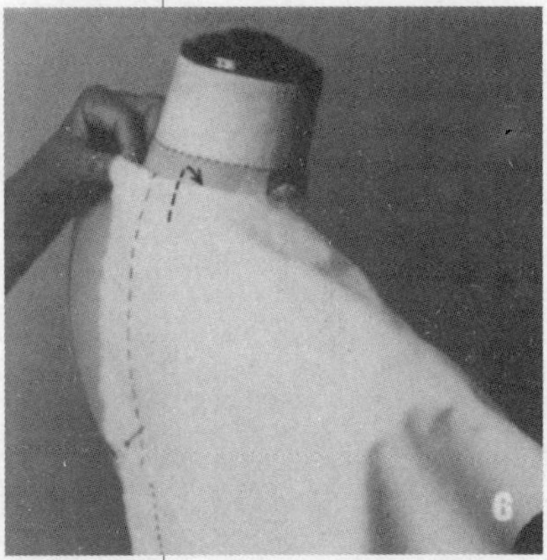

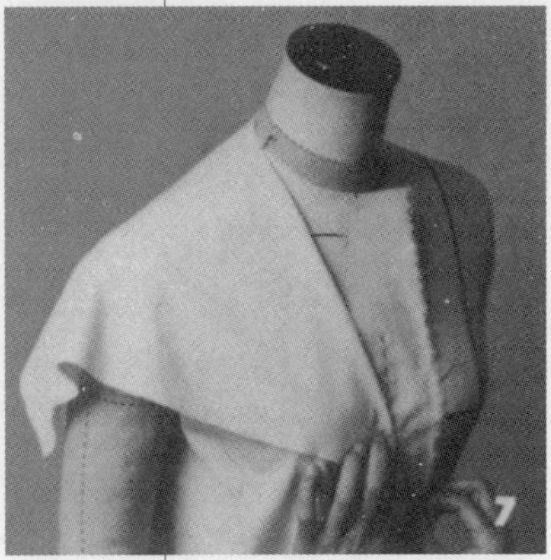

8 沿领折边别上大头针。

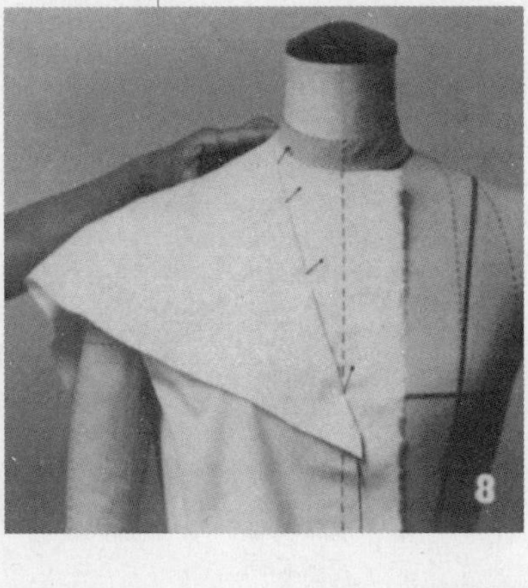

图 3－11－7(2)

9 将领子掀起来固定。领口打剪口以利于绱领容易，把领布稍稍伸拉，领口不要过松，用大头针固定。

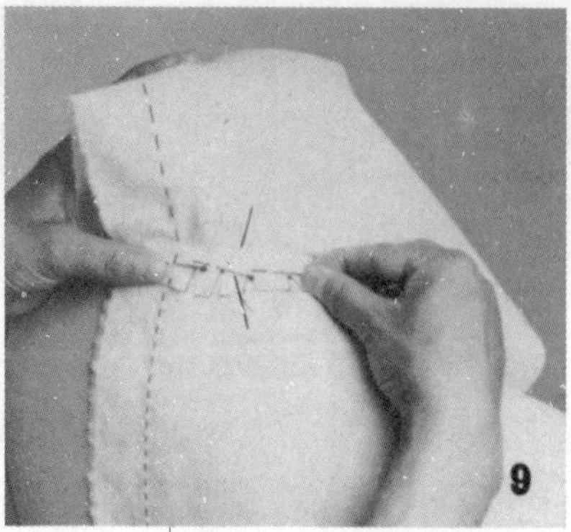

10 前绱领线稍呈弧线，座领高度稍高一些。

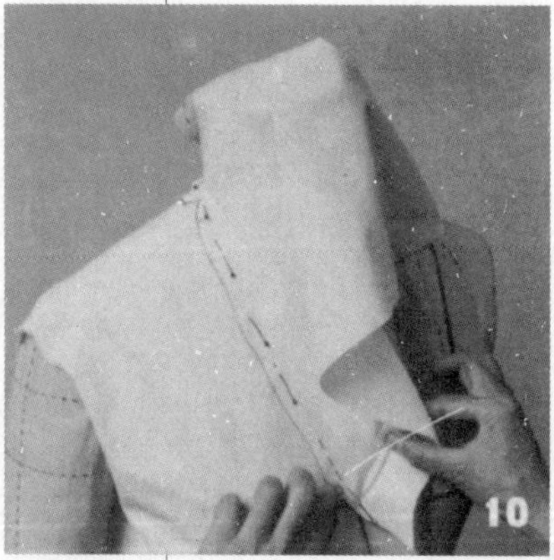

11 领子前端自然拱起，使领子能从折线处完全翻过来。

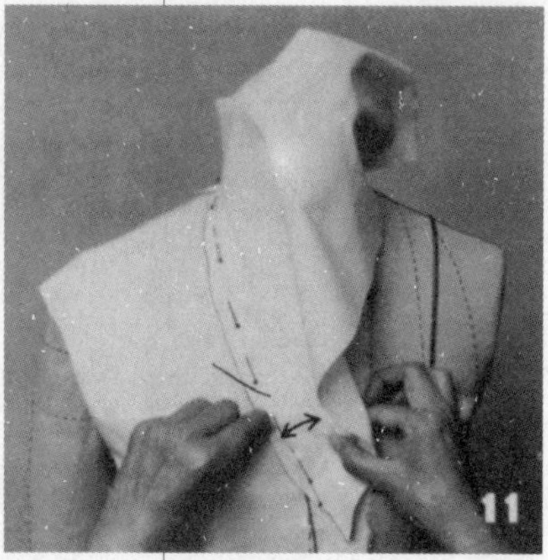

12. 13 确定领子的外轮廓造型。

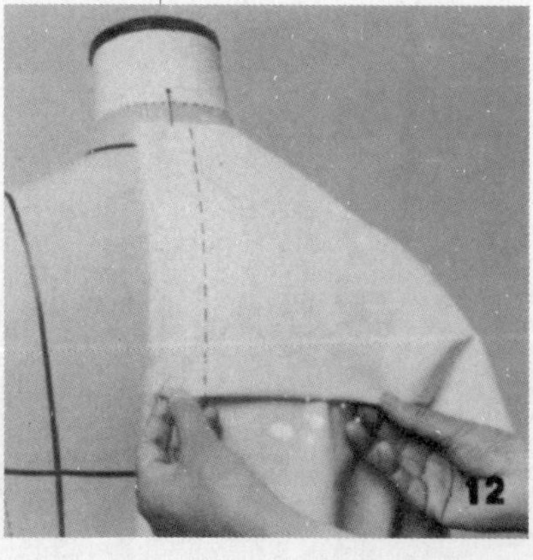

14 裁片展开图

为了把领子柔和地绱好，无论是领窝线，还是绱领线，都必须呈曲线形。

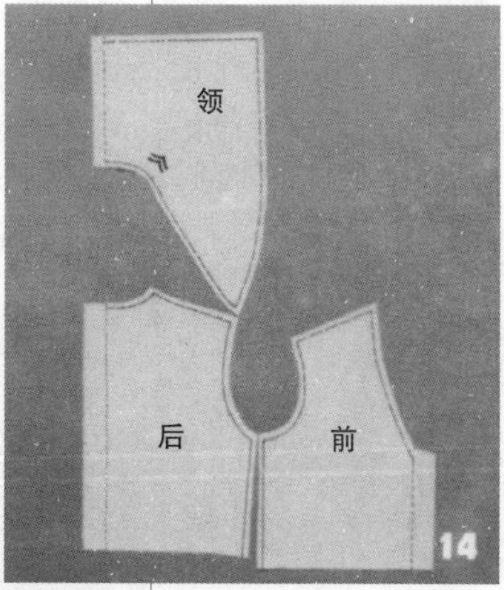

15. 16 完成效果

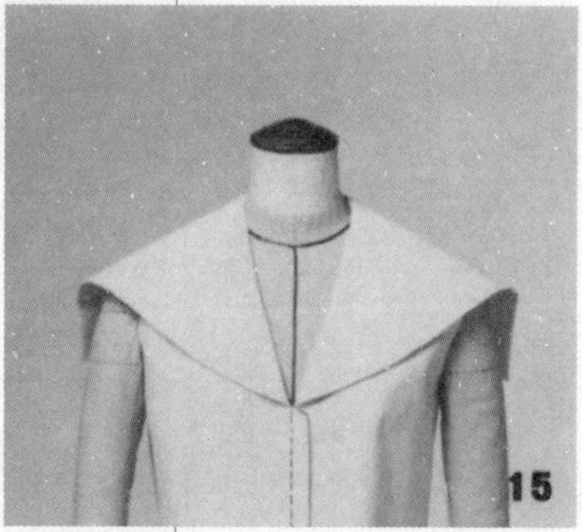

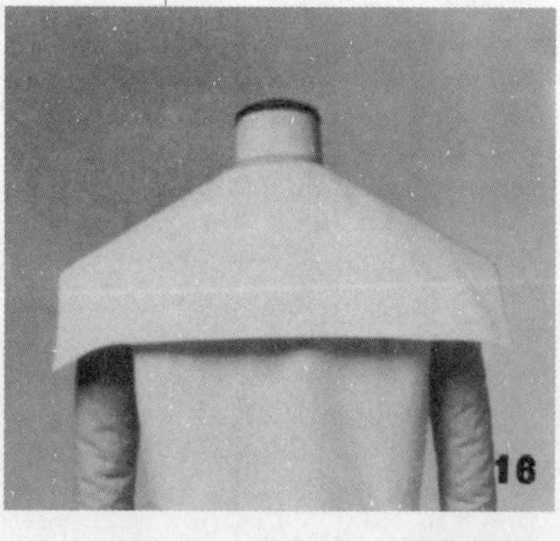

图 3-11-7(3)

披 风 领

本款领子造型与海军领比较，前领口不同，其余几乎一样。

1 根据设计要求确定领窝位置。本款领口呈船形。

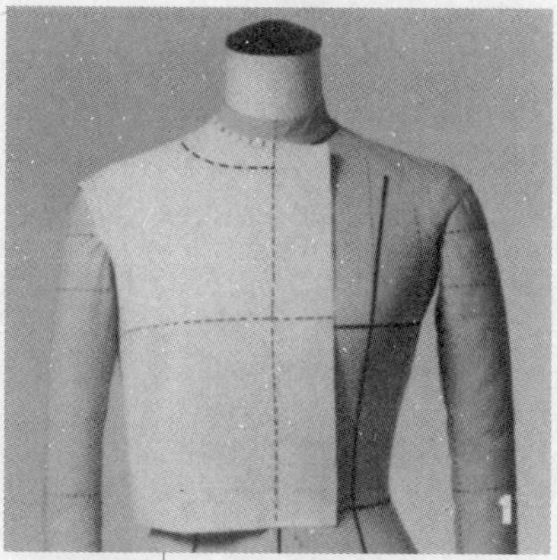

2～4 准备宽一点的领布，对齐后中心线，按箭头所指方向推抚领布，为了使领口贴服于颈部，逐渐裁剪领口，同时理顺领外围，使其成了喇叭型。

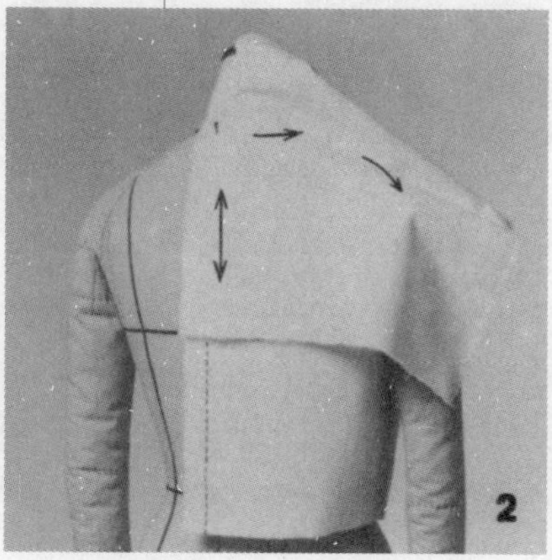

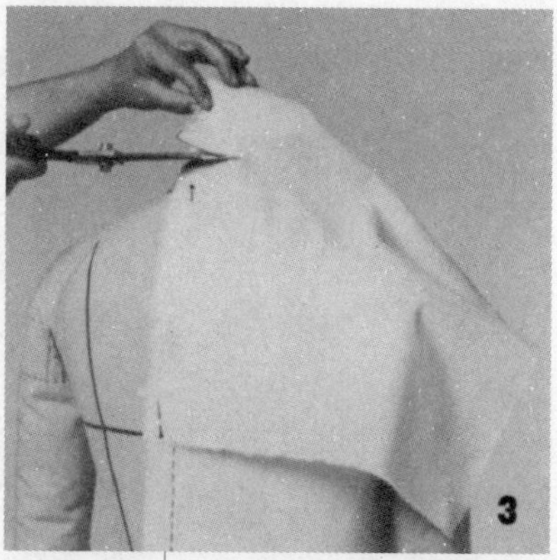

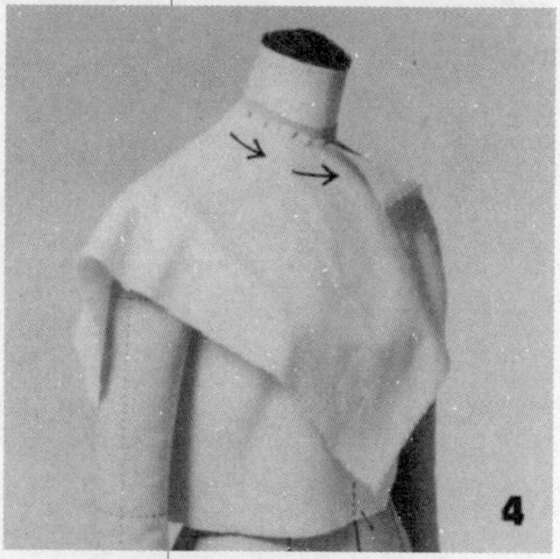

5～7 确定绱领线和领的外轮廓造型。

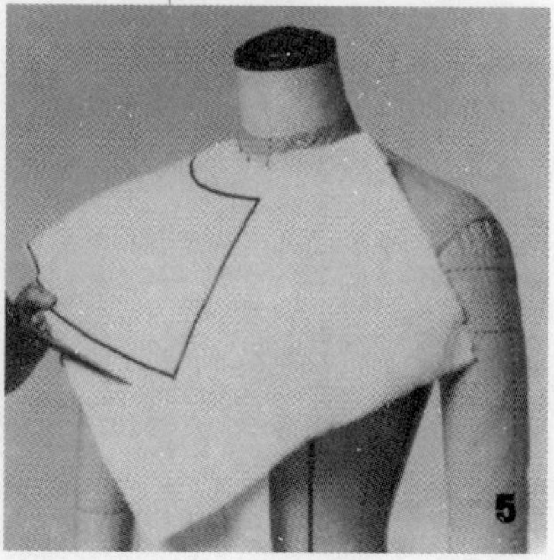

图 3－11－8(1)

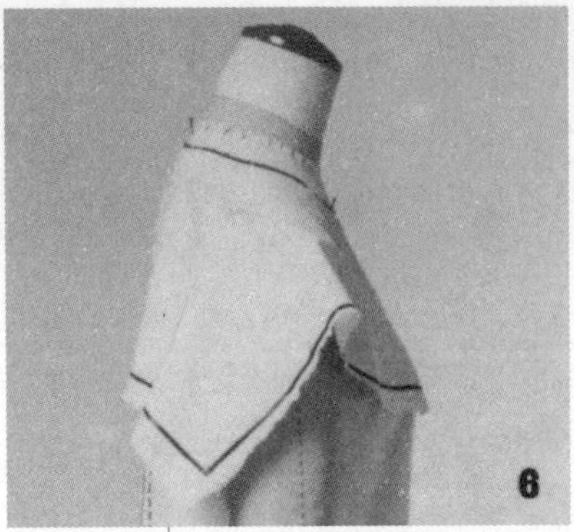

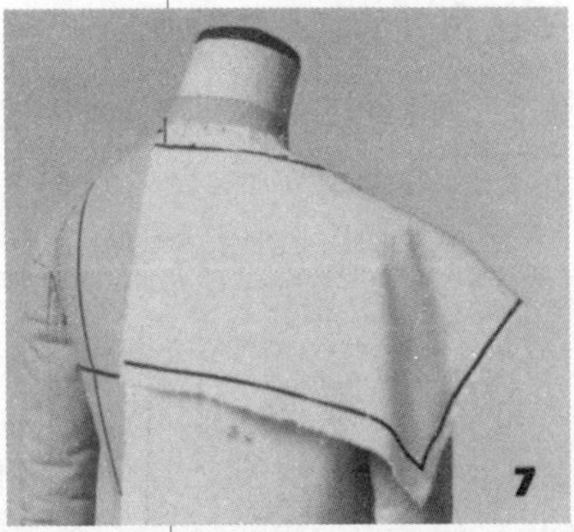

8 将领子用大头针固定在确定的领窝上。

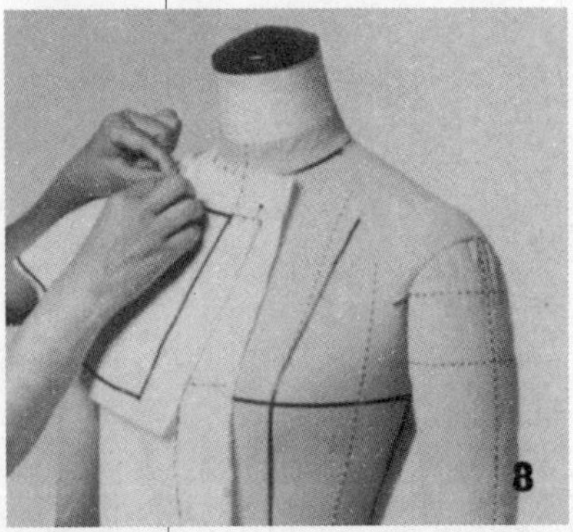

9 裁片展开图

领外围的轮廓造型可以根据自己的爱好自由设定。

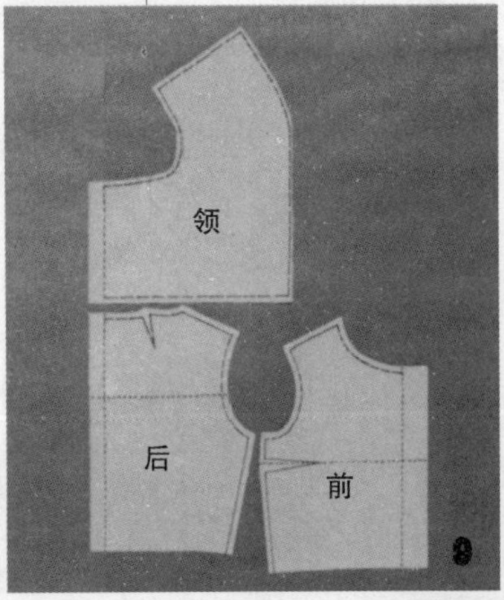

10. 11 完成效果

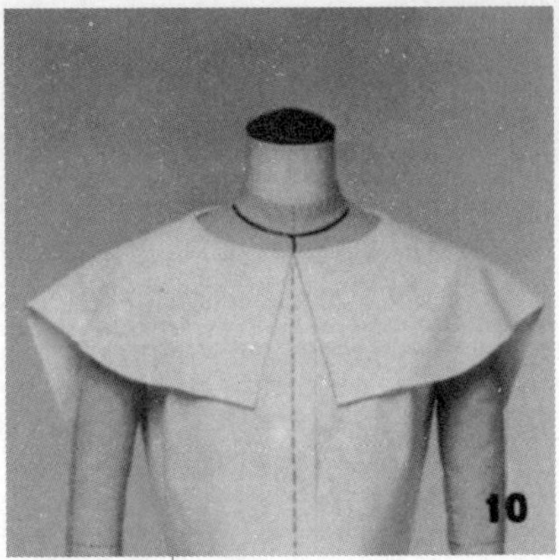

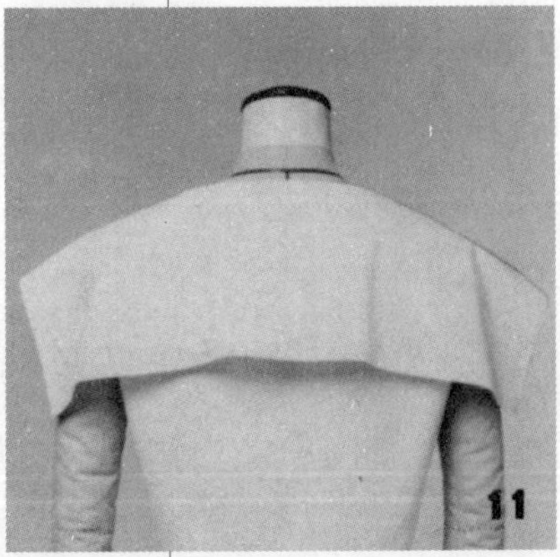

12 由于领子较宽，可变化出不同的穿着效果。

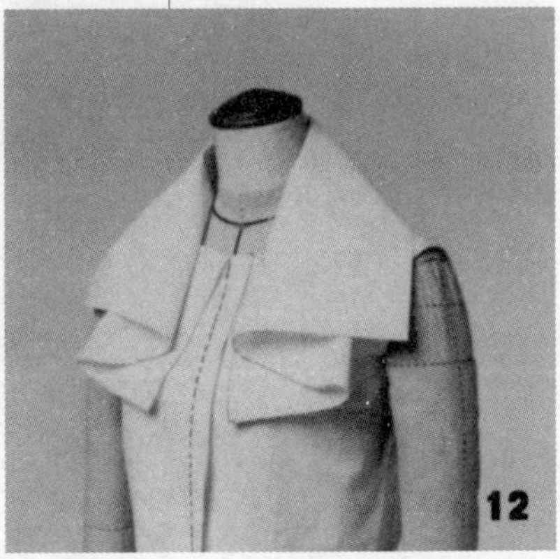

图 3-11-8(2)

袖子局部设计……

一　片　袖

一般是把胳膊放在人台上，原封不动地裁袖，裁剪困难时也可把胳膊卸下来做袖的。用能装卸的胳膊还可以自由地制作紧身袖、筒袖、灯窿袖，本例介绍套装的一片袖。

1 把胳膊放在布上粗裁袖布。本例为紧身袖，袖布前侧窄点，后侧宽点。

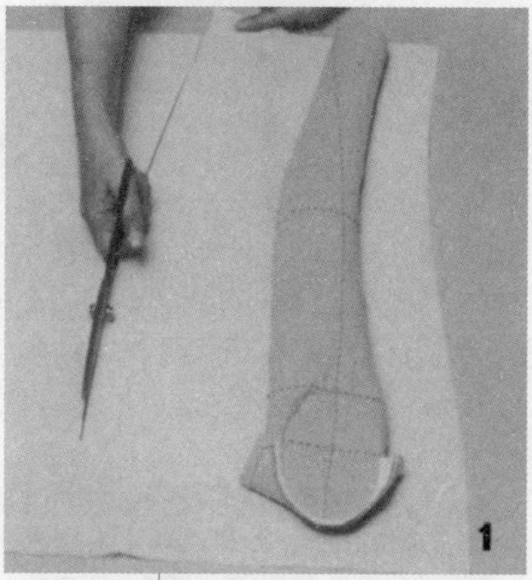

2 首先将袖前侧包裹于手臂，理顺布料，肘部内侧部位，留取适当余量。同时别上大头针。

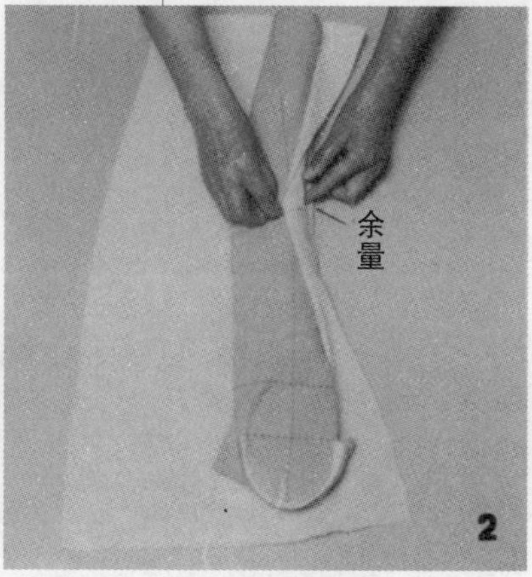

3 上端留取适当余量。然后把袖布放在胳膊上理顺，同时用大头针别到袖口处加以固定。

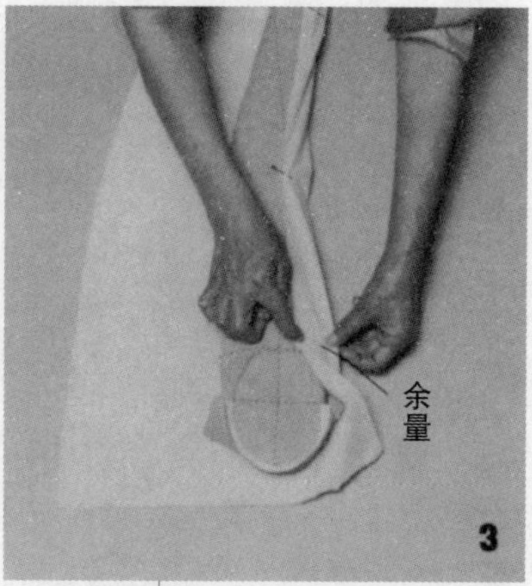

4 绱袖线要与袖窿线对合，剪去多余的部分。

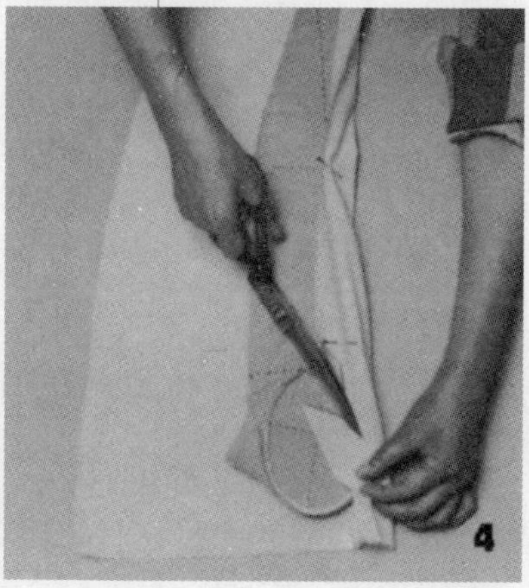

图 3－12－1(1)

5.6 整理后片

首先在肘处收省，调整造型，肘部要留有充足的余份，袖山、袖口处也要留有充足的余份。总而言之，后侧的余份都要比前侧的余份多。

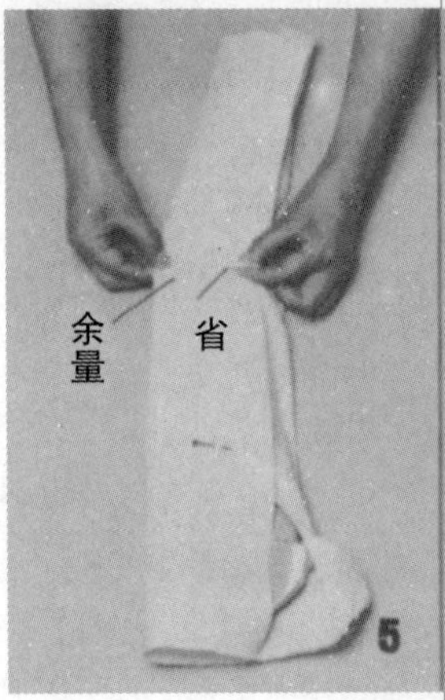

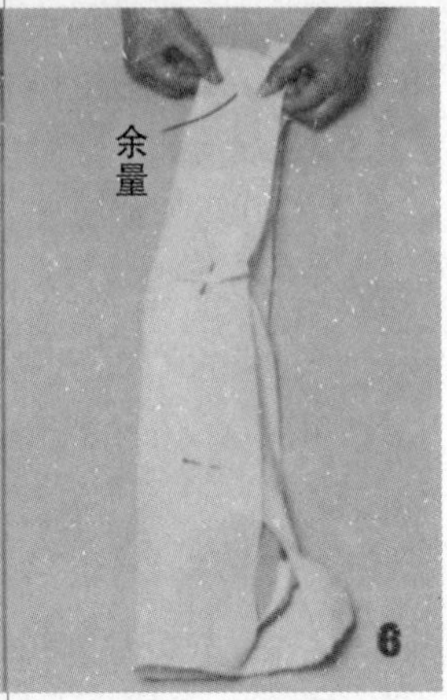

7 使用大头针扒合袖底缝。

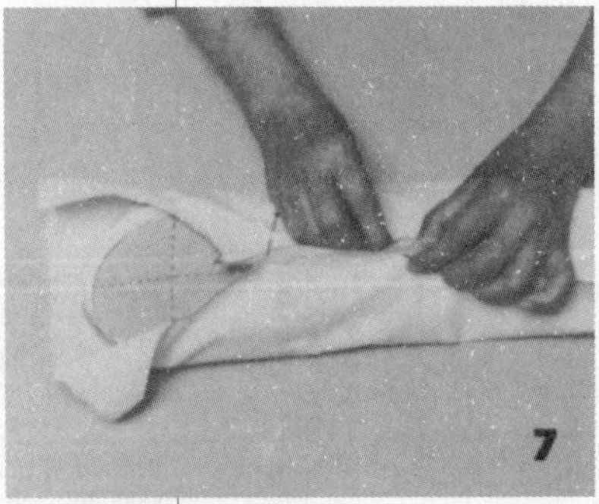

8.9 斜抻拉前侧袖缝，使之与后侧袖缝吻合。

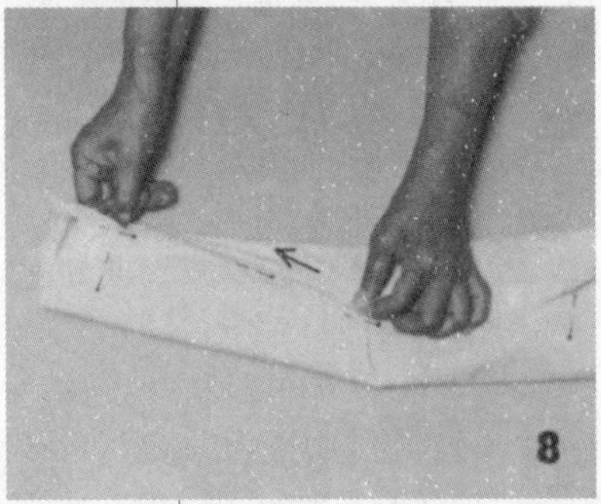

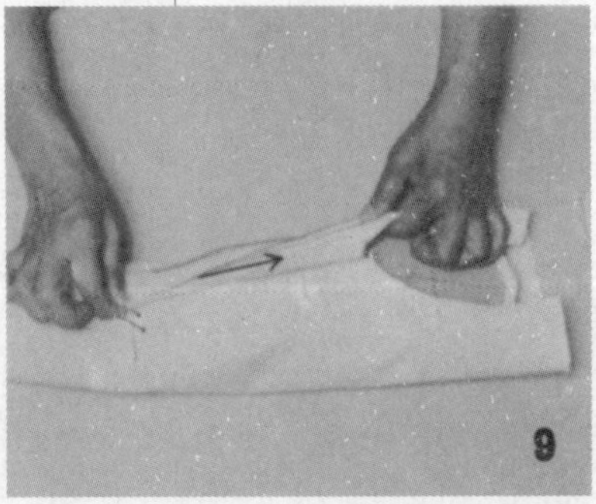

10 调整好袖山高度以及吃量，然后剪去多余布料。

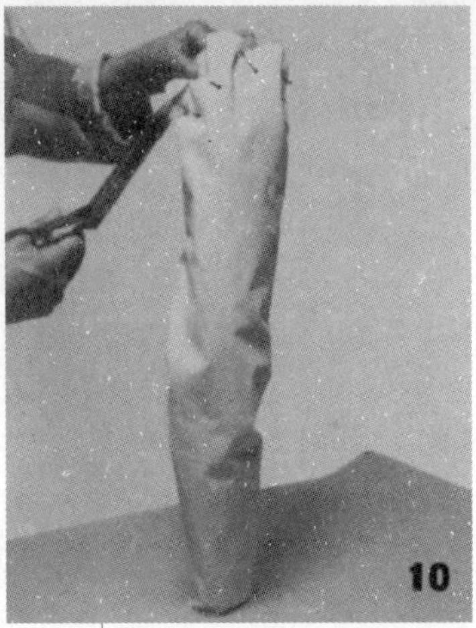

11.12 首先，将胳膊装在人台上，调整理顺袖山，结合肩端位置，确定袖山吃量，然后绱在大身上，确定袖山弧线。

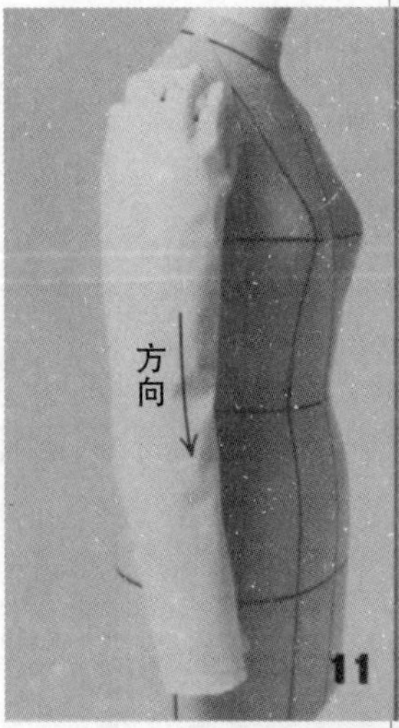

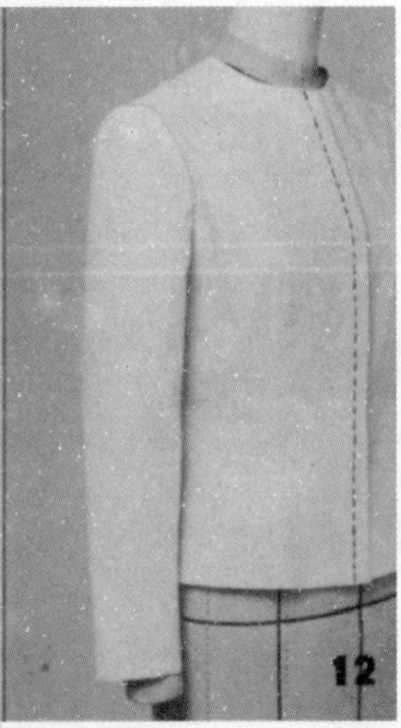

13 裁片展开图

袖山前侧较圆，后侧平缓，袖片向前倾斜，这些在平面上也很清楚的表现出来。

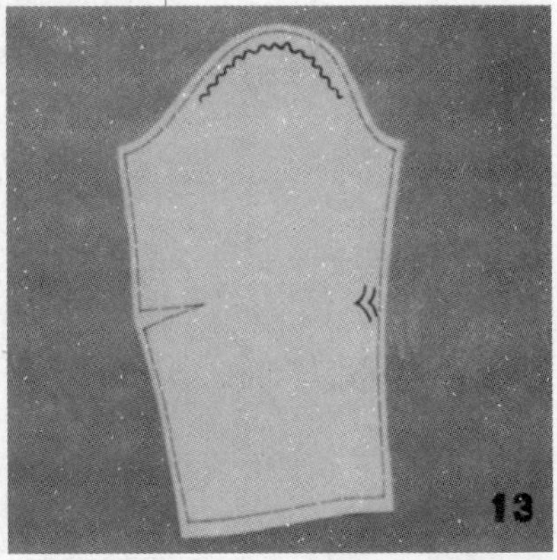

图 3-12-1(2)

带菱形衩的连身袖

加衩的袖，由于袖窿上没有缝合线，所以从肩到袖成平缓的线条。这样，和线条柔和的服装相配是十分相称的。不过，它也有不足之处，比如容易往衩的前端使劲，导致有时多少会受到损伤。

从经济观点看，这种袖适合用价廉没有花纹的平纹布。不过，最好尽量不用容易绽开的布。

本例介绍与身片约呈45°的倾斜，采用菱形的最基本的连体袖，前后片布均使用能从身片连续裁到袖口的宽幅布。

1 将前片铺在人台上，为了合体前身捏取一条省道，将袖布包裹在手臂，自然下垂。

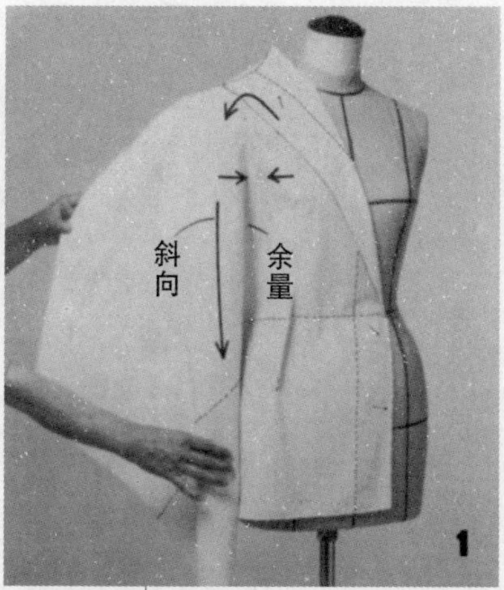

2 将前身合体贴合到侧缝，使用色线或黑色胶带，标注完成线。将手臂抬大约45°角后，留取充足的余量，推抚布料，观察袖子宽度。

3.4 由于肩缝连着袖缝，所以，当调整好袖前片之后，剪掉袖子及肩部多余布料。

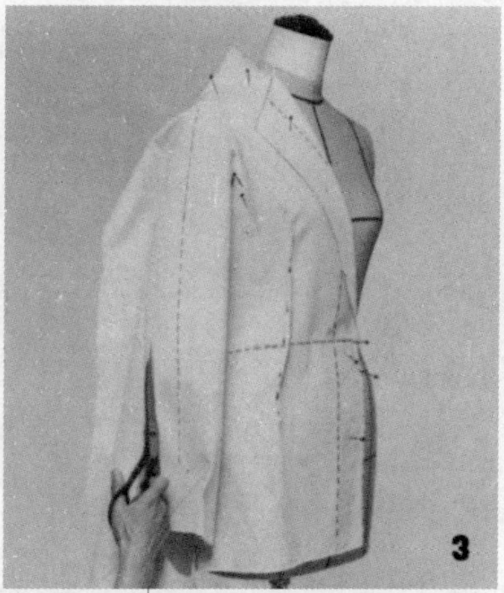

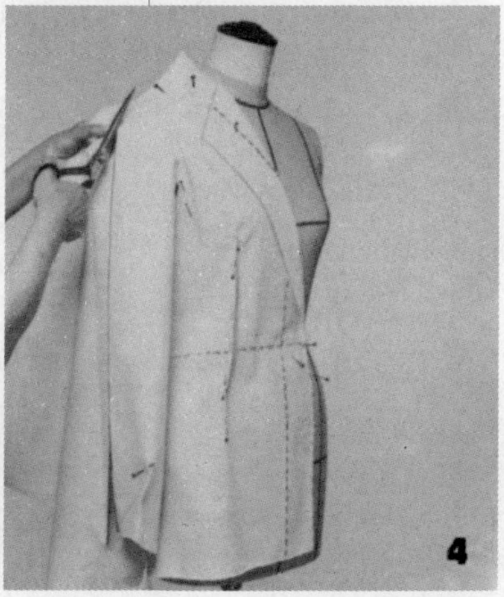

图3-12-2(1)

5.6 确定袖底缝和前侧缝完成线，同时用剪刀剪到臂根下方（A点）。

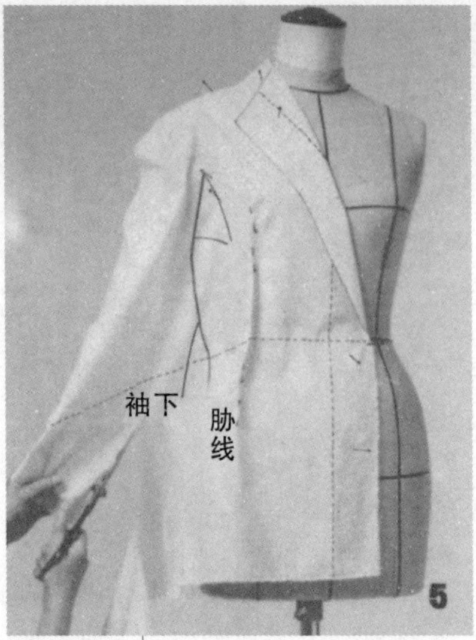

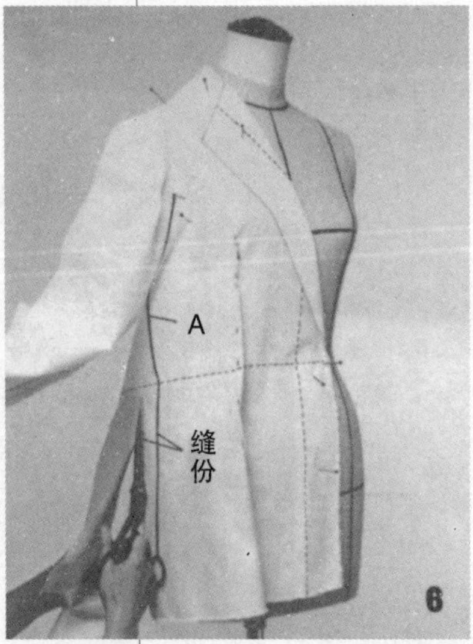

7.8 为了使后片操作比较容易，折叠好袖山线的缝份。

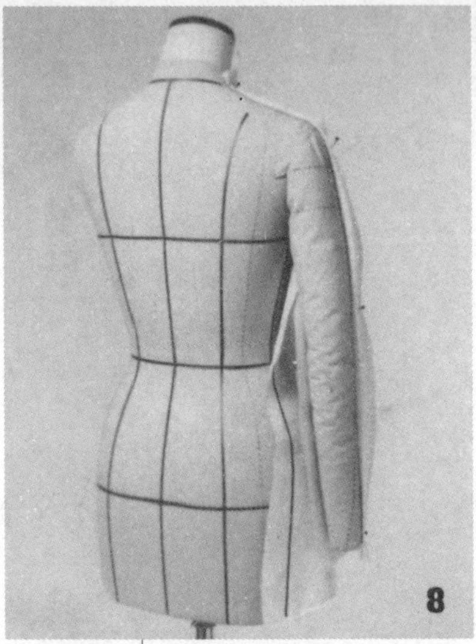

9 将后片铺在人台上，对齐后中心线，捏取腰省，臂根处要留取充足的余量。如此操作袖布就自然服帖于身上。

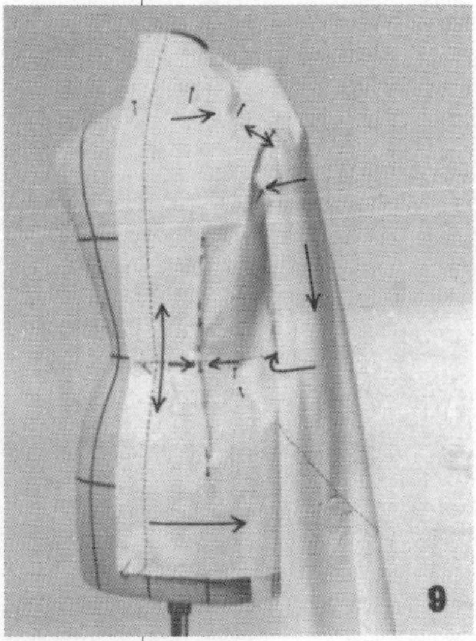

10 与前片制作方法相同，将手臂抬高 45°左右，从袖子的上端至袖口，自然理顺布料，使之合体，然后观察腋下余量及袖子的余量。

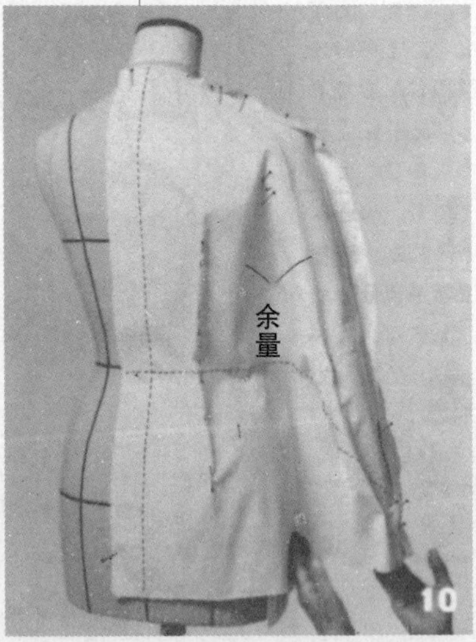

图 3－12－2(2)

11 剪掉多余布料。

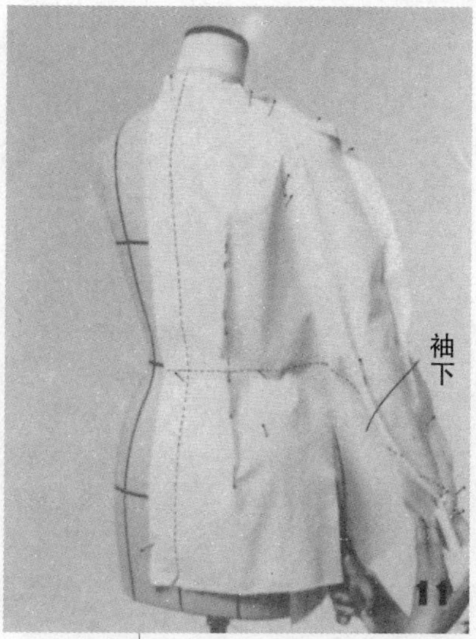

12 后袖上肥大于前袖上肥，用大头针固定。确定袖长，扒合前后袖山线。

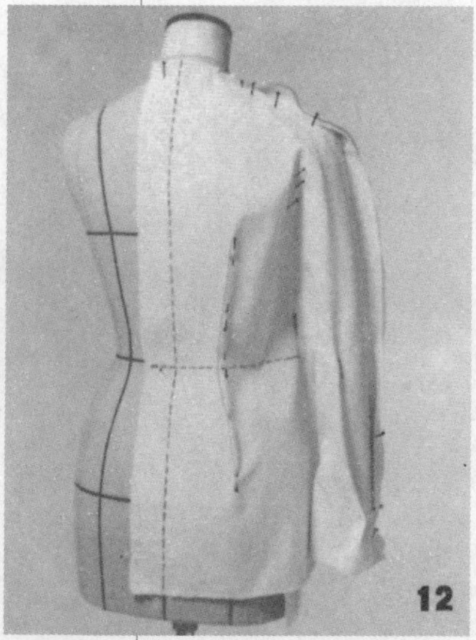

13.14 仔细确认前后袖衩的位置。

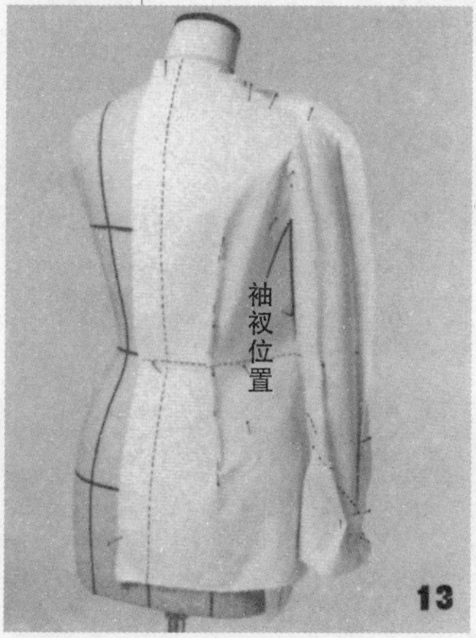

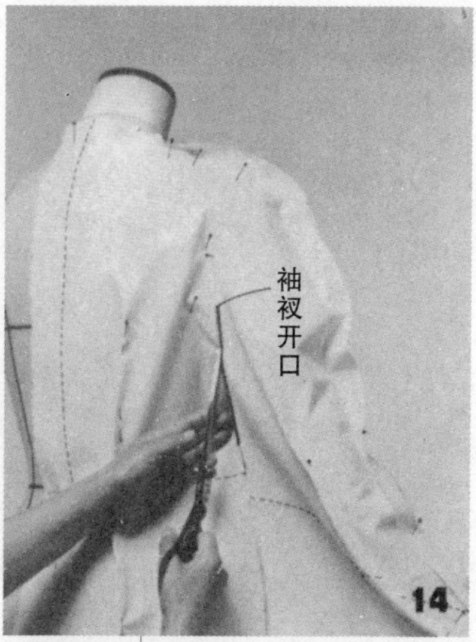

15 观察所需袖衩的大小。袖衩的宽度由开口大小决定。

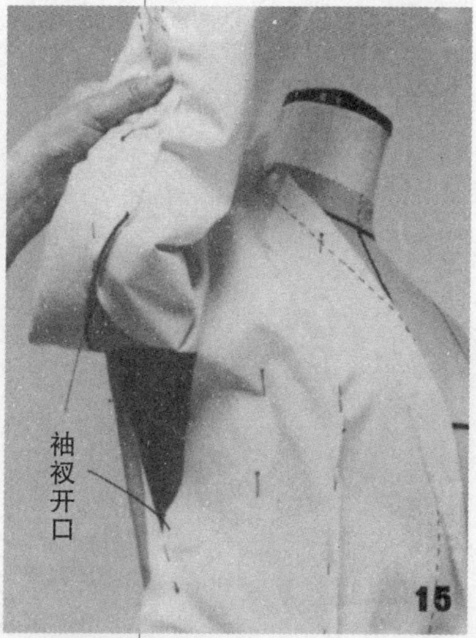

16 使用斜纱布料，粗裁袖衩，然后将其放在袖底缝处。

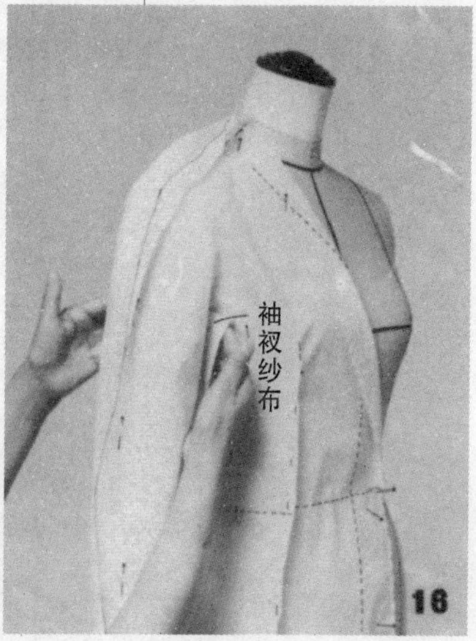

图 3－12－2(3)

17 将袖衩固定在袖底部，前侧袖衩的终止点B较后侧袖衩的终止点C稍微低些。由于袖衩终止点过高或过低穿着都不方便。所以试穿时应仔细察看。

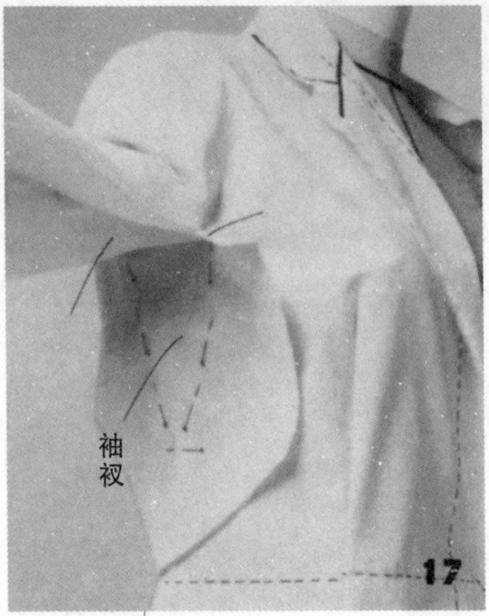

18 裁片展开图

由于袖子对于身片来讲，基本上呈45°角左右，所以前后袖山线为隆起状，也可把前后身片裁成一体。

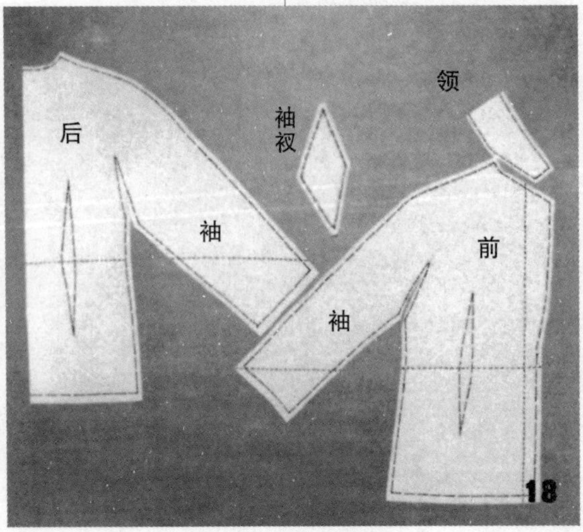

19. 20 完成效果

本例采用纯毛面料制作。

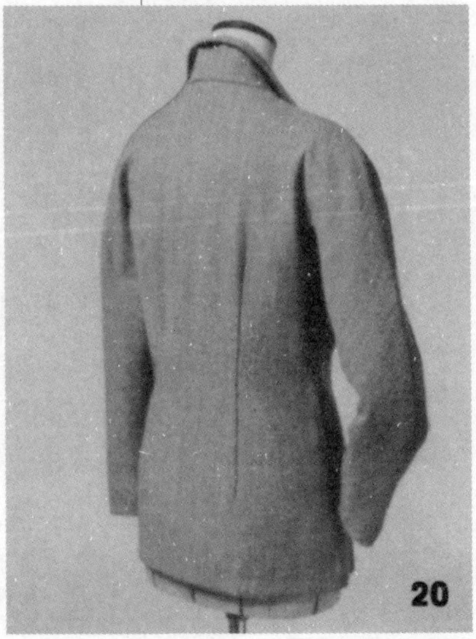

图 3－12－2(4)

加三角形袖衩的连身袖

肩部仍然倾斜 45°，前后都加三角形袖衩的和服袖，本例后片中心线为缝合线，如用双幅布料，可将后中心作为折边，从后中心连续裁剪到袖子。

2 将前片铺在人体模型上，腰部捏省，调整前身造型，袖子自然贴合于手臂，大身与臂根之间形成谷间造型。

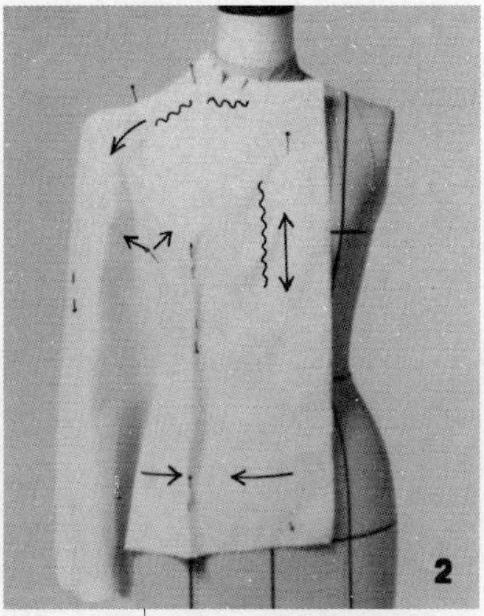

1 为了节约材料、制作容易，可采用图片所示，将布料裁剪成三角形。

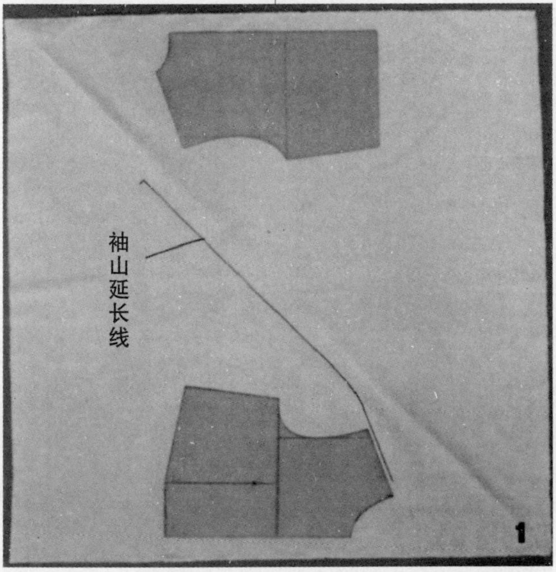

3 在完成线的基础上留取缝份，裁剪前身侧缝。剪口终止点，恰好是臂根与大身的夹角位置。将胳膊抬高 45°左右，袖下不足部分加入三角袖衩，后片制作与前片相同，调整后身造型使后背部与臂根之间形成谷间造型。后身造型呈筒式立体轮廓，剪掉侧缝多余布料，在腋窝处打剪口。

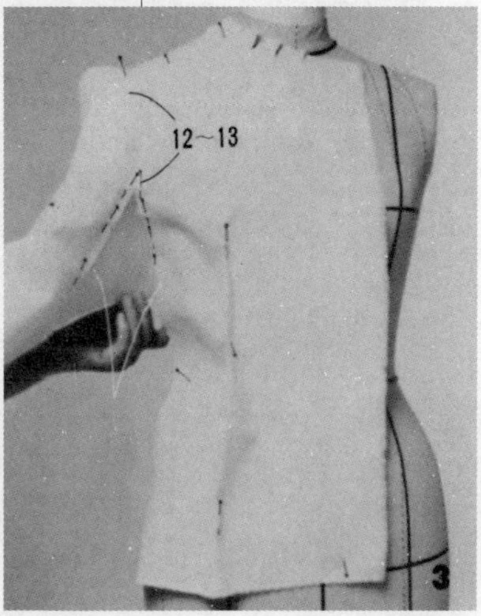

图 3－12－3(1)

4 裁片展开图

三角形袖衩成为袖底缝腋下部的一部分。缝合时，将前后衩分别缝在前后身片上，然后缝合前后片，从侧缝开始缝合到袖底缝。

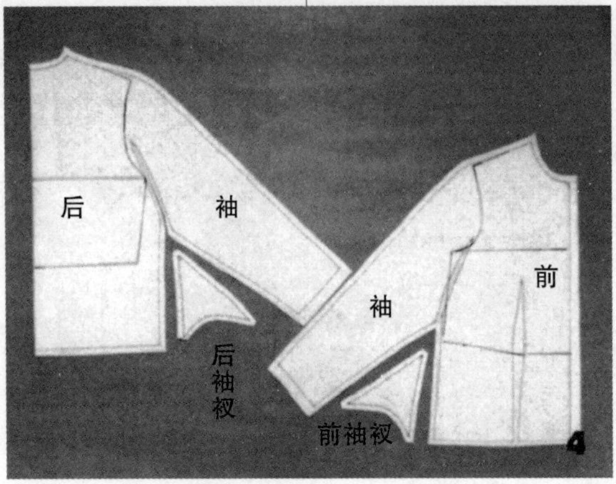

5.6 完成效果

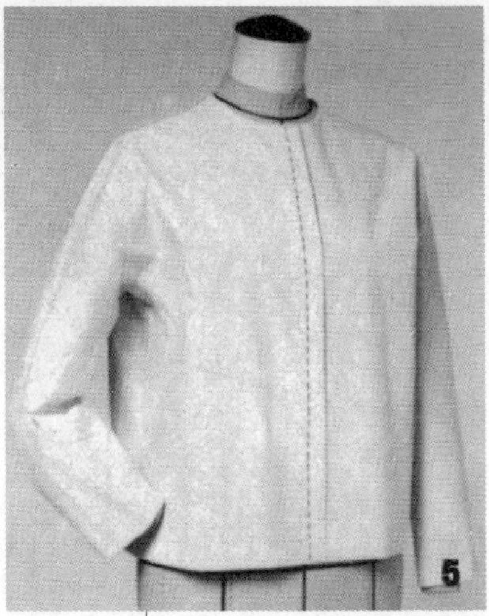

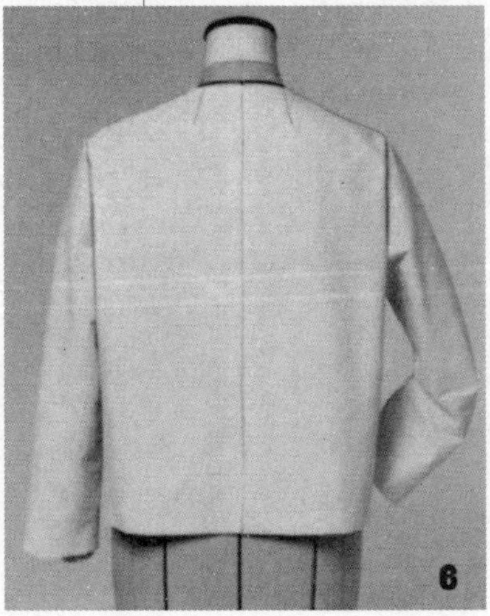

参考——连着身片的弯形袖衩

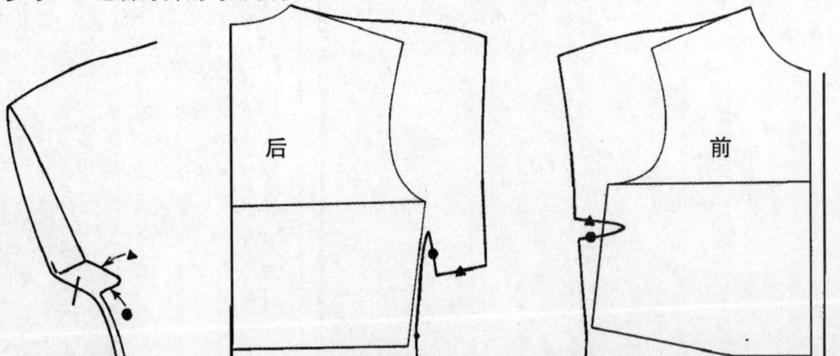

图 3-12-3(2)

带有袖长、袖衩的连身袖

裁剪方法与前两种和服袖相同，但是，袖山线比前者相比倾斜缓和些。本例介绍，从肘部到腰部之间加入细长袖衩的范例，由于袖山线呈缓和倾斜状，所以是很容易穿着的袖子。

1 粗裁前后片，袖山线在肩线的延长线上。

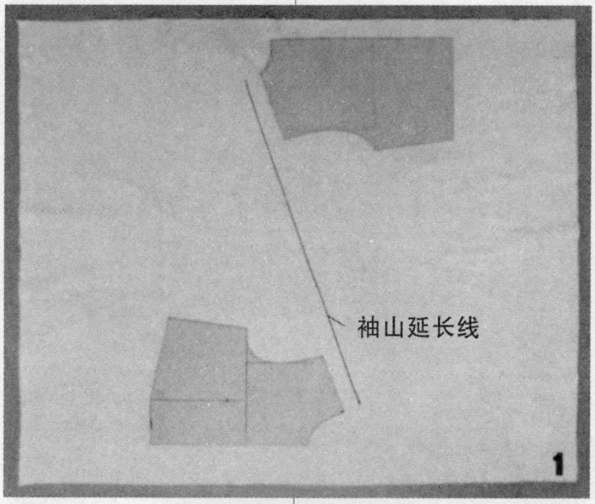

2 先将大身造型，调整为箱式立体轮廓。胸部与胳膊间形成谷间，把袖布从肩向下理顺，使其贴合于胳膊。剪掉侧缝及袖底缝多余的布料，然后，从袖肘部开始到大身的腰部稍稍向里挖剪成曲线状。当袖衩填补到其位置时，一边观察完成效果，一边调整造型。

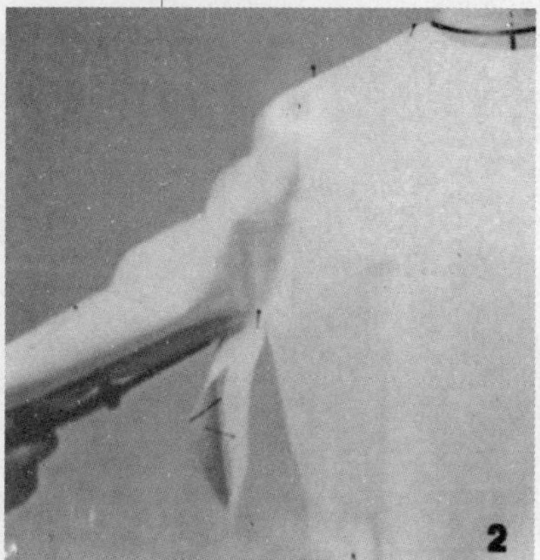

3 将准备好的船形袖衩，固定在图 2 所挖剪掉的位置上，调整理顺袖衩造型，使袖衩与大身、袖子相吻合。参考图 4 的形状制作。

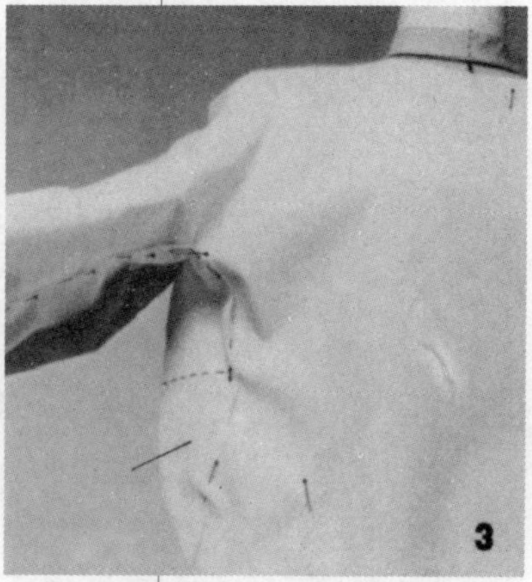

4 裁片展开图

如果袖衩宽度较大，很容易看到缝合线，影响美观，所以袖衩宽度要适中。袖山线倾斜角度：前袖 35°；后袖 30°左右，袖底缝开口较大，显而易见，穿着比较方便。

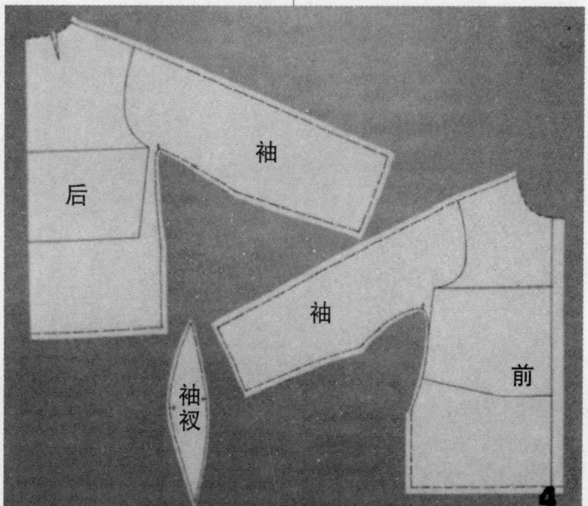

图 3－12－4(1)

5.6 完成效果

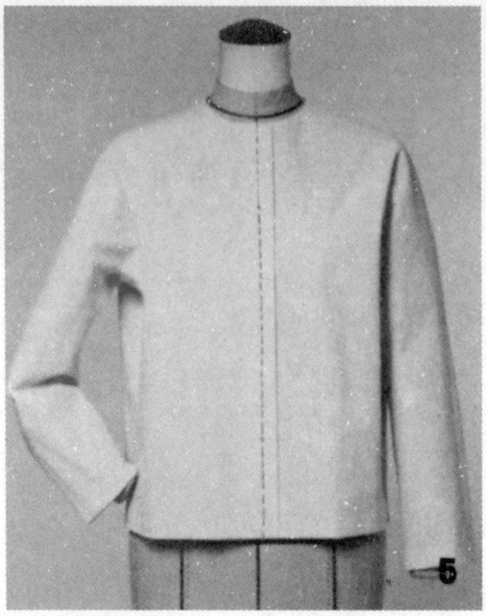

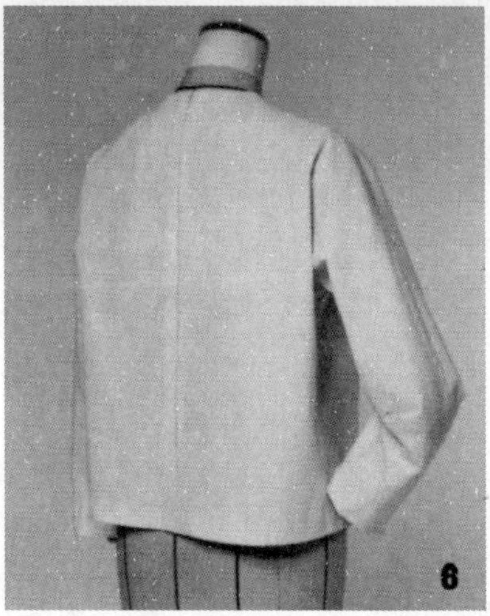

图 3－12－4(2)

郁金香袖

将人台手臂卸下，能够自由设计裁剪各种袖子，在此介绍一例，袖底部分无缝合分割线的郁金香袖。

1 将手臂放在白平布上。

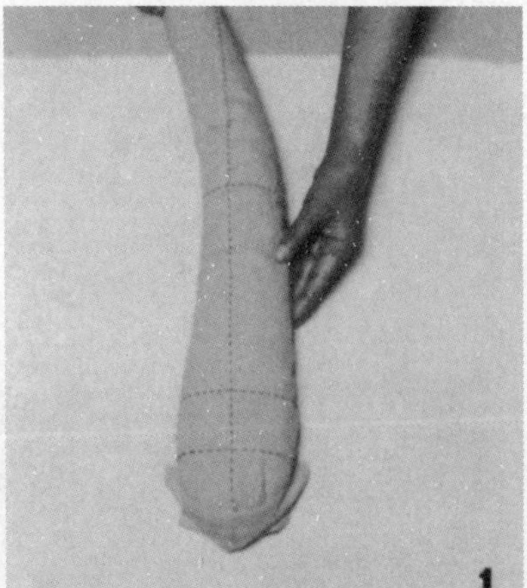

2 按照完成效果要求，一边考虑其造型；一边制作。袖口较小，观察袖山余量。

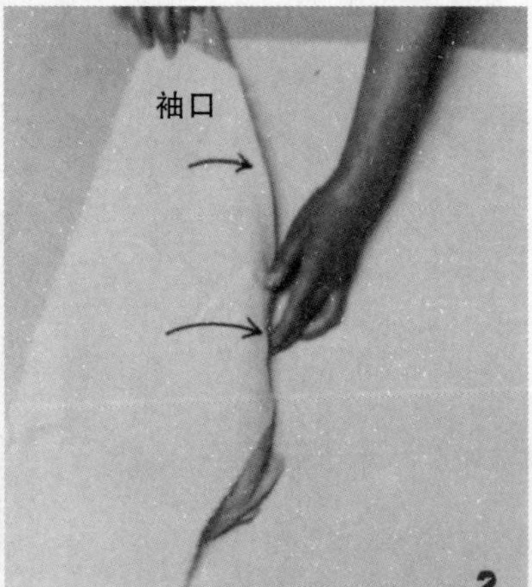

图 3－12－5(1)

3 将前身一侧的袖山捏取活褶。

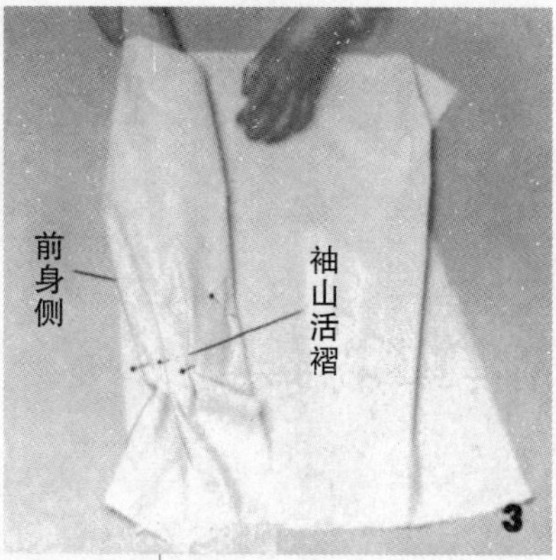

4 后身一侧的袖布卷到手臂上，这时应将袖口做的较小些，使袖山留取充足的余量。

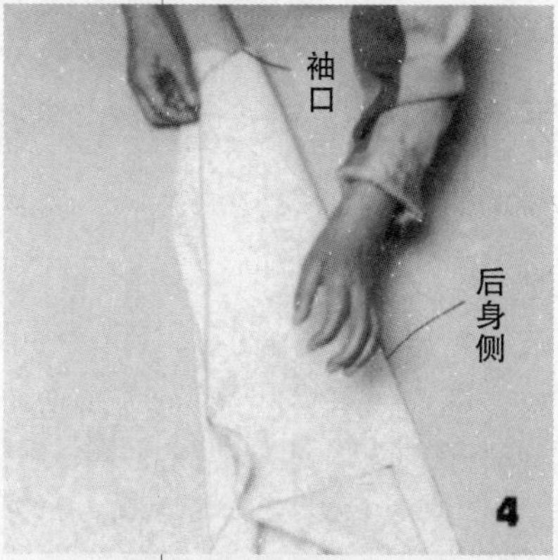

5 袖山捏活褶

让袖口尽可能细些，由于它的反作用，袖山产生充足的余量，把这些余量捏成活褶。

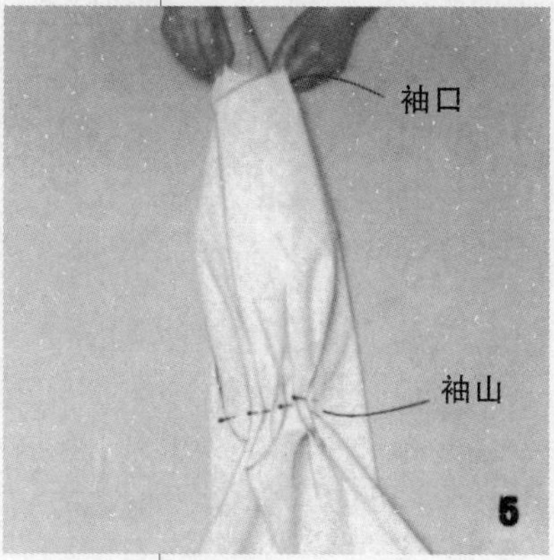

6～9 把手臂转到内侧，在袖窿位置别上大头针，剪掉中间多余的布料。

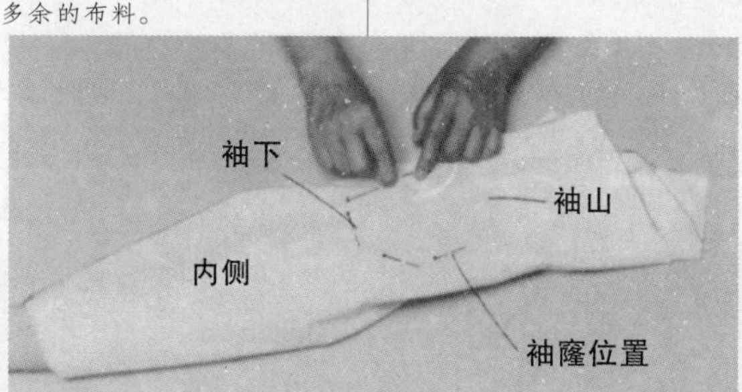

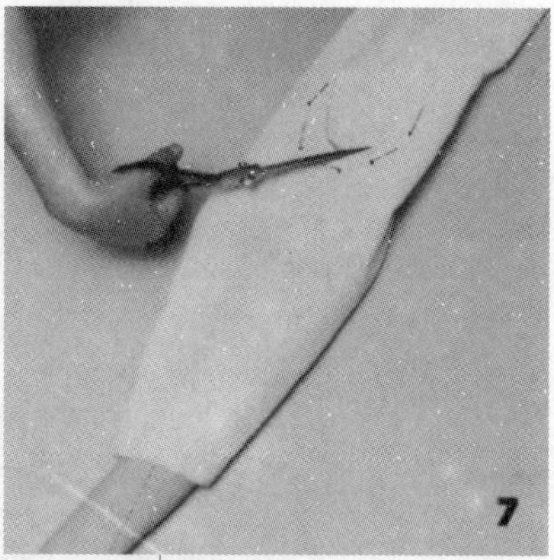

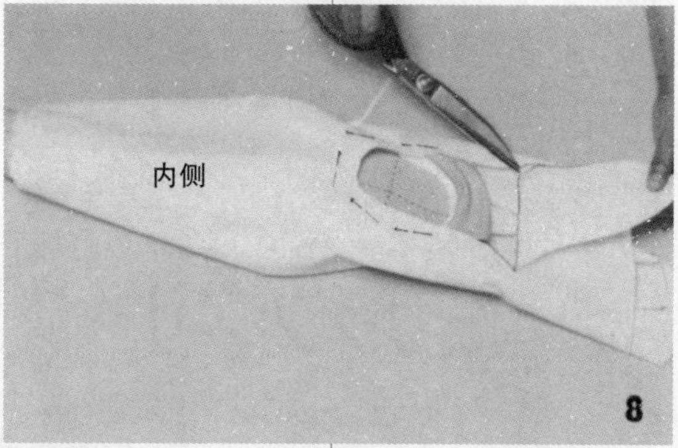

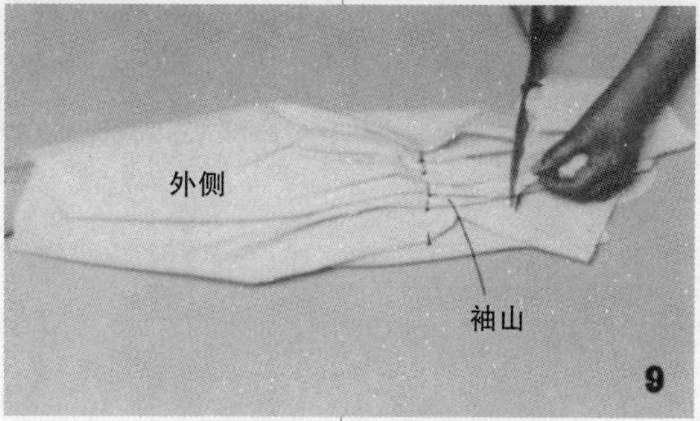

10. 11 将手臂固定在人台上，绱上袖，观察其造型效果。

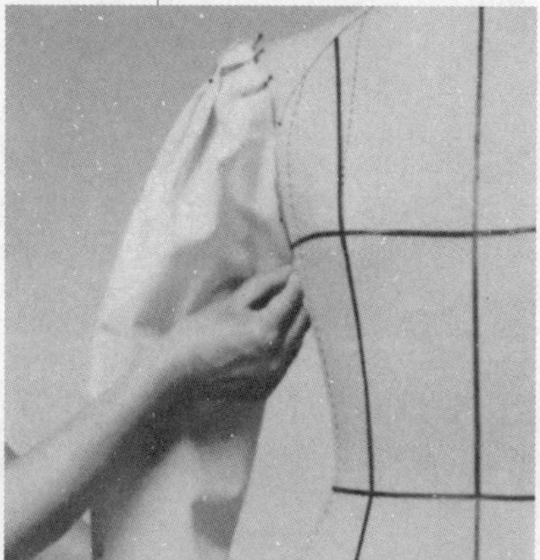

图 3－12－5(2)

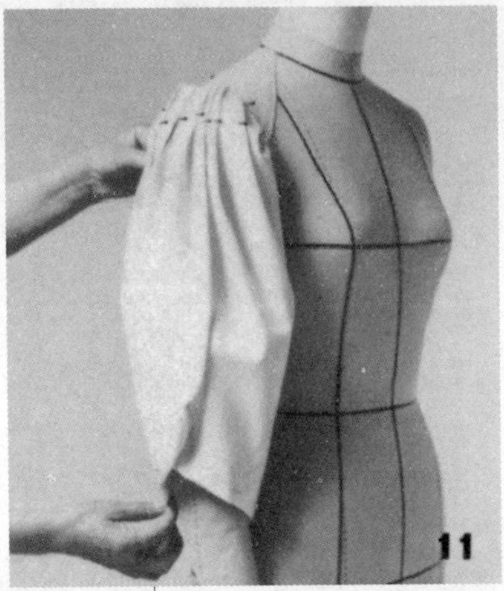

12 裁片展开图　袖底缝无分割缝合线的一片袖。

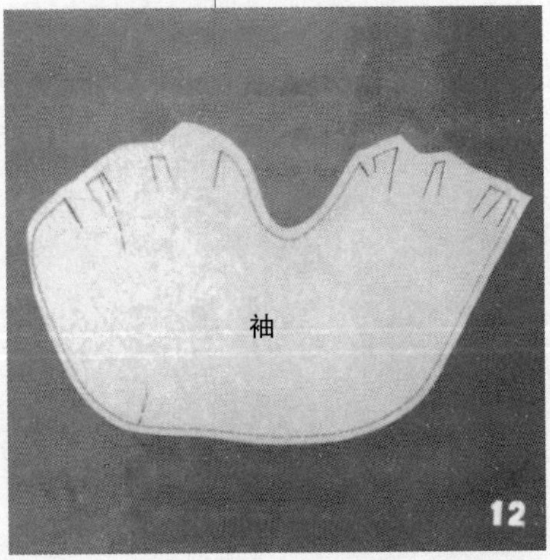

13 完成效果

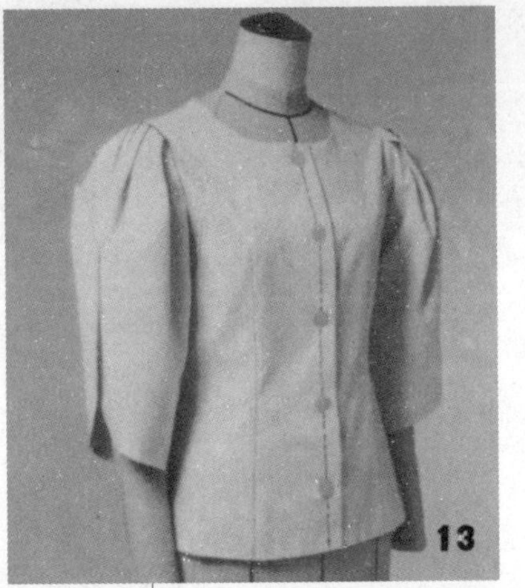

14 袖口捏取活褶的变化款式。

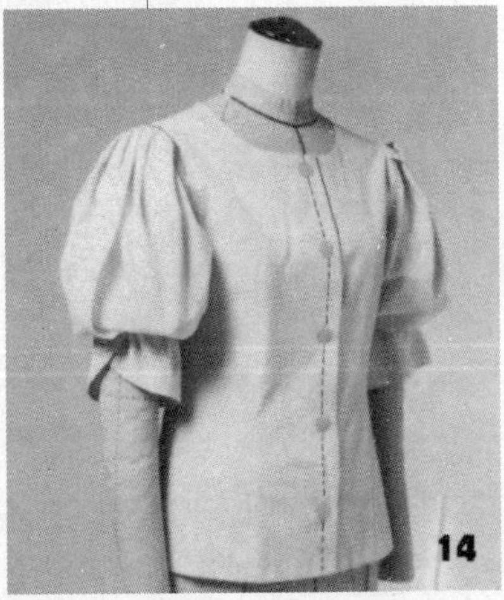

图 3－12－5(3)